卫星互联网丛书
Satellite Internet

卫星互联网
微波通信关键技术

Satellite Internet Microwave Communication Technology

■ 张更新 等 编著

人民邮电出版社
北京

图书在版编目（CIP）数据

卫星互联网微波通信关键技术 / 张更新等编著. -- 北京 : 人民邮电出版社, 2023.9
（卫星互联网丛书）
ISBN 978-7-115-62035-4

Ⅰ. ①卫… Ⅱ. ①张… Ⅲ. ①卫星通信系统—微波通信系统—研究 Ⅳ. ①TN925

中国国家版本馆CIP数据核字(2023)第114925号

内容提要

本书是对卫星互联网微波通信技术研究成果的汇总。在深入分析卫星互联网体系架构的基础上，本书系统阐述卫星轨道与星座设计、电波传播与微波通信链路等卫星互联网微波通信的基本原理，分析典型微波通信天线和射频微波电路的特点、构成及技术特点，重点描述高通量卫星通信技术、面向海量连接的低轨卫星物联网技术、频谱认知与干扰分析技术等方面的理论和技术研究成果，对我国卫星互联网的研究、设计、建设、运行和维护具有重要参考价值。

本书可作为卫星互联网领域科研人员和工程技术人员的参考用书，也可作为高等院校研究生和高年级本科生的教材或参考用书。

◆ 编　　著　张更新　等
　责任编辑　赵晨阳　牛晓敏
　责任印制　马振武
◆ 人民邮电出版社出版发行　　北京市丰台区成寿寺路 11 号
　邮编　100164　　电子邮件　315@ptpress.com.cn
　网址　https://www.ptpress.com.cn
　三河市中晟雅豪印务有限公司印刷
◆ 开本：710×1000　1/16
　印张：22.75　　　　2023 年 9 月第 1 版
　字数：421 千字　　　2023 年 9 月河北第 1 次印刷

定价：249.80 元

读者服务热线：(010)81055493　印装质量热线：(010)81055316
反盗版热线：(010)81055315
广告经营许可证：京东市监广登字 20170147 号

前　言

卫星互联网是基于卫星通信的互联网，是将人造地球卫星作为中继站向各类陆海空天用户提供宽带互联网接入等通信服务的新型网络，是能随时随地向用户提供宽带互联网接入和业务服务的网络系统。其具有全球无缝覆盖、高速大带宽、快速部署等特点，是解决地球“无互联网”人口数字鸿沟的重要手段之一。国家发展和改革委员会在 2020 年 4 月 20 日正式将卫星互联网与 5G、物联网、工业互联网一起列入新型基础设施建设范围，标志着我国卫星互联网建设正式提上议程。

卫星互联网是信息技术和航天技术融合发展的产物，未来将与新一代地面通信系统、人工智能、物联网、工业互联网等信息技术深度融合，实现陆海空天多层次联合组网和跨域按需信息共享，满足政府、企业、大众等各类用户日益增长的全球信息服务需求。

卫星互联网微波通信技术是指基于微波通信手段构建无线链路所涉及的各类技术。本书主要涉及网络中基于微波通信手段的物理层和链路层技术，不涉及激光通信技术，也不涉及高层通信协议。

全书共分 8 章，王运峰撰写了第 1.1 节和第 1.2 节，刘子威负责第 3 章的统稿并撰写了第 3.4 节、3.5 节、3.8 节和第 8.4 节，赵来定负责第 4 章的统稿并撰写了第 4.6 节，屈德新负责第 5 章的统稿并撰写了第 3.1～3.3 节，张晨负责撰写了第 3.7 节与第 6 章，洪涛负责撰写了第 7 章，丁晓进负责第 8 章的统稿并撰写了第 8.1～8.3 节，邓斌负责撰写了第 3.6 节、4.7 节、5.3 节，钟兴建负责撰写了第 5.1 节和第 5.2 节，廉佳鹏、田旺、周庆森、万梦军、颜慧等为第 4.1～4.5 节提供了初稿，王运峰、倪韬、冯李杰为第 8.1～8.3 节收集了素材，杨江涛为第 3.7 节收集了部分素材，张美蓉、镐梦婷为第 6 章收集了部分素材，其余章节由张更新撰写。全书由张更新统稿。

本书在撰写过程中还得到了吴巍、汪春霆等专家的关心和支持，人民邮电出版社牛晓敏编辑对本书的出版提供了大力支持和协助，在此一并表示感谢。

作　者

2023 年 3 月于南京

目 录

第1章
概论

卫星互联网微波通信技术是基于微波通信手段构建卫星通信链路所涉及的各类技术问题。本章首先分析卫星互联网的定义、组成和特点，然后介绍卫星互联网微波通信系统中的链路、卫星和地球站等基本组成单元，最后从组网的角度描述网络管理和工作频段的基本概念。

1.1 卫星互联网概述

随着科学技术的发展和人类生产、活动空间的不断扩大，人们进入万物互联时代，多种多样的互联网服务将涵盖山区、沙漠、海洋、深地、天空、太空等更广阔的区域。然而，目前地球上仍有超过 70%的地理空间，约 30 亿人口未能实现互联网覆盖。一方面，在这些区域进行大规模网络部署需要高昂的成本，包括密集的基站部署、回传网络建设等产生的昂贵的基建费用，光缆的安装租赁费用和网络日常维护费用等；另一方面，地面网络难以覆盖山区、沙漠、海洋、天空等地理范围。卫星互联网作为地面互联网的延伸和补充，是解决此问题的有效手段[1]。

1.1.1 发展背景

受限于网络容量和覆盖范围，传统地面网络技术难以满足陆地偏远地区、海洋、天空，甚至深空等泛在网络空间的潜在通信服务需求。卫星通信具有通信距离远、覆盖面积大的特点，能够不受地面地理条件的限制。卫星网络与地面网络相互融合，取长补短，共同构建全球无缝覆盖的海陆空天一体化综合通信网，可满足用户无处不在的多种业务需求，是未来通信技术发展的重要方向。

与地面固定网络通过光纤入户、移动网络通过布设基站为用户提供服务不同，卫星网络通过卫星及星间/星地无线链路为用户服务。由于地面光纤、基站等的部署受限于地形地貌，在偏远山区或海上无法形成有效的网络覆盖，而卫星具有“居高临下”优势，多颗卫星以一定排列方式共同协作构成一个卫星星座，可实现对全球（或一定区域）的连续无缝覆盖。未来数量庞大的低轨卫星将组成具有全球覆盖、大容量宽带接入、低通信时延的互联网基础设施，为全球用户提供无缝的高速互联网接入。继美国太空探索技术公司（SpaceX）在 2015 年推出星链（Starlink）计划后，全球互联网公司、初创公司等纷纷申请各自的卫星互联网星座，抢占轨道位置和频率资源。

在此背景下，将低轨、中高轨通信卫星和各种导航、遥感等应用卫星综合在一起，构建功能多样、轨道互补的天基信息网络，并探索与地面网络相融合，建设天地融合的卫星互联网，深度融合空、天、地等网络多维信息，充分发挥不同网络维度的功能，可以打破各自独立的网络系统之间数据共享的壁垒，实现全球全域的无线覆盖和大时空尺度的快速通信服务。

因此，迫切需要建设卫星互联网，既满足我国一系列战略决策对全球全域全时信息服务提出的要求，同时也有利于国家抢占卫星频率、轨道位置等稀缺资源。卫星互联网作为一种新型网络被视为继有线互联、无线互联之后的第三代互联网基础设施，在构建我国完整通信网络中扮演着不可或缺的角色。建设卫星互联网，能够快速发展卫星通信技术、形成完善的网络体系，有利于抢占太空制高点，对于推进我国全球化进程具有重要的战略意义。

1.1.2　发展现状

早期提供的卫星互联网服务主要是通过地球静止轨道（Geostationary Earth Orbit，GEO）卫星来实现，经过几十年的发展，以新一代高通量卫星（High Throughput Satellite，HTS）为代表的 GEO 卫星通信系统（GEO-HTS）仍是构建卫星互联网的主力。与此同时，以 O3b 系统为代表的中地球轨道（Medium Earth Orbit，MEO）卫星通信系统和以第二代铱星（Iridium NEXT）系统、一网（OneWeb）系统和星链系统等为代表的低地球轨道（Low Earth Orbit，LEO）卫星通信系统在卫星互联网领域正发挥着越来越重要的作用。这些卫星通信系统具有低时延、低成本、广覆盖、宽带化等优点，代表着卫星通信的重要发展方向[1]。

GEO-HTS 系统的单星覆盖范围广，少量卫星即可实现全球覆盖。由于卫星数量少且相对地面静止，其组网和频率协调相对容易，系统建设和维护成本较低，但同时存在传输时延大、传播损耗高、不能覆盖南北极区域等不足。提供卫星互联网接入服务的代表 GEO 卫星通信系统包括早期面向企业级用户的 IPSTAR、Spaceway-3 等，以及后期快速发展的 HTS，如美国 ViaSat 系列、EchoStar 17、EchoStar 19 和我国的中星 16 号、亚太 6D 等卫星。

O3b 星座系统是目前全球唯一成功投入商业运营的 MEO 卫星通信系统。第一代 O3b 星座有 20 颗卫星在轨运营。目前已开始发射第二代 22 颗 O3b mPOWER 卫星，组成 42 颗卫星的中轨道卫星星座，这些新增卫星将会兼用倾斜轨道和赤道轨道，把 O3b 星座覆盖范围从目前的南北纬 50° 之间扩展到地球两极，成为一个真正的全球通信系统。

OneWeb 系统分为 3 个部分。第一部分由 648 颗工作于 Ku/Ka 频段的 LEO 卫星构成，分布在高度为 1 200 km、倾角为 87.9°的 18 个轨道面上，每个轨道面部署 40 颗卫星，星座容量达到 7 Tbit/s。第二部分将添加 1 280 颗 V 频段 MEO 卫星，分布在轨道高度为 8 500 km、倾角为 45°的 MEO 上。2020 年 5 月 28 日，OneWeb 公司向美国联邦通信委员会（FCC）提交申请再次增加近 4.8 万颗卫星。截止到 2022 年 3 月 30 日，OneWeb 系统已经发射了 428 颗卫星（都由俄罗斯负责发射，总数为 13 次），余下的 220 颗卫星将由美国太空探索技术公司的猎鹰 9 号火箭发射。

Starlink 系统是美国太空探索技术公司建设的一个低轨星座卫星通信系统，能提供覆盖全球的高速互联网接入服务。截止到 2022 年 3 月 30 日，Starlink 系统向国际电信联盟（ITU）共申报了约 4.2 万颗卫星，已累计发射 2 303 颗卫星，其中在轨运行 2 111 颗，192 颗脱轨，为 20 个国家约 14 万用户提供通信服务，其中在 15 个国家的平均下载信息速率超过 100 Mbit/s。

我国的低轨星座卫星通信系统建设也在进行中，相关系统都是面向互联网接入而设计的且都完成了首颗卫星的发射。此外，还有一些民营企业也提出了相关的计划。2021 年 4 月中国卫星网络集团有限公司成立，该公司的成立必将加快我国卫星互联网的建设步伐。

1.1.3　典型应用

与地面网络相比，卫星网络具有广域覆盖的突出特点，对于实现海上、空中、陆地的全域通信覆盖有明显优势，成为民用通信保障和商业通信应用的一个重要发展领域[2]。其典型应用有以下 5 种。

（1）应急救灾通信保障服务

从历次灾害的救灾工作经验来看，通信联络是通报灾情、疏散群众、请求支援的关键环节，没有一个健全的通信保障体系，救灾工作是无法顺利进行的。应急救灾通信保障服务可利用卫星互联网，通过建设跨系统共享的新型应急通信指挥调度平台，完成日常灾情监测监控、预测预警，并在灾情发生后进行实时监控、定位导航、防灾数据采集、灾情报告及应急救援的指挥调度等，为指挥决策、搜救、医疗等工作提供支撑。

（2）全球移动宽带服务

对于在全球或大范围内移动的用户来说，由于地面网络难以覆盖海洋、空中和陆地偏远地区，卫星通信是解决其移动宽带接入问题的一种有效手段。全球移动宽带服务通过建设统一的运营支撑平台，布设线上、线下营业厅，在全球范围内为大众消费类用户提供基础电信业务和政企类服务。

（3）航空网络信息服务

航空网络信息服务主要针对大型民用运输类飞机和通用航空特种飞机开展。大型民用运输类需求包括驾驶舱高安全级别语音及数据通信服务、北斗/GPS 的星基增强定位服务、广播式自动相关监视（ADS-B）、飞机健康管理服务、客舱高速宽带上网（如空中 Wi-Fi）等。通用航空的需求主要包括特种任务宽带通信服务，如航拍红外/可见光图像回传、声音及数据通信服务。图 1-1 给出了基于 Ka 频段低轨道通信卫星开展航空网络信息服务示意，包括互联网接入、空管系统和飞机健康管理以及航空公司提供的 App 增值服务等。

（4）海洋信息服务

海洋信息服务主要包括以下 3 项。

①监测数据回传服务：是指把实时监测海洋生物资源、大气质量、海洋水资源、污染物排放范围等的浮标所产生的监测数据进行回传。

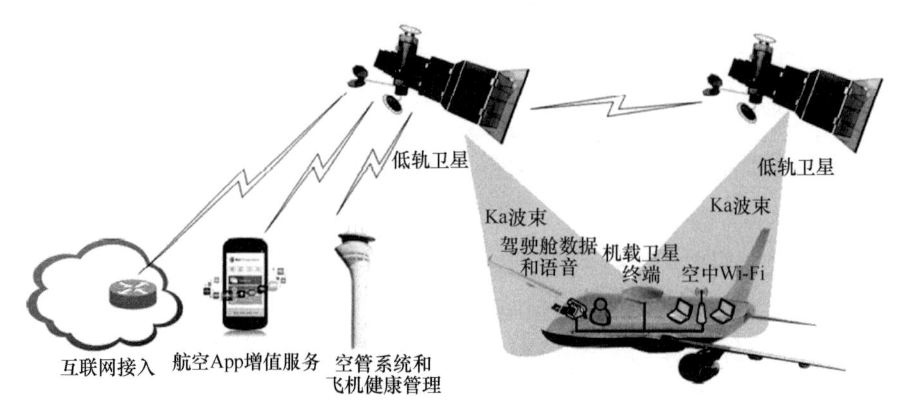

图 1-1　基于 Ka 频段低轨道通信卫星开展航空网络信息服务示意

② 高速数据通信服务：是指向远洋运输船、南北极科考站、海洋上科考船、游轮提供双向高速数据通信服务。

③ 日常数据通信服务：是指渔船渔情预报、维权执法、指挥通信服务等。图 1-2 给出了海洋信息服务示意，低轨通信卫星利用 L 和 Ka 两个频段分别提供中低速和高速通信服务。

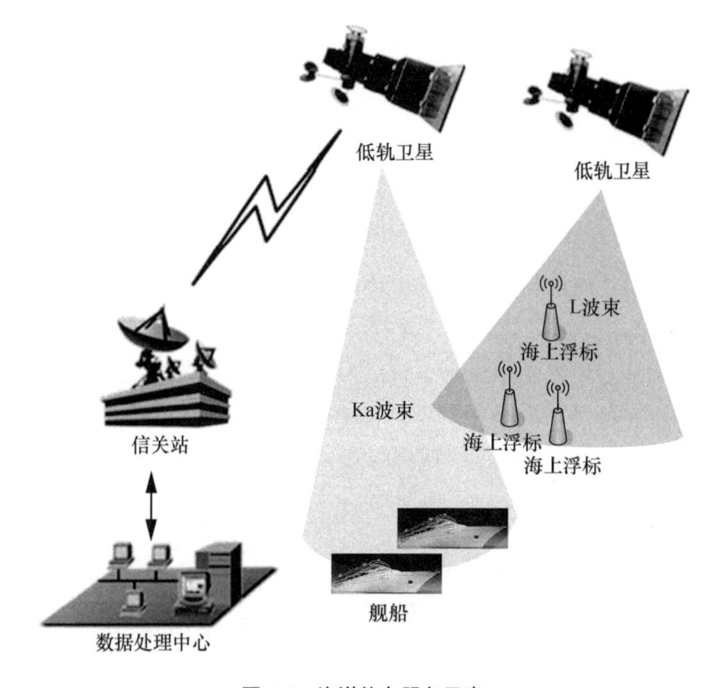

图 1-2　海洋信息服务示意

（5）天基信息中继应用服务

我国陆地测控站和海上测量船一直支撑着我国的航天测控任务，其通信覆盖率相对较低。随着天链中继卫星的应用，该情况得到了一定改善。在现有中继卫星基础上，卫星互联网通过构建覆盖全球的天基骨干网，可进一步提升我国通信测控服务覆盖率指标，支撑我国航天应用的开展。

1.2　卫星互联网微波通信系统的一般组成及特点

卫星互联网的无线通信链路包括微波和激光两大类，本书仅涉及采用微波通信链路构建的卫星互联网，不涉及其中的激光通信链路部分。

1.2.1　一般组成

卫星互联网是基于卫星通信系统、以 IP 为信息承载方式、以互联网应用为服务对象，能够实现全球范围内互联网无缝链接，随时随地向用户提供宽带互联网接入和业务服务的网络系统。

卫星互联网一般由空间段、地面段和用户段 3 部分组成，如图 1-3 所示。空间段是指提供信息中继服务的卫星星座，少则只有一颗卫星，多则可以有成千上万颗卫星，这些卫星可以工作在 GEO、MEO 或 LEO，也可以同时包括 2 种或 2 种以上轨道类型的卫星，卫星之间可以有或没有星间链路。用户段是指供用户使用的手持机、便携站、机（船、车）载站等各种陆海空天通信终端。地面段一般包括卫星测控中心及相应的卫星测控网络、系统控制中心及各类信关站等；地面段中的卫星测控中心及相应的测控网络负责保持、监视和管理卫星的轨道位置、姿态，控制卫星的星历表等；系统控制中心负责处理用户登记、身份确认、计费和其他的网络管理功能等；信关站负责呼叫处理、交换及与地面通信网的接口等。其他通信系统是指地面互联网、移动通信网或其他各种专用网络，用户信息通过卫星中继，经馈电链路连接到地面信关站，然后接入地面互联网。不同地面互联网要求信关站具有不同的网关功能[1]。

卫星互联网的空间段是一个混合异构的卫星网络，概括其特点就是高、中、低轨道卫星结合，通信、导航、遥感卫星协同。

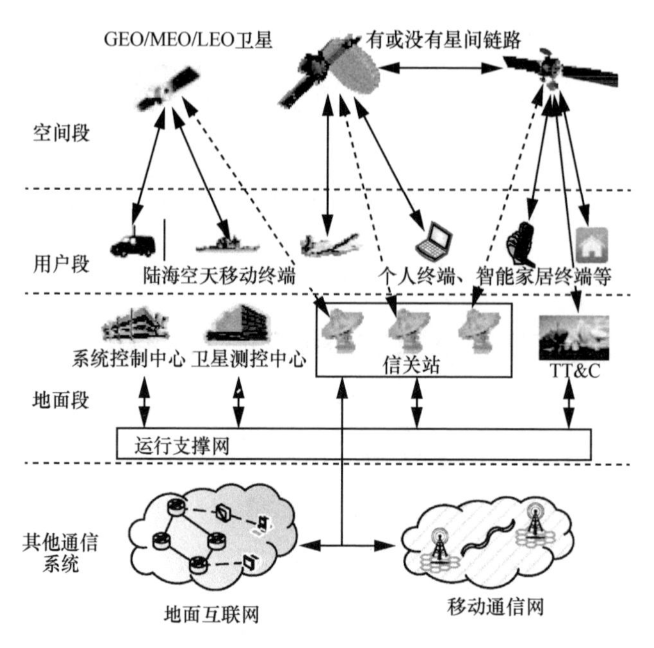

图 1-3　卫星互联网的一般组成

卫星互联网涵盖高、中、低各类轨道卫星，形成一个高中低轨道相配合的混合卫星网络，以解决以往单纯某一轨道卫星系统各自存在的不足。其中，高轨通信卫星一般采用对地静止轨道，其时延大，无法覆盖两极地区；中低轨通信卫星相对地面运动，其通信链路不够稳定，组网控制复杂。如果把高中低轨卫星综合在一个系统中，比如利用高轨卫星实现广域稳定覆盖，用中低轨卫星实现大容量全球覆盖，打破 3 种通信卫星网络各自独立的体系，实现高中低轨卫星联合组网，是卫星网络的一种可能发展趋势。

除了实现不同轨道高度通信卫星的联合组网，还有可能将各类应用卫星（包括其他系统的通信、导航和遥感卫星）融入卫星互联网空间段，实现通（信）导（航）遥（感）一体化。

此外，受到空间传播环境与网络部署等因素的影响，卫星互联网与地面互联网相比有显著差别。首先，卫星之间距离遥远且存在轨道运动，导致卫星互联网存在信号传播损耗大、传输时延长、拓扑具有动态性、星间和星地链路存在频繁通断现象等缺点；其次，卫星互联网由大量专用系统和专用网络构成，各自长期发展过程中缺乏统一标准，网络的管理实体、应用需求和操作习惯大相径庭，不同管理域异构网络互联互通困难，节点资源协同困难。因此，地面互联网中的一些成熟技术难以直接应用于卫星互联网。

1.2.2 组网方式

根据网络中完成组网功能的主体是在卫星还是地面，可把卫星互联网的组网方式分为三大类：天星地网、天基网络、天网地网[3]。

（1）天星地网：这是目前卫星通信中经常采用的一种组网方式，如 Inmarsat、Intelsat、宽带全球卫星（WGS）等系统均采用这种方式，其特点是天上卫星之间不组网，而是通过全球分布的地球站组网工作来实现整个系统的全球服务能力。在这种网络结构中，卫星只是透明转发通道，大部分的处理在地面完成，所以星上设备比较简单，系统建设的复杂度低，升级维护比较方便。

（2）天基网络：这是具备星上处理能力的卫星采用的一种组网方式，如铱系统（Iridium）、美国先进极高频（AEHF）和后期的星链等系统均采用这种方式，其特点是采用星间组网的方式构成独立的卫星网络，整个系统可以不依赖地面网络独立运行。这种网络结构强化了对通信卫星的要求，把处理、交换、网络控制等功能都放在星上完成，提高了系统的覆盖能力和抗毁能力，但由此造成了星上设备的复杂化，导致整个系统建设和维护的成本较高。因此，这种组网方式比较适合需要提供全球无缝覆盖的卫星通信系统和对网络抗毁性要求比较高的卫星通信系统。

（3）天网地网：介于上述两种组网方式之间，美国计划的转型卫星通信系统（TSAT）就采用这种组网方式，其特点是天网和地网两张网络相互配合共同构成卫星互联网。在这种网络结构下，天基网络利用其高、远、广的优势实现全球覆盖，地面网络可以不用全球布站，但可以把大部分的网络管理和控制功能放在地面完成，简化整个系统的技术复杂度。表 1-1 给出了这 3 种组网方式的简要对比。

表 1-1 3 种不同组网方式的比较[3]

组网方式	典型系统	地面网络	星间组网	星上设备	系统可维护性	技术复杂度	建设成本
天星地网	Inmarsat、Intelsat、Globalstar、O3b、OneWeb、Starlink（初期）、WGS、MUOS	全球分布地球站网络	否	简单	好	低	低
天基网络	Iridium、Starlink（后期）、AEHF	系统可不依赖地面网络独立运行	是	复杂	差	高	高

续表

组网方式	典型系统	地面网络	星间组网	星上设备	系统可维护性	技术复杂度	建设成本
天网地网	TSAT	天地配合，地面网络不需要全球布站	是	中等	中	中	中

1.2.3 网络特点

卫星互联网融合了多种轨道类型和多种应用，导致其网络规模庞大、组成结构复杂，具备以下特点[4]。

（1）一星多用，兼顾其他。卫星互联网通过通信、导航、遥感等载荷与平台高效集成，进行协同观测、在轨处理和一体化组网传输，实现网络资源按需配置和灵活服务。

（2）结构复杂，技术难度大。由于时空跨度大，信息维度高，卫星互联网面临海量数据传输、信息实时处理等难题，特别是在资源受限、时空约束条件下，网络的负载能力与可靠性成为突出的瓶颈问题。

（3）网络多源异构，节点动态变化。卫星互联网涉及星间、星地和地面网络，对网络的拓展性和兼容性提出了更高的要求；且由于卫星在轨运动，网络拓扑具有高动态性。

（4）覆盖范围大，应用前景广阔。卫星互联网的覆盖范围从陆地拓展到全球乃至太空，其应用涵盖空间观测、信息传输、处理及应用等多个领域，是人类认识空间、利用空间、进入空间的支撑手段，也是孕育战略性新兴产业的重要载体。

就卫星互联网中的卫星星座部分而言，可根据其轨道构成进一步划分为单层卫星网和多层卫星网。

（1）单层卫星网是指网络中的通信卫星都部署在相同类型、相同高度的轨道上，其网络结构比较简单，当前大部分卫星通信系统是单层卫星网，包括地球静止轨道卫星通信系统（如：Intelsat、Inmarsat 等）、MEO 卫星通信系统（如 O3b 等）、LEO 卫星通信系统（如 Iridium、Globalstar 等）。

（2）多层卫星网是指在双层或多层轨道平面内同时布星，利用层间星间链路（Inter-Satellite Link，ISL）建立的立体交叉卫星网络。与单层卫星网络相比，多层卫星网络具有空间频谱利用率高、组网灵活、抗毁性强等优点，能够实现各种轨道高度卫星星座的优势互补，是一种较好的卫星网络组网模式，如星链系统、美军天基红外系统（SBIRS）、我国的北斗卫星导航系统等采用的就是多层卫星组网方式。早在 20 世纪 90 年代末期，研究者就提出多层卫星组网的设想，可分为两类：基于 MEO/LEO 或 GEO/LEO 的双层卫星网络和由 LEO/MEO/GEO 共同构成的 3 层卫星网络。在基于 MEO/LEO 的双层卫星网络中，MEO 卫星间用 ISL 相连，并且 MEO 卫星可以通过 ISL 和在自己“视距”内的 LEO 卫星相连，LEO 卫星间没有 ISL 相连，通过 MEO 和 LEO 星座联合为地面移动终端提供卫星移动通信系统服务。对于由 GEO、MEO 和 LEO 卫星构成的 3 层卫星网络，GEO 卫星是网络路由算法的决策中枢，MEO 卫星完成对地球表面完全覆盖，而 LEO 卫星主要实现对地面移动终端的接入，在这个星座中，MEO 卫星与 MEO 卫星、GEO 卫星与 MEO 卫星、MEO 卫星与 LEO 卫星、LEO 卫星与 LEO 卫星间都存在星间链路。

1.3 通信链路

卫星互联网由位于陆海空天的各类节点及连接节点的通信链路构成。根据节点所处位置的不同，可以把通信链路分为三大类：地面链路、星地链路和星间链路。

系统中存在的各类链路示意如图 1-4 所示[5]。

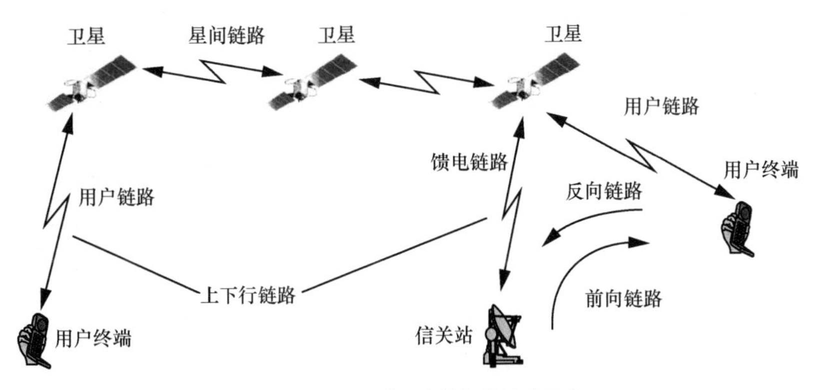

图 1-4　卫星互联网中的各类链路示意

1.3.1 地面链路

地面链路是指通信双方均位于地球表面的链路，是一种实现地面节点之间信息交换的通信链路，可以是有线链路或无线链路。卫星互联网中的地面链路主要是指信关站之间、信关站与其他地面通信网之间的链路，这些链路一般采用光纤信道，以支持大容量信息传输。

1.3.2 星地链路

星地链路是指通信一方位于地球表面，另一方位于宇宙空间的链路，是一种实现地面节点与空间节点之间信息交换的通信链路。卫星互联网中的星地链路是指各类卫星与地球站之间的链路。

在传统卫星通信中，通常使用上行链路（Uplink）和下行链路（Downlink）来表示卫星与地球站之间的传播路径。

（1）上行链路：地球站发送信号到卫星所经过的通信路径。

（2）下行链路：卫星发送信号到地球站所经过的通信路径。

在卫星移动通信中，对于通信链路通常划分为以下 4 类。

（1）前向链路：从信关站到移动站（用户终端）方向的链路。

（2）后（反）向链路：从移动站（用户终端）到信关站方向的链路。

（3）用户链路：移动站（用户终端）与卫星之间的链路。

（4）馈电链路：信关站与卫星之间的链路。

1.3.3 星间链路

星间链路是指通信双方都位于宇宙空间的链路，是一种实现空间节点之间信息交换的通信链路。卫星互联网中的星间链路是指各类卫星之间的通信链路。星间链路也叫星际链路，有时也称为交叉链路。按星间链路两端卫星所处轨道类型划分为两种：一是同种轨道类型卫星之间的星间链路，如 GEO-GEO、LEO-LEO 等，典型例子分别为 AEHF、Iridium 等系统采用的星间链路，这种星间链路的主要作用是扩大覆盖范围，缩小传播时延，增加系统容量；二是不同轨道类型卫星之间的星间链路，如 GEO-LEO 等，典型例子为跟踪与数据中继卫星（TDRS）和 LEO 卫星之间的星间链路，其作用主要是提高时间和空间覆盖率。图 1-5 给出了卫星互联网星间链路示意[5]。

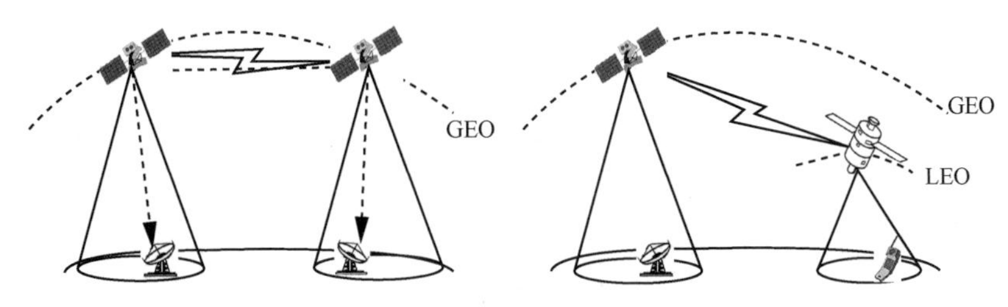

图 1-5 卫星互联网星间链路示意

ISL 一般工作在较高的频段，如 Ka、EHF 等频段。国际电信联盟（ITU）为星间链路划分了多个可用频段，根据使用频段，星间链路还可划分为射频（也称为无线电频率）星间链路和光星间链路两大类。

1.4 通信卫星

1.4.1 通信卫星组成

通信卫星是指用作无线电通信中继站的人造地球卫星，是卫星通信系统的空间部分。每颗通信卫星都是由若干个功能不同而又相互作用和相互依赖的分系统组成的一个整体。通常根据完成功能的不同，把通信卫星划分为卫星平台（用于保证和支持有效载荷正常工作）和有效载荷（用于完成无线电信号的中继）两大部分。

1.4.2 通信卫星平台

通信卫星平台还可进一步分为结构、电源、热控、姿态和轨道控制、遥测遥控（TT&C）等分系统[6]。通信卫星平台各分系统的主要功能见表 1-2。

表 1-2　通信卫星平台各分系统的主要功能

分系统	功能
结构	是卫星各受力和支承构件的总成，保持卫星的完整性及完成各种规定动作与功能
电源	产生、存储、变换电能，为整个卫星提供电源
热控	控制星内外热交换，避免过热、过冷，使星体内部的温度适宜
姿态和轨道控制	提供速度增量和转矩，完成姿态稳定和轨道保持
遥测遥控	完成卫星遥测、遥控和跟踪测轨

1.4.3　通信卫星有效载荷

通信卫星中直接为通信服务的部分称为通信卫星有效载荷，主要包括转发器和天线两个分系统[5]。

天线分系统完成定向发射和接收各种无线电信号，包括通信信号、信标、跟踪遥测指令等信号；通信天线主要有以下几种类型：全球波束天线（对于地球静止轨道卫星，其半功率角为 17.4° ）、点波束、赋形波束天线、多波束天线和相控阵天线等。

转发器实际就是微波收发信机，一颗卫星可以包括多种转发器，每种转发器能同时接收和转发多个地球站的信号。显然，当每种转发器所能提供的功率和带宽一定时，转发器越多，卫星通信容量就越大。根据实现功能的不同，转发器可分为透明转发器和处理转发器两大类。

透明转发器也叫弯管式转发器，它对接收到的信号只进行低噪声放大、变频、功率放大等，即只是单纯地完成转发任务。透明转发器对工作频带内的任何信号都是“透明”的。它是目前使用最广泛的一种转发器。

处理转发器也叫再生式转发器，除了具有信号转发功能，还具有信号处理功能。它是在透明转发器的基础上，增加星上解调、基带处理和重调制等功能，有些还具有星上交换功能。

1.5　地球站

地球站是指设在地球表面（包括地面、水面和低层大气中）的一种通信站，也叫地面站，是为用户直接提供服务的设备，其作用是将语音、文字、数据和图像信息转变为电磁信号发出去，并将接收到的电磁信号复原为原来的形式[7]。

根据安装平台的不同，地球站可分为固定站、可搬移站、车（机、船）载站、箱式站、便携站和手持站等，能工作在一个或多个频段，具有不同的天线口径和功率，组成多种网络结构，使用不同的多址体制来接入卫星，向用户提供丰富的业务。

根据在网络中所处的地位和完成的功能，地球站可分为中央站和远端站两大类。通常把设置有网络控制和管理中心的地球站称为中央站，也叫中心站或主站，是整个网络的控制和管理中心，很多情况下也是数据处理和交换的中心；其余地球站称为远端站，也叫小站，安装在用户处并直接向用户提供通信服务。

由于使用环境不同，地球站呈现出不同的设备形态，但通常都包括天线、馈线设备、发射设备、接收设备、信道与接口设备等，某些大型地球站还包括天线跟踪伺服设备。图 1-6 给出了传统的大型地球站的设备组成框图。目前大型地球站仍采用这种方式，小型地球站通常分为天线、室外单元（ODU）和室内单元（IDU）3 个部分，手持站的所有模块都集成在一个机壳内[8]。

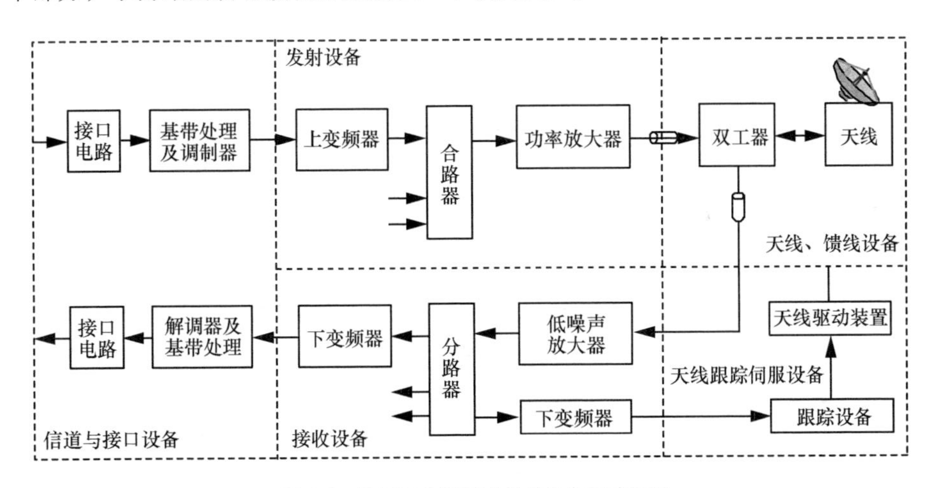

图 1-6 传统的大型地球站的设备组成框图

（1）天线、馈线设备

其基本作用是将发射机送来的射频信号变成定向（对准卫星）辐射的电磁波；同时收集卫星发来的电磁波，送到接收设备。通常，地球站的天线是收、发共用的，因此要有收、发开关（或称双工器）。从双工器到收发信机之间，用一定长度的馈线连接。

由于卫星通信大都工作于微波波段，所以地球站天线通常是面天线，目前大型站主要采用卡塞格伦天线。一般来说，当工作频段一定时，天线口径越大，天线增益越高，对天线基础的要求也相应提高，并且可能还需要配备专门的天线跟踪伺服设备；如果用于移动或可搬移站，地球站的机动性也会变差。

（2）发射设备

其主要任务是将已调制的中频信号变换为射频信号，并将功率放大到一定的电平，经馈线送到天线并向卫星发射。功率放大器可以是单载波工作，也可以是多载波工作。如果是单载波工作，功率放大器可工作在饱和区；但多载波工作时，功率放大器需要有一定的输出补偿（不少于 3 dB）。功率放大器的输出功率最高可达数百至数千瓦。

（3）接收设备

其主要任务是把天线收集的来自卫星转发器的无线电信号，经过放大和频率下变频后，送给解调器。

由于地球站接收设备入口的信号电平极其微弱，为了减少接收机内部噪声对信号的影响，提高接收灵敏度，接收设备必须使用低噪声微波前置放大器。为减少馈线损耗的影响，该放大器一般安装在天线上。

由低噪声放大器输出的射频信号，要经过下变频器变为中频信号，以便解调器进行解调。

（4）信道与接口设备

其主要任务是完成信号的调制解调、接口与信令变换等功能。在发射端，信道与接口设备的基本任务是将用户送来的消息加以处理，变成适合采用的卫星通信体制要求的信号形式；在接收端，则进行与发送端相反的处理，把接收到的信号恢复为原来的消息。

（5）天线跟踪伺服设备

由于各种摄动力的影响，地球静止轨道卫星并非相对地面绝对“静止”，而是有一定的漂移，其星下点轨迹在地面上不是一个点，而是以赤道为对称轴的“8”字形，卫星漂移造成的轨道倾角越大，“8”字形的区域也越大。因此，地球站的天线必须经常校正自己的方位角和俯仰角，才能对准卫星。其实现方式有手动跟踪和自动跟踪两种，前者是相隔一定时间对天线进行人工定位；后者是利用一套电子、机电设备，使天线轴对准卫星进行自动跟踪。手动跟踪是各型地球站都具有的；自动跟踪则多用于大型地球站，以保持高跟踪精度。

（6）电源设备

其主要任务是向地球站提供各类供电保障。

除了上述设备，有些地球站还包括控制设备和监视设备等。

对于目前最常用的甚小孔径/天线（VSAT）地球站，其通常包括天线、室外单元和室内单元 3 个部分。室内单元与室外单元之间通过中频电缆进行连接，目前常用的中频电缆主要有 70 MHz、140 MHz 和 L 频段（950～1 450 MHz）3 种；室外单元一般包括功率放大器、低噪声放大器和上/下变频器等部分；室内单元一般包括调制解调器、信道编译码器和基带处理设备等。图 1-7 给出了 VSAT 地球站的一般组成框图。

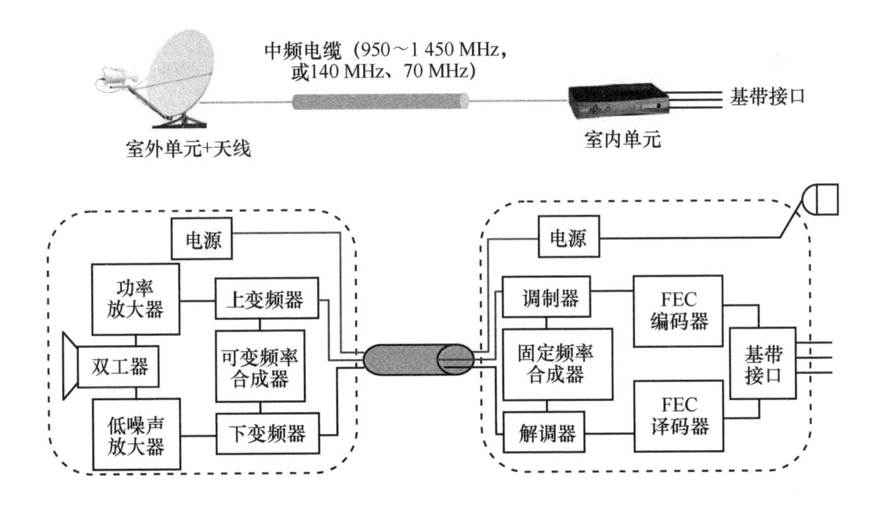

图 1-7 VSAT 地球站的一般组成框图

1.6 网络管理

随着通信技术和网络技术的发展，网络管理已经成为通信网的重要组成部分。网络管理从最早的人工管理、简单的系统，发展到相当复杂的网络管理系统（NMS）。以卫星通信系统为例，在初期，地球站主要是用于点到点的干线通信，基本上不形成网络，所以不存在网络管理。后来出现若干地球站组成的卫星通信网，相应地出现了网络管理系统。随着卫星通信网控制和管理技术的不断发展，相对完善和实用的网络管理系统逐步形成，成为卫星通信网的一个重要组成部分。

1.6.1 网络管理系统的组成及各部分的功能

为了实现对通信网的管理，必须有一个专门的系统来承担此功能，称此系统为网络管理系统。图 1-8 给出了网络管理系统的基本组成。在一个网络管理系统中存在着一个网络管理中心（NMC）、一个管理信息库（MIB）、多个管理代理和网元（Network Element，NE）及用于人机接口的网管操作台[5]。各部分的功能如下。

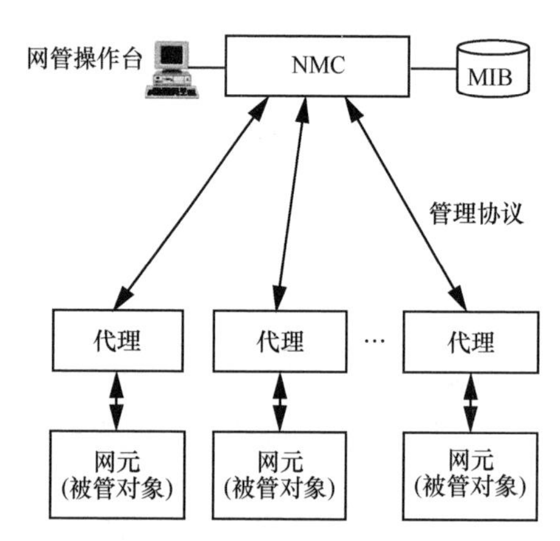

图 1-8 网络管理系统的基本组成

NMC：它是整个网络管理系统的管理者，通过代理实现对网元的管理。所有网络管理系统应具备的功能，NMC 都必须具备。

MIB：是一个被管理的网元的信息数据库，通常位于 NMC。MIB 中包括各被管对象的名字、允许的行为和可以在其上执行的操作的信息，这些信息由 NMC 和代理共享。

网管操作台：是 NMC 的人机接口部分。网络管理员通过网管操作台监视 NMC 得到的有关网络的各种信息，也通过它向 NMC 发布控制网络的各种命令。

代理：NMC 对被管理的网元的管理操作是通过代理来实现的，通常设在被管理的网元中或附设在网元处。代理负责向 NMC 报告被管理的网元的状态，并从 NMC 接收关于对这些网元采取何种动作的操作命令。

NE：是指网络中需要被管理的具体的通信设备或逻辑实体（如网络中被管理的

天线跟踪伺服设备、功率放大器、上下变频器、调制解调器、路由器及完成特定功能的软件包等网络资源）。

1.6.2　现代网络管理系统模型

现代网络管理系统一般采用面向对象的设计方法。被管理的网络资源，不论是物理的还是逻辑的，也不论是静态的还是动态的，都抽象为被管对象，每个被管对象用一组参数来标识，包括对象的属性、在对象上施加的管理操作、管理操作所产生的行为，以及被管对象发出的消息等。具有相同属性的对象可以被归纳到同一被管对象类中，对象之间呈现出继承和包含的关系，并以此为依据确定对象的命名准则。这样，对网络实体的管理和操作就转化成了对被管对象的操作，两者之间有着一一对应的关系。

在网管中心和被管对象之间，形成了管理者/代理的相互关系。管理者发出管理命令和接收代理回送的通知；代理响应管理者发出的命令，对被管对象实施具体的管理操作，并回送反映被管对象行为的通知给管理者。图 1-9 所示的网络管理系统模型描绘了管理者、代理和被管对象之间的这种关系[5]。

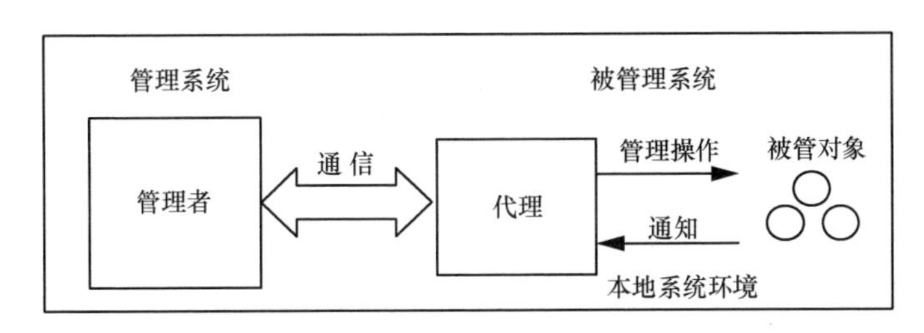

图 1-9　描述管理者、代理和被管对象之间相互关系的网络管理系统模型

1.6.3　网络管理系统的基本功能

对于一般的卫星通信网来说，网络管理系统至少应具备五大功能，即配置管理、故障管理、性能管理、安全管理和计费管理，各管理功能的基本内容如下。

（1）配置管理

配置管理是网络管理系统最基本的功能，包括配置功能和资源管理两大方面。主要配置功能包括以下 6 项。

① 配置信息获取。网络管理中心应保存卫星通信系统完整的配置信息，其中网络动态信息保存在网络运行数据库中，网络静态信息保存在网络资源数据库中。配置信息的获取方式包括自动获取（在网络拓扑发现完成后，系统将启动网络配置自动获取过程，以得到卫星通信系统的配置信息）和指定获取（网络管理中心支持操作员获取指定单元的配置信息）两种方式。

② 配置信息浏览。通过对象树或拓扑图显示指定单元的配置信息。

③ 配置信息变更。能够对各网元的配置进行改变。

④ 配置一致性检查。主要是检查在网络管理中心保存的配置信息与实际网元中保存的配置信息是否一致，可通过先获取指定网元的配置信息，然后再与网管中心保存的配置信息进行比较来完成。

⑤ 配置变更报告。主要是为了保证保存在不同场所（网元、网管中心）的网络配置信息的一致性，当一个网元的配置信息发生变化时，应及时向其管理系统发送报告。

⑥ 配置变更报告显示。系统应形成一条配置变更事件记录，保存在数据库中，配置报告的内容应显示在网络操作台界面的状态框中。

卫星通信系统中的资源包括设备资源和信道资源两大部分。设备资源管理的范围包括组成卫星通信网的所有硬件设备和软件系统，为这些设备资源建立一个完备的资料库，为网络管理应用提供支持；信道资源管理需要建立一个完整的信道资源资料库，协助完成信道资源的规划，提供信道资源调度的依据。资源管理的具体工作包括被管对象的增减（如增加、去除和修改一个网元或功能）、为被管对象命名并能够识别被管对象、为被管对象设置初始工作状态（例如，配置诸如频率、时隙、码字、速率这样的信道参数等）、处理被管对象之间的关系、管理被管对象的操作和状态等。配置管理需要一个配置数据库，用于记录与网络组成有关的数据。

（2）故障管理

故障管理的主要功能是监视各设备的运行状态，处理系统中发生的故障告警，从而保证网络能够连续、可靠地工作。故障管理包括故障管理配置、故障管理监视、故障告警收发、故障告警处理、故障统计分析和报表生成等功能。原始的故障报告信息通常由被管对象提供，管理系统进行必要的处理工作。故障管理中的诊断和恢复（或故障排除）往往需要网管操作员进行操作干预，提高网络的自诊断和自恢复能力是现代网络管理的一个发展方向。

（3）性能管理

性能管理是针对规定的性能指标进行的，它通过收集、记录、统计和分析有关性能数据（如工作负荷、吞吐量、传输时间、响应时间、服务质量等）来估计和预测网络的性能，为配置管理和故障管理提供必要的依据。

（4）安全管理

安全管理的主要作用是防止对网络管理系统的非法操作，主要内容包括以下 5 项。

① 用户分级。一般按工作性质划分，至少将操作员分为 2 级，即系统管理员和一般管理员。系统管理员具有控制台的所有操作权限，系统操作员不允许删除；一般管理员通常指网络管理中心的值班操作员，其权限取决于系统操作员对其的设置。

② 权限管理。除系统管理员拥有所有权限外，其他用户的权限均由系统管理员进行分配，这包括设置用户权限、用户权限检查等功能。

③ 用户管理。用户管理的权限只有系统管理员才拥有，一般用户只能对自己的口令进行修改，而不允许修改其他信息。系统管理员能够通过增加用户、删除用户、修改用户属性、浏览用户信息来对卫星通信网的用户进行管理。

④ 用户注册。主要提供用户登录、注销和发呆锁定等功能。

⑤ 日志管理。包括登录日志管理和操作日志管理。

（5）计费管理

计费管理对于公用网或商用网是必不可少的，网络管理系统根据用户对网络资源的使用情况进行记录并收费。在一些专用网中，可能不需要收费，但是对用户使用网络资源的情况进行记录统计是必要的，所以仍需要计费管理中的有关功能。

计费管理的功能有以下两项。

① 计费数据采集配置。可以配置计费信息采集的规则，如每周、每月采集等。

② 通信流量分析。主要分析网络通信流量的特征，包括网络通信流量与时间的对应关系、网络通信流量与通信业务的对应关系、网络通信流量与用户的对应关系、通信业务与时间的对应关系。通信流量分析功能可以针对整个网络，也可以针对某个子网。

另外，卫星通信网的网络管理中还常常包括拓扑管理功能，因为网络拓扑信息是实现网络管理的基础性信息，一般包括拓扑生成、拓扑存储、拓扑显示、拓扑操作、图标编辑等功能，有时把拓扑管理功能纳入配置管理功能的范畴。

此外，网络管理系统可能还会包括其他一些拓展功能，如面向用户的服务、网络规划、决策支持等。

1.6.4 简单网络管理协议

从 20 世纪 70 年代后期开始，计算机网络由一个个小型、不互联的简单网络变成一个较大型的互联网络，这些互联的计算机网络被称为因特网（Internet），并且其规模以指数增长。随着因特网的日益膨胀，其管理（如监视和维护）问题变得越来越突出，迫切需要制定一个网络管理协议。为此，很多国家开始了对网络管理协议的研究。

第一个被使用的协议就是简单网络管理协议（SNMP），它是在其他更完善、更好的协议正在被设计的时候，首先被提出的一个快速解决因特网管理问题的协议。在以后被提出的许多因特网管理协议中，主要有两种不同的网管协议：第一种被称为 SNMPv2，它是在吸收许多原始 SNMP（目前仍在广泛使用，被称为 SNMPv1）特点的基础上新增了大量克服原始协议不足的内容；第二种被称为公共管理信息协议（CMIP），它是适用于国际标准化组织（ISO）的开放系统互联（OSI/RM）参考模型的一种专用系统管理协议，负责在管理者和代理之间传输管理信息。

SNMP 是 20 世纪 80 年代中期由因特网工程任务组（Internet Engineering Task Force，IETF）开发的一种用于解决不同类型计算机网络之间通信问题的快速解决方案，是一种相对简单、实用的非 OSI 标准的网管标准，以 TCP/IP 为基础，在 1988 年 8 月就已成为网络管理标准 RFC-1157。图 1-10 给出了因特网的网络管理协议结构，从图中可见，SNMP 是以因特网的用户数据报协议（UDP）和互联网协议（IP）为基础的。

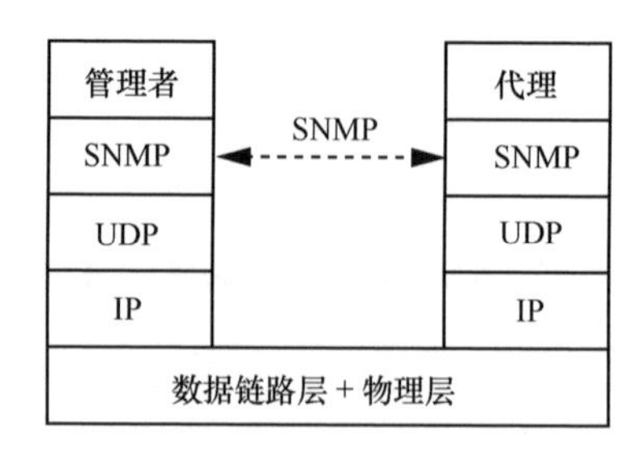

图 1-10 因特网的网络管理协议结构

SNMP 的工作原理非常简单，它通过被称为协议数据单元（PDU）的专用信息块来交换网络信息，从一个高层协议来看，PDU 就像是一个包含了各种具有名称和值的变量的对象。为了监视一个网络，SNMP 定义了以下 5 种类型的 PDU 来交换网络管理信息。

Get Request：用来访问管理代理，读取一个或多个变量的值。

Get Next Request：类似 Get Request，读取一个或多个变量的下一值。

Get Response：对 Get Request、Get Next Request、Set Request 的响应。

Set Request：设置或改变一个或多个变量的值。

Trap：陷阱，用于监视诸如终端上网、离网、温度过高、队列太长这样的网络事件。

这样，如果一个用户需要确定一个终端是否连接到网络上，其只需用 SNMP 向该终端发一个 Get Request PDU。如果该终端连接到网络上，用户就会接收到一个 Get Response PDU，其值为“是的，此终端连接到网上了”；如果该终端当时没有连接到网上，用户就会接收到一个表示该终端没有连接到网上的 PDU。

基于 TCP/IP 的 SNMP 网络管理框架包括以下 3 个部分。

（1）管理信息的结构（SMI）：用来表示被管对象是如何定义的及如何在管理信息库中表示。

（2）管理信息库：存放各种被管对象的管理参数。

（3）管理协议 SNMP：提供在网络管理者和被管对象之间交互管理信息的方法，这是通过轮询操作来实现的，即由管理者通过周期性地向被管对象发出轮询信息来了解或改变被管对象的状态。

SNMP 最主要的优点是其设计的简单性，容易在一个大型网络上实现，因为它既不需要用很长时间来建立，也不会对网络施加过多压力。

SNMP 的另一个优点是可扩充性好。由于其设计简单，协议易于升级，便于满足用户的需要。

另外，简单的设计易于让用户对需要监控的变量进行编程。通常，一个变量包括变量名、变量的数据类型（如整型、字符串），变量是只读的还是可读写的、变量的值等信息。

目前，SNMP 得到了广泛的使用，使得这个原本只准备作为临时使用的网络管理协议成为一个被广泛接受的网络管理标准。目前，绝大多数的 Internet 硬件（如桥接器、路由器等）制造商支持 SNMP。

由于 SNMP 当初只是作为一个临时的网管解决方案，因此，它并不是一个完善的网络管理协议，有许多内在的不足，只是其巧妙的设计使得 SNMP 仍能正常地工作。

1.7 工作频率的选择与分配

在卫星通信系统的设计过程中，工作频率的选择是一个十分重要的问题。它直接影响到整个系统的通信容量、质量、可靠性、设备配置和成本的高低，还影响到与其他系统的协调[5]。

1.7.1 工作频率选择的原则

在卫星互联网中，需要选择的工作频率包括两部分：通信链路（用于通信目的的各类链路）频率和测控链路（测控站与卫星之间的链路）频率，系统设计时需要为各类链路选择合适的工作频率。另外，为使地球站能跟踪和分辨卫星，在卫星上通常还需要设置专门的信标信号，这也需要分配一个专门的频率。

就卫星通信系统而言，其工作频率的选择必须根据需要和可能相结合的原则，着重考虑下列因素。

（1）符合国际和国家关于无线电频率划分使用规定及业务的一些特殊要求。

（2）电波应能够穿过电离层，传播损耗和外部附加噪声尽可能小。

（3）应具有较宽的可用频带，满足通信容量需求。

（4）较合理地使用无线电频谱，防止各种通信业务之间产生相互干扰。

（5）电子技术与器件的发展情况及现有通信设备的利用。

对于提供固定卫星业务（FSS）的卫星通信系统，早期主要使用 C 频段，其上行链路频率范围为 5.625～6.425 GHz，下行链路频率范围为 3.4～4.2 GHz；后来开始使用 Ku 频段，其上行链路频率采用 14～14.5 GHz，下行链路频率采用 11.7～12.2 GHz，或 10.95～11.2 GHz，以及 11.45～11.7 GHz。许多国家的政府和军事卫星用 X 频段，其上行链路频率范围为 7.9～8.4 GHz，下行链路频率范围为 7.25～7.75 GHz，这样与民用卫星通信系统在频段上分开，避免相互干扰。随着 C 和 Ku

频段越来越拥挤，又开始使用 Ka 频段，其上行链路频率范围为 27.5～31 GHz，下行链路频率范围为 17.7～21.2 GHz，总的可用带宽增大到 3.5 GHz，但降雨对其影响比较严重。

对于提供移动卫星业务（MSS）的卫星通信系统，主要使用 UHF、L、S 等频段。

1.7.2　无线电频率窗口

由于通信卫星位于外层空间，信号传播过程中必然存在大气传播损耗，其中包括电离层吸收、氧分子、水蒸气、云、雾、雨、雪的吸收和散射等。图 1-11 给出了不同频率电磁波的大气衰减情况。

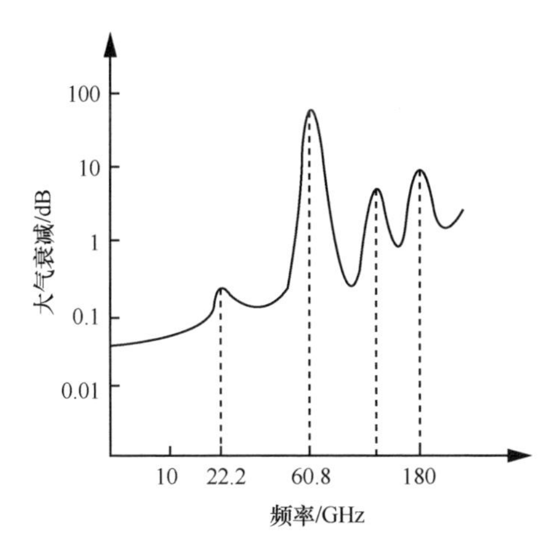

图 1-11　不同频率电磁波的大气衰减情况

（1）当频率低于 0.1 GHz 时，电离层中的自由电子或离子的吸收在信号的大气损耗中起主要的作用，频率越低，这种损耗越严重；当频率高于 0.3 GHz 时，其影响小到可以忽略。

（2）在 15～35 GHz 频段，水蒸气分子的吸收在大气损耗中占主要地位，并在 22.2 GHz 处发生谐振吸收而出现一个损耗峰。

（3）在 15 GHz 以下和 35～80 GHz 频段则主要是氧分子的吸收，并在 60 GHz 附近发生谐振吸收而出现一个较大的损耗峰。

（4）雨、雾、云、雪等各种坏天气对电波的影响是比较严重的，这种影响与频率基本上是线性关系，即频率越高，损耗越大。当工作频率大于 30 GHz 时，即使小雨造成的损耗也不能忽视。当频率低于 10 GHz 时，应考虑中雨以上对其造成的影响。

综合各种因素，在 0.3～10GHz 频段，大气损耗最小，比较适合于电波穿过大气层的传播，大体上可以把电波看作自由空间传播，故称此频段为“无线电频率窗口”，目前在卫星通信中应用最多。在 30 GHz 附近有一个损耗谷，损耗也相对较小，通常把此频段称为“半透明无线电频率窗口”。

1.7.3 ITU 对有关卫星业务的工作频率分配

为保证相互之间不干扰，各类无线通信系统的工作频率不是可以随意使用的，是由 ITU 主持召开的世界无线电行政会议（WARC）和世界无线电通信大会（WRC）来负责频率的分配和协调。

国际上，频率是按区域来划分的。全球分为 3 个区域。

除此之外，在卫星通信中，还按业务类型划分工作频率。在这 3 个区域内，卫星频带分别被分配给各种卫星业务。ITU 规定的卫星业务的种类包括以下 7 种。

（1）固定卫星业务。

（2）移动卫星业务。

（3）卫星无线电导航服务（RNSS）。

（4）卫星无线电定位服务（RDSS）。

（5）广播卫星业务（BSS）。

（6）卫星气象业务。

（7）业余卫星业务（ASS）。

上述业务中固定卫星业务和移动卫星业务属于卫星通信的范畴，广播卫星业务有时也被划入通信的范围。对于一种给定的业务，在不同的区域可能分配不同的频带以防止同频干扰，也可能分配相同的频带以提高频谱利用率。

WRC-95 分配给固定卫星业务（Ⅲ区）的频段及使用方向见表 1-3，分配给移动卫星业务（Ⅲ区）的频段及具体业务类型见表 1-4，分配给星间链路的频段及带宽见表 1-5。由于我国处于无线电分区中的Ⅲ区，表 1-3～表 1-5 中所列的均为分配给Ⅲ区使用的频率。

表 1-3　WRC-95 分配给固定卫星业务（Ⅲ区）的频段及使用方向

频段/MHz	带宽/MHz	使用方向
2 500～2 535	35	空对地
2 655～2 690	35	地对空
3 400～4 200	800	空对地
4 500～4 800	300	空对地
5 150～5 250	100	地对空
5 850～6 700	850	地对空
6 700～7 075	375	地对空、空对地
7 250～7 750	500	空对地
7 900～8 400	500	地对空
10 700～11 700	1 000	空对地
12 500～12 750	250	空对地
12 750～13 250	500	地对空
13 750～14 800	1 050	地对空
15 400～15 700	300	空对地
17 300～17 700	400	地对空
17 800～18 100	300	空对地
18 100～18 400	300	空对地、地对空
18 400～19 300	900	空对地
19 300～19 700	400	空对地、地对空
19 700～21 200	500	空对地
24 750～25 250	500	地对空
27 000～31 000	4 000	地对空
37 500～40 500	3 000	空对地
42 500～43 500	1 000	地对空
47 200～50 200	3 000	地对空
50 400～51 400	1 000	地对空
71 000～75 500	4 500	地对空
81 000～84 000	3 000	空对地
92 000～95 000	3 000	地对空
102 000～105 000	3 000	空对地
149 000～164 000	15 000	空对地
202 000～217 000	15 000	地对空
231 000～241 000	100 000	空对地
265 000～275 000	100 000	地对空

表 1-4　WRC-95 分配给移动卫星业务（Ⅲ区）的频段及业务类型

频段/MHz	业务类型
137～137.025	卫星移动（空对地）
137.025～137.175	卫星移动（空对地）（次要使用）
137.175～137.825	卫星移动（空对地）
137.825～138	卫星移动（空对地）（次要使用）
148～149.9	卫星移动（地对空）
149.9～150.05	陆地卫星移动（地对空）
312～315	卫星移动（地对空）（次要使用）
387～390	卫星移动（空对地）（次要使用）
399.9～400.05	陆地卫星移动（地对空）
400.15～401	卫星移动（空对地）
406～406.1	卫星移动（地对空）
1 525～1 530	卫星移动（空对地）
1 530～1 533	海事卫星移动（空对地）、陆地卫星移动（空对地）
1 533～1 535	海事卫星移动（空对地）、陆地卫星移动（空对地）（次要使用）
1 535～1 544	海事卫星移动（空对地）、陆地卫星移动（空对地）（次要使用）
1 544～1 545	卫星移动（空对地）
1 545～1 555	航空卫星移动（空对地）
1 555～1 559	陆地卫星移动（空对地）
1 610～1 613	卫星移动（地对空）
1 613.8～1 626.5	卫星移动（地对空）、卫星移动（空对地）（次要使用）
1 626.5～1 631.5	卫星移动（地对空）
1 631.5～1 634.5	海事卫星移动（地对空）、陆地卫星移动（地对空）
1 634.5～1 645.5	海事卫星移动（地对空）、陆地卫星移动（地对空）（次要使用）
1 645.5～1 646.5	卫星移动（地对空）
1 646.5～1 656.5	航空卫星移动（地对空）
1 656.5～1 660.5	陆地卫星移动（地对空）
2 170～2 200	卫星移动（空对地）
2 483.5～2 520	卫星移动（空对地）
2 670～2 690	卫星移动（地对空）
14 000～14 500	陆地卫星移动（地对空）（次要使用）
19 700～20 100	卫星移动（空对地）（次要使用）
20 100～21 200	卫星移动（空对地）
29 500～29 900	卫星移动（地对空）（次要使用）

续表

频段/MHz	业务类型
29 900～31 000	卫星移动（地对空）
39 500～40 500	卫星移动（空对地）
43 500～47 000	卫星移动
50 400～51 400	卫星移动（地对空）（次要使用）
66 000～71 000	卫星移动
71 000～74 000	卫星移动（地对空）
81 000～84 000	卫星移动（空对地）
95 000～100 000	卫星移动
134 000～142 000	卫星移动
190 000～200 000	卫星移动
252 000～265 000	卫星移动

表 1-5　WRC-95 分配给星间链路的频段及带宽

频段/GHz	带宽/GHz
22.55～23.55	1
24.45～24.75	0.3
25.25～27.5	2.25
32.0～33.0	1
54.25～58.2	3.95
59.0～64.0	5
116.0～134.0	18
170.0～182.0	12
185.0～190.0	5

参考文献

[1] 张更新, 王运峰, 丁晓进, 等. 卫星互联网若干关键技术研究[J]. 通信学报, 2021, 42(8): 1-14.

[2] 汪春霆, 翟立君, 李宁, 等. 关于天地一体化信息网络典型应用示范的思考[J]. 电信科学, 2017, 33(12): 36-42.

[3] 吴曼青, 吴巍, 周彬, 等. 天地一体化信息网络总体架构设想[J]. 卫星与网络, 2016(3): 30-36.

[4] 李德仁, 沈欣, 龚健雅, 等. 论我国空间信息网络的构建[J]. 武汉大学学报(信息科学版), 2015, 40(6): 711-715, 766.

[5] 张更新, 张杭. 卫星移动通信系统[M]. 北京: 人民邮电出版社, 2001.

[6] 张更新. 现代小卫星及其应用[M]. 北京: 人民邮电出版社, 2009.

[7] 吕海寰, 蔡剑铭, 甘仲民, 等. 卫星通信系统(修订版)[M]. 北京:人民邮电出版社, 1994.

[8] 夏克文. 卫星通信[M]. 西安: 西安电子科技大学出版社, 2008.

第2章

卫星轨道与星座设计

卫星必须要运行在某一适合任务需求的空间轨道上才能实现对地面服务，在单颗卫星不足以满足任务需求的情况下，还需要组成一个卫星星座。本章从介绍开普勒三大定律着手，对空间参考坐标系、时间系统、轨道要素、轨道摄动、轨道分类和轨道窗口等涉及卫星轨道的基础知识进行描述，阐述卫星星座和星座设计的基本概述，并针对典型应用场景给出典型的星座设计方法。

2.1 卫星运行轨道的基本概念

人造地球卫星（以下简称“卫星”）是指在外层空间中环绕地球至少运动一圈的航天器。

卫星以一定规律环绕地球做高速运动时，其质心运动的轨迹称为卫星轨道。

卫星在宇宙空间中沿着轨道运动时，除了受太阳、月亮、其他星体和外层大气的影响，最主要的是受地球引力的作用。如果忽略其他因素，并且把卫星和地球都等效为一个质点，则卫星在地球引力作用下的运动规律服从开普勒三大定律[1]。

第一定律（椭圆定律）：卫星运行的轨道是一个椭圆，而该椭圆的一个焦点位于地球的质心（地心）上（如图 2-1 所示）。在椭圆轨道平面上，卫星离地心最远的一点称为远地点，而离地心最近的一点称为近地点。

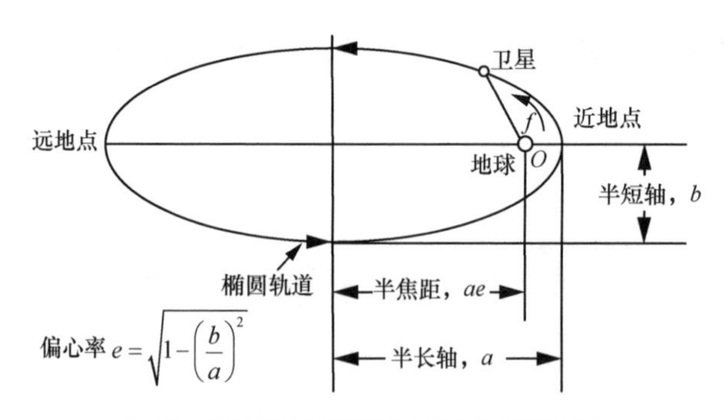

图 2-1　卫星的运动轨道及有关参数定义的示意

卫星在万有引力的作用下绕地心运动，其轨道方程可用式（2-1）极坐标形式来表示。

$$r=\frac{a(1-e^2)}{1+e\cos f} \tag{2-1}$$

式中，a 为椭圆的半长轴，e 是椭圆的偏心率，r 是卫星到地心 O 的距离，f 为真近点角，表示卫星相对于近地点的极角。式（2-1）表明卫星沿椭圆轨道运动，其中的一个焦点就是地心。

第二定律（面积定律）：连接地心与卫星质心的直线在相同时间内扫过相等的面积。图 2-2 给出了此定律的说明。对于任意的星地距离 r，可求得卫星的瞬时速率 v 为

$$v=\sqrt{\mu\left(\frac{2}{r}-\frac{1}{a}\right)} \tag{2-2}$$

式中，开普勒常数（也叫地球重力常数）$\mu=3.986\times10^{14}(\mathrm{m^3/s^2})$。该定律反映了卫星在轨道上各点运行速度之间的比例关系，卫星飞行越远，飞行速度越小。

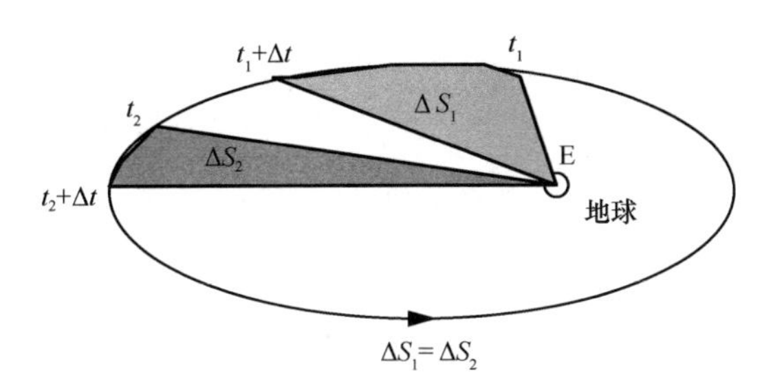

图 2-2　开普勒第二定律的说明

第三定律（调和定律）：卫星运转周期的平方与卫星到地球平均距离（即轨道半长轴）的立方成正比，或者说卫星运转周期的平方与卫星到地球平均距离的立方之比为常数。卫星运转周期 T 的表达式为

$$\frac{T^2}{a^3}=\frac{4\pi^2}{\mu} \text{ 或 } T=\sqrt{\frac{4\pi^2a^3}{\mu}} \tag{2-3}$$

2.2　常用的空间参考坐标系

空间参考坐标系是描述卫星运动、表示卫星运动状态的数学物理基础。卫星轨

道中常用的坐标系主要有两类：一类是惯性坐标系，它与地球自转无关，在空间的位置和方向保持不变或仅做匀速运动，对描述各种卫星的运动状态极为方便；另一类是与地球固联的坐标系，它对于描述卫星相对于地球的位置尤为方便[2]。

2.2.1 天球及其基本概念

（1）天球

天球是一个以地球质心为中心、以无限长为半径的假想球体。它是用于研究宇宙中对象的位置及各对象相对关系所建立的具有数学概念的抽象球体。

（2）天轴与天极

地球自转轴的延伸直线为天轴。天轴与天球的交点称为天极，相对地球南北极的点分别称为南天极和北天极。

（3）天球赤道面与天球赤道

通过地球质心、与天轴垂直的平面称为天球赤道面，它与地球赤道面重合。

天球赤道面与天球相交的大圆称为天球赤道。

（4）黄道面与黄道

过天球中心做一平面与地球公转的轨道面平行，该平面为黄道面。黄道面与地球赤道面的夹角约为 23.5°，它实际上是地球自转轴的倾斜角度。

黄道面在天球上截出的大圆称为黄道。黄道实际上是地球绕太阳公转一周、从地球上看是太阳一年在天球上转动一周的轨迹。

（5）春分点和秋分点

黄道与天球赤道相交两点，分别为春分点和秋分点。其中，每年 3 月 21 日前后，太阳在黄道上由南向北运动时，黄道与天球赤道的交点称为春分点；每年 9 月 23 日前后，太阳在黄道上由北向南运动时，黄道与天球赤道的交点称为秋分点。

黄道上距离天球赤道最远的两点分别称为夏至点和冬至点。

春分点和天球赤道面是建立参考坐标系的重要基准点和基准面。

2.2.2 卫星轨道描述中常用的参考坐标系

为建立卫星运动的数学公式，必须选定参考坐标系。典型的是用笛卡儿坐标系（即“空间直角坐标系”）中测度的位置和速度矢量去描述卫星和地球站的状态。下面是几种常用的坐标系[2]。

（1）地心惯性坐标系

地心惯性坐标系（Earth Centered Inertial coordinate system，ECI）是一种惯性坐标系，坐标系原点位于地球质心，其 xy 平面与地球的赤道面重合，x 轴指向春分点方向，z 轴指向与 xy 平面垂直的方向，y 轴的指向能够使坐标系形成右手坐标系（如图 2-3 所示）。在 ECI 中，卫星服从牛顿运动定律和重力定律，地球是一个以 z 轴为自转轴的转动的球体，而地球以外的天体的运动是满足惯性定律的。

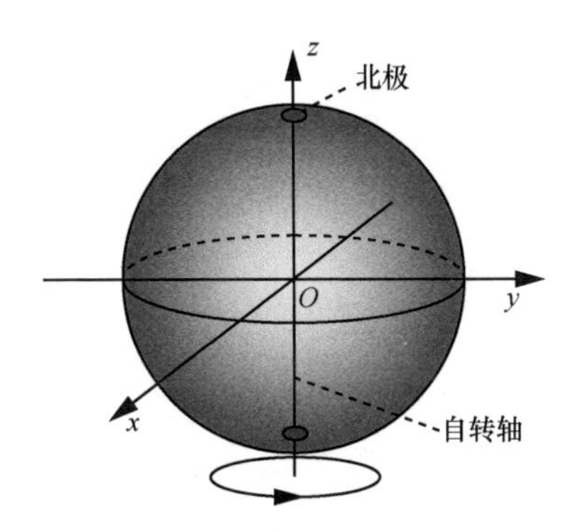

图 2-3　地心惯性坐标系示意

（2）地心地固坐标系

为了确定地球站位置，使用随地球而旋转的地心地固（Earth Centered Earth Fixed，ECEF）坐标系更为方便。在 ECEF 坐标系中，其坐标系原点位于地球质心，xy 轴平面与地球赤道平面重合，x 轴指向 0°经线方向，而 y 轴指向东经 90°的方向。因此 x 轴和 y 轴随着地球一起旋转，在惯性空间中不再描述固定的方向。在 ECEF 坐标系中，z 轴为与赤道平面正交而指向地理北极，形成右手坐标系。

2.3　常用的时间系统

2.3.1　太阳日和恒星日

一个太阳日是指太阳连续经过当地子午线的时间间隔，即通常所说的一天。

一个恒星日定义为地球绕其轴自转 360°所需的时间。

如果地球只是自转，而不绕着太阳公转，一个太阳日就应该等于一个恒星日。实际上，地球除了自转，还要绕着太阳旋转（一年转一圈），因此，在一个太阳日中地球自转就超过了 360°，平均说来在一个太阳日中地球要多自转 0.986°（如图 2-4 所示），导致一个恒星日要比一个太阳日短，一个太阳日为 24 小时，而一个恒星日约为 23 小时 56 分 4 秒[1-3]。

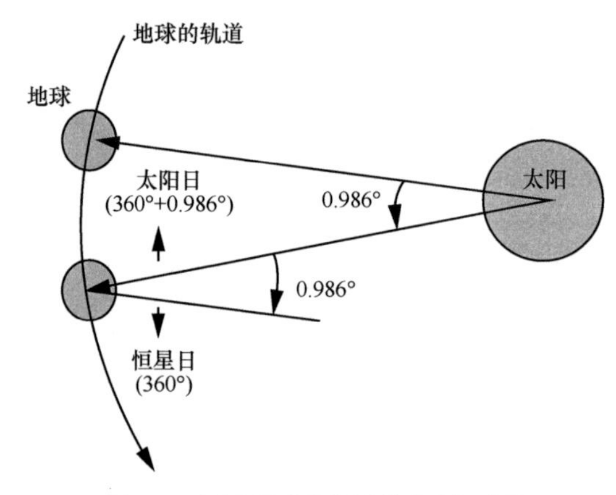

图 2-4　太阳日和恒星日的基本几何关系

2.3.2　世界时

太阳连续两次经过某条子午线的平均时间间隔称为一个平太阳日，以此为基准的时间称为平太阳时。英国格林尼治（Greenwich）从午夜起算的平太阳时称为世界时（Universal Time，UT），一个平太阳日的 1/86400 规定为一个世界秒[1-2]。

2.3.3　原子时

原子时（Atomic Time，AT）以位于海平面的铯 133 原子基态的两个超精细结构能级跃迁辐射的电磁波振荡周期为基准，从 1958 年 1 月 1 日世界时的零时开始启用。铯束辐射频率的 9 192 631 770 个周期持续时间为 1 个原子时秒，86 400（即 3 600×24）个原子时秒定义为一个原子时日。由于原子内部能级跃迁所辐射或吸收的电磁波频率极为稳定，比以地球转动为基础的计时系统更均匀，因而得到广泛应用[2-3]。

虽然原子时比以往任何一种时间尺度都精确，但它仍含有一些不稳定因素需要修正。因此，国际原子时（International Atomic Time，TAI）并不是由一个具体的时钟产生的，它是一个以多个原子钟读数为基础的平均时间尺度。

2.3.4　协调世界时

协调世界时（Coordinate Universal Time，UTC）并不是一种独立的时刻，而是把原子时的秒长和世界时的时刻结合起来的一种时间[2-3]，从而既满足人们对均匀时间间隔的要求，又满足人们对以地球自转为基础的准确世界时时刻的要求。

协调世界时的定义是它的秒长严格等于原子时长，采用整数调秒的方法使 UTC 与 UT 之差保持在 0.9 s 之间，当此差值累积到大于 1 s 时，则 UTC 向 UT 方向调整 1 个整秒，称为“闰秒”。

2.3.5　标准时

由于地球自西向东自转，经度不同的地方时间便有差异。仅有一个世界时对世界各地人们的日常生活带来许多不便，为此，1884 年华盛顿国际会议决定全球统一按区间系统计量时间，全世界分为 24 个时区，每个时区 15°，每时区以中央经线的当地时间为本区的区时，这样的时间称为标准时，也称为当地时。我国从东到西横跨东 5 到东 9 共 5 个时区，现我国标准时采用北京所在的东 8 区区时（即东经 120° 经线的当地时）。这样北京标准时 12:00 对应的 UTC 为 04:00。

2.4　描述卫星位置的轨道要素

在 ECI 中，卫星在万有引力的作用下沿着轨道的运动可用下列 6 个轨道要素描述[2-4]。

轨道倾角 i：是升交点位置测量到的向北方向赤道平面与轨道面的夹角，$0° \leqslant i \leqslant 180°$，用于确定轨道面的位置。

升交点赤经 Ω：是轨道面和赤道面的交线与春分点方向之间的地心张角，$0° \leqslant \Omega < 360°$，用于确定轨道面的位置。

近地点幅角 ω：是轨道面内近地点到升交点的地心夹角，$0° \leqslant \omega < 360°$，用于确定轨道在轨道面内的指向。

轨道半长轴 a：是椭圆轨道远地点与近地点之间距离的一半，用于确定轨道的大小。

轨道偏心率 e：为椭圆轨道半焦距（椭圆轨道两个焦点之间距离的一半）与轨道半长轴之比，$0 \leqslant e < 1$，用于确定轨道的形状。

卫星过近地点的时刻 t_{p}：卫星围绕地球运行时经过近地点的时刻，用于确定卫星在轨道上的位置。

其中，升交点是指卫星由南向北穿过赤道时卫星轨道与赤道面的交点。另外，在6个轨道要素中，卫星过近地点的时刻 t_{p} 有时也采用真近点角来描述。真近点角 f 是指卫星到近地点的地心夹角，$0° \leqslant f < 360°$，也能确定卫星在轨道上的位置。

图2-5给出了地心惯性坐标系和卫星轨道要素的空间关系，据此可以确定卫星的运行轨道及其在轨道上的瞬时位置。

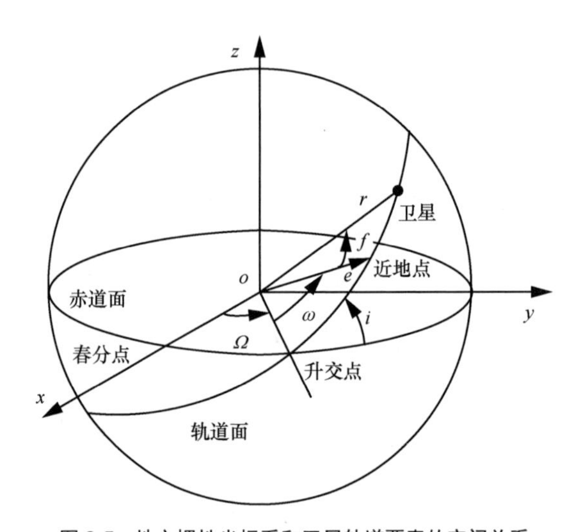

图2-5　地心惯性坐标系和卫星轨道要素的空间关系

对于某时刻卫星在地球表面的投影（即卫星和地心的连线在地球表面的交点），称为该时刻的星下点，通常在ECEF坐标系中用地球经纬度表示其位置。卫星运动和地球自转使星下点在地面移动所画出的轨迹称为星下点轨迹。卫星运行的轨道不同，星下点轨迹也不同。

2.5　卫星轨道的摄动

卫星在轨道上运动时会发生不同程度地偏离由椭圆轨道方程所确定的理想轨道，这一现象称为摄动。

引起卫星轨道发生摄动的力学因素有以下 4 个[2-4]。

（1）地球引力场的不均匀性。它是由于地球质量分布的不均匀性造成的。我们知道地球并不是一个均匀的球体，而是略呈扁椭圆状，地球的赤道半径（约 6 378 km）要比极半径（南、北极到地心）大约长 21 km；另外，由于地形、地貌的不同，地球表面是起伏不平的，而且地球内部的密度分布也不是完全均匀的，所有这些都使得地球的质量分布是不均匀的，从而造成卫星的摄动。

（2）大气阻力。当卫星在空间中运动时，虽然大气密度非常低，但由于卫星运动速度非常快，当轨道高度较低时，大气阻力的影响仍是很明显的。卫星轨道高度越低，遭受的大气阻力越大。

（3）太阳光压。通常对于小卫星来说，太阳光对卫星产生的压力是可以忽略的；但对于需要产生大量电功率的卫星而言，由于太阳能电池帆板的表面积比较大，在计算摄动力时就必须要考虑到太阳光压的影响。卫星受到太阳光照射的表面积越大、轨道高度越高，太阳光压的影响越明显。

（4）日、月等的作用。卫星绕地球运动时，除受到地球的引力影响外，还受到太阳和月亮等其他天体产生的引力影响。对于低轨道高度的卫星，地球的引力占绝对优势，但随着轨道高度的提高，虽然地球的引力仍占主导地位，但太阳和月亮产生的引力对卫星运动产生的影响已不能忽略，高度越高，这种影响越明显。

地球引力场的不均匀性是低轨道卫星的最主要摄动。它主要表现在两个方面：一是使卫星的轨道面围绕地球自转轴缓慢转动，引起轨道面的进动（即升交点位置变化），进动方向与卫星运行方向相反；二是使近地点位置（近地点幅度）变化，并使近地点漂移。

椭圆轨道升交点赤经和近地点幅角的平均变化率分别为

$$\mathrm{d}\Omega / \mathrm{d}t = -(3/2) n_0 A \mathrm{J}_2 \cos i \tag{2-4}$$

$$\mathrm{d}w / \mathrm{d}t = (3/4) n_0 A \mathrm{J}_2 (5\cos^2 i - 1) \tag{2-5}$$

其中，$A = R_e^2 / (a^2(1-e^2)^2)$，$R_e$ 为地球赤道的平均半径，e、a、i 分别为卫星轨道的偏心率、半长轴和倾角，$n_0 = 2\pi / T = \sqrt{\mu / a^3}$ 是卫星运动的平均角速率，μ 为地球重力常数（$3.986\times10^{14}\ m^3/s^2$），$J_2 = 1.082\ 628\times10^{-3}$ 为地球引力场位函数的带谐系数，T 为卫星轨道周期。

大气阻力引起的摄动是决定近地轨道卫星轨道寿命的主要摄动。它可使椭圆轨道的半长轴和偏心率同时下降，即使轨道逐步圆形化、轨道高度减小，最终导致卫星进入大气层而烧毁。

2.6 卫星轨道分类和特点

由于卫星在空间运动的轨道千差万别，与此对应的是轨道类型的划分方法也各不相同，目前主要采用以下几种分类方法[2-4]。

（1）按轨道偏心率分类

可分为圆轨道、近圆轨道、椭圆轨道和大椭圆轨道等。

圆轨道为偏心率等于零的轨道。偏心率接近于零的近圆轨道，有时也称为圆轨道。

椭圆轨道为偏心率在 0 和 1 之间的轨道。当偏心率大于 0.2 时，称为大椭圆轨道。

（2）按轨道倾角分类

可分为赤道轨道、极轨道和倾斜轨道。

赤道轨道为轨道倾角等于 0°或 180°的轨道，一般指轨道倾角为 0°的轨道。

极轨道为轨道倾角等于 90°的轨道。工程上常把倾角在 90°附近的轨道也称为极轨道。

倾斜轨道为介于赤道轨道和极轨道之间的轨道，即轨道倾角在 0°和 90°之间以及 90°和 180°之间（不包括 0°、90°和 180°）的轨道。

（3）按轨道高度分类

可分为低轨道、中轨道和高轨道。

低轨道通常是指轨道高度低于 5 000 km 的轨道。

中轨道通常是指轨道高度介于 5 000 km 和 20 000 km 之间的轨道。

高轨道通常是指轨道高度高于 20 000 km 的轨道。

（4）按轨道面进动角速度分类

可分为太阳同步轨道和非太阳同步轨道。

太阳同步轨道是指轨道平面绕地球自转轴旋转的、旋转方向与地球公转方向相同，旋转角速度等于地球公转的平均角速度（360°/年或 0.986°/日）的轨道。不满足上述条件的，就是非太阳同步轨道。

由于地球上任何地点在一天当中，太阳光照的方向和强度是不同的，对于依靠光学仪器观测地面目标的卫星，要求每天都能在同样的光照条件下进行观测，以便于判断目标的细微变化，获得准确的信息。经过适当的设计，在太阳同步轨道上运行的卫星能在同样的光照条件下飞经同一地点；再通过选择适当的发射时间，让卫星每天都在比较好的光照条件下飞经某一特定区域的上空，就可以获得这个地区的高质量信息。因此，对地观测卫星（如气象卫星、地球资源卫星和成像侦察卫星）一般采用这种轨道。

（5）按星下点轨迹的循环性分类

可分为回归轨道、准回归轨道和非回归轨道。

回归轨道为星下点轨迹逐日重复的轨道。

准回归轨道为星下点轨迹间隔 N（正整数）日后进行重复的轨道，当 N=1 时就是回归轨道。

非回归轨道为星下点轨迹非周期性重复的轨道。

如果卫星采用回归（或者准回归）轨道，则卫星经过一个（或者 N 个）恒星日后，就会回到起点位置。

（6）按轨道周期与地球自转周期的关系分类

轨道周期为卫星在轨道上绕地球运行一圈所需的时间。按轨道周期，可分为地球同步轨道、地球静止轨道、准地球静止轨道和非地球同步轨道。

地球同步轨道（Geosynchronous Orbit，GSO）为卫星轨道周期与地球自转周期（23 小时 56 分 4 秒）相同的顺行轨道。在这条轨道上，卫星每天在相同的时间经过相同的区域上空，星下点轨迹在地面是以赤道为对称轴的“8”字形。地球同步轨道有无数条。

地球静止轨道（Geostationary Earth Orbit，GEO）为轨道倾角与偏心率均等于零或接近于零的地球同步轨道。卫星正好在地球赤道上空，以与地球自转相同的角速度绕地球飞行，从地面上看，好像是静止的，因此称为地球静止轨道。它是地球同步轨道的特例，其星下点轨迹是在赤道上的一个点。地球静止轨道只有一条，其轨道高度为 35 786.13 km。

准地球静止轨道为卫星轨道周期与地球自转周期近似相等、卫星轨道倾角和偏心率等于零或接近于零的顺行轨道，也称为准地球同步轨道。

非地球同步轨道（Non-Geosynchronous Orbit，NGSO）为卫星轨道周期与地球自转周期不相等的轨道。

（7）按近地点幅角变化与否分类

由式（2-5）可以看到，当轨道倾角为 63.4°或 116.6°时，近地点幅角的平均变化率为零，即 $5\cos^2 i - 1 = 0$ 。此时，近地点幅角基本不变。这两个轨道倾角称为临界倾角，相应的轨道称为临界倾角轨道。轨道倾角与临界倾角相近的轨道称为近临界倾角轨道。

近地点幅角不变，相应地远地点幅角也不变。采用大偏心率的临界倾角轨道或近临界倾角轨道，可以使卫星长时间停留在远地点附近，从而在一些特殊应用中能够更好地发挥卫星的效能。

2.7　范艾伦辐射带和卫星轨道高度窗口

范艾伦辐射带是指在地球外层空间中被地磁场捕获的高强度带电粒子区域，不是电离层。范艾伦辐射带是詹姆斯·范艾伦在 1958 年发现的。他发现绕地球存在两条环形的由带电的质子和电子组成的辐射带，在地球的磁场线中进行复杂的螺旋轨迹运动。内层辐射带主要由质子和电子的混合物组成，存在于赤道平面上 600～10 000 km 的高度范围内，带电粒子的浓度约在 3 700 km 高度上达到峰值。外层辐射带主要由电子组成，存在于赤道平面上 10 000～60 000 km 的高度范围内，带电粒子的浓度约在 18 500 km 高度上达到峰值。辐射带的辐射强度与在一年内的时间、地理纬度、地磁和太阳活动等因素有关[2-5]。

范艾伦辐射带对卫星的影响表现为以下两个方面。

辐射：高能带电粒子会导致材料的栅格或电离损害及参数变化，引起材料的暂时或永久改变，损坏卫星中一些精密的器件。对于辐射，可采用屏蔽层来解决。

单粒子效应：α 粒子、质子和高能粒子穿透能力极强，会因与其他物质碰撞而产生瞬时大电流，引起卫星电子电路芯片的逻辑状态改变（比特翻转）、不可预测的操作、设备锁定或烧坏及降低太阳能阵列的发电效率。最有效的解决方法是用软件加以控制。

范艾伦辐射带的存在，使得卫星要避开分别以 3 700 km 和 18 500 km 为中心的两个辐射带，否则就要对卫星进行抗辐射加固，这必然会使卫星的设计更加复杂，增加了卫星的成本。

由于大气密度随轨道高度下降而增大，当轨道高度小于 300 km 时，大气阻力会降低卫星的轨道速度，缩短卫星轨道寿命；氧离子也会对卫星造成腐蚀。因此，轨道高度不能太低，一般认为轨道高度大于 700 km 时，大气的影响可以完全忽略。

这样，卫星的轨道高度在 1 000 km 上下、10 000 km 上下和 20 000 km 以上分别存在 3 个轨道高度窗口。

图 2-6 为范艾伦辐射带和一些典型卫星使用的轨道高度示意。

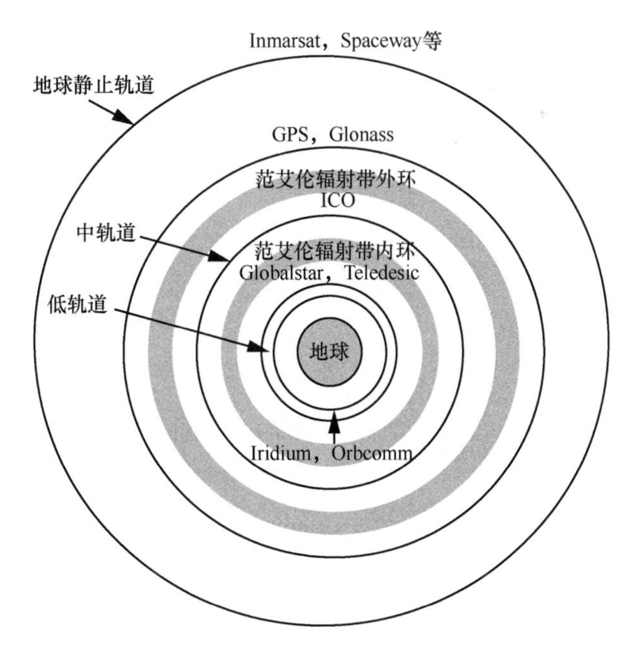

注：此图仅作为示意，轨道高度不是准确值且没有反映轨道倾角、偏心率等因素

图 2-6　范艾伦辐射带和一些典型卫星使用的轨道高度示意

2.8 卫星星座的类型及表示方法

所谓卫星星座是指相互之间具有特定工作关系的一组（群）卫星，它们为了完成同一个目的而协同工作。这些具有类似功能的卫星在统一控制下完成单颗卫星难以完成的任务[2-3]。

一个星座可包含多颗处于相同或不同轨道（类型、高度、倾角）的卫星，卫星之间既可以通过星际链路互联在一起，也可以通过地面中继实现相互之间的互联。

按使用目的，可把卫星星座分为通信、导航、对地观测等星座。通常把用于通信目的的星座称为通信星座，把用于导航目的的星座称为导航星座，把用于对地观测目的的星座称为对地观测星座。

星座的具体种类很多，但目前的研究主要集中在规则星座，即所有卫星有相同的轨道类型、高度和倾角。

采用规则星座具有很多优点，比如，最小化轨道进动的影响，简化对地面覆盖的控制等。

规则圆轨道星座通常采用 Walker 代码（$T/P/F$）来表示其星座结构，因此也叫 Walker 星座。其中 T 为系统中的总卫星数，P 为轨道面数，F 为相邻轨道面邻近卫星之间的相位因子。F 表示的意义为：如果定义轨道相位角为 $360°/T$，那么，当第一个轨道面上第一颗卫星处于升交点上时，下一个轨道面上的第一颗卫星超过升交点 F 个轨道相位角，以此类推。

对于 Walker 星座（$T/P/F$），它具有以下一些特征。

（1）所有 T 颗卫星都具有相同的轨道周期和轨道倾角，且都采用圆轨道。

（2）P 个轨道面均匀分布在赤道上，每个轨道面内均匀分布 T/P 颗卫星。

（3）$T/P/F$ 代码加上轨道高度和倾角就能完整描述星座配置方案。

对于 Walker 星座，还可以进行进一步分类，比如，当从南极点或北极点上空观察轨道时，可把 Walker 星座分为以下两种。

（1）“Walker star”星座或者叫“polar（极轨）”星座：卫星都处于相同轨道高度的圆形极轨道上，能够覆盖全球，但在无人居住的两极地区具有很高的多星覆盖率。Iridium 和 Teledesic 系统采用此星座结构。

（2）“Walker delta”星座或者叫“rosette（玫瑰）”星座：卫星都处于相同轨道高度和倾角的倾斜圆轨道上。不同轨道面中卫星的覆盖区是重叠的，这样在人口稠密的中纬度地区具有较好的多星覆盖率，但不能覆盖两极地区。通过 CDMA 技术能够利用多星覆盖来实现分集，从而实现抗阴影效应。Globalstar、Skybridge（LEO）和 Spaceway（NGSO）、ICO（MEO）均采用此星座结构。

图 2-7 给出了上述两种星座的示意。

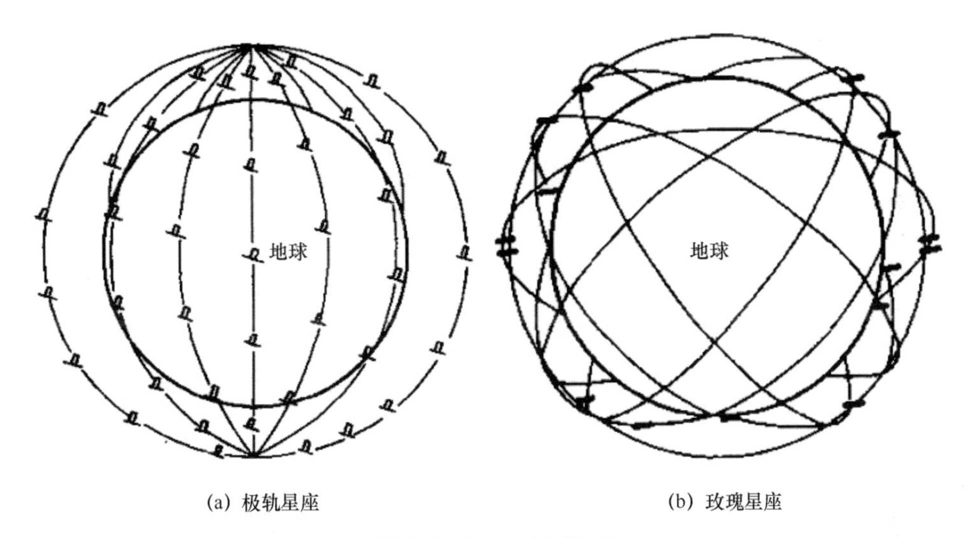

(a) 极轨星座　　(b) 玫瑰星座

图 2-7　两种规则星座的示意

Walker 星座具有以下两个明显特点。

（1）由于每颗卫星的运动情况基本类似，所以各卫星所受的摄动影响基本相同，卫星间相互位置保持不变，星座整体的形状保持不变。

（2）星座采用近圆轨道，卫星运行的角速率基本保持恒定，对于全球均匀覆盖极为有利。

因此，Walker 星座在实际工作中得到广泛应用。

另外，还可以根据星座中各卫星之间的位置关系，把卫星星座分为随机相位星座、固定相位星座和编队飞行星座 3 种。

（1）随机相位星座：星座中各卫星之间的相位关系是随机的，无轨道控制，摄动会引起卫星漂移，导致星座中卫星之间的相对位置不确定，要求星座对地面的覆盖有很大的冗余才能保证连续覆盖，此类星座一般用于数据通信和空间环境探测等。

（2）固定相位星座：星座中各卫星之间的相位关系是不变的，卫星在轨道中对称分布，倾角相同，通过卫星轨道控制，保持相位不变。例如用于全球实时通信的铱系统星座。

（3）编队飞行星座：将多颗飞行中的卫星编队成一定形状，每颗卫星在以相同的轨道周期围绕地球旋转的同时，还要保持编队的形状；各颗卫星之间通过星间通信相互联系、协同工作，从而使整个星座构成一个满足任务需要的、规模较大的虚拟传感器或探测器。如，美国的“白云”星座就是由 1 颗主卫星和 3 颗子卫星构成一个编队飞行星座。

2.9 卫星星座的覆盖性能分析

单颗卫星对地面的覆盖情况可用图 2-8 来表示[2,6]。其中 R_e 为地球半径，h 为卫星高度，γ 为最低观测仰角，ϕ 为卫星星下视角。只有当卫星对用户的仰角高于 γ 时，卫星才能够对用户实现观测或进行通信，因此星下视角对应的地面区域即为卫星的覆盖区。星下视角 ϕ 、地面覆盖的地心角 θ 及覆盖半径 r 的计算公式为

$$\phi = \arcsin\left(\frac{R_e}{h+R_e}\cos\gamma\right) \tag{2-6}$$

$$\theta = \arccos\left(\frac{R_e}{h+R_e}\cos\gamma\right) - \gamma \tag{2-7}$$

$$r = R_e\theta \tag{2-8}$$

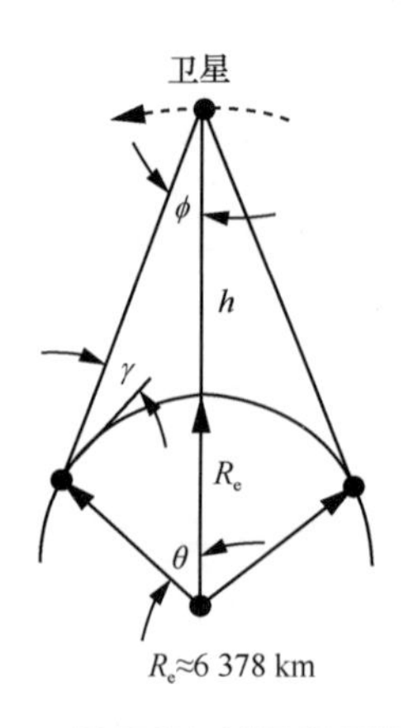

图 2-8　单颗卫星对地面的覆盖情况

由于卫星的在轨运动，卫星覆盖区也在地面移动，因此就会对地面服务区产生覆盖时隙和覆盖间隙。为了提高对某区域的覆盖率，需要多颗卫星组成星座，依靠各卫星对目标区域覆盖时隙的相互接续来完成。

卫星的覆盖性能通常采用网格点统计法分析[6]。从目标区域内选取一些特征点，用这些特征点的覆盖性能来综合描述目标区域的覆盖性能。以一定经纬度间隔做网格图，落在目标区内的网格点可以作为特征点。若经纬度间隔分别为 $\Delta\lambda$、$\Delta\varphi$，$[j,k]$ 代表一个网格点，其经纬度为

$$\begin{cases}\lambda_j = \lambda_0 + j\Delta\lambda, \ j = 1,2,\cdots \\ \varphi_k = \varphi_0 + k\Delta\varphi, \ k = 1,2,\cdots\end{cases} \tag{2-9}$$

为了使特征点更具代表性，应该使其表示的地表面积大致相等。随着纬度的升高，纬圈上具有相同经度差的两点距离越来越近，因此等经度分割会使得特征点的分布随纬度的变化分割得不均匀。为了解决这一问题，在水平点的选择上用等弧长代替等角度。设弧长间隔为 Δl，不同纬度对应的经度间隔为

$$\Delta\lambda_{\phi} = \Delta l / (R_e \cos\varphi) \tag{2-10}$$

对于某个特征点的覆盖性能可以通过多种准则来衡量，如总覆盖时间、覆盖率、覆盖次数、平均覆盖时间、最大覆盖间隔、平均覆盖间隔等。

覆盖性能通常是在某一个给定的周期内统计的，该周期称为统计周期。对于回归轨道，统计周期一般为回归周期。

2.10　卫星星座参数的优化设计考虑

卫星星座的设计决定了整个卫星系统的复杂程度和费用。星座设计的第一步是确定星座的轨道几何结构，使之能够最佳地完成所要求的任务。星座的选择取决于业务所感兴趣的覆盖区域（包括其大小、形状和纬度范围）和几何链路的可用性。针对圆轨道的卫星星座，设计参数主要有以下 8 个。

① 星座的卫星数量。

② 卫星轨道平面数量。

③ 卫星轨道平面的倾角。

④ 不同轨道平面的相对间隔。

⑤ 每一轨道平面拥有的卫星数。

⑥ 同一轨道平面内卫星的相对相位。

⑦ 相邻轨道平面卫星的相对相位。

⑧ 每颗卫星的轨道高度（或轨道周期）。

按照轨道高度，星座可以分为 LEO、MEO 和 HEO 星座。根据前述的卫星轨道高度窗口，LEO 星座的轨道高度在 1 000 km 上下，MEO 星座的轨道高度在 10 000 km 上下，HEO 星座的轨道高度在 20 000 km 以上。

轨道设计主要包括卫星轨道的高度、偏心率和倾角的选择，轨道参数的确定需要考虑多方面因素，下面分析每一个参数的具体确定[2,7]。

（1）轨道高度的选择

轨道高度越高，单颗卫星对地面的覆盖区域越大，为达到设计要求所需的卫星数就越少；但卫星轨道高度越高，自由空间传播损耗越大，传输时延越大。较低的轨道高度意味着传播损耗较小，传输时延也较小；但卫星高度越低，单颗卫星的覆盖范围就越小，为达到设计要求所需卫星数就越多。

为了便于星座系统的性能分析和运行控制，要求轨道具有周期重复性，即

$$MT_{\mathrm{S}}(\varpi_{\mathrm{e}}-\Omega)=2\pi N \tag{2-11}$$

其中，T_{S} 为卫星的周期；ϖ_{e} 为地球自转角速度；Ω 为轨道进动平均角速率；M、N 为正整数。如果卫星采用回归轨道（或者准回归轨道），则卫星经过一个（或者几个）恒星日后，就会回到起点位置，这对于星历预测、信关站选择、通信时延预测、系统性能的充分发挥等有着重要价值。因此，卫星选择回归轨道或者准回归轨道是有好处的。经计算，880 km（回归周期为 1 天）、1 055 km（回归周期为 2 天）、1 250 km（回归周期为 1 天）和 1 450 km（回归周期为 3 天）高度的轨道均是回归轨道。

（2）轨道偏心率的选择

作为轨道设计中的一个重要参数，轨道偏心率会影响卫星对局部地区的覆盖情况和过境时间的长短。为了能均匀地覆盖南北半球，全球卫星通信系统一般采用圆轨道。

（3）轨道倾角的选择

轨道倾角的确定主要依赖于所需覆盖区域的纬度及光照条件等因素。对于圆轨道而言，对某区域的连续覆盖实际上就是对该区域所在的纬度带进行连续覆盖，与经度关系不大。我国处于约北纬 4°和 54°之间，其中陆地在北纬 20°和 54°之间，因

此轨道倾角应在北纬 30°和 50°之间，具体大小应结合星座的覆盖情况来确定。

2.11　全球覆盖卫星星座设计

由于任务使命、技术水平、建设计划、经济实力等的不同，可以采用不同的星座设计方案来实现全球覆盖[6]。

2.11.1　极轨星座方案设计

极轨星座的卫星轨道倾角接近 90°，星座设计采用覆盖带组合的方法，组成星座的卫星轨道高度一致，轨道倾角相同，同一轨道内的卫星等间隔分布，从而形成均匀一致的覆盖通道，利用不同轨道平面的覆盖通道的组合来实现全球覆盖。

根据同轨卫星覆盖带宽度关系（如图 2-9 所示），可以计算覆盖带半宽度ψ为

$$\psi = \arccos\left(\frac{\cos\theta}{\cos(\pi/n)}\right) \tag{2-12}$$

其中，n为同轨卫星数。在纬度为ϕ的纬圈上，覆盖带对应的纬度平面中心角δ为

$$\delta = \arcsin\left(\frac{\sin(2\psi)}{\cos\phi}\right) \tag{2-13}$$

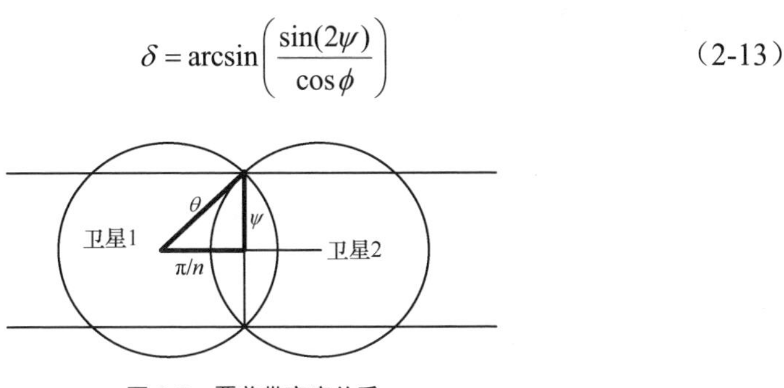

图 2-9　覆盖带宽度关系

最简单的方式是保证相邻轨道平面的夹角不大于δ，就可以实现纬度ϕ以上区域的不间断覆盖。如果考虑相邻轨道卫星的运行方向，可以对覆盖带的组合进行改进。对于图 2-10（a）所示的顺行轨道，由于相邻轨道卫星同向运行，卫星之间的相互位置稳定，可以使相邻轨道卫星错位排列，利用卫星覆盖区的互补，将覆盖带宽度由2ψ提高到β。同理，在纬度为ϕ的纬圈上，β对应的纬度平面中心角为α。其中

$$\beta = \psi + \theta \tag{2-14}$$

$$\alpha = \arcsin\left(\frac{\sin\beta}{\cos\phi}\right) \tag{2-15}$$

对于图 2-10（b）所示的逆行轨道，相邻轨道卫星反向运行，卫星之间的相互位置时刻在变化，覆盖带宽度必须按照ψ来考虑。综合考虑，为了实现纬度ϕ以上区域的不间断覆盖，所需的轨道面数为

$$m = \mathrm{ceil}\left(\frac{\pi-\delta}{\alpha}\right)+1 \tag{2-16}$$

因此整个星座包含的卫星总数为$N = n \times m$。

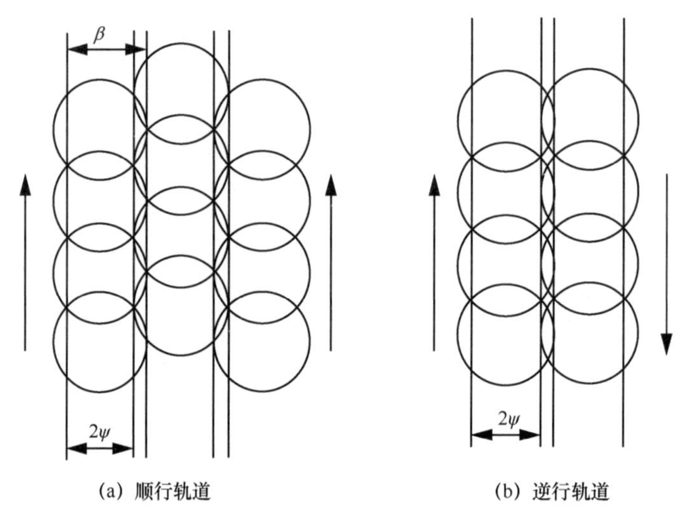

图 2-10　覆盖带的组合

可以在确定不同轨道高度和覆盖带宽度的条件下，分析实现全球覆盖的极地轨道星座所需的最少卫星的星座方案。这里以 1 450 km 轨道高度为例进行分析。

对于 1 450 km 轨道高度的卫星而言，10°通信仰角条件下地面覆盖区的地心角θ为 26.6°。当同轨卫星数大于 6 颗时，同轨相邻卫星的覆盖区才会重叠。分别针对 7、8、9、10、11 颗同轨卫星条件，分析实现全球覆盖所需的最少卫星的星座方案。

从表 2-1 给出的分析结果可以发现，当同轨卫星数取 8 颗和 10 颗时，所需的卫星数最少，同为 40 颗。但是经过进一步分析，同轨卫星数取 10 颗时，4 个轨道面恰好实现全球覆盖，冗余度较小；相对而言，选择 8 颗同轨卫星，5 个轨道面的星座方案具有较好的全球覆盖性能。

表 2-1　1 450 km 轨道高度极轨星座方案

方案	同轨卫星数/颗	所需轨道面数/个	卫星总数/颗
1	7	6	42
2	8	5	40
3	9	5	45
4	10	4	40（临界情况）
5	11	4	44

对于 1 450 km 轨道高度的星座方案，在轨道倾角为 86°、1～5 个轨道面的夹角为 40°条件下，可以得到该星座的覆盖特性和平均通信仰角特性如图 2-11 和图 2-12 所示。对于极轨星座，低纬度地区是覆盖性能相对较低的区域，但是本星座仍可以达到 40%左右的双星覆盖率，并且平均覆盖仰角大于 30°，可保证良好的通信质量。

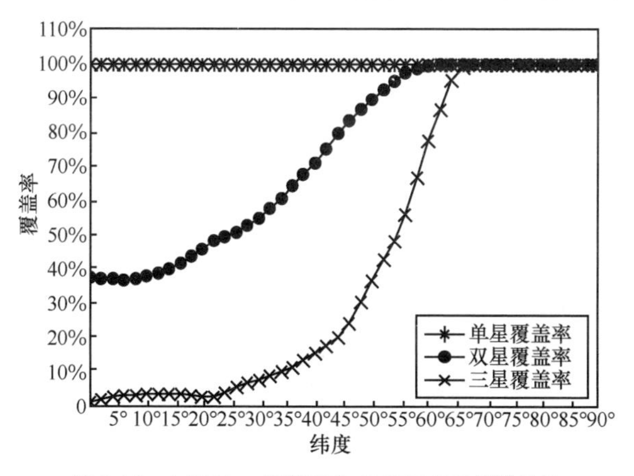

图 2-11　1 450 km 轨道高度 40 颗卫星的覆盖特性

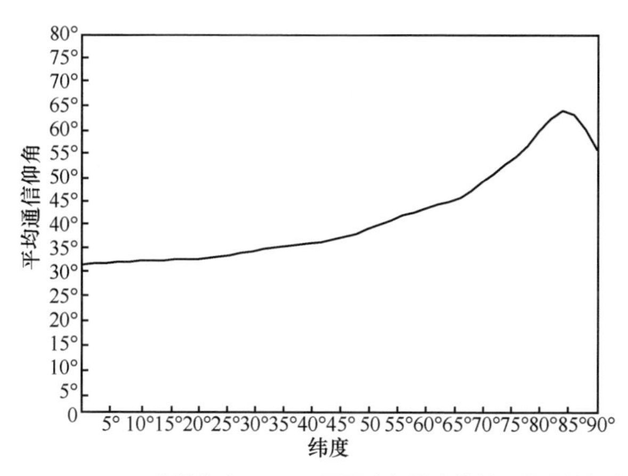

图 2-12　1 450 km 轨道高度 40 颗卫星星座各纬度带的平均通信仰角特性

2.11.2 玫瑰星座方案设计

相对于极轨星座，玫瑰（倾斜轨道）星座是实现全球覆盖的另一种星座方案。判断一个玫瑰星座能否实现全球连续覆盖可通过球面三角形法来实现。球面上相邻卫星的星下点（i，j，k）所组成的球面最小三角形中，最坏的观察点为球面三角形的中心，中心到 3 个星下点的角距离 R_{ijk} 相同。如果球面三角形的外接圆不包含其他卫星的星下点，则该球面三角形称为球面最小三角形。将整个球面分解为无重叠的最小球面三角形的集合，所有三角形中角距离 R_{ijk} 的最大值为 $R_{\max}$（如图 2-13 所示）。一个轨道周期内 $R_{\max}$ 的最大值为 R_{MAX}。

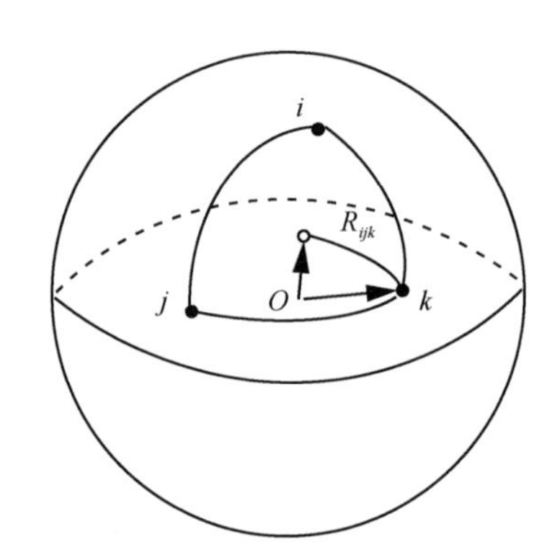

图 2-13 球面三角形示意

如果卫星覆盖区地心角 $\theta < R_{\mathrm{MAX}}$，则星座不满足覆盖要求。

如果卫星覆盖区地心角 $\theta \geqslant R_{\mathrm{MAX}}$，则任何地点都在至少一颗卫星的覆盖范围内，星座能够实现连续覆盖。

下面以 880 km 轨道高度分析玫瑰星座的覆盖性能。根据轨道高度与卫星覆盖性能的分析结果，如果需要建立星间链路，则每轨卫星数应大于 9 颗。通过分析，84/12/1：80°星座方案（总卫星数 84 颗，分布在 12 个轨道面上，相邻轨道相位因子为 1，轨道倾角 80°）是基本实现全球不间断覆盖的所需卫星数最少的玫瑰星座方案。其覆盖性能如图 2-14（a）所示。

保证全球覆盖，但不要求连续覆盖，这种情况下可用 77/11/2：70°星座方案，该星座对中低纬度地区的覆盖性能较差。其覆盖性能如图 2-14（b）所示。

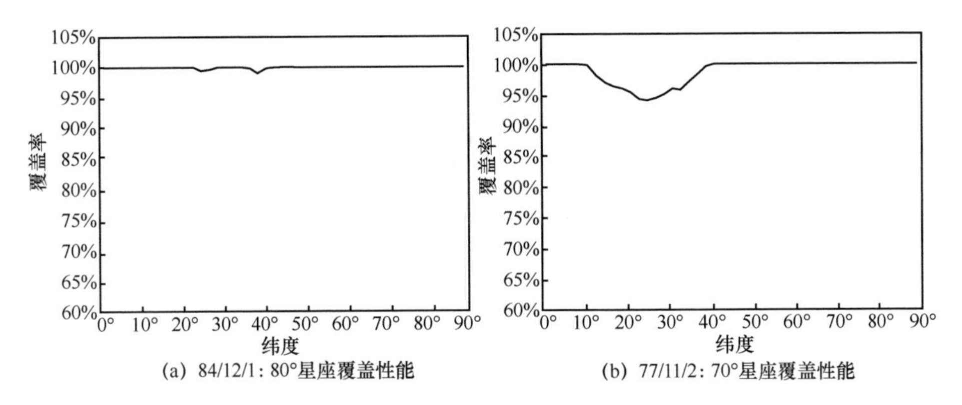

图 2-14　880 km 轨道高度玫瑰星座的覆盖性能

参考文献

[1] 丹尼斯•罗迪. 卫星通信（第 3 版）[M]. 张更新等, 译. 北京: 人民邮电出版社, 2002.

[2] 张更新. 现代小卫星及其应用[M]. 北京: 人民邮电出版社, 2009.

[3] 张更新, 张杭. 卫星移动通信系统[M]. 北京: 人民邮电出版社, 2001.

[4] 夏克文. 卫星通信[M]. 西安: 西安电子科技大学出版社, 2008.

[5] 吕海寰, 蔡剑铭, 甘仲民, 等. 卫星通信系统（修订版）[M]. 北京:人民邮电出版社, 1994

[6] 郦苏丹. 星座卫星通信系统体系及关键技术研究[D]. 南京: 解放军理工大学, 2005.

[7] 张更新, 郦苏丹, 甘仲民. IGSO 在卫星移动通信中的应用研究[J]. 通信学报, 2006, 27(8): 148-154.

第3章

电波传播与微波通信链路

卫星通信的信息由电磁波承载，而电磁波在空间中传播时，会遭受多种因素的影响，其中最主要的是自由空间传播损耗，此外，还会遭受对流层效应、电离层效应、多普勒效应和多径效应等其他因素的影响。上述传播过程构成了电磁波无线传播的信道特性，将直接影响接收端的信号强度和质量。因此，对信道特性的深入研究与建模是设计通信系统的前提。本章对电波传播的主要特性及信道模型进行介绍，从电波在自由空间及大气中传播的基本原理入手，重点描述信道特征与传播过程中引入的噪声与各种干扰、雨衰等不利因素，并给出系统链路预算的计算方法。

3.1 电波传播的基本概念

电波传播特性与电磁波频率、传播路径、传播媒介紧密相关。通常将频率 30 Hz～300 GHz 范围内的电磁波按照 10 倍频一段的方法进行细分电磁频谱。根据电波发射机与接收机所处的不同空间位置关系、媒介环境特性确定不同传播方式和传播特性。

3.1.1 电磁频谱划分

不同频率的电磁波在媒介中传播时，会表现出不同的性质，因此，一般依据频率或者波长对电磁波进行分类。常见的分类方法是按照 10 倍频一段的方法，将频率 30 Hz～300 GHz 范围内的电磁波划分为极低频、超低频、特低频、甚低频、低频、中频、高频、甚高频、特高频、超高频、极高频，见表 3-1。

表 3-1 电磁波频率波长分段表

频段名称	频率	波长	波段名称
极低频（ELF）	3～30 Hz	10^4～10^5 km	极长波
超低频（SLF）	30～300 Hz	10^3～10^4 km	超长波
特低频（ULF）	300～3 000 Hz	100～1 000 km	特长波

续表

频段名称	频率	波长	波段名称
甚低频（VLF）	3～30 kHz	10～100 km	甚长波
低频（LF）	30～300 kHz	1～10 km	长波
中频（MF）	300～3 000 kHz	100～1 000 m	中波
高频（HF）	3～30 MHz	10～100 m	短波
甚高频（VHF）	30～300 MHz	1～10 m	米波
特高频（UHF）	300～3 000 MHz	0.1～1 m	分米波
超高频（SHF）	3～30 GHz	1～10 cm	厘米波
极高频（EHF）	30～300 GHz	1～10 mm	毫米波

电磁波波长 λ 与频率 f 之间的关系式如下。

$$\lambda = \frac{c}{f} \tag{3-1}$$

其中，$c=3\times10^8$ m/s，是电磁波在真空中的传播速度。

当前卫星通信系统使用的频率主要集中在特高频、超高频等频段，但是随着电磁波技术的发展和系统容量需求的不断扩展，对极高频频段的使用将日益广泛。

3.1.2　电磁波的自由空间传播特性

电磁波的实际传播环境是很复杂的，受山体、水面、建筑物、大气层的不确定性等因素影响，自由空间传播是其中最为简单的情况。

对于无方向性天线，其在空间的辐射是各向同性的，则在空间传播距离 r 的辐射球面上的功率通量密度是

$$S_0 = \frac{P_t}{4\pi r^2} \tag{3-2}$$

实际的发射天线是有方向性的，在最大方向上功率通量密度的增益为 G_t，因此，其最大方向上功率通量密度是

$$S = \frac{G_t P_t}{4\pi r^2} \tag{3-3}$$

假设接收天线增益为 G_r，则接收天线的等效口径面积为

$$A_e = \frac{\lambda^2 G_r}{4\pi} \tag{3-4}$$

其中 $\lambda^2/4\pi$ 为无方向性天线的等效接收口径面积。因此，输出功率可以写作如下形式。

$$P_r = SA_e = \frac{P_t G_t G_r \lambda^2}{(4\pi r)^2} \tag{3-5}$$

自由空间传播损耗 L_f 可定义为自由空间中增益为 1 的发射天线的输入功率 P_t 与增益为 1 的接收天线的输出功率 P_r 之比，即

$$L_f = \frac{P_t}{P_r} \tag{3-6}$$

用分贝表示为

$$[L_f]_{dB} = 10\lg\frac{P_t}{P_r} \tag{3-7}$$

利用弗利斯公式，可以方便地导出

$$L_f = \frac{P_t}{\dfrac{P_t G_t G_r \lambda^2}{(4\pi r)^2}} = \left(\frac{4\pi r}{\lambda}\right)^2 \tag{3-8}$$

用分贝表示为

$$[L_f]_{dB} = 32.45 + 20\lg f + 20\lg r = 121.98 + 20\lg r - 20\lg\lambda \tag{3-9}$$

3.1.3 影响电波传播的大气层因素

在电波传播过程中，传播媒质的电参数（包括介电常数、磁导率与电导率）的空间分布、时间变化及边界状态会影响其电波传播特性[1]。不同层级的大气层对星地之间的电磁波传播具有不同的影响，主要影响如下。

（1）对流层：在离地面 0～10 km 的空间（其中 10 km 是平均对流层高度，在两极地区对流层高度范围为 8～10 km，赤道地区对流层高度范围为 15～18 km），大气是相互对流的，风云雨雪就发生在这里。对流产生的原因是大气吸收了阳光的能量，温度升高，向上传输而形成对流。对流层主要特点包括温度下高上低，顶部气温在−50 ℃左右。对流层集中了约 3/4 的大气质量和 90%以上的水汽。

（2）平流层：离地面 10～60 km 的空间，气体温度随高度的增加而略有上升，但气体的对流现象减弱，主要是气体沿水平方向流动，故称平流层。这里空气相对

稀薄，杂质也少，对电波传播影响小。

（3）电离层：离地面 60～1 000 km 的空间，由自由电子、正离子、负离子、中性分子和原子等组成的等离子体。使高空大气电离的主要电离源有太阳辐射的紫外线、X 射线、高能带电微粒流、为数众多的微流星、其他星球辐射的电磁波和宇宙射线等，其中最主要的电离源是太阳光中的紫外线。该层虽然只占全部大气质量的2%左右，但因存在大量带电粒子，所以对电波传播有极大影响。

（4）磁层：从电离层至几万千米的高空存在由带电粒子组成的辐射带，称为磁层。磁层顶是地球磁场作用所及的最高处，出了磁层顶就是太阳风横行的空间。在磁层顶以下，地磁场起到了主宰的作用。

3.2　对流层对电波传播的影响

当无线电波通过对流层时，会受到对流层中氧分子、水蒸气分子和云、雾、雨、雪等的吸收和散射，从而形成对信号的损耗。这种损耗与电波频率、波束的仰角、气候好坏、地理位置等有密切关系。对流层对卫星信道的这种影响，在频率低于 1 GHz 时是可以忽略的，但当采用较高频率时应予考虑。具体讲，对流层对卫星信道的影响包括：气体吸收、云雾损耗、大气闪烁、去极化等[2-4]。

3.2.1　气体吸收损耗

气体吸收对于厘米波和毫米波来说，仅限于氧分子、水蒸气分子对电磁能量的吸收。氧分子在 118.74 GHz 有一孤立吸收线，在 50～70 GHz 有一系列密集的吸收线，还有一条吸收线在零频。水蒸气分子在 350 GHz 以下有 22.3 GHz、183.3 GHz 和 323.8 GHz 3 条吸收线。在所有这些吸收线及其附近，吸收很大。这种区域称为“壁区”。“壁区”外吸收较小的区域称作“窗区”。在确定频率时，总的吸收为上述各吸收线的贡献总和。气体吸收对信号造成的损耗量的大小决定于信号频率、仰角、海拔高度、水蒸气密度等。当频率低于 1 GHz 时，可以忽略气体吸收的影响。

产生于氧分子和水蒸气分子的吸收的倾斜地空路径（简称斜路径）损耗，根据 ITU-R 有关报告，按照损耗率、等效高度、路径损耗的分步计算获得。

（1）损耗率

氧分子损耗率，对于 57 GHz 以下频段，可按式（3-10）近似计算。

$$\gamma_0=\left(7.19\times10^{-3}+\frac{6.09}{f^2+0.227}+\frac{4.81}{(f-57)^2+1.50}\right)f^2\times10^{-3} \tag{3-10}$$

其中，f为频率（GHz）。水蒸气分子损耗率与频率和水蒸气密度 $p_{\mathrm{w}}(\mathrm{g/m^3})$ 有关，对于 350 GHz 以下频段，都可以用式（3-11）表示。

$$\begin{aligned}\gamma_{\mathrm{w}}=&\left(0.05+0.0021p_{\mathrm{w}}+\frac{3.6}{(f-22.7)^2+8.5}+\frac{10.6}{(f-183.3)^2+9.0}+\right.\\&\left.\frac{8.9}{(f-325.4)^2+26.3}\right)f^2p_{\mathrm{w}}\times10^{-4}\end{aligned} \tag{3-11}$$

（2）等效高度

对流层的氧气等效高度 h_0 和水蒸气等效高度 h_{w} 可按式（3-12）确定。

$$\begin{aligned}&h_0=6\ \mathrm{km},\ f<57\ \mathrm{GHz}\\&h_{\mathrm{w}}=h_{\mathrm{w0}}\left(1+\frac{3.0}{(f-22.2)^2+5}+\frac{5.0}{(f-183.3)^2+6}+\right.\\&\left.\frac{2.5}{(f-325.4)^2+4}\right),\ f<350\ \mathrm{GHz}\end{aligned} \tag{3-12}$$

其中，h_{w0} 在晴空时取 1.6 km，在降雨条件下取 2.1 km。

（3）路径损耗

考虑到斜路径穿过对流层的路径长度与对流层高度的关系，产生于气体吸收的斜路径损耗 A_{g} 计算如下。

对于路径仰角 θ>10°的情况，

$$A_{\mathrm{g}}=\frac{\gamma_0h_0\mathrm{e}^{-h_{\mathrm{s}}/h_0}+\gamma_{\mathrm{w}}h_{\mathrm{w}}}{\sin\theta} \tag{3-13}$$

对于路径仰角 θ≤10°的情况，

$$A_{\mathrm{g}}=\frac{\gamma_0h_0\mathrm{e}^{-h_{\mathrm{s}}/h_0}}{g(h_0)}+\frac{\gamma_{\mathrm{w}}h_{\mathrm{w}}}{g(h_{\mathrm{w}})} \tag{3-14}$$

其中，

$$\begin{aligned}&g(h)=0.661X+0.339\sqrt{X^2+5.5h/R_{\mathrm{e}}}\\&X=\sqrt{\sin^2\theta+2h_{\mathrm{s}}/R_{\mathrm{e}}}\end{aligned} \tag{3-15}$$

$g(h)$ 中的 h 可用 h_0 或 h_{w} 代替，h_{s} 为地球站海拔高度，R_{e} 为考虑折射后的有效

地球半径（当 h_s<1 km 时，R_e 取 8 500 km 是比较合适的）。气体吸收主要随水蒸气密度变化，因此，气体吸收统计特性可以从水蒸气密度统计特性推出。空气中的氧气成分比较固定，因此，其吸收分量比较稳定。温度对气体吸收也有影响，但影响一般很小。

3.2.2　云雾损耗

云和雾引起的衰减较雨滴小得多，但是对于高频段、低仰角的高纬度地区或波束区域边缘，云和雾的影响是不可忽略的。

电波穿过对流层的云雾时，有一部分能量被吸收或散射，从而导致损耗。损耗的大小与工作频率、穿越的路程长短和云雾的浓度有关。对于云雾引起的损耗 A_c，可以用 ITU-R 模型来计算。

$$A_c = \frac{0.4095 fL}{\varepsilon''\left(1+(2+\varepsilon'/\varepsilon'')^2\right)\sin\theta} \tag{3-16}$$

其中，L 为云层厚度，ε' 和 ε'' 分别为水的介电常数的实部和虚部，θ 为地球站天线仰角。

3.2.3　大气闪烁

对流层中大气折射率的不规则起伏，引起接收信号幅度起伏的现象，称为大气闪烁。这类闪烁的衰落率持续几十秒。

接收信号幅度的闪烁，实际上包括两种效应：一是来波本身幅度的起伏；二是来波波前的不相干性引起的天线增益降低。综合两方面，结合观测数据分析，幅度起伏的标准偏差可以近似表示为

$$\sigma = \sigma_{\text{ref}} f^{7/12} g(X) / (\sin\theta)^{1.2} \tag{3-17}$$

其中，f 为频率（GHz），θ 为视在仰角（°）。式（3-17）中，

$$\sigma_{\text{ref}} = 3.6\times10^{-3} + 1.03\times10^{-4} \times N_{\text{wet}} \tag{3-18}$$

N_{wet} 为折射率湿项，它与环境温度 t 和水汽压强 e（t 和 e 都需是一个月以上周期的平均值）有如下关系。

$$N_{\text{wet}} = 3.73\times10^5 \times e / (273+t)^2 \tag{3-19}$$

式（3-17）中，$g(X)$为天线平均函数。

$$g(X)=\sqrt{3.86(X^2+1)^{11/12}\sin\left(\frac{11}{6}\arctan\frac{1}{X}\right)-7.08X^{5/6}} \tag{3-20}$$
$$X=1.22\eta D_{\rm g}^2 f/L$$

$D_{\rm g}$为天线口面直径（m），η为天线效率（若无法取得真实值，可取保守值0.5），L为有效湍流路径长度。

$$L=\frac{2\,000}{\sqrt{\sin^2\theta+2.35\times10^{-4}}+\sin\theta} \tag{3-21}$$

超过p%时间的闪烁损耗深度则为

$$A_p=\tau(p)\sigma \tag{3-22}$$

其中，$\tau(p)=-0.061(\lg p)^3+0.072(\lg p)^2-1.71\lg p+3.0\ (0.01\leqslant p\leqslant 50)$。

3.2.4 去极化效应

卫星通信中，天线发射与接收需要同极化匹配，实现最佳接收。电波传播路径上电磁波极化特性的改变称作去极化效应，产生去极化效应的主要原因是对流层中大气分子、雨雾水滴的各向异性特性。

无论是线极化还是圆极化，通常都用交叉极化鉴别度（XPD）来度量极化纯度，其定义为

$$\text{XPD}=10\lg\left(\frac{\text{同极化分量的功率}}{\text{交叉极化分量的功率}}\right) \tag{3-23}$$

在对流层中主要是雨和雪会引起信号的去极化效应。

（1）雨滴引起的去极化效应

电波穿过雨区产生去极化效应的机理可以用图3-1来说明。由于空气有阻力和雨滴自身有重量，因而实际雨滴的形状不是圆球而是稍呈扁平状（如图中虚线所示），如果入射电波的极化面与雨滴长轴（图中x轴）方向重合，则产生的相移与衰耗最大；如果与雨滴短轴（图中y轴）方向重合，则产生的相移与衰耗最小。这样，当一个线极化波以与xy平面垂直的方向入射到此雨滴，并且极化面与长轴方向夹角为φ，通过雨滴后的电波就不再是线极化而是变为有一定倾角的椭圆极化波（图中实线所示）。电波通过雨滴不仅损耗能量、产生吸收噪声，并且产生交叉极化分量，

对于采用正交的双极化方式的系统来说就是噪声分量。

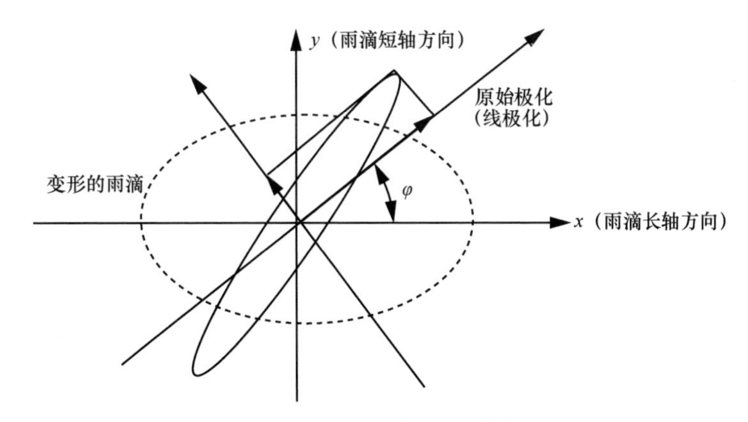

图 3-1　电波穿过雨区产生去极化效应机理示意

为计算降雨损耗引起的去极化效应的统计规律，需要使用下面几个参数。

A_p：在需要路径上，超过要求的 p%时间的降雨损耗，通常称作共极化损耗（CPA）。

τ：线极化电场矢量相对于水平面的倾斜角（对圆极化使用 τ=45°），简称为极化倾斜角。

f：频率（GHz）。

θ：路径仰角（°）。

下面介绍的根据降雨损耗统计规律计算 XPD 的方法适用于 8 GHz≤f≤35 GHz 和 θ≤60°的范围。

不超过 p%时间的降雨 XPD_{rain} 为

$$\text{XPD}_{\text{rain}} = C_f - C_A + C_\tau + C_\theta + C_\sigma \tag{3-24}$$

其中，

$$\begin{aligned} &C_f = 30\lg f\,,8\text{ GHz} \leqslant f \leqslant 35\text{ GHz} \\ &C_A = V(f)\lg A_p \end{aligned} \tag{3-25}$$

这里

$$\begin{cases} V(f) = 12.8 f^{0.19}\,, 8\text{ GHz} \leqslant f \leqslant 20\text{ GHz} \\ V(f) = 22.6\,, 20\text{ GHz} < f \leqslant 35\text{ GHz} \end{cases} \tag{3-26}$$

$$C_\tau = -10\lg\left(1 - 0.484(1+\cos 4\tau)\right) \tag{3-27}$$

当 $\tau = 45°$ 时，$C_\tau = 0\ \text{dB}$；在 $\tau = 0°$ 或 $90°$ 时，达到最大值 $C_\tau = 15\ \text{dB}$。

$$C_\theta = -40\lg(\cos\theta), \theta \leqslant 60° \tag{3-28}$$

$$C_\sigma = 0.0052\,\sigma^2 \tag{3-29}$$

σ 是以度表示的雨滴长轴相对于水平面的倾斜角的分布的有效偏差；对于 1%、0.1%、0.01%和 0.001%的时间，σ 分别取 0°、5°、10°和 15°。

（2）雪晶体引起的去极化效应

电波在大气层中传播时，存在于温度低于 0°C 的大气层中的雪晶体也会对其产生去极化效应。不超过 p%时间的雪晶体引起的 XPD 可用式（3-30）来近似计算。

$$C_{\text{ice}} = \text{XPD}_{\text{rain}} \times (0.3 + 0.1\lg p)/2 \tag{3-30}$$

这样，考虑了雨滴和雪晶体共同引起的去极化效应后，在 p%的时间内其 XPD 不超过

$$\text{XPD}_p = \text{XPD}_{\text{rain}} - C_{\text{ice}} = \text{XPD}_{\text{rain}} \times (0.85 - 0.05\lg p) \tag{3-31}$$

（3）雨雪交叉极化统计特性的长期频率和极化定标

在某一频率和极化倾斜角条件下获得的 XPD 的长期统计数据可以通过式（3-32）的半经验公式推广到其他频率和极化倾斜角。

$$\text{XPD}_2 = \text{XPD}_1 - 20\lg\left(\frac{f_2\sqrt{1-0.484(1+\cos(4\tau_2))}}{f_1\sqrt{1-0.484(1+\cos(4\tau_1))}}\right), 4\ \text{GHz} \leqslant f_1, f_2 \leqslant 30\ \text{GHz} \tag{3-32}$$

式（3-32）中 XPD_1 和 XPD_2 是分别对于频率 f_1 和 f_2、极化倾斜角 τ_1 和 τ_2，在相同时间百分比条件下不超过的 XPD 值。这样，如果我们测量到了某一频率和极化倾斜角下的 XPD 值，就可以根据式（3-32）来估计其他频率和极化倾斜角下的 XPD 值。

3.3 电离层对电波传播的影响

电离层是受太阳高能辐射和宇宙射线的激励而电离的外层大气。距离地球 60 km 以上的整个地球大气层都处于部分电离或完全电离的状态。电离层的电磁特性可用各向异性的分层等离子体媒质来描述。无线电波经过电离层，会发生折射、

反射和散射现象，产生电磁波极化面的旋转、电磁波幅度相位随机时变等传播效应[2-6]。

3.3.1　法拉第旋转

线极化波通过电离层时由于电磁场的存在和等离子体媒质的各向异性，会使其极化面相对于入射波方向产生缓慢的旋转，称为法拉第旋转。旋转角度 θ 的大小与电波频率、地球磁场强度、等离子体的电子密度、传播路径长度等有关，可以表示为

$$\theta = 2.36 \times 10^2 \times B_{av} \times N_T \times f^{-2} \tag{3-33}$$

其中，B_{av} 表示地球平均场强，N_T 表示总电子含量，f 表示频率。

因此，法拉第旋转角与频率的平方成反比，频率越低，旋转角越大；它与电离层电子密度成正比，因此，白天旋转值最大（出现电离峰值）；旋转效应与地磁场线成正比，因此，沿地球磁场线方向传播时旋转大；当地球站仰角较小时，通过电离层的路径长，旋转也大。

对于校正的天线来说，其 XPD 与法拉第旋转角 θ 的关系可以用式（3-34）表示。

$$\text{XPD} = -20\lg(\tan\theta) \tag{3-34}$$

需指出的是，旋转角与频率的关系，在不同的传播方向上是不相同的。当传播方向与地球磁场线平行（沿经度线方向传播）时，旋转角与频率的平方成反比；当传播方向与地球磁场线垂直（横向传播）时，旋转角与频率的立方成反比。

图 3-2 所示是地球站天线仰角为零度时的电波法拉第旋转角度与频率的关系曲线，旋转角以度计。对于较低的频率，为克服法拉第旋转效应，必须采用圆极化波传播或者采用极化跟踪技术。频率高于几 GHz 后，旋转角变得很小，就可以采用线极化波了。频率大于 10 GHz 时，完全可以忽略法拉第旋转效应。

3.3.2　电离层闪烁效应

当无线电波穿过电离层时，受电离层结构的不均匀性和随机的时变性的影响，信号的振幅、相位、到达角、极化状等将发生短周期的不规则变化，形成电离层闪烁效应。这种效应与工作频率、地理位置、地磁活动情况和当地季节、时

间等有关，且与地磁纬度和当地时间关系最大。频率高于 1 GHz 时，其影响一般大大减轻，但即使工作于 C 频段的系统，在地磁低纬度区也发现电离层闪烁的影响不小。

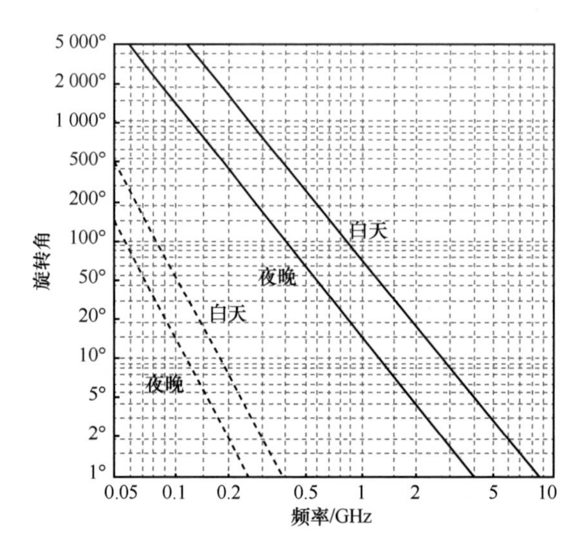

图 3-2　电波法拉第旋转角度与频率的关系曲线（实线为纵向传播，虚线为横向传播）

国际上通常将地磁赤道及其南北 20°以内区域称为赤道区或低纬度区，地磁 20°～50°称为中纬度区，地磁 50°以上称为高纬度区。地磁赤道附近及高纬度区（尤其地磁 65°以上）电离层闪烁更为严重及频繁。

应指出，虽然 ITU-R 公布了若干研究结果可供参考，但应力求采用本地的实测结果，因为电离层闪烁特性与实际电路的位置有密切的相关性。

对于频率低于 3 GHz 的信号来说，穿过电离层时会遭受明显的电离层闪烁效应。通常用闪烁指数 S_4 来描述电离层闪烁的强度[1]。S_4 指数的定义如下。

$$S_4^2 = \frac{\langle I^2 \rangle - \langle I \rangle^2}{\langle I \rangle^2} \tag{3-35}$$

其中，I 是信号强度，$\langle\ \rangle$ 表示取平均。

S_4 与峰-峰闪烁强度有关。严格的关系依赖于信号强度的分布。当 S_4 的变化范围比较大时，Nakagami 分布能最佳地描述信号强度的分布。当 S_4 接近于 1.0 时，分布趋向于瑞利分布。有时，S_4 可能会超过 1，达到 1.5。当 $S_4 < 0.6$ 时，在 VHF 和 UHF 频段进行的多频观察显示，S_4 与 $f^{-\upsilon}$ 有一个固定的关系，其中谱指数 υ 取 1.5。

根据在赤道上对 GHz 级频率进行的观察，建议谱指数 $\upsilon > 1.5$。随着闪烁强度的增加，即 $S_4 > 0.6$ 时，谱指数的值相应减小。

信号强度 I 的密度函数为

$$p(I) = \frac{m^m I^{m-1} \mathrm{e}^{-mI}}{\Gamma(m)} \tag{3-36}$$

式（3-36）中 I 的平均强度电平归一化到 1.0。其中 Nakagami“m 系数”与 S_4 有下列关系。

$$m = 1/S_4^2 \tag{3-37}$$

信号强度高于或低于某一门限的时间比率可用式（3-38）来近似计算。

$$P(I) = \int_0^I p(x)\mathrm{d}x = \frac{\Gamma(m, mI)}{\Gamma(m)} \tag{3-38}$$

其中，$\Gamma(m,mI)$ 和 $\Gamma(m)$ 分别是不完全伽马函数和伽马函数。利用式（3-38）就可以计算电离层闪烁过程中信号强度高于或低于某一给定门限的时间比率。如，信号低于均值 X（dB）以上的时间比率由 $P(10^{-X/10})$ 给出，而信号等于或高于均值 X（dB）以上的时间比率等于 $1-P(10^{-X/10})$。

闪烁大小与频率、几何位置和太阳活动等多种因素有关。

（1）闪烁的频率特性

闪烁大小与频率的关系，各地测得的数据是不完全一样的，如果不能得到实测数据，在工程应用中可用 $S_4=f^{1.5}$ 的频率关系（f 为信号频率，单位 GHz）。

Fremouw 等在 1978 年对同一卫星发射的 138 MHz～2.9 GHz 频率范围内的 10 个频率点进行实测的结果表明，在弱闪烁情况下为 $f^{1.5}$，强闪烁时其幂数近似于 1。在 GHz 频率（L 频段和 C 频段）上，多频观测结果为 $f^{1.6}$～$f^{1.9}$，平均为 $f^{1.7}$。日本在地磁暴期间，实测结果在 1.7 GHz<f<4 GHz 时，为 f^{1}；在 4 GHz<f<11.5 GHz 时，为 f^{-2}。

（2）闪烁与几何位置的关系

闪烁强度与观测点相对于电离层不均匀体的位置有关。

研究发现，S_4^2 与传播路径的天顶角 i 的正割成正比，并且此关系式最大可在 $i \approx 70°$ 时仍有效。在更高的天顶角（即更低的仰角）下，S_4^2 近似介于 $\sec^{\frac{1}{2}} i$ 和 $\sec i$ 之间。

由于电离层不均匀体受地球磁场作用，在 300 km 左右高度上沿地磁场延伸，这对 VHF 以上信号的闪烁产生影响。因此，当通过电离层的电波传播方向贴近地磁场方向时，闪烁强度明显增强。

（3）闪烁与太阳活动的关系

在赤道地区，闪烁强度和闪烁出现率随太阳黑子数的增加而增强。在中纬度地区，目前还没有得到明显的对应关系。

3.4 多径传播效应

多径传播是从发射机天线发射的无线电波（信号），沿两个或多个路径到达接收机天线的传播现象。无线电波是一种电磁波，其传播的主要方式是空间波，即直射波、反射波、折射波、绕射波和它们的合成波。当无线电波遇到物体时，产生反射、折射和散射，而在电波传播的过程中会遇到不同的物体，因而会产生不同的反射、折射和散射，所以在任何一个接收点上均可能接收到来自不同路径的同源电磁波，这就是多径传播。多径传播对信号的影响称为多径效应。

3.4.1 多径效应

移动体往来于建筑群与障碍物之间，其接收信号的强度，将由各直射波和反射波叠加而成。由于电磁波可以建模为幅度和相位随时间变化的函数，多径叠加是矢量合成过程，各条路径的传播相位会随时间而变化，故到达接收点的各分量场之间的相位关系也是随时间而变化的。这些分量场的随机干涉，形成总的接收场的衰落，因此，多径效应会引起信号衰落。同时，各分量之间的相位关系对不同的频率是不同的。因此，它们的干涉效果也因频率而异，这种特性称为频率选择性。

实际中，电波传播除了直射波和反射波，在传播过程中还会有各种障碍物所引起的散射波，从而产生多径效应。多径效应主要分为两种形式：一种是分离的多径，由不同跳数的射线、高角和低角射线等形成，其多径传播时延差较大；另一种是微分的多径，多由电离层不均匀体所引起，其多径传播时延差很小。对流层电波传播信道中的多径效应问题很突出。多径产生于湍流团和对流层层结。在视距电波传播中，地面反射也是多径传播的一种可能来源。

与地面无线通信不同的是，卫星通信系统常称为“见天通”。因此，在通信过程中，电磁波通常不会在反射体很多的区域内传播，只有在宽波束或低仰角的情况下才会出现明显的多径现象。而在电磁波穿越电离层的过程中，电离层内存在电子密度的随机不均匀性而引起闪烁，可使信号产生折射，沿着折射路径的信号也可到达卫星，这些折射分量与直射分量一起形成了多径传输。

设发射信号为 $A\cos(\omega_0 t)$，经过 n 条路径传播到接收端，则接收信号 $R(t)$ 可以表示为[8]

$$R(t)=\sum_{i=1}^{n}\mu_i(t)\cos\left(\omega_0\left(t-\tau_i(t)\right)\right)=\sum_{i=1}^{n}\mu_i(t)\cos\left(\omega_0 t+\varphi_i(t)\right) \tag{3-39}$$

式中，$\mu_i(t)$ 为第 i 条路径到达的接收信号振幅，$\tau_i(t)$ 为第 i 条路径到达的信号的时延，$\varphi_i(t)=-\omega_0\tau_i(t)$，$\mu_i(t)$、$\tau_i(t)$、$\varphi_i(t)$ 都是随机变化的。

应用三角公式可以将其改写为

$$R(t)=\sum_{i=1}^{n}\mu_i(t)\cos\left(\varphi_i(t)\right)\cos(\omega_0 t)-\sum_{i=1}^{n}\mu_i(t)\sin\left(\varphi_i(t)\right)\sin(\omega_0 t) \tag{3-40}$$

实验观察表明，在多径传播中，和信号角频率 ω_0 的周期相比，$\mu_i(t)$ 和 $\varphi_i(t)$ 随时间变化很缓慢。所以接收信号 $R(t)$ 可以看成由互相正交的两个分量组成的。这两个分量的振幅分别是缓慢随机变化的 $\mu_i(t)\cos\left(\varphi_i(t)\right)$ 和 $\mu_i(t)\sin\left(\varphi_i(t)\right)$。设

$$X_{\mathrm{c}}(t)=\sum_{i=1}^{n}\mu_i(t)\cos\left(\varphi_i(t)\right) \tag{3-41}$$

$$X_{\mathrm{s}}(t)=\sum_{i=1}^{n}\mu_i(t)\sin\left(\varphi_i(t)\right) \tag{3-42}$$

则 $X_{\mathrm{c}}(t)$ 和 $X_{\mathrm{s}}(t)$ 都是缓慢随机变化的。将式（3-41）和式（3-42）代入式（3-40），得出

$$R(t)=X_{\mathrm{c}}(t)\cos(\omega_0 t)-X_{\mathrm{s}}(t)\sin(\omega_0 t)=V(t)\cos\left(\omega_0 t+\varphi(t)\right) \tag{3-43}$$

式中，$V(t)=\sqrt{X_{\mathrm{c}}^2(t)+X_{\mathrm{s}}^2(t)}$，为接收信号 $R(t)$ 的包络；$\varphi(t)=\arctan\dfrac{X_{\mathrm{s}}(t)}{X_{\mathrm{c}}(t)}$，为接收信号 $R(t)$ 的相位。这里的 $V(t)$ 和 $\varphi(t)$ 是缓慢随机变化的，所以式（3-43）表示接收信号是一个振幅和相位缓慢变化的余弦波，即接收信号 $R(t)$ 可以看作一个包络和相位随机缓慢变化的窄带信号。这种信号包络因传播出现起伏的现象称为衰落。多径传播使信号包络衰落的周期常能和数字信号的一个码元周期相比较，故通常将由多

径效应引起的衰落称为快衰落。即使没有多径效应，由于路径上季节、日夜、天气等的变化，也会使信号产生衰落现象。这种衰落的起伏周期可能较长，甚至以若干天或若干小时计，故称这种衰落为慢衰落。信道的快慢衰落是一个相对的概念，下面首先了解时延扩展与相干带宽的概念。

3.4.2 时延扩展与相干带宽

为简单起见，下面将对仅有两条路径的最简单的快衰落现象进行进一步的讨论。

设多径传播的路径只有两条，并且这两条路径具有相同的衰减，但是时延不同；设发射信号为 $f(t)$，它经过两条路径传播后到达接收端分别是 $Af(t-\tau_0)$ 和 $Af(t-\tau_0-\tau)$。其中 A 是传播损耗，τ_0 是第一条路径的时延，τ 是两条路径的时延差。现在来求出这个多径信道的传输函数。

设发射信号 $f(t)$ 的傅里叶变换（即其频谱）为 $F(\omega)$，并将其用式（3-44）表示。则

$$Af(t-\tau_0)+Af(t-\tau_0-\tau) \Leftrightarrow AF(\omega)\mathrm{e}^{-\mathrm{j}\omega\tau_0}\left(1+\mathrm{e}^{-\mathrm{j}\omega\tau}\right) \tag{3-44}$$

式（3-44）两端分别是接收信号的时间函数和频谱函数。可得到此多径信道的传输函数为

$$H(\omega)=\frac{AF(\omega)\mathrm{e}^{-\mathrm{j}\omega\tau_0}\left(1+\mathrm{e}^{-\mathrm{j}\omega\tau}\right)}{F(\omega)}=A\mathrm{e}^{-\mathrm{j}\omega\tau_0}\left(1+\mathrm{e}^{-\mathrm{j}\omega\tau}\right) \tag{3-45}$$

式中，A 为一个常数衰减因子；$\mathrm{e}^{-\mathrm{j}\omega\tau_0}$ 为一个确定的传输时延 τ_0 对应的相位；$1+\mathrm{e}^{-\mathrm{j}\omega\tau}$ 因子是和信号频率 ω 有关的复因子，其模为

$$\left|1+\mathrm{e}^{-\mathrm{j}\omega\tau}\right|=\left|1+\cos(\omega\tau)-\mathrm{j}\sin(\omega\tau)\right|=\left|\sqrt{\left(1+\cos(\omega\tau)\right)^2+\sin^2(\omega\tau)}\right|=2\left|\cos\left(\frac{\omega\tau}{2}\right)\right| \tag{3-46}$$

可以看出，此多径信道的传输衰减和信号频率及时延差 τ 有关。在角频率 $\omega=2n\pi/\tau$（n 为整数）处的频率分量最强，而在 $\omega=(2n+1)\pi/\tau$ 处的频率分量为零。它的最大值与最小值位置取决于两条路径的相对时延差 τ。由于这种衰落和频率有关，故常称其为频率选择性衰落。若信号带宽大于 $1/\tau$，则信号频谱中不同分量的幅度之间必然出现强烈的差异。我们将 $1/\tau$ 称为此两条路径信道的相干带宽。

实际的多径信道中通常有不止两条路径，并且每条路径的信号衰减一般也不相同。但是，接收信号的包络肯定会出现随机起伏。这时，设 τ_{m} 为多径中最大的相对

时延差，并将$1/\tau_{\mathrm{m}}$定义为此多径信道的相干带宽。为了使信号基本不受多径传播的影响，要求信号的带宽小于多径信道的相干带宽$1/\tau_{\mathrm{m}}$。

无线系统中另一个重要的通用参数是多径时延扩展T_{d}，定义为最长路径与最短路径的传播时间之差，这里仅包括传播主要能量的路径。因此

$$T_{\mathrm{d}}=\max_{i,j}\left|\tau_i(t)-\tau_j(t)\right| \tag{3-47}$$

信道的时延扩展控制了其频率相干。无线信道关于时间和频率都是不断变化的，时间相干表明了信道随时间变化的快慢。对于多条路径而言，存在差分相位$2\pi f(\tau_i(t)-\tau_k(t))$，该差分相位会引起频率选择性衰落。该结论可以扩展到任意数量的路径，因此相干带宽W_{c}为

$$W_{\mathrm{c}}\propto\frac{1}{T_{\mathrm{d}}} \tag{3-48}$$

数学分析说明，在频率宽度W_{c}范围内，整个信道的响应是近似不变的，因此，这也是变量名称“相干带宽”的由来。

3.4.3　平坦衰落与频率选择性衰落

在衰落信道中，根据时延扩展T_{d}和码元时间T_{s}的关系，可以分为频率选择性衰落和平坦衰落。如果$T_{\mathrm{d}}>T_{\mathrm{s}}$，则称信道呈现频率选择性衰落。只要一个码元的多径分量扩展超出了码元的持续时间，就会出现这种情况。信号的这种多径扩散导致了码间串扰，这与滤波器引起的码间串扰一样，所以这种衰落类型也可称为信道码间串扰。如果$T_{\mathrm{d}}<T_{\mathrm{s}}$，则信道受到频率非选择性衰落或平坦衰落影响。在这种情况下，一个码元的所有多径分量在码元持续时间之内到达，因此，信号是不可分解的。此时不会引起信道码间串扰，因为信号的时间扩展并不导致相邻接收码元的显著重叠。但这时仍有性能降低，因为不可分解的相量分量会破坏性地叠加起来从而降低信噪比。为了减少因平坦衰落而造成的信噪比损失，在数字系统中，采用信号分集技术和编码纠错技术是提高性能的有效途径[7-9]。

平坦衰落与频率选择性衰落也可以从频域进行解释。相干带宽是一个频率范围的统计量，在该带宽内能通过信号的所有频率成分，并获得等量增益和线性相位。因此，相干带宽表示这样一个频率范围，在该范围内信号谱分量的幅值有很强的相关性，也即在该范围内信道对谱分量的影响是相似的。如果$W_{\mathrm{c}}<1/T_{\mathrm{s}}\approx B$，则称信道

是频率选择性衰落信道，这里的码元速率$1/T_s$通常取信号速率或信号带宽B。实际上，如果信道对信号所有频率分量的影响不同，就会产生频率选择性衰落失真。在相干带宽之外信号频谱分量受到的影响与在相干带宽之内频谱分量受到的影响不同。

图 3-3 给出了 3 个实例，每个实例都说明了带宽为B的发送信号频谱密度与频率的关系。图 3-3（a）是频率选择性衰落信道的幅频响应函数，该图显示了信道对传输信号不同频谱分量的影响是不同的。当$W_c > B$时会发生平坦衰落或频率非选择性失真。因此，信道对信号所有频谱分量的作用是相似的。图 3-3（b）描绘了带宽同为B的信号的频谱密度函数，该图是一个平坦衰落信道的幅频响应函数。平坦衰落不会引起码间串扰，但由于信号的衰落会降低信噪比，从而可能引起失真。为防止出现信道码间串扰失真，要求信道是平坦衰落，即$W_c > B \approx 1/T_s$。因此，如果接收端不采用均衡器，那么信道的相干带宽W_c就是传输速率的上限。

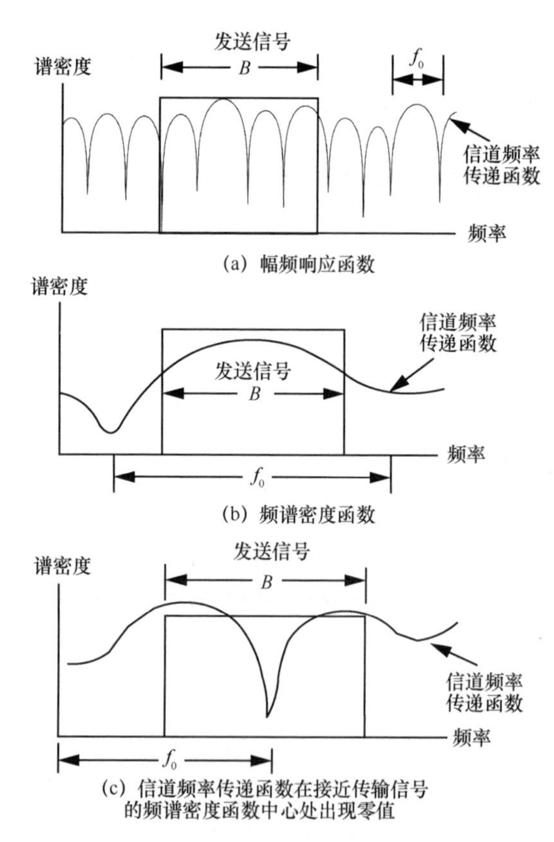

图 3-3　信道频率传递函数与带宽为 B 的传输信号之间的关系

然而，当无线移动接收机改变位置时，虽然 $W_c > B$，接收信号也会出现频率选择性衰落失真。如图 3-3（c）所示，信道频率传递函数在接近传输信号的频谱密度函数中心处出现零值。这种情况发生的原因是低频成分严重衰减，基带脉冲信号严重受损。这种损失的后果就是不能得到可靠的脉冲尖峰，以获得建立时间同步的信息或载波的相位信息，所以，平坦衰落信道有时会出现频率选择性衰落。一个归类为平坦衰落的无线移动信道，不会在所有时刻都表现为平坦衰落特性。

3.5　多普勒效应

多普勒效应是为纪念奥地利物理学家及数学家克里斯琴·约翰·多普勒而命名的。他于 1842 年首先提出了这一理论，即物体辐射的波长因为波源和观测者的相对运动而产生变化。根据频率变化量，可以计算出波源循着观测方向运动的速度，即径向速度。在移动通信中，人体自身的运动速度有限，通常不会带来十分大的频率偏移，但对于汽车、轮船、飞机乃至卫星，平台自身的运动速度很大，就会给移动通信带来影响。为了避免多普勒效应对通信过程的影响，我们不得不在技术上加以各种考虑，这加大了移动通信的复杂性。

3.5.1　基本原理与多普勒频移

多普勒频移是无线通信领域的普遍问题，并不仅限于卫星通信。但是在卫星通信系统，特别是低轨卫星通信系统中，卫星的飞行速度很快，将会导致比地面移动通信系统更大的多普勒频移，因此是卫星通信领域的一个重要问题[10]。

当收发双方的相对运动速度远小于真空中光速 c 时（通常满足），即发送设备与接收设备间的径向速度为 v_T、发送信号频率为 f_c、波长为 λ 时，产生的多普勒频移 f_D 可表示为

$$f_D = \frac{v_T f_c}{c} \tag{3-49}$$

可见，多普勒频移随着径向速度和信号频率的增加而增加。对于采用高频率（高带宽）的低轨移动卫星通信系统而言，采用快速跟踪环路就显得尤为重要了。

进一步可得，多普勒频移 f_D 为

$$f_{\rm D} = \frac{v f_{\rm c}}{c}\cos\varphi \qquad (3\text{-}50)$$

其中，v 为卫星的运动线速度，φ 为卫星和用户之间的连线与速度 v 方向的夹角，即 $v_{\rm T} = v\cos\varphi$。

卫星通信系统可以利用的是地球静止轨道卫星，也可以是地球非静止轨道卫星。对于前者（假设没有轨道摄动），产生多普勒频移是因为用户终端的运动；后者主要取决于卫星相对地面目标的快速运动。表 3-2 列出了高轨道地球卫星（GEO）、中轨道地球卫星（MEO）（高度约为 10 000 km）和低轨道地球卫星（LEO）（高度约为 1 000 km）系统工作在 C 频段时的最大多普勒频移的典型值，以及在星间切换时多普勒频移的突变值。

表 3-2　不同轨道系统的多普勒频移

轨道类型	多普勒频移/kHz	切换时多普勒调频/kHz
GEO	±1	无
MEO	±100	200
LEO	±200	400

3.5.2　多普勒扩展与相干时间

信道波动的时间尺度是一个非常重要的信道参数，其表示信道特征随时间的平稳程度。当时间尺度与多普勒频移之间的最大差成反比时，就会出现这种现象，定义多普勒扩展 $D_{\rm s}$ 为

$$D_{\rm s} = \max_{i,j} f_{\rm c}\left|\tau_i(t) - \tau_j(t)\right| \qquad (3\text{-}51)$$

其中，$\tau_i(t)$ 第 i 条传播路径的时延，$f_{\rm c}$ 为载波频率，$D_i = f_{\rm c}\tau_i(t)$ 为第 i 条传播路径的多普勒频移。对信道特性做出重要贡献的所有传播路径取最大值运算。式（3-51）中由各 $\tau_i(t)$ 的时间波动引起的幅度增益变化与带宽成比例，而相位变化则与通常很大的载波频率成比例，并且在时延变化 $1/(4D_{\rm s})$ 内非常明显。

无线信道的相干时间 $T_{\rm c}$ 定义为等效信道滤波器出现重大变化（在数量上）的时间间隔。于是，我们发现了如下关系。

$$T_{\rm c} \propto \frac{1}{4D_{\rm s}} \qquad (3\text{-}52)$$

对于式（3-52），重要的是要认识到决定时间相干的主要影响因素是多普勒扩展，它们之间的关系是互逆的，多普勒扩展越大，相干时间就越小。

3.5.3　快衰落与慢衰落

在第 3.4 节中，信号色散特性和相干带宽表征了局部信道的时间扩展特性，但都没有考虑到发射机和接收机之间的相对移动或信道内物体的运动而造成的信道时变特性。在无线移动应用中，发射机和接收机之间的相对移动会造成传播路径的改变，从而使信道具有时变性。若传送的是连续波信号，这种时变性会使接收信号的幅值和相位发生变化。如果所有散射物构成的信道是平稳的，当运动停止时，接收信号的幅值和相位保持不变，此时信道表现出时不变性。但当运动重新开始时，信道又表现出时变性。由于信道特征与发射机和接收机的位置有关，其时变性等同于空间变化特性。

相干时间 T_c 是一个时间量度，在这个期望的持续时间上，信道对信号的响应基本上是时不变的。信道的衰减机制或时变特性可以分为两类：快衰落和慢衰落。当信道的相干时间小于一个码元持续时间时，该信道就是快衰落的。若信道是快衰落的，那么其衰落特性将在一个码元持续时间内改变多次，从而引起基带脉冲波形的失真。这里失真是因为在码元持续时间内，接收信号的谱分量并不能一直保持相关性。因此，快衰落会引起基带脉冲失真，这将导致不可减少的差错率。这种失真脉冲产生了同步问题，如接收机锁相环失效，并增加了设计匹配滤波器的困难。

当信道的相关时间大于一个码元持续时间时，通常认为信道是慢衰落的。此时，信道状态在一个码元持续时间内保持不变，传输的码元就可能不会遭受前面描述的脉冲失真。如同平坦衰落一样，慢衰落信道的主要影响是信噪比的损失。

图 3-4 给出的是数字信号的键控，其中单音频信号 $\cos(2\pi f_c t)$（定义域为 $-\infty < t < +\infty$）在频域中是处在 $\pm f_c$ 处的冲激，由于是单一频率并且持续时间无限，所以其频域函数是一种理想情况（零带宽）。实际应用中，数字信号包含的是有一定开关速度的键控信号。键控的作用可看作图 3-4（b）中的理想矩形开关（转换）函数与图 3-4（a）中的无限持续单音信号之乘积，这个键控函数的频域表达式是 $\sin(cf_c T)$。

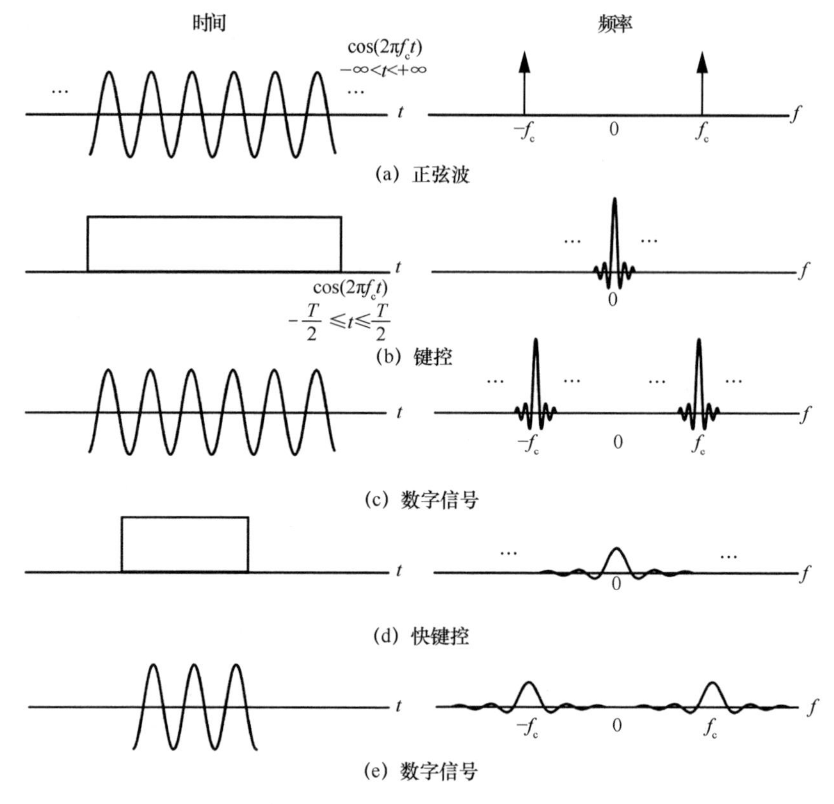

图 3-4　衰落信道与数字键控两者频谱展宽的相似性

图 3-4 给出了乘积产生的持续时间受限的单音信号 $\cos(2\pi f_c t)$，其频谱是图 3-4（b）中的冲激项与图 3-4（a）中 $\cos(2\pi f_c t)$ 函数的卷积，见图 3-4（c）的右图。进一步可以看到，如果矩形信号的持续时间变短，如图 3-4（d）所示，则产生的信号频谱如图 3-4（e）所示，具有更大的频谱扩展。衰落信道的状态改变与数字信号的开关类似，信道就像开关一样，使信号“断断续续”。信道状态改变得越快，信道中传输信号的频谱扩展就越大。由第 3.4 节可知，由于信号色散，为了避免出现频率选择性失真，信号速率的上限是相干带宽 f_c。类似地，由于多普勒扩展，为了避免出现快衰落，信号速率的下限是信道衰落率 D_s。

3.5.4　统计信道模型

上文将多普勒扩展和多径扩展定义为与给定位置、速度和时刻的特定接收机有

关的量，但是，我们所感兴趣的是在某些条件范围下有效的特征。也就是说，要认识到，如果将信道模型建立为一个有限长冲激响应滤波器的形式，需要知道信道滤波器所需阶数、信道变化速度和变化程度的统计特征。这种特征需要采用信道滤波器各阶系数的概率模型来获得，而系数值则可以通过信道的统计测量得到。

回顾连续时间多径衰落信道

$$y(t)=\sum_i a_i(t)x\big(t-\tau_i(t)\big) \tag{3-53}$$

该式包含了各路径时延和幅度的准确说明，这里我们先不考虑加性噪声，仅考察多径与多普勒带来的合成接收信号。由此我们推导出用信道滤波器表示的离散时间基带模型[8]

$$h_l[m]=\sum_i a_i(m/B)\mathrm{e}^{-\mathrm{j}2\pi f_c\tau_i(m/B)}\mathrm{sinc}\big(l-\tau_i(m/B)B\big) \tag{3-54}$$

其中，$h_l[m]$ 表示各阶抽头编号，m 是离散采样时刻，$a_i(m/B)$ 是幅度增益，l 表示滤波器阶数的编号，各信道抽头 $h_l[m]$ 包含了时延被基带信号带宽平滑掉的全部路径。

信道滤波器最简单的概率模型的基础，是假定存在大量统计独立的反射路径和散射路径，这些路径在单个抽头对应的时延窗口内的幅度是随机的，由于反射体与散射体的位置相对于载波波长要远得多，即 $d_i \gg \lambda$，因此可以合理地假定各路径的相位均匀分布在 0 到 2π 之间，并且不同路径的相位是相互独立的。各路径对抽头增益的组成为

$$a_i(m/W)\mathrm{e}^{-\mathrm{j}2\pi f_c\tau_i(m/W)}\mathrm{sinc}\big(l-\tau_i(m/W)W\big) \tag{3-55}$$

并且可以建模为循环对称复随机变量。各抽头 $h_l[m]$ 就是大量这样的较小的独立循环对称随机变量之和，于是幅度响应就是许多较小的独立实随机变量之和，因此由中心极限定理可知，将其建模为零均值高斯随机变量是合理的。类似地，由于相位服从均匀分布，因此，相位为方差相同的高斯随机变量。这样就保证了 $h_l[m]$ 实际上就是循环对称地服从 $N(0,\sigma_l^{\,2})$ 分布的随机变量。这里假定 $h_l[m]$ 的方差为抽头 l 的函数，但与时刻 m 无关。由这里假定的高斯概率密度可知，第 l 个抽头的模 $|h_l[m]|$ 为瑞利（Rayleigh）随机变量，其密度为

$$\frac{x}{\sigma_l^2}\exp\left(\frac{-x^2}{2\sigma_l^2}\right) \tag{3-56}$$

模的平方 $|h_l[m]|^2$ 服从指数分布，其密度为

$$\frac{1}{\sigma_l^2}\exp\left(\frac{-x}{\sigma_l^2}\right) \tag{3-57}$$

该模型称为瑞利衰落（Rayleigh fading）模型，可以非常合理地解释存在大量小尺寸反射体的散射机理，但为简单起见，主要用于分析典型的反射体数量少的蜂窝系统。

还有另外一种常用的模型，其视距路径分量很大且幅度已知，同时还存在大量独立路径。在这种情况下，$h_l[m]$ 至少对于 l 的一个值可以建模为

$$h_l[m]=\sqrt{\frac{\kappa}{\kappa+1}}\sigma_l\mathrm{e}^{\mathrm{j}\theta}+\sqrt{\frac{1}{\kappa+1}}lN\left(0,\sigma_l^2\right) \tag{3-58}$$

其中右侧第一项对应以均匀相位 θ 到达的镜像路径，第二项对应大量与 θ 相互独立的反射路径和散射路径总和。参数 κ 是镜像路径能量与散射路径能量之比，κ 越大，信道的确定性就越强。这种随机变量的求模服从赖斯（Rician）分布，与瑞利衰落模型相比，赖斯模型是一个更适合于卫星信道特征的衰落模型。

3.6 噪声与干扰

卫星通信系统涉及空间段和地面段，存在各式各样的噪声和干扰，主要包括系统热噪声、宇宙噪声和同频干扰、邻道干扰等。信号与噪声间的功率差异称为信噪比（Signal to Noise Ratio，SNR）或载噪比（Carrier to Noise Ratio，CNR），存在干扰时，则常用信干噪比（Signal to Interference plus Noise Ratio，SINR）或载干噪比（Carrier to Interference plus Noise Ratio，CINR）来表示。不同类型的噪声和干扰会造成接收信号强度下降，影响同步质量或判决性能。其中，同频干扰、邻道干扰等可以通过频率协调、系统设计、算法处理等进行抑制，但系统热噪声、宇宙噪声等难以被完全抑制。

3.6.1 系统热噪声

接收机的前端放大器是低噪声放大器，低噪声放大器本身会产生噪声。低噪声放大器产生的噪声是热噪声，其产生机理是传导媒质中带电粒子，通常是由电子的随机运动产生的。低噪声放大器的重要性能指标是放大器的噪声温度、增益和 1 dB

压缩点等，而其中最重要的就是噪声温度要尽可能低。

3.6.1.1　等效噪声温度

通信系统由各个部件（或称网络）组成，它们完成信号的处理和传输功能。与此同时，只要传导媒质不处于热力学温度的零度，其中的带电粒子就存在随机运动，产生对信号形成干扰的噪声，称其为热噪声。噪声的大小以功率谱密度 n_0 来量度，它与温度有关。

$$n_0 = \mathrm{k}T \tag{3-59}$$

式中，$\mathrm{k} = 1.38 \times 10^{-23}\ \mathrm{J/K}$，为玻耳兹曼常数；$T$ 为噪声源的噪声温度，单位为开尔文（K）。

任何网络总是具有有限的带宽 B，同时，这里假定网络增益为 A，于是输出端的噪声功率将由两部分组成：一部分为由网络输入端的匹配电阻产生的噪声所产生的输出噪声功率（记为 N_{in}）；另一部分为网络内部噪声对输出噪声的贡献 ΔN。于是输出噪声功率 N_0 为

$$N_0 = N_{\mathrm{in}} + \Delta N = \mathrm{k}T_0 BA + \mathrm{k}T_{\mathrm{e}} BA \tag{3-60}$$

式中，T_0 是输入匹配电阻的噪声温度；式（3-60）右侧第一项为该电阻产生的噪声在输出端的值，第二项为网络内部噪声在其输出端的贡献；T_{e} 为网络的等效噪声温度。显然，式（3-60）表示将一个噪声温度为 T_{e} 的噪声源接至理想无噪声网络输出端时产生的输出噪声功率。

3.6.1.2　级联网络的等效噪声温度

卫星通信接收机由天线、馈线、低噪声放大器、混频器等级联而成，这里讨论如何考虑级联后总的接收机等效噪声温度。

假定级联的 n 个网络的增益和等效噪声温度分别为 $A_1, A_2, \cdots, A_n$ 和 $T_{\mathrm{e1}}, T_{\mathrm{e2}}, \cdots, T_{\mathrm{e}n}$。并认为 n 个网络的等效噪声带宽 B 都相同，可得 $1, 2, \cdots, n$ 级网络输出噪声功率分别为

$$\begin{aligned}
&\mathrm{k}B(T + T_{\mathrm{e1}})A_1 \\
&\mathrm{k}B(T + T_{\mathrm{e1}})A_1 A_2 + \mathrm{k}BT_{\mathrm{e2}}A_2 \\
&\cdots\cdots \\
&\mathrm{k}B(T + T_{\mathrm{e1}})A_1 A_2 \cdots A_n + \mathrm{k}BT_{\mathrm{e2}}A_2 A_3 \cdots A_n + \cdots + \mathrm{k}BT_{\mathrm{e}n}A_n
\end{aligned} \tag{3-61}$$

其中，T 为输入端噪声温度。如果用 $T_{\mathrm{e}\Sigma n}$ 表示 n 个网络级联后总的等效噪声温度，则 n 级网络输出噪声功率可表示为

$$kB(T+T_{e\Sigma n})A_1A_2\cdots A_n \tag{3-62}$$

与上面由$T_{e1},T_{e2},\cdots,T_{en}$表示的 n 级网络输出噪声功率相比，总的等效噪声温度$T_{e\Sigma n}$为

$$T_{e\Sigma n}=\frac{\sum_{i=1}^{n}\left(T_{ei}\prod_{j=i}^{n}A_j\right)}{\prod_{i=1}^{n}A_i}=T_{e1}+\sum_{i=2}^{n}\left(\frac{T_{ei}}{\prod_{j=1}^{i-1}A_j}\right) \tag{3-63}$$

可以看出，第二级网络内部噪声（其噪声温度为T_{e2}）对总的等效噪声温度的贡献为T_{e2}/A_1，第三级网络的贡献为$T_{e3}/(A_1A_2)$等。因此，只要第一级网络的增益A_1足够大（而T_{e2}不是太大），第二级网络的内部噪声对接收机总噪声的贡献就较小。同理，当A_1A_2足够大时，第三级网络内部噪声的影响可以忽略。

3.6.2 宇宙噪声

宇宙噪声来自外层空间星体的热气体在星际空间的辐射，其中最主要的噪声干扰源来自太阳。表 3-3 列出了太阳处于静寂期用 53 dBi 增益天线所接收的太阳噪声温度。根据实际测试，在太阳处于静寂期时，只要接收机的天线不对准太阳，静寂期的太阳噪声就对系统的影响不大。但是，当太阳接近地球站天线指向卫星的延伸方向时，地球站将会受到干扰，甚至造成中断。这是因为太阳辐射从主瓣进入接收机，引入了高强度的宇宙噪声。太阳系天体运行规律确定了一年内在春分和秋分前后的约 20 天将出现这种情况。比如，工作于 4 GHz 的 11 m 天线地球站，半功率波束宽度为 0.44°，考虑主瓣和第一旁瓣，太阳一年内将对地球站进行两次干扰，每次 5 天，每天大约持续 7 min（太阳穿过天线波束的时间），而干扰发生的具体时间与地球站位置有关。

表 3-3　太阳处于静寂期的噪声温度（天线增益 53 dBi）

频率/MHz	噪声温度/K
300	7×10^5
600	4.6×10^5
1 000	3.6×10^5
3 000	6.5×10^4
10 000	1.1×10^4

对于低轨道地球卫星通信系统，星座内卫星之间采用星际链路是技术的发展方向，而且多采用激光或毫米波（20/30 GHz）。在这种情况下，星座的运行可使太阳处于某些星际链路的延长线上，此时太阳在某卫星天线的前向视角内，其干扰将阻塞该链路，甚至会对灵敏的光接收机前端（如果采用激光链路的话）造成物理性损坏，必须采用防范措施。若空间网络某些（星际）链路被阻塞，将影响空间网络的路由选择。

3.6.3　外部环境干扰

外部环境的噪声干扰主要来自大气噪声、降雨噪声、地面噪声。工业噪声和人为干扰对工作频段较高的卫星通信系统影响较小，但可能会对目前工作在 UHF、L、S、C 等低频段的卫星通信链路造成严重干扰。

大气噪声是在电波穿过电离层、对流层时，除其能量被吸收带来附加损耗外，额外产生的电磁辐射形成的噪声。大气噪声主要是由大气中的水蒸气和氧分子造成的。大气噪声与用户对卫星的仰角有关，仰角越高，噪声干扰越小。同时，干扰与频率有关。在图 3-5 中给出了宇宙噪声和大气噪声进入地球站天线引起的噪声温度，图中的宇宙噪声曲线 A 是天线指向银河系中心（即指向“热空”）干扰达到最大时的情况，曲线 B 为天线指向天空其他方位（指向“冷空”）时的情况。

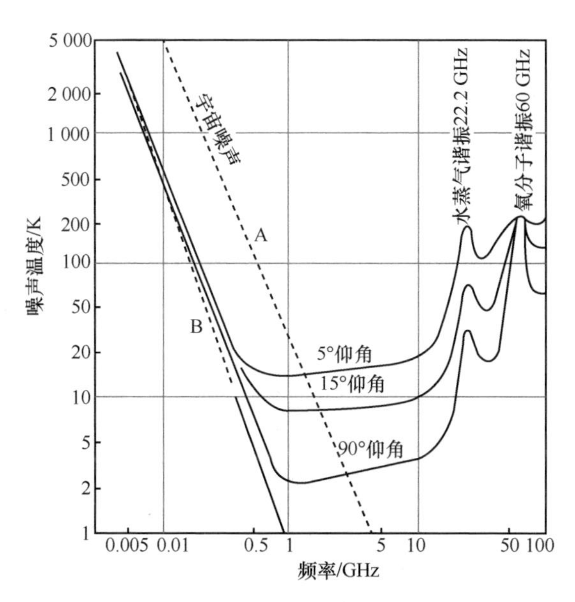

图 3-5　宇宙噪声和大气噪声进入地球站天线引起的噪声温度

从图 3-5 中的曲线可以看出，0.4～10 GHz 的频率范围是一个窗口（大气噪声明显较小），这是卫星通信系统首先开发 C 频段的原因之一。同时，在 30 GHz 附近也呈谷点，这正是目前开始应用的 Ka 频段。

降雨噪声是雨、雾等吸收电波能量引起雨衰的同时所产生的电波辐射噪声，暴雨时特别严重。降雨噪声与雨衰一样，在较高的频段（如 10 GHz 以上）影响较大，具体的雨衰特性及规避方法在第 3.7 节中进行详细描述。

卫星通信系统中，卫星天线指向地球，而地球像其他天体一样是一个热辐射源，其噪声也对卫星形成干扰。对于地球站的天线而言，若旁瓣、后瓣增益不是很低，也可直接接收到地球产生的热辐射，形成地面噪声干扰。

大气噪声或降雨噪声的大小可以根据晴天大气的吸收损耗或降雨时雨衰的数值进行计算。比如，若大气环境温度为 270 K，晴朗天气对 Ku 频段电波的吸收损耗为 0.5 dB，则大气层晴天的噪声温度为

$$T_c = 270\left(1 - 10^{-\frac{0.5}{10}}\right) = 29\ \text{K} \tag{3-64}$$

大气噪声并不能全部进入接收机天线，通常考虑 0.90～0.95 的耦合系数，因此，此时大气吸收损耗引起的接收机天线噪声温度为

$$T_e = 0.9 \times 29 = 26\ \text{K} \tag{3-65}$$

若降雨时的雨衰为 3.0 dB，则此时的天线噪声温度为

$$T_r = 0.9\left(270\left(1 - 10^{-\frac{3.0}{10}}\right)\right) = 121\ \text{K} \tag{3-66}$$

上述的例子说明，晴天的天线噪声温度为 26 K，而降雨时的噪声温度将上升到 121 K。

3.6.4 同频干扰

同频干扰主要可分为不同卫星通信系统间的干扰和卫星通信系统与地面通信系统间的干扰。同频干扰即不同系统间频率未完全正交、空间（轨道、波束）未完全隔离，或功率谱非理想带来的频率泄漏等导致当前系统的通信信号成为其他系统的干扰。目前，ITU 以静态分配为主要指导思想，遵循先到先得、同步轨道优先

的原则，对各卫星通信业务进行频轨资源的协调，已基本完成地球同步轨道卫星间、地球同步轨道与非地球静止轨道卫星间的协调规则的制定。但随着非地球静止轨道卫星星座规模的快速增长及地面 5G/6G 系统的多频段、大带宽发展趋势，频轨资源紧张问题再次凸显。本小节主要介绍同频干扰的概念与基本场景，具体计算方法可参见第 8.4 节。

3.6.4.1　卫星系统间干扰

目前，地球同步轨道卫星已经能够服务绝大部分中低纬度地区，再经过非地球静止轨道卫星星座的建设，能够实现对全球全天候业务的随需覆盖。地球的频率轨位资源是有限的，不同的卫星通信系统之间需要在频率、覆盖区域等维度有一定的间隔，否则，卫星天线和地球站天线的副瓣将会导致两个卫星通信系统之间产生相互干扰。同频干扰分为上行干扰和下行干扰两类：上行干扰是由一个系统的地球站上行发射信号进入另一个系统的卫星接收设备引起的干扰；下行干扰是由一个系统的卫星发射信号进入另一个系统的地球站接收设备引起的干扰。

卫星系统间干扰的产生与卫星或地球站天线的方向图特性有关，依据 ITU 有关规定，在不同业务、不同频段、不同平台上，用不同的天线模型进行拟合。对于 $D/\lambda \geqslant 100$ 的天线，天线方向图为

$$G(\theta)=\begin{cases}29-25\lg\theta, & 1^\circ<\theta\leqslant 20^\circ\\ 32-25\lg\theta, & 20^\circ<\theta\leqslant 48^\circ\\ -10, & 48^\circ<\theta\leqslant 180^\circ\end{cases} \tag{3-67}$$

对于 $50<D/\lambda<100$ 的天线，天线方向图为

$$G(\theta)=\begin{cases}49-10\lg\dfrac{D}{\lambda}-25\lg\theta, & \left(\dfrac{100\lambda}{D}\right)^\circ<\theta\leqslant 20^\circ\\ 52-10\lg\dfrac{D}{\lambda}-25\lg\theta, & 20^\circ<\theta\leqslant 48^\circ\\ -10, & 48^\circ<\theta\leqslant 180^\circ\end{cases} \tag{3-68}$$

式（3-67）和式（3-68）中，θ 是偏离中心轴角度，D 是天线口面直径，λ 是波长。已规定天线的实测方向图中 90%的副瓣峰值必须在上述规定的包络之下，允许其余 10%的副瓣峰值超过规定的包络值（不大于 3 dB）。

3.6.4.2 地面微波干扰

目前，卫星通信使用的部分频段与地面网络有重复，例如卫星通信使用的 C 频段。当地球站接收 4 GHz 频带的信号时，它对来自地面传输的 4 GHz 微波干扰信号很敏感；此外，地球站以 6 GHz 频带发射信号时，会对使用 6 GHz 频段接收的地面微波系统产生干扰。

卫星通信和地面微波系统间的相互干扰量，是载波功率、载波谱密度和两个载波频率之差的函数，由于是无线传输，相互干扰量与天线特性、地形因数和传播条件有关。通常情况下，干扰载波功率大，被干扰程度就大；干扰载波谱密度大，被干扰程度也大；天线副瓣特性越差，被干扰程度越大；干扰和被干扰载波频率之间差值越大，干扰就越小；地形屏蔽因数越好，被干扰程度越小。

地球站接收到的卫星信号带宽内的干扰功率，决定于地面干扰微波的功率谱。如地球站接收的是宽带卫星信号，则落在宽带范围内的所有地面微波干扰功率都要计算；如地球站接收的是窄带卫星信号，则只要考虑落在窄带范围内的地面微波干扰功率，即干扰功率按带宽缩减因子减小。

3.6.5 邻道干扰

邻道干扰通常来自相邻信道间频谱滚降和滤波器滚降的非理想特性。邻道干扰（或邻近转发器干扰）产生在带宽有限的卫星信道中。以 QPSK 为例，考察 QPSK 已调信号的功率谱密度。

$$S(f)=CT_{\mathrm{b}}\left(\left|\frac{\sin\left(2\pi(f-f_{\mathrm{c}})T_{\mathrm{b}}\right)}{2\pi(f-f_{\mathrm{c}})T}\right|^{2}+\left|\frac{\sin\left(2\pi(f+f_{\mathrm{c}})T_{\mathrm{b}}\right)}{2\pi(f+f_{\mathrm{c}})T}\right|^{2}\right) \tag{3-69}$$

在采用 QPSK 调制的单路单载波（SCPC）的 TDMA 系统中，地球站大功率发射机或卫星行波管的工作点接近或就在饱和点，这时干扰情况较为严重。功率放大器的非线性会再次产生已被滤除的 QPSK 频谱旁瓣，从而产生干扰信号进入邻近信道。这种现象被称为频谱扩展，如图 3-6 所示。频谱扩展的程度随功放工作点（回退量）的不同而变化。地球站高功率发射机的频谱扩展确定了上行链路邻道干扰的数值，它可由地球站大功率发射机回退量推导得出。卫星行波管的频谱扩展确定了下行链路邻道干扰的数值。

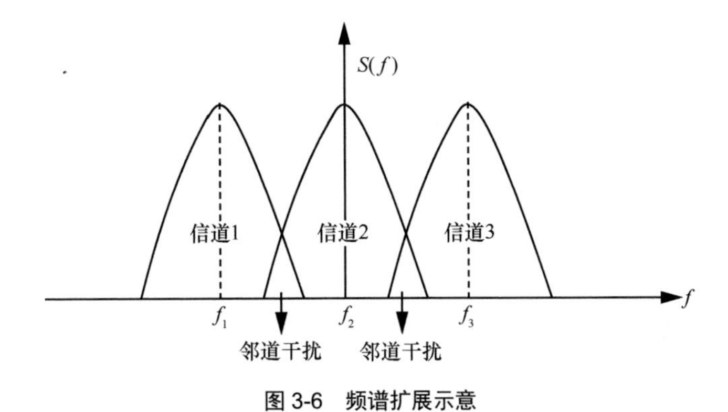

图 3-6　频谱扩展示意

上行链路载波对邻道干扰比（两个邻近信道的干扰）为

$$\left(\frac{C}{I}\right)_{\mathrm{u}}=\frac{\int_{f_0-B/2}^{f_0+B/2}S_{\mathrm{u}}(f)\mathrm{d}f}{\int_{f_0-\varDelta}^{f_0+\frac{B}{2}-\varDelta}S_{\mathrm{u}}(f)\mathrm{d}f} \tag{3-70}$$

式中，$S_{\mathrm{u}}(f)$ 为地球站高功率发射机输出处 QPSK 载波的功率谱密度，$\varDelta$ 为邻近载波频率的间隔。

下行链路载波对邻道干扰比为

$$\left(\frac{C}{I}\right)_{\mathrm{d}}=\frac{\int_{f_0-B/2}^{f_0+B/2}S_{\mathrm{d}}(f)\left|H(f)\right|^2\mathrm{d}f}{2\int_{f_0-\varDelta}^{f_0+\frac{B}{2}-\varDelta}S_{\mathrm{d}}(f)\left|H(f)\right|^2\mathrm{d}f} \tag{3-71}$$

式中，$S_{\mathrm{d}}(f)$ 为卫星行波管输出处 QPSK 载波的功率谱密度，$H(f)$ 为卫星输出复用器的幅度响应。为达到载波对邻道干扰比大于 25 dB，一般要求发射机有 5～6 dB 的输出回退量。

3.6.6　码间干扰

码间干扰是信道内部产生的。当数字信号序列通过具有理想低通特性的信道时，如果其传输速率和所占用信道带宽满足奈奎斯特准则，那么其输出信号序列中各个比特之间就不存在码间干扰。然而，理想的低通信道是不存在的，通常信道具有缓降特性，即它在截止频率处不具有垂直截止特性，而是有一定的渐变过程，频带宽度增加，因此，当上述数字信号序列通过具有缓降特性的低通信道时，其输出的各比特波形就会出现相互重叠的现象，从而造成码元之间的相互干扰。

卫星通信系统中存在多径传输，使得所传输的数字码元出现时间展宽的现象，码元和码元之间相互重叠，从而造成码间干扰。由于卫星系统中的传输路径较长，传输时延较大，因此产生的码间干扰相对严重，平均误码率增加。

3.6.7 其他干扰

3.6.7.1 交叉极化干扰

采用正交线极化（垂直和水平线极化）或正交圆极化（左旋和右旋圆极化）波的频率复用卫星通信系统，还存在正交极化干扰，即能量从一种极化状态耦合到另一种极化状态引起的干扰。它是由地球站天线和卫星天线之间的有限正交极化鉴别度引起的，另外降雨的去极化效应也会引起交叉极化干扰。

正交极化干扰主要取决于地球站天线和卫星天线的正交极化鉴别度。正交极化鉴别度定义为对于同一入射信号,天线接收到的同极化功率与正交极化功率的比值。当发送天线的两个正交极化信号端口的发送功率相等时，接收天线端的正交极化鉴别度就表示同极化信号功率与正交极化干扰功率的比值。

卫星通信上行链路的交叉极化干扰是由地球站发射天线和卫星接收天线的极化鉴别度不完善引起的。设 x_{T1} 和 x_{R1} 分别表示地球站发射天线和卫星接收天线的正交极化鉴别度，则上行链路的交叉极化干扰比 X_{U} 为

$$X_{\mathrm{U}}=\left(x_{\mathrm{T1}}^{-1}+x_{\mathrm{R1}}^{-1}\right)^{-1} \tag{3-72}$$

同样，卫星通信下行链路的交叉极化干扰是由卫星发射天线和地球站接收天线的极化鉴别度不完善引起的。设 x_{T2} 和 x_{R2} 分别表示卫星发射天线和地球站接收天线的正交极化鉴别度，则下行链路的交叉极化干扰比 X_{D} 为

$$X_{\mathrm{D}}=\left(x_{\mathrm{T2}}^{-1}+x_{\mathrm{R2}}^{-1}\right)^{-1} \tag{3-73}$$

3.6.7.2 互调干扰

卫星通信链路中有行波管功率放大器，为了有效地利用功率放大器，一般要求行波管在输出饱和点附近工作，于是它产生了互调干扰分量。两个以上的载波信号，在通过非线性的功率放大以后，不但放大输出原有载波信号，而且输出原输入端没

有的、新的频率分量，这就是产生了互调干扰信号分量。

产生互调干扰的主要原因是功率放大器的非线性，包含 AM-AM 变换引起的幅度非线性和由 AM-PM 变换引起的相位非线性。由相位非线性引起的互调干扰较小，通常可以忽略，系统中主要是由幅度非线性引起的互调干扰。幅度非线性的规律是在输入信号激励电平较低时，功率转移特性是线性的，增益最大；随着输入信号激励电平的增加，输出功率不再线性增加，增益越来越低，最后趋于饱和。当输入信号激励电平继续增加时，输出功率反而比饱和点功率降低。由此可见，在饱和点附近，非线性特性会明显增加。基于 Saleh 模型的 AM/AM、AM/PM 特性如图 3-7 所示。

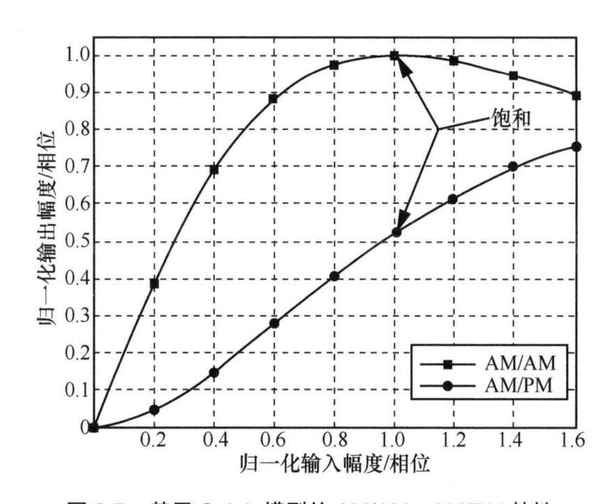

图 3-7　基于 Saleh 模型的 AM/AM、AM/PM 特性

由于行波管功率放大器的非线性特性，在其输出端不但放大输出了原有载波信号，而且输出了新的频率分量，主要有 $2f_1-f_2$、$f_1+f_2-f_3$、$3f_1-2f_2$、$2f_1-2f_2+f_3$ 等频率分量（f_1、f_2、f_3 为输入载波信号频率），一般将频率 $2f_1-f_2$、$f_1+f_2-f_3$ 的干扰称为三阶互调干扰，将频率 $3f_1-2f_2$、$2f_1-2f_2+f_3$ 的干扰称为五阶互调干扰。互调干扰的产生使得多个载波输入时，功放输出功率比单载波输入时低，即输出功率受到“压缩”，在饱和点附近，两载波输入时，输出功率比单载波输入时小 1.2 dB，比多载波输入时小 1.5 dB。

减少互调干扰有如下措施：

（1）对功放采用适当的输入、输出功率回退；

（2）载波不等间隔排列；

（3）利用预失真修正非线性特性。

3.7　雨衰与抗雨衰

降雨对信号的衰减作用主要体现在雨滴对信号的吸收和散射。从传播原理上来分析，这是因为当电磁波信号在降雨环境中传播时，雨滴会吸收电磁波的一部分能量。更重要的是雨滴自身也是一种散射体，会把电磁波信号反射到周围的空间造成二次反射。如果雨滴的主轴长度与电磁波传播的波长满足一定关系，也会产生共振使得电磁波信号被雨滴吸收[11]。

降雨对信号的影响主要有增加系统噪声温度、降低信号交叉极化鉴别度和信号电平衰减等。

3.7.1　增加系统噪声温度

$$\Delta T=\left(1-10^{-\frac{A}{10}}\right)T \tag{3-74}$$

式中，ΔT 表示降雨环境中的噪声温度，A 表示降雨衰减，T 表示雨水介质的有效温度，雨水介质的有效温度在长时间的降雨环境中可视为固定值。当雨衰增大时，噪声温度 ΔT 增大，进一步导致总系统的噪声分量增加和链路的信噪比降低[12]。

3.7.2　降低信号交叉极化鉴别度

为了进一步增加频谱利用效率，可以在同一个信道中传输两个不同的信号，采用正交极化方式，使得信号之间互不干扰。但在实际卫星通信系统中，降雨等因素的影响使得本来互相正交的两个信号不再严格正交，降低了信号的交叉极化鉴别度，也就是信号去极化效应，影响了信号的质量。

降雨对信号去极化的原因和具体原理已在第 3.2.4 小节中给出，本小节不再赘述。

3.7.3　信号电平衰减

降雨环境对电磁波信号的衰减是由多种因素共同造成的：从宏观的角度上分析，包括降雨云层的高度、厚度、含水量、形状，水汽的混合状态，电磁波穿越雨区的

距离等；从微观的角度上分析，则包括雨滴自身的大小、形状，散射的电磁波波长等因素。通常可采用 ITU-R 的模型[13]对降雨衰减进行建模，该模型可以估计 55 GHz 以下的降雨衰减。模型中使用的主要参数见表 3-4。

表 3-4　模型中使用的主要参数

参数	含义
$R_{0.01}$ /(mm·h^{-1})	年平均 0.01%时间的降雨强度
h_s /km	地球站平均海拔高度
θ /(°)	天线仰角
φ /(°)	地球站纬度
f /GHz	频率
R_e (取 8 500 km)	地球有效半径

ITU-R 模型的雨衰计算步骤如下[13]。

步骤 1：确定降雨高度：$h_R = h_0 + 0.36$，其中 h_0 为高于平均海拔的 0℃等温线高度或冻结高度，世界不同地区的平均冻结高度见文献[14]。

步骤 2：计算倾斜路径长度（km）

$$\begin{cases} L_s = \dfrac{(h_R - h_s)}{\sin\theta}, & \theta \geqslant 5° \\ L_s = \dfrac{2(h_R - h_s)}{\sqrt{\sin^2\theta + \dfrac{2(h_R - h_s)}{R_e}} + \sin\theta}, & \theta < 5° \end{cases} \tag{3-75}$$

如果 $(h_R - h_s) \leqslant 0$，则任何百分比时间的预测降雨衰减为零，不需要采取以下步骤。

步骤 3：计算倾斜路径长度的水平投影：$L_G = L_s \cos\theta$。

步骤 4：获得超过年平均 0.01%时间的降雨强度 $R_{0.01}$。如果不能从当地数据来源获得这一长期统计数据，可以根据 ITU 提供的方法[13]获得这一参数。如果 $R_{0.01} = 0$，则任何时间百分比的预测降雨衰减为零，不需要下列步骤。

步骤 5：利用文献[15]给出的频率相关系数和步骤 4 获得的降雨强度 $R_{0.01}$ 计算出雨衰率 γ_R：$\gamma_R = k(R_{0.01})^{\alpha}$。

步骤 6：计算 0.01%时间的水平路径衰减因子 $r_{0.01}$。

$$r_{0.01} = \frac{1}{1 + 0.78\sqrt{\dfrac{L_G \gamma_R}{f}} - 0.38(1 - \mathrm{e}^{2L_G})} \tag{3-76}$$

步骤 7：计算 0.01%时间的垂直调整因子：首先求得参数 $\varsigma = \arctan\left(\frac{h_R - h_s}{L_G r_{0.01}}\right)$，$\begin{cases} L_R = \frac{L_G r_{0.01}}{\cos\theta} (\varsigma > \theta) \\ L_R = \frac{h_R - h_s}{\sin\theta} (其他) \end{cases}$，$\begin{cases} x = 36 - |\varphi| (|\varphi| < 36°) \\ x = 0 (其他) \end{cases}$，之后获得垂直调整因子

$$v_{0.01} = \frac{1}{1 + \sqrt{\sin\theta}\left(31(1 - \mathrm{e}^{-\theta/(1+x)})\frac{\sqrt{L_R \gamma_R}}{f^2} - 0.45\right)} \tag{3-77}$$

步骤 8：获得有效路径长度：$L_E = L_R v_{0.01}$。

步骤 9：计算年平均超过 0.01%时间的衰减值：$A_{0.01} = \gamma_R L_E$。

步骤 10：利用 $A_{0.01}$ 计算其他年平均百分比时间概率（0.001%～5%）的降雨衰减值 A_p，当 $p \geqslant 1\%$ 时，$\beta=0$；当 $p < 1\%$ 时，有

$$\begin{cases} \beta = 0, \quad |\varphi| \geqslant 36° \\ \beta = -0.005(|\varphi| - 36), \quad |\varphi| < 36°, \theta \geqslant 25° \\ \beta = -0.005(|\varphi| - 36) + 1.8 - 4.25\sin\theta, \quad 其他 \end{cases} \tag{3-78}$$

则可以获得：$A_p = A_{0.01}\left(\frac{p}{0.01}\right)^{-(0.655+0.0331\ln(p)-0.045\ln(A_{0.01})-\beta(1-p)\sin\theta)}$。

上文提供了降雨衰减的长期统计估算方法。可以看出，降雨衰减是由若干因素造成的，包括降雨率、仰角、频率、地球站海拔高度等。目前高通量卫星大多采用 Ka 和 Q/V 等高频段，降雨衰减已经成为制约卫星系统正常通信的关键因素[16]，在设计卫星系统时要留有足够的链路余量，并采用抗雨衰措施。

3.7.4 抗雨衰技术

为抵消或缓解降雨对正常的卫星通信造成的影响，可采用的抗雨衰措施包括增加链路余量、自适应编码调制、采用位置分集技术等。

3.7.4.1 增加链路余量

增加链路余量的方法是进行传统卫星通信链路设计时较为常用的方法。考虑到大气、雨、雪、雾等多种传输因素的影响及其统计特性，在进行链路设计时通常在总的链路门限信噪比上留有一定的余量，用于对抗信道衰减。特别是在一些降雨较

少地区，完全可通过增加链路余量的方法来满足系统可用度的要求[17]。但该方法并不是在任何情况下都有效，对于采用频段较高（例如 Ka 或者 Q/V 频段）的系统或者降雨量较大的地区，如果完全依赖设置较高链路余量的方法来对抗雨衰，将会导致系统功率的严重浪费。此外，对于小口径终端组成的 VSAT 系统，其功率往往没有足够的余量用于对抗雨衰。因此，增加链路余量的方法通常需要配合其他抗雨衰措施共同使用。

3.7.4.2　自适应编码调制

自适应编码调制（Adaptive Coding and Modulation，ACM）技术相对于固定编码调制（Constant Coding and Modulation，CCM）技术在频谱效率上有了显著的改善，由于其减小了需要预留的链路余量，因而可以支持更高阶的调制方式和更高的编码效率[18-20]。

ACM 的基本框图如图 3-8 所示，主要包括信号发送端、卫星、网关和接收端。信息由发送端发出，经过卫星中继转发，最终到达接收端。接收端根据接收到的信息进行信噪比估计，信噪比估计值可以表征当前信道的状态，通过反向链路将信道状态反馈给网关；网关据此选择合适的编码调制方式，对下一时刻发送信息的编码调制方式进行控制，从而使得整个系统构成一个完整的回路[16]。

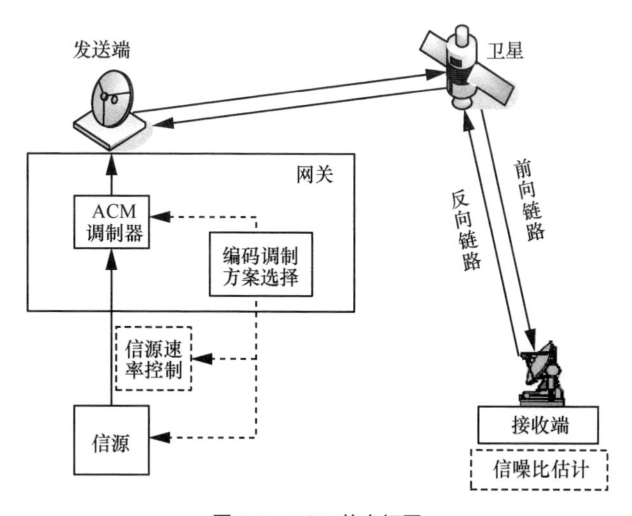

图 3-8　ACM 基本框图

在降雨强度较大的环境下，网关控制发送端使用较低阶的调制方式和较低码率的编码方式，以维持整个卫星系统的可靠通信；在没有降雨或降雨强度较小的环境下，则采用较高阶的调制方式和较高码率的编码方式，以充分利用系统资源。由于在不同时刻使用的调制方式和编码码率可能不同，因此需要在每一帧的帧头里插入相应的信息位表征当前使用的调制方式和编码码率，以实现系统的收发端同步[16]。

自适应编码调制技术的使用，可以让卫星通信系统根据不同时刻的信道状态和降雨情况来采用对应的调制方式和编码码率，从而减少链路设计中的余量，使得系统的资源得到了充分利用，最终有效地提升了卫星通信系统的性能。

3.7.4.3 采用位置分集技术

两个地球站位置相隔越远，同时经历较大降雨的概率就越小，即某一个地球站正在经受较大降雨，同时另一个地球站也经历较大降雨的条件概率较小。因而，当一个地球站降雨的时候可以依靠另一个地球站来实现信息的收发。现有研究结果表明，多数情况下，对于较大的降雨，当两个地球站的距离超过 20 km 时，可认为是不相关的。基于这个特性，可采用位置分集技术来提高系统的整体可用度。位置分集系统中对于来自两个地球站的信号可采用多种合并技术，如线性合并、取较大值等方法[21]。位置分集方案的缺点是需要额外增加一个或多个地球站的建设和维护成本。

3.8 链路计算

决定一条卫星通信链路传输质量的主要指标是接收系统输入端的载波功率与噪声功率谱密度的比值，在数字卫星通信系统中，$E_b/N_0 = C/N_0R_b$（R_b为数据比特速率），该比值决定了系统输出端的误比特率，是衡量传输质量的关键指标。卫星通信链路计算，就是为了对传输质量进行定量评估。这涉及发送端的发射功率与天线增益、传输过程中的各种损耗、传输过程中所引入的各种噪声与干扰和接收系统的天线增益、噪声性能等因素，这些因素很多与工作频率有关。

卫星通信链路的计算，大致可分为下述两类任务。

（1）已知卫星转发器及地球站的基本参数，计算地球站能得到的载噪比，即链路性能的分析。

（2）根据通信业务的要求，确定通信基本参数，如卫星 EIRP、地球站 G/T 等。

3.8.1　链路预算分析

电波经自由空间传播后的接收信号功率 P_r 的表示式为

$$P_r = \left(\frac{\lambda}{4\pi d}\right)^2 G_r G_t P_t \tag{3-79}$$

考虑到发射机到发射天线的馈线（波导）损耗 L_t 和接收天线到接收机的波导传播损耗 L_r，得到接收信号功率为

$$P_r = \frac{P_t G_t G_r}{L_f L_t L_r} \tag{3-80}$$

确定链路传输质量的指标是信噪比。而在整个链路上，信号经长距离传输后到达接收机的输入端时信号最弱，因此我们关注的也是接收机的输入信噪比。根据前面关于热噪声的分析，接收机的输入噪声功率 N_{in} 可表示为

$$N_{in} = kTB \tag{3-81}$$

式中，k 为玻尔兹曼常数，用分贝表示时，$[k] = -228.6\ \text{dBW/(K·Hz)}$；$T$ 是以绝对温度（K）为单位的接收系统的等效噪声温度，它包括从天线进入接收机的噪声的等效噪声温度和接收机内部噪声折算至其输入端的等效噪声温度。这里，采用卫星通信系统常用的符号 C、G 和 N 来表示接收信号（载波）功率、接收天线增益和接收端的噪声功率，并定义发射机的等效全向辐射功率为 EIRP。EIRP 表征将天线定向辐射与发射机结合起来的辐射射频功率的能力，等于发射机功率与发射天线的乘积，单位为 dBW。公式为

$$\text{EIRP} = P_t G_t \tag{3-82}$$

于是，接收信号的载噪比（载波功率与噪声功率之比）C/N 为

$$C/N = \frac{\text{EIRP} \cdot G}{L_f L_t L_r kBT} \tag{3-83}$$

在进行链路预算分析时，为了避免涉及接收机的带宽，除载噪比 C/N 作为系统的重要参数外，也常用载波功率与等效噪声温度之比 C/T 。为了简化起见，令 $L = L_f L_t L_r$，于是有 C/n_0 和 C/T 为

$$C/n_0 = \frac{\text{EIRP}}{L} \cdot \frac{G}{T} \cdot \frac{1}{k} \tag{3-84}$$

$$C/T = \frac{\mathrm{EIRP}}{L} \cdot \frac{G}{T} \tag{3-85}$$

式中，G/T 称为接收系统的品质因数，是评价接收机性能好坏的重要参数，值越大，接收性能越好。用分贝表示时，按式（3-86）进行计算。

$$[G/T] = [G_{\mathrm{R}}] - [T] \tag{3-86}$$

G/T 值由天线噪声温度、天线接收增益、馈线及低噪放的噪声温度决定。其中，天线噪声温度还受天线仰角和降雨的影响，也就是说，G/T 值与所处的地理位置及当时的天气情况是有关系的。

3.8.2 全链路传输质量

卫星通信系统全链路的传输质量主要决定于上行和下行链路的载波功率与等效噪声温度之比，某些情况下星载转发器的互调噪声将对全链路质量产生影响。

上行链路的载波功率与等效噪声温度之比 $(C/T)_{\mathrm{u}}$ 值为

$$(C/T)_{\mathrm{u}} = \frac{\mathrm{EIRP_e}}{L_{\mathrm{u}}}\left(\frac{G}{T}\right)_{\mathrm{s}} \tag{3-87}$$

式中，$\mathrm{EIRP_e}$ 为地球站等效全向辐射功率，$(G/T)_{\mathrm{s}}$ 为卫星接收系统品质因数，L_{u} 为上行链路传输损耗。

同理，下行链路的载波功率与等效噪声温度之比 $(C/T)_{\mathrm{d}}$ 值为

$$(C/T)_{\mathrm{d}} = \frac{\mathrm{EIRP_e}}{L_{\mathrm{d}}}\left(\frac{G}{T}\right)_{\mathrm{e}} \tag{3-88}$$

式中，$\mathrm{EIRP_e}$、$(G/T)_{\mathrm{e}}$ 和 L_{d} 分别为卫星的等效全向辐射功率、地球站接收系统品质因数和下行链路传输损耗。

当卫星转发器的行波管功率放大器同时放大多个载波时，将产生互调噪声，其影响用 $(C/T)_{\mathrm{i}}$ 来表示。互调噪声的大小与载波数目、各载波间的相对电平、频率配置方案和行波管工作点有关。

为了确定表征全链路传输质量的 C/T，总的等效噪声温度 T 应为各部分的噪声温度之和，所以有

$$(C/T)^{-1} = (C/T)_{\mathrm{u}}^{-1} + (C/T)_{\mathrm{d}}^{-1} + (C/T)_{\mathrm{i}}^{-1} \tag{3-89}$$

上述分析结果在实际工程应用中还是不够的，必须考虑到不同应用的非理想情

况并留有足够的余量。实际上，还存在卫星转发器功放非线性产生的互调干扰、邻星干扰、转发器中的邻道干扰、交叉极化干扰、地面微波干扰等，如第 3.6 节所示。要获得更加精确的结果，须进一步考虑这些因素并做量化计算，可利用专业软件完成此工作。

3.8.3　链路预算实例

这里给出一个链路预算实例，Ku 频段下，带宽为 2 MHz 的全链路预算。

（1）Ku 频段的上行链路预算

表 3-5 列出了 Ku 频段的上行链路（$f=14.25\ \text{GHz}$）预算的主要参数。发射地球站的天线口径为 0.9 m，天线效率为 70%。并且天线的有向损耗 $L_{\rm p}$ 为 4.345 dB，发射端发射功率 $P_{\rm t}=10\ \text{dBW}$。卫星天线增益 $G_{\rm w}=34.2\ \text{dBi}$、噪声温度为 300 K。上行链路的长度 d 为 35 801 km 并且发射站附近的雨衰 $L_{\rm y}$ 为 0.11 dB。

发射站天线增益为

$$G_{\rm t}=10\lg\left(0.7\times\left(\pi D/\lambda\right)^2\right)=40.99\ \text{dBi} \tag{3-90}$$

自由空间路径损耗为

$$L_{\rm u}=92.45+20\lg(df)=206.6\ \text{dB} \tag{3-91}$$

噪声功率为

$$N=\text{k}TB=-228.6+24.7+63.01=-140.89\ \text{dBW} \tag{3-92}$$

表 3-5　Ku 频段的上行链路预算主要参数

参数	数值
发射站发射功率	10 dBW
发射站天线增益	40.99 dBi
自由空间路径损耗	206.6 dB
噪声功率	−140.89 dBW
卫星天线增益	34.2 dBi
雨衰	0.11 dB
天线有向损耗	4.345 dB

卫星接收机输入端载噪比 $(C/N)_{\rm up}$ 的值为

$$(C/N)_{\text{up}} = P_{\text{t}} + G_{\text{t}} + G_{\text{w}} - L_{\text{u}} - L_{\text{p}} - L_{\text{y}} - N \approx 15.03\ \text{dB} \tag{3-93}$$

（2）Ku 频段的下行链路预算

表 3-6 列出了 Ku 频段的下行链路（ f=12.25 GHz ）预算的主要参数。接收站的天线口径为 6 m，天线效率为 70%。卫星的发射功率 p_{w} 为 19.8 dBW。下行链路的长度 d 为 35 790 km 并且接收站附近的雨衰 L_{y} 为 1.04 dB。

其中下行链路损耗为

$$L_{\text{d}} = 92.45 + 20\lg(df) = 205.29\ \text{dB} \tag{3-94}$$

接收站天线增益为

$$G_{\text{r}} = 10\lg\left(0.7 \times (\pi D/\lambda)^2\right) = 56.17\ \text{dBi} \tag{3-95}$$

表 3-6　Ku 频段的下行链路预算主要参数

参数	数值
卫星发射功率	19.8 dBW
接收站天线增益	56.17 dBi
下行链路损耗	205.29 dB
噪声功率	−140.89 dBW
卫星天线增益	34.2 dBi
雨衰	1.04 dB

下行链路的载噪比 $(C/N)_{\text{down}}$ 为

$$(C/N)_{\text{down}} = p_{\text{w}} + G_{\text{w}} + G_{\text{r}} - L_{\text{d}} - L_{\text{y}} - N = 44.73\ \text{dB} \tag{3-96}$$

（3）全链路的总载噪比

全链路的总载噪比计算公式如下。

$$1/(C/N)_{\text{o}} = 1/(C/N)_{\text{up}} + 1/(C/N)_{\text{down}} \tag{3-97}$$

将式（3-93）和式（3-96）所得结果换算为倍数代入式（3-97），得

$$1/(C/N)_{\text{o}} = \frac{1}{31.84} + \frac{1}{29\,717} = 0.031\,4 \tag{3-98}$$

$$(C/N)_{\text{o}} = 15.03\ \text{dB} \tag{3-99}$$

在此情况下，全链路的总载噪比为 15.03 dB。

参考文献

[1] 康士峰, 郭相明. 电波环境及微波超视距传播[J]. 微波学报, 2020, 36(1): 118-123.

[2] 张更新, 张杭, 等. 卫星移动通信系统[M]. 北京:人民邮电出版社, 2001.

[3] 张明高. 对流层对卫星移动业务的影响[J]. 无线电通信技术, 1990, 16(1): 22-30.

[4] ITU-R P.618-5. Propagation data and prediction methods required for the design of earth-space telecommunication system[S]. 2003.

[5] 涂师聪. 电离层闪烁对卫星通信的影响[J]. 无线电通信技术, 1990, 16(2): 21-26.

[6] ITU-R. Ionospheric propagation data and prediction methods required for the design of satellite services and systems: P.531-4[S]. 2015.

[7] TU-R. Characteristics of precipitation for propagation modeling: P.837[S]. 2013.

[8] DAVID T, PRAMOD V. 无线通信基础[M]. 李锵, 译. 北京: 人民邮电出版社, 2007.

[9] 樊昌信. 通信原理[M]. 北京: 国防工业出版社, 2001.

[10] 朱立东, 吴廷勇, 卓永宁. 卫星通信导论[M]. 北京: 电子工业出版社, 2009.

[11] 张丽娜. Ka 频段通信链路雨衰特性研究[D]. 西安: 西安电子科技大学, 2012.

[12] 中华人民共和国通信行业标准. 卫星通信链路大气和降雨衰减计算方法: YD/T984-1998[S]. 1998.

[13] ITU-R. Propagation data and prediction methods required for the design of Earth-space telecommunication systems: P.618-12[S]. 2015.

[14] ITU-R. Rain height model for prediction methods: P.839-3[S]. 2001.

[15] FELDHAKE G S, AILES-SENGERS D L. Comparison of multiple rain attenuation models with three years of Ka band propagation data concurrently taken at eight different locations[J]. Journal of Space Communication, 2002, 137-142.

[16] 杨江涛. 面向跳波束的 Q/V 频段卫星自适应传输优化研究[D]. 南京: 南京邮电大学, 2021.

[17] 庞宗山, 路平. Ku 波段卫星通信雨衰分析及对抗措施[J]. 卫星电视与宽带多媒体, 2008(1): 42-43.

[18] CIONI S, DE GAUDENZI R, RINALDO R. Channel estimation and physical layer adaptation techniques for satellite networks exploiting adaptive coding and modulation[J]. International Journal of Satellite Communications and Networking, 2008, 26(2): 157-188.

[19] ANASTASIADOU N, GARDIKIS G, NIKIFORIADIS A, et al. Adaptive Coding and Modulation-enabled satellite triple play over DVB-S2 (Digital Video Broadcasting-Satellite - Second Generation): a techno-economic study[J]. International Journal of Satellite Communications and Networking, 2012, 30(3): 99-112.

[20] WANG Y B, JI H, LI Y. On-board processing adaptive coding and modulation for regenerative satellite systems[C]//Proceedings of National Doctoral Academic Forum on Information and Communications Technology 2013. [S.l:s.n.], 2013: 1-7.
[21] 张建飞, 张芬. 海上 Ka 频段卫星通信抗雨衰技术[C]//第十一届卫星通信学术年会论文集. 2015: 198-203.

第 4 章 微波通信天线技术

微波通信需发射和接收电磁波，而电磁波的发射和接收需要通过天线来实现。天线是微波通信一个不可或缺的分系统，天线的各项电性能指标直接影响微波通信的信号质量。本章首先介绍微波通信天线的工作原理、分类及主要性能指标，然后阐述线天线、口径面天线、微带天线及相控阵天线等常用微波通信天线的工作原理，最后分析典型卫星地球站天线和星载天线的组成及特点。

4.1 天线基础知识

无线电信号的发射和接收必须经过天线的能量转换过程。天线的理论基础就是电磁场分布。对宏观电磁场的完整描述需要用到4个基本场矢量：电场强度 $\boldsymbol{E}$ 、电通量密度 $\boldsymbol{D}$ 、磁场强度 $\boldsymbol{H}$ 和磁通量密度 $\boldsymbol{B}$ 。麦克斯韦方程组的微分形式为[1]

$$\begin{cases}\nabla\times\boldsymbol{E}=-\mathrm{j}\omega\boldsymbol{B}\\ \nabla\times\boldsymbol{H}=\mathrm{j}\omega\boldsymbol{D}+\boldsymbol{J}\\ \nabla\cdot\boldsymbol{D}=\rho\\ \nabla\cdot\boldsymbol{B}=0\end{cases} \tag{4-1}$$

其中， $\boldsymbol{J}$ 、 ρ 为场源的电流密度和电荷密度。

$$\nabla\cdot\boldsymbol{J}=-\mathrm{j}\omega\rho \tag{4-2}$$

传输媒质的电磁性质可以用介电常数 ε 、磁导率 μ 和电导率 σ 来表征，其中 $\sigma=0$ 表示无损耗的理想媒质。自由空间则是指线性各向同性均匀媒质，媒质的介电常数 $\varepsilon_0=\dfrac{1}{36\pi}\times10^{-9}\ \mathrm{F/m}$ ，磁导率 $\mu_0=4\pi\times10^{-7}\ \mathrm{H/m}$ 。对于线性各向同性均匀媒质，有下列关系式成立。

$$\begin{cases} \boldsymbol{D} = \varepsilon \boldsymbol{E} \\ \boldsymbol{B} = \mu \boldsymbol{H} \\ \boldsymbol{J} = \sigma \boldsymbol{E} \end{cases} \tag{4-3}$$

电磁波到达两种传输媒质的分界面时，由于传输媒质特性参数产生了变化，场分量也会发生一些改变。由麦克斯韦方程组的积分形式可以推导出边界条件的一般数学表达式为

$$\begin{cases} -\hat{\boldsymbol{n}} \times (\boldsymbol{E}_1 - \boldsymbol{E}_2) = 0 \\ \hat{\boldsymbol{n}} \times (\boldsymbol{H}_1 - \boldsymbol{H}_2) = \boldsymbol{J}_S \\ \hat{\boldsymbol{n}} \cdot (\boldsymbol{D}_1 - \boldsymbol{D}_2) = \rho_S \\ \hat{\boldsymbol{n}} \cdot (\boldsymbol{B}_1 - \boldsymbol{B}_2) = 0 \end{cases} \tag{4-4}$$

这里，$\boldsymbol{J}_S$ 为分界面上的面电流密度；ρ_S 为面电荷密度；$\hat{\boldsymbol{n}}$ 为垂直于界面的单位矢量，由媒质 2 指向媒质 1，如图 4-1 所示。

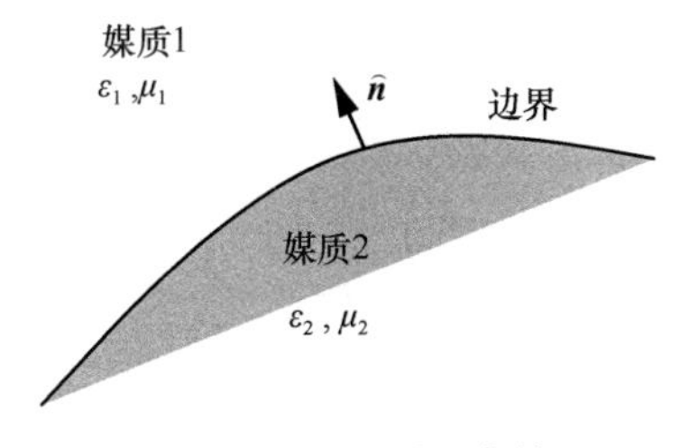

图 4-1　电磁场边界条件

4.1.1　天线的工作原理

导体内通过高频电流时，其周围会产生电磁场，根据电磁场的空间分布特性分为近区、中间区、远区。在近区内，电磁场与导体中的电流、电压有紧密的联系；在远区，电磁场能离开导体向空间传播，此时传播出去的电磁波与导体上的电流、电压没有直接的联系，该区域的电磁场称为辐射场。天线对于信号的发送与接收正是利用辐射场的这种性质来实现的。天线辐射的基本问题可以概括为已知天线上的场源（电流、电荷或/和磁流、磁荷）求出其空间辐射场。放置于坐标原点的场源，沿径向辐射球面电磁波，电磁波的传播方向和功率密度通常用坡印亭（Poynting）矢量来描述，它用电场和磁场的矢量积（符合右手定则）来表示，即

$$\boldsymbol{S}=\frac{1}{2}\boldsymbol{E}\times\boldsymbol{H}^{*} \tag{4-5}$$

其中，$\boldsymbol{H}^{*}$是磁场的共轭复数。坡印亭矢量表示空间某点的复功率密度，它对于求从包围天线的封闭面内向外辐射的功率是重要的。当场点距离很远时，复坡印亭矢量是实数，称为辐射功率密度；而且辐射的电磁波可近似为平面波（因其等相位面为平面），辐射场仅有横向分量。平面波的概念能简化天线辐射场的分析和计算。

假设自由空间中存在一个天线辐射单元，其电流密度为$\boldsymbol{J}_{\mathrm{e}}$、电荷密度为$\rho_{\mathrm{e}}$、磁流密度为$\boldsymbol{J}_{\mathrm{m}}$、磁荷密度为$\rho_{\mathrm{m}}$。尽管天线辐射的真正场源是天线上的电流，但是利用假设的磁流源作为辐射源可使某些类型天线（如喇叭天线、微带天线等）的分析大为简化。此时，麦克斯韦方程组可表示为

$$\begin{cases}\nabla\times\boldsymbol{E}=-\mathrm{j}\omega\,\mu_0\boldsymbol{H}-\boldsymbol{J}_{\mathrm{m}}\\ \nabla\times\boldsymbol{H}=\mathrm{j}\omega\,\varepsilon_0\boldsymbol{E}+\boldsymbol{J}_{\mathrm{e}}\\ \nabla\cdot\boldsymbol{E}=\dfrac{\rho_{\mathrm{e}}}{\varepsilon_0}\\ \nabla\cdot\boldsymbol{H}=\dfrac{\rho_{\mathrm{m}}}{\mu_0}\end{cases} \tag{4-6}$$

应用矢量位法可以确定由场源$\boldsymbol{J}_{\mathrm{e}}$、$\boldsymbol{J}_{\mathrm{m}}$所产生的辐射场，即有非齐次矢量波动方程

$$\begin{cases}\left(\nabla^2+k_0^2\right)\boldsymbol{A}_{\mathrm{e}}=-\mu_0\boldsymbol{J}_{\mathrm{e}}\\ \left(\nabla^2+k_0^2\right)\boldsymbol{A}_{\mathrm{m}}=-\varepsilon_0\boldsymbol{J}_{\mathrm{m}}\end{cases} \tag{4-7}$$

其中，电流源$\boldsymbol{J}_{\mathrm{e}}$的矢量位$\boldsymbol{A}_{\mathrm{e}}$为

$$\boldsymbol{A}_{\mathrm{e}}=\frac{\mu_0}{4\pi}\int_{V'}\boldsymbol{J}_{\mathrm{e}}(\boldsymbol{r}')\frac{\mathrm{e}^{-\mathrm{j}k_0R}}{R}\mathrm{d}V' \tag{4-8a}$$

磁流源$\boldsymbol{J}_{\mathrm{m}}$的矢量位$\boldsymbol{A}_{\mathrm{m}}$为

$$\boldsymbol{A}_{\mathrm{m}}=\frac{\varepsilon_0}{4\pi}\int_{V'}\boldsymbol{J}_{\mathrm{m}}(\boldsymbol{r}')\frac{\mathrm{e}^{-\mathrm{j}k_0R}}{R}\mathrm{d}V' \tag{4-8b}$$

这里，$k_0=\omega\sqrt{\varepsilon_0\,\mu_0}=\dfrac{2\pi}{\lambda}$为自由空间的传播常数或波数，$\lambda$为自由空间波长，$V'$为源所在的有限区域。如果场源分布在曲面$S$上，即$\boldsymbol{J}_{\mathrm{e}}$和$\boldsymbol{J}_{\mathrm{m}}$是面电流密度和虚拟的面磁流密度，式（4-8a）与式（4-8b）中积分相应地取S上的面积分；同理，场源为线源时积分应为线积分。R为场点（即观察点）与源点之间的位置矢量差，

在直角坐标系中有

$$R=\left|\boldsymbol{r}-\boldsymbol{r}'\right|=\sqrt{\left(x-x'\right)^2+\left(y-y'\right)^2+\left(z-z'\right)^2} \tag{4-9}$$

其中 $\boldsymbol{r}$ 和 $\boldsymbol{r}'$ 分别为场点和源点到参考点坐标系原点距离的向量，电流和磁流的空间总场量是它们单独存在时所产生的场的线性叠加，即

$$\boldsymbol{E}=-\frac{1}{\varepsilon_0}\nabla\times\boldsymbol{A}_{\mathrm{m}}+\frac{1}{\mathrm{j}\,\omega\varepsilon_0\,\mu_0}\left(\nabla\times\nabla\times\boldsymbol{A}_{\mathrm{e}}-\mu_0\boldsymbol{J}_{\mathrm{e}}\right) \tag{4-10a}$$

$$\boldsymbol{H}=\frac{1}{\mu_0}\nabla\times\boldsymbol{A}_{\mathrm{e}}+\frac{1}{\mathrm{j}\,\omega\varepsilon_0\,\mu_0}\left(\nabla\times\nabla\times\boldsymbol{A}_{\mathrm{m}}-\varepsilon_0\boldsymbol{J}_{\mathrm{m}}\right) \tag{4-10b}$$

根据式（4-8a）和式（4-8b）求出的辐射场既包括远区场（即 $\boldsymbol{r}>>\boldsymbol{r}'$ 或者 $\boldsymbol{r}\geqslant 2D^2/\lambda$，$R=\boldsymbol{r}-\boldsymbol{r}'\cos\alpha$，$\lambda$ 是波长，D 是天线的最大尺寸，α 是矢径 $\boldsymbol{r}$ 和 $\boldsymbol{r}'$ 之间的夹角），也包括近区辐射场（$0.62\sqrt{D^3/\lambda}\leqslant r<2D^2/\lambda$）和近区感应场（$0<r<0.62\sqrt{D^3/\lambda}$），通常最感兴趣的是远区辐射场。在球坐标系中，远区辐射场的电场强度和磁场强度表达式分别为

$$\begin{cases}\boldsymbol{E}_\theta=-\mathrm{j}\omega\boldsymbol{A}_{\mathrm{e}\theta}-\mathrm{j}\omega\ \eta_0\boldsymbol{A}_{\mathrm{m}\varphi}\\ \boldsymbol{E}_\varphi=-\mathrm{j}\omega\boldsymbol{A}_{\mathrm{e}\varphi}+\mathrm{j}\omega\ \eta_0\boldsymbol{A}_{\mathrm{m}\theta}\end{cases} \tag{4-11a}$$

$$\begin{cases}\boldsymbol{H}_\theta=-\dfrac{1}{\eta_0}\boldsymbol{E}_\varphi\\ \boldsymbol{H}_\varphi=-\dfrac{1}{\eta_0}\boldsymbol{E}_\theta\end{cases} \tag{4-11b}$$

其中，$\eta_0=\sqrt{\dfrac{\mu_0}{\varepsilon_0}}=120\,\pi$ 为电磁场在自由空间的波阻抗，它等于媒质的特征阻抗。

利用以下坐标变换关系式则可以求出直角坐标系中远区辐射场的表达式。

$$\begin{bmatrix}A_x\\A_y\\A_z\end{bmatrix}=\begin{bmatrix}\sin\theta\cos\varphi & \cos\theta\cos\varphi & -\sin\varphi\\ \sin\theta\sin\varphi & \cos\theta\sin\varphi & \cos\varphi\\ \cos\theta & -\sin\theta & 0\end{bmatrix}\begin{bmatrix}A_r\\A_\theta\\A_\varphi\end{bmatrix} \tag{4-12}$$

辐射场的计算对任何天线都是十分重要的，它不仅能确定天线的辐射特性，而且天线的阻抗特性也与之有关。等效原理在天线辐射场的计算中十分有用，其概念是：如果全部场源限于一个闭合曲面 S 以内，则闭合曲面外的任一点的场可以由曲面 S 上的切向电场和切向磁场分量求出。把它们看作等效的面磁流和面电流分布，就可以利用矢量位法求出闭合曲面以外的辐射场。

4.1.2 天线的分类

天线的种类有很多，根据不同的要求可分为以下几类[2]。

（1）按工作性质分为：发射天线、接收天线和收发共用天线。

（2）按用途分为：通信天线、雷达天线、广播天线、电视天线、导航天线、跟踪天线、遥测天线等。

（3）按方向性分为：全向天线和定向天线等。

（4）按工作波长分为：超长波天线、长波天线、中波天线、短波天线、超短波天线、微波天线等。

（5）按频段分为：极低频天线、超低频天线、甚低频天线、中频天线、高频天线、特高频天线等。

（6）按维数分为：一维天线和二维天线。

4.1.3 天线主要性能指标

天线的性能指标主要包括以下几个方面。

（1）天线增益[3]

天线增益是决定地球站性能的关键参数，天线一定要具有高的定向增益。设天线口径面面积为 A，天线效率为 η，波长为 $\lambda = c/f$，则天线增益为

$$G = \frac{4\pi A}{\lambda^2}\eta = \left(\frac{\pi D}{\lambda}\right)^2 \eta \tag{4-13}$$

式中，D 为天线口径面直径，单位为 m。另外 f 单位为 GHz。

工程计算时，G 常用分贝（dB）表示，公式为

$$G=20.4+20\lg D + 20\lg f+10\lg\eta \tag{4-14}$$

（2）天线方向图[4-5]

天线方向图表示天线辐射参量（包括辐射功率密度、场强幅度和相位、极化等）随方向变化的空间分布图形，如图 4-2 所示。辐射强度定义为给定方向的天线在单位立体角内所辐射的功率，即

$$F(\theta,\varphi) = \frac{1}{2}\mathrm{Re}\left(\boldsymbol{E}(\theta,\varphi)\times \boldsymbol{H}^*(\theta,\varphi)\right)\cdot r^2\hat{\boldsymbol{r}} \tag{4-15}$$

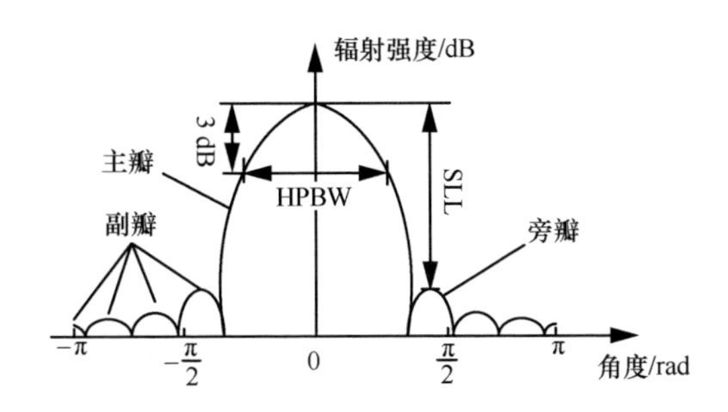

图 4-2　天线方向图（用直角坐标系表示）

天线方向图有许多波瓣（两个零点之间的部分），其中主瓣（亦称为主波束）为包含辐射最大方向的波瓣，副瓣是除主瓣外沿其他方向的某一波瓣，而旁瓣一般是副瓣中最大的。天线辐射的波束宽度是主瓣内辐射强度相同的最相邻两个方向的角度间隔。以辐射强度为辐射最大方向辐射强度的一半定义的波束宽度为主瓣的半功率波束宽度（Half Power Beam Width，HPBW），简称为主瓣宽度。主瓣宽度通常可用来指示天线辐射是否集中。主瓣宽度越小，方向图越尖锐，天线辐射越集中。对于抛物面天线，其主瓣的半功率波束宽度的计算公式为

$$\theta_{0.5} = 70\frac{\lambda}{D} \tag{4-16}$$

式中，D 为抛物面天线的口径面直径，$\theta_{0.5}$ 单位为度。

天线副瓣的辐射强度最大值与主瓣最大值的比值称为副瓣（或旁瓣）电平（SLL），习惯上用分贝表示。实际中还经常使用 dBi 来给出副瓣电平，其定义为副瓣峰值包络的辐射强度与天线均匀辐射时辐射强度之比。

天线辐射的大部分功率都集中在辐射图的主瓣上，而其余的功率从副瓣向外辐射。反之，根据互易定理，接收天线的增益和辐射图应与发射天线相同（在相同频率上）。因此，天线旁瓣也可以接收到不需要的信号。旁瓣存在是天线的固有特性，不能完全消除。然而，实际天线的旁瓣部分是由天线本身的缺陷引起的，通过正确的设计可以减少旁瓣的产生。由于地球静止轨道上的卫星排列非常拥挤，有些卫星之间的距离只有 0.5°，当地球站的天线对准一颗卫星时，它的副瓣辐射可能会干扰其他卫星，因此天线的辐射方向图必须有一个低的旁瓣，以最大限度地减少其对相邻卫星系统产生的干扰或本站接收到的干扰。

（3）极化

天线的极化是用来描述天线辐射场电场矢量的方向和相对幅度变化的时变特性

（通常是指天线在其最大辐射方向上辐射场的极化），可分为线极化、圆极化和椭圆极化 3 类[6]。

沿电磁波的传播方向看，瞬态电场矢量的指向始终在一条直线上，该电场是线极化的。而一般情况下，电场矢量的端点轨迹是一个椭圆，该电场是椭圆极化。线极化和圆极化是椭圆极化的特殊情况，当椭圆变成一条直线或一个圆时就分别得到线极化和圆极化。圆极化和椭圆极化的电场轨迹图有顺时针和逆时针方向旋转之分。顺时针旋转的电场矢量称为右旋极化，而逆时针方向旋转的称为左旋极化。线极化又可分为垂直极化与水平极化。在天线最大辐射方向上，电磁波的电场垂直地面时称为垂直极化（Vertical Polarization，VP），与地面平行时称为水平极化（Horizontal Polarization，HP）。相应的天线称为垂直极化天线或水平极化天线。圆极化天线有右旋圆极化（Right Hand Circular Polarization，RHCP）与左旋圆极化（Left Hand Circular Polarization，LHCP）之分，它是由辐射的电磁波是左旋或右旋来确定的。

习惯上把天线辐射的基本极化状态称为主极化，而把与主极化矢量正交的称为交叉极化。通信系统中，如果发射天线辐射的是左（右）旋圆极化波，则接收天线也应采用左（右）旋圆极化天线[7]，这称为圆极化天线的旋向正交性。其实质是发射和接收天线之间的互易定理。在卫星通信等场合，有意采用两个正交极化状态同时工作，以实现极化分集增加通信容量。此时，反映正交极化耦合程度的交叉极化电平是一项重要的指标。

接收天线的极化和入射电磁波的极化一般是有差异的，称为“极化失配”，从而产生极化损耗。

（4）轴比

任意极化波的瞬时电场矢量的端点轨迹为一椭圆，椭圆的长轴 2A 和短轴 2B 之比称为轴比（Axial Ratio，AR）[8]。轴比是圆极化天线的一个重要的性能指标[9]，它代表圆极化的纯度，轴比不大于 3 dB 的带宽，定义为天线的圆极化带宽。它是衡量整机对不同方向的信号增益差异性的重要指标。

4.2 线天线

线天线由一根或多根金属导线组成，金属线的直径远小于波长，其长度与波长相近，主要应用于长、中、短波及超短波波段。线天线的工作原理是基于场强叠加原理，将多个电流元的辐射场叠加在一起，形成整个天线的总辐射场。本书主要介绍 3 种典型的线天线，半波偶极子天线、交叉偶极子天线和螺旋天线。

4.2.1 半波偶极子天线

半波偶极子天线具有工作频带宽、结构稳定等优点。半波偶极子的初始形成可以用开路传输线来解释。在图 4-3 中，信号源连接平行双导线，导波在传输线中传输，两根导线上的电流呈反相均匀分布。根据电场的变化产生磁场，则在离两根导线很远处产生的电场与磁场均相互抵消，电磁能量存储在导线之间。

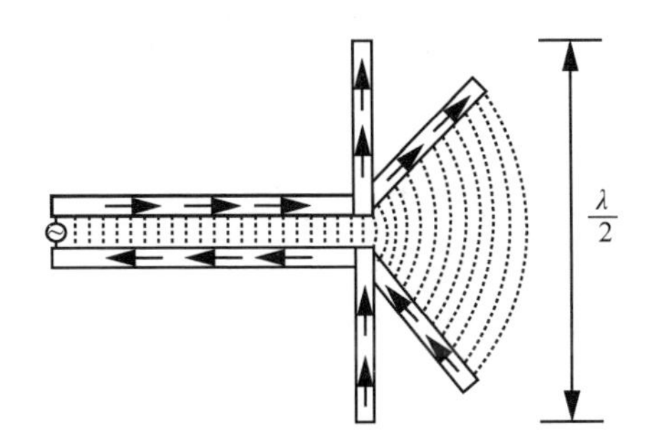

图 4-3　半波偶极子辐射原理

当传输线终端逐渐弯曲远离时，两根传输线上开始出现同相分量，在传输线路外产生场同相叠加，电磁能量开始向外辐射。当弯曲角增大时，同相的分量也逐渐增大，电磁场向外辐射加强。最后当各自弯曲 90°，也就是说，当两者完全处于同一相位时，向外辐射的能量达到最大值。

设传输线无损耗且特征阻抗为 Z_0，按传输线理论，电压与电流表达式分别为

$$V(z)=V_0^+\left(\mathrm{e}^{-\mathrm{j}\beta z}+\Gamma\mathrm{e}^{\mathrm{j}\beta z}\right) \tag{4-17}$$

$$I(z)=\frac{V_0^+}{Z_0}\left(\mathrm{e}^{-\mathrm{j}\beta z}+\Gamma\mathrm{e}^{\mathrm{j}\beta z}\right) \tag{4-18}$$

其中，相位常数 $\beta=2\pi/\lambda$，当终端开路时，$Z_0\to\infty$，$\Gamma=1$，则

$$V(z)=2V_0^+\cos(\beta z)=V_\mathrm{m}\sin\left(\beta z+\frac{\pi}{2}\right) \tag{4-19}$$

$$I(z)=\frac{-2\mathrm{j}V_0^+}{Z_0}\sin(\beta z)=I_\mathrm{m}\mathrm{e}^{-\frac{\mathrm{j}\pi}{2}}\sin(\beta z) \tag{4-20}$$

由式（4-19）与式（4-20）可知，电压与电流的相位相差 90°，电流与电压呈驻

波状态，其中电流呈正弦变化，电流幅度变化的周期为 λ，故在离传输线终端 $\lambda/4$ 的弯折点处，电流幅度最大，此时形成半波偶极子。半波偶极子在臂上的电流分布如图 4-4 所示。

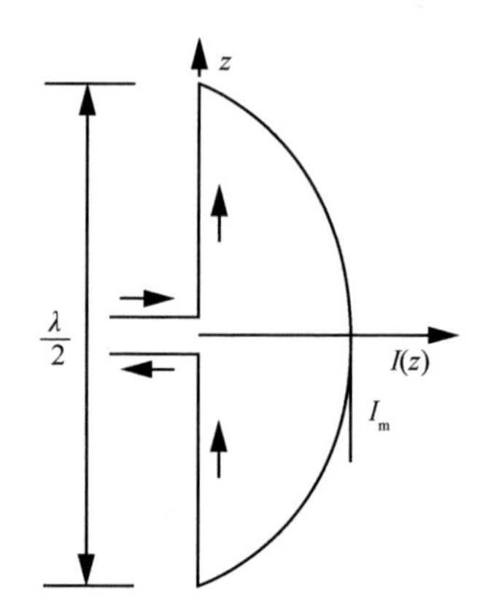

图 4-4　半波偶极子在臂上的电流分布

电流沿着 z 轴分布，分布表达式为

$$I(z)=I_{\mathrm{m}}\sin\left(\beta\left(\frac{\pi}{4}-|z|\right)\right),\quad -\frac{\lambda}{4}\leqslant z\leqslant\frac{\lambda}{4} \tag{4-21}$$

由麦克斯韦方程组可以推出沿 z 轴的线源产生的电场为

$$\boldsymbol{E}_{\theta}=\mathrm{j}\boldsymbol{\theta}\omega\mu\frac{\mathrm{e}^{-\mathrm{j}\beta r}}{4\pi r}\sin\theta\int_{-\frac{L}{2}}^{\frac{L}{2}}I(z)\mathrm{e}^{\mathrm{i}\beta z\cos\theta}\mathrm{d}z \tag{4-22}$$

将式（4-21）代入式（4-22），计算得到

$$\boldsymbol{E}_{\theta}=\mathrm{j}\omega\mu\frac{\mathrm{e}^{-\mathrm{j}\beta r}}{4\pi r}\frac{2I_{m}}{\beta}(\sin\theta)\frac{\cos\left(\frac{\pi}{2}\cos\theta\right)}{\sin^{2}\theta} \tag{4-23}$$

其中，归一化方向图表达式为

$$F(\theta)=\frac{\cos\left(\frac{\pi}{2}\cos\theta\right)}{\sin\theta} \tag{4-24}$$

由式（4-20）可知，当到线路终端的距离超过 $\lambda/4$ 时，偶极子的两臂上会产生反相电流，激发的电磁场相互抵消，在方向图上产生裂瓣，因此不采用超波长偶极子作为辐射单元。此外，虽然全波偶极子具有更高的方向系数，但在实际应用中，

考虑到波束宽度、阻抗匹配和振子的尺寸等问题，半波偶极子比全波偶极子具有更好的性能，所以半波偶极子通常是一种应用更广泛的辐射单元。

4.2.2 交叉偶极子天线

交叉偶极子由两个正交放置的相同偶极子组成，也被称为十字交叉偶极子天线，它具有尺寸较小、成本较低的优点，因此它在无线通信系统中得到了广泛的应用，其工作频率范围从射频频段到毫米波频段。交叉偶极子能够产生各向同性的全向、双极化和圆极化辐射，通过加载各种基本辐射元件，可应用于单波段、多波段和宽带领域。

1935 年，第一个交叉偶极子天线问世，当时称为绕杆式天线，其结构如图 4-5 所示。

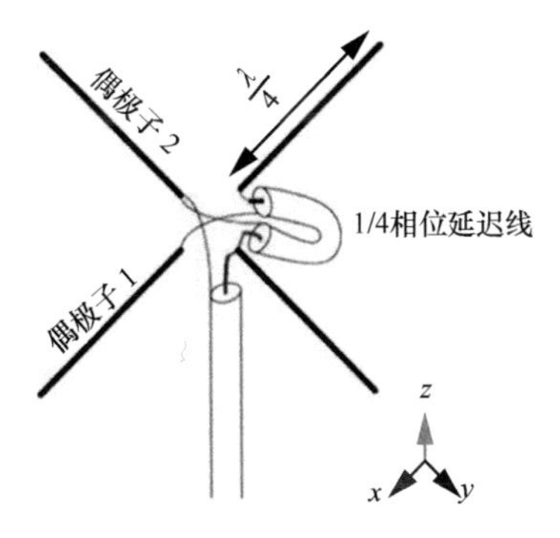

图 4-5 绕杆式天线结构

1961 年，Bolster 提出了一种新型交叉偶极子天线，并且用实验证明了单端口对交叉偶极子天线馈电可以实现天线的圆极化，通过调整偶极子的长度，可以使它们的输入阻抗实部相等和其相位差 90°。基于以上的条件，更多的单馈圆极化交叉偶极子天线被设计出来。双极化天线被广泛地应用于对抗多径衰落和提升整体的通信能力和质量，而交叉偶极子实现了通过两个独立的端口馈电获得双极化特性。

传统交叉偶极子天线主要利用 1/4 相位延迟线来提供正交的相位，从而产生圆极化辐射，并且天线的圆极化带宽能达到 15%左右。其中，1/4 相位延迟线的长度是天线工作频段的中心频率处对应波导波长的 1/4，同时相位延迟线的尺寸很小并且设计也很容易。交叉偶极子的每个偶极子由两个相同尺寸的线形偶极子臂组成，在同一表面的两个偶极子臂之间通过一个长度为 1/4 波导波长的环状微带线连接。其中环状微带线

作为 1/4 相位延迟线，使得两个偶极子之间产生 90°的相位差。该天线的阻抗和轴比带宽分别为 30.7%和 15.6%左右，而且整个轴比通带都位于阻抗通带内，因此天线的整个轴比带宽都是可用的。

4.2.3 螺旋天线

卫星通信天线单元一般选用宽带高增益圆极化天线，主要有以下两个原因。一是电磁波穿过电离层传播后，会因法拉第旋转效应产生极化畸变；二是通信的一方或双方始终处于方向、位置不固定的状态。为了能够接收任意极化的电磁波，提高通信的可靠性，收发天线之一应采用圆极化天线。

螺旋天线由导电性良好的金属线按照一定的螺距绕制而成[10]，并利用绝缘材料作为支撑，将一端连接在射频输出端，另一端开路。根据结构的不同，螺旋天线可简单分为两类：一类是立体螺旋结构，包含等半径螺旋、锥形螺旋、圆柱形螺旋等；另一类是平面螺旋结构，典型结构有等角螺旋天线和阿基米德螺旋天线。典型的螺旋天线如图 4-6 所示。

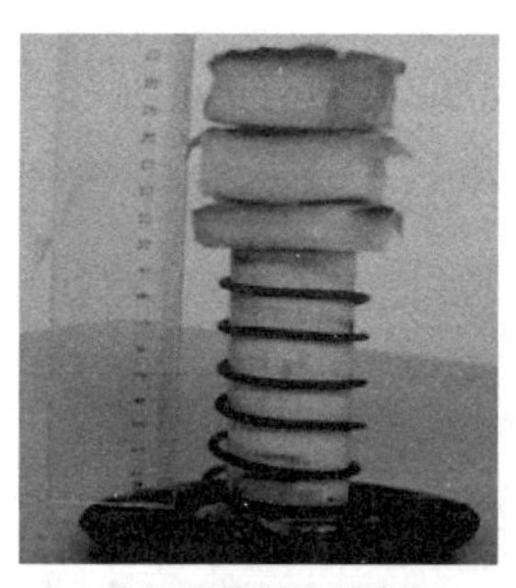

(a) 加载螺旋天线

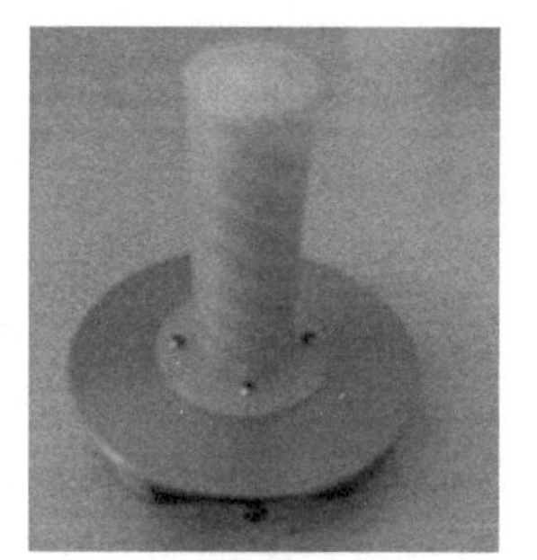

(b) 四臂螺旋天线

(c) 背腔平面螺旋天线

(d) 正弦波曲折臂平面螺旋天线

图 4-6　典型的螺旋天线

螺旋天线是一种典型的行波天线[11]，辐射圆极化波，具有宽频带和圆极化特性，广泛用于米波和分米波波段，既可作为独立天线使用，也可构成螺旋天线阵，还可作为其他面天线的初级馈源。螺旋天线是卫星通信中应用最广的圆极化天线单元。

（1）螺旋天线结构

圆柱形螺旋天线的结构如图 4-7 所示[12]。螺旋线的一端用同轴线内导体馈电，另一端处于自由状态或与同轴线外导体相连。为消除同轴线外导体上的电流和作为螺旋线电流的回路，一般会在其末端接一个直径为 $0.8\lambda \sim 1.5\lambda$ 的金属圆盘。其形状可以用如下的几何参量描述：d 为螺旋天线的轴向长度，D 为螺旋线直径，L 为螺旋线一圈的周长，S 为螺距，$\varDelta$ 为绕距角，N 为圈数。

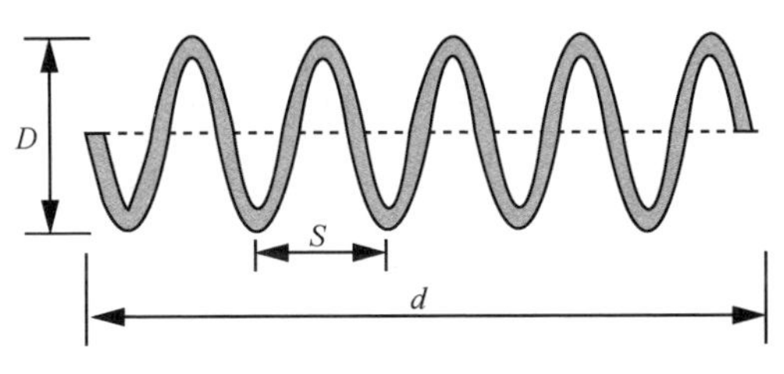

图 4-7 圆柱形螺旋天线的结构

各参量之间一般满足如下关系

$$d = nS \tag{4-25}$$

$$L^2 = (\pi D)^2 + S^2 \tag{4-26}$$

$$\varDelta = \arctan\left(\frac{S}{\pi D}\right) \tag{4-27}$$

轴向辐射的螺旋天线通常有许多圈，它的基本工作状态是边传输边辐射。由于沿螺旋线连续辐射，电流振幅逐渐减小，因此入射波电流到达螺旋线终端时，其振幅已经很小，即反射波电流很小，故可以近似认为螺旋线上的电流为行波电流。它的辐射特性在很大程度上取决于螺旋的直径与波长之比。天线增益 G 与圈数 N 及螺距 S 有关，即与天线轴向长度 d 有关，计算和实际测试表明，当 $N > 15$ 以后，随着 d 的增加 G 的增加不明显，所以圈数 N 一般不超过 15 圈。为了提高增益，可采用螺旋天线阵。

（2）螺旋天线宽频带特性

螺旋天线因其宽频带特性而得到了广泛的应用。它的形状结构能将方向性、阻抗、极化特性等重要天线参数的带宽放大到相对带宽的 2 倍，是实现宽频带卫星通信的常用天线形式。当其单圈周长等于波长 λ 时[10]，其重复递进的螺旋结构使每一圈的耦合度很高，线圈在叠加的过程中行波电流不间断、持续向外辐射能量，螺旋末端能量则衰竭得很小。这是螺旋天线调试过程多在前几圈圆环的原因，也造成回波到输入端的反射电流很小，即回波损耗小。高效率的传输使螺旋天线阻抗基本不随频率发生变化，其阻抗具有宽带特性。

与等半径螺旋天线相比，锥形螺旋天线的宽带特性更为明显，因为天线直径随锥形变化，使不同直径的螺旋环适应不同工作频率，在一定程度上增加了天线有效电长度，同时在频率变化时，其相应线圈电流的相速特性使相位中心在不同工作直径的圆环变化。这种特性使它的带宽是简单结构的螺旋天线的 2～3 倍。其部分线圈在部分频率工作的特性，类似于“对数周期天线”的“有效工作区”的工作原理，这符合低轨卫星通信宽频带的要求。

（3）螺旋天线工作模式

圆柱形螺旋天线有 3 种工作模式，如图 4-8 所示。

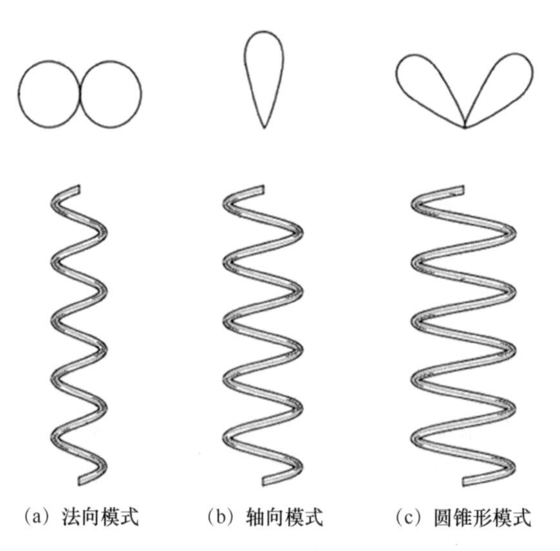

图 4-8 圆柱形螺旋天线的 3 种工作模式

螺旋天线的辐射特性取决于螺旋线一圈的周长与电磁波工作波长的比 L/λ。当 $L << \lambda$ 时，可近似把螺旋天线看作振子天线，在与螺旋天线轴线垂直的面上辐射最强，轴线上辐射为零，这种螺旋天线称为法向模式螺旋天线；$L/\lambda \in (0.8,1.4)$ 时，

即螺旋的周长在一个波长左右，其最大辐射方向在轴线方向，这种螺旋天线称为轴向模式螺旋天线，其轴向的轴比特性比较好，圆极化增益较高；$L/\lambda \geqslant 1.4$ 时，最大辐射方向偏离轴线方向，分裂成两个方向，方向图呈圆锥形状，这种螺旋天线称为圆锥形模式螺旋天线。这一特性可以进一步展宽波束，为形成宽波束圆极化天线提供了依据。螺旋天线的多模式特性，可以满足不同功能天线的辐射要求。

轴向模式螺旋天线能够在较宽的频率范围内保持期望的阻抗、方向图和极化特性，并且性能对导线尺寸和螺距不敏感。轴向模式螺旋天线的输入阻抗几乎是纯电阻，其值与螺旋的周长 L 有关。根据螺旋天线馈电位置的不同，其输入阻抗可表示如下。

轴向馈电时的馈端阻抗约为

$$R = 140L/\lambda \tag{4-28}$$

法向馈电时的馈端阻抗约为

$$R = \frac{150}{\sqrt{\dfrac{L}{\lambda}}} \tag{4-29}$$

半功率波束宽度经验公式（分子单位为（°））为

$$\text{HPBW} \approx \frac{52}{\dfrac{L}{\lambda}\sqrt{\dfrac{NP}{\lambda}}} \tag{4-30}$$

其定向性系数为

$$D_0 \approx \frac{12\left(\dfrac{L}{\lambda}\right)^2 NP}{\lambda} \tag{4-31}$$

法向模式螺旋天线的螺旋周长远小于波长，轴向长度也远小于 1/4 波长[10]，由于尺寸小，效率高，常用来代替便携式设备中使用的单极子或偶极子天线。对于法向模式螺旋天线，可认为其电流的幅度和相位均匀[6]，远场方向图与圈数无关，因而仅通过一圈的研究即可得到远场方向图。

理想偶极子天线的远区电场强度为

$$\boldsymbol{E}_\theta = \mathrm{j}\frac{60\pi I}{r}(\sin\theta)\frac{P}{\lambda} \tag{4-32}$$

式中，P 为螺旋的螺距，即为偶极子的长度。

圆环的辐射场只有 $\boldsymbol{E}_\varphi$ 分量，为

$$\boldsymbol{E}_{\varphi}=\frac{120\pi^{2}I}{r}(\sin\theta)\frac{A}{\lambda^{2}} \tag{4-33}$$

式中，$A=\pi D^{2}/4$，为小平面圆环的面积。

一圈的总辐射场为式（4-32）和式（4-33）的矢量图。注意到相互垂直分量的方向图均为 $\sin\theta$ 且相位相差 90°，因此合成场通常为椭圆极化波，其轴比可由式（4-32）和式（4-33）之比求出。

$$\mathrm{AR}=\frac{|\boldsymbol{E}_{\theta}|}{|\boldsymbol{E}_{\varphi}|}=\frac{\frac{2P}{\lambda}}{\left(\frac{L}{\lambda}\right)^{2}} \tag{4-34}$$

若轴比等于 1，则可得到发生圆极化的条件为

$$\frac{L}{\lambda}=\sqrt{\frac{2P}{\lambda}} \tag{4-35}$$

4.3 口径面天线

喇叭天线、反射面天线和透镜天线是通信系统中非常重要的天线形式，以上 3 种天线统称为口径面天线，主要应用于卫星通信和宽带无线接入等场合，它们通常都具有一个辐射口径面，即辐射场可以看作由一个口径面向外辐射的。此外，口径面的几何尺寸较工作波长要大得多，便于在一定范围内引用几何光学的成熟理论。

4.3.1 喇叭天线

喇叭天线可以看作由波导经过张大端面过渡而来的，若直接用波导进行辐射，则会由于端口处的阻抗不匹配形成很大的反射，而喇叭天线由于有从波导到喇叭端口的张角过渡，其辐射效率会很好。喇叭天线具有结构简单、工作频带宽、功率容量大等优点。

喇叭天线依靠喇叭端口的场向自由空间进行辐射，是一种面天线。喇叭天线可采用圆形波导或矩形波导馈电，一般来说圆形波导馈电的喇叭是圆口径的，比如圆锥喇叭、圆口径波纹喇叭等；矩形波导馈电的喇叭是矩形口径的，比如 E 面扇形喇

叭、H 面扇形喇叭和角锥喇叭等。给喇叭馈电的波导一般都是主模工作，例如圆形波导一般在 TE_{11} 模工作，而且一般都是通过控制波导的尺寸来限制高次模实现单模工作的。波导中的模式在进入喇叭后，由于喇叭中的电磁场边界条件不同于原来波导，模式会发生改变，或者用波导中的模式叙述，就是产生了高次模，不同喇叭中的电磁场边界条件不同，对模式的改变也不同。为了实现不同的辐射波束，有各种类型的喇叭，如波纹喇叭、光滑壁喇叭等。

4.3.1.1　圆锥喇叭天线

圆形口径面喇叭天线通常称为圆锥喇叭天线，其结构如图 4-9 所示。角锥喇叭通常使用矩形波导馈电[13]，而圆锥喇叭一般使用圆形波导馈电。矩形波导内传输的主模是 TE_{10} 模，而圆形波导内传输的主模是 TE_{11} 模。

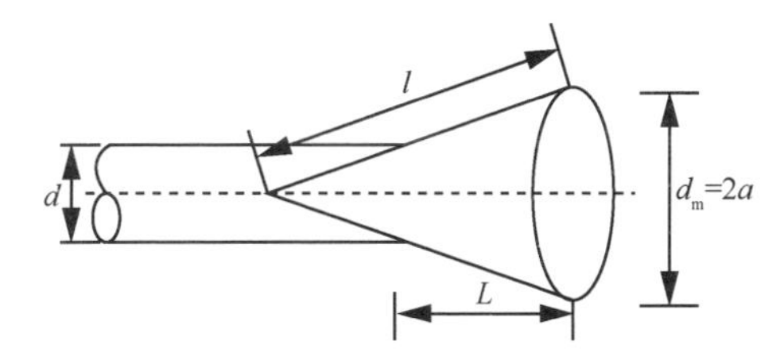

图 4-9　圆锥喇叭天线结构

图 4-9 中，d_m 表示喇叭的口径；L 表示圆锥喇叭的长度；则圆锥喇叭的方向系数 D（以 dB 为单位）可以用式（4-36）计算

$$D = 10\lg\left(\varepsilon_{ap}\frac{4\pi}{\lambda^2}(\pi a)^2\right) = 10\lg\left(\frac{C}{\lambda}\right)^2 - L(s) \tag{4-36}$$

式中，ε_{ap} 为圆形喇叭的口径效率，a 为口径半径，C 为口径周长。$L(s)$ 定义为

$$L(s) = -10\lg(\varepsilon_{ap}) \tag{4-37}$$

式（4-36）中，$10\lg\left(\frac{C}{\lambda}\right)^2$ 代表均匀圆口径的方向性系数，$L(s)$ 称为损失因子，表示口径效率所引起的方向性系数损失的修正因子，可以由式（4-38）估算（以 dB 为单位）

$$L(s) \approx 0.8 - 1.71s + 26.25s^2 - 17.79s^3 \tag{4-38}$$

其中，s 是以波长表示的口径上的相位变化。

$$s = \frac{d_m^{\ 2}}{8\lambda l} \tag{4-39}$$

$$d_{\mathrm{m}} = \sqrt{3l\lambda} \tag{4-40}$$

此时，圆锥喇叭天线的方向性系数最佳。图 4-10 给出了圆锥喇叭的尺寸（波长数）与定向性（或无损耗时的增益）的关系。在图 4-10 中，虚线所示是增益为 20 dBi 的喇叭，要求其长度 $L_{\lambda} = 6.0$，直径 $D_{\lambda} = 4.3$，这些都是内尺寸，接近于最优值。

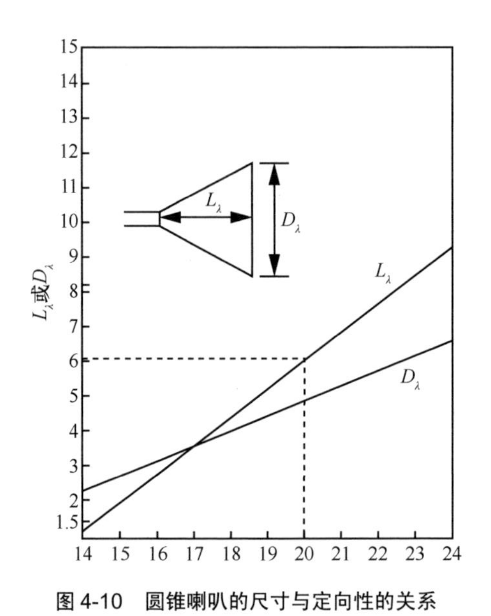

图 4-10 圆锥喇叭的尺寸与定向性的关系

4.3.1.2 多模喇叭天线

多模喇叭天线具有调节自由度高、容易形成低副瓣和相对均衡的辐射图案等特点。

多模喇叭天线的关键结构是以下两个部分：第一部分是高次模的激励结构，它主要分为半径跃变的圆柱系统、变张角圆锥系统以及半径和张角同时跃变的圆锥系统；第二部分为移相段，该段主要用来调节各高次模到达喇叭口径面时候的相位。图 4-11 是由变张角结构组成的一个多模喇叭示意。其中 A-A_1 段之前为喇叭的主模传输段，A-A_1 到 B-B_1 段分别为圆锥移相段和圆形波导移相段，高次模在变张角处产生，因此这两段决定了高次模的配置情况，在设计中起到了关键作用。B-B_1 到 C-C_1 段则为喇叭辐射段。

图 4-12 给出的是张角为零、半径跃变的台阶结构多模激励系统。

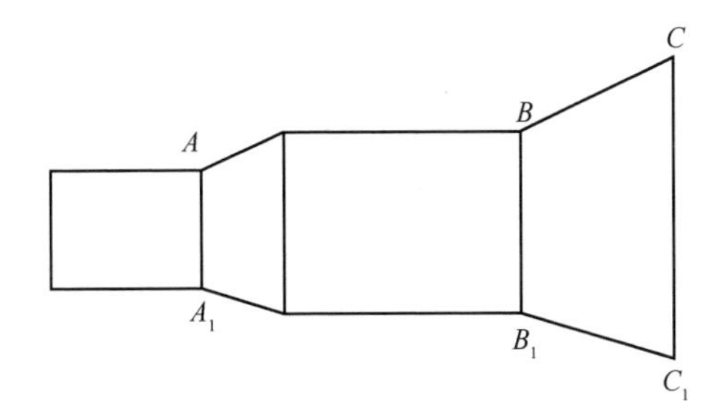

图 4-11 由变张角结构组成的一个多模喇叭示意

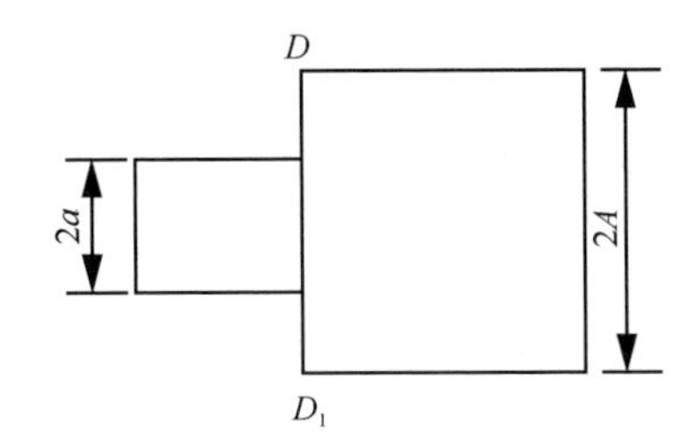

图 4-12 张角为零、半径跃变的台阶结构多模激励系统

图 4-12 中，在台阶不连续处[14]，左边的半径为 a 的小圆形波导只传输 TE_{11} 模，其余的高次模均被截止；而右边的半径为 A 的大圆形波导不仅可以传播主模 TE_{11} 模，还可以传播 TM_{11}、TE_{12} 和 TE_{13} 等高次模。台阶处的尺寸比例最能影响高次模的幅度特性，而从台阶处到喇叭口径面的波导段起着移相的作用，在设计的过程中可根据需要灵活选取这段的长度，调节不同模式之间的相位差，使得喇叭口径面处的相位达到最佳。E 面和 H 面波束宽度几乎重合，方向图得到优化。

4.3.1.3 波纹喇叭天线

在 20 世纪 60 年代，Peters 和 Lawrie 等提出了波纹喇叭。这种结构的喇叭天线因其优异的性能得到了专家学者的广泛研究，并已在工程实践中应用，主要是作为馈源为各种反射面天线提供性能良好的初级方向图。

与其他类型的喇叭相比，波纹喇叭具有以下的优点和特性：

（1）相比于普通光壁圆锥喇叭 E 面绕射较大的问题，波纹槽的应用使得喇叭口径边缘的绕射得到较好的改善，从而使得其副瓣和后瓣较小，且方向图的 E 面和 H 面重合性变好，即方向图的等化性能得到提升；

（2）具有确定的、稳定的相位中心；

（3）波束效率得到提高，从而可以使得天线口径面尺寸减小；

（4）交叉极化电平较低，极化隔离度得到大幅度提高。

波纹喇叭是在光壁圆锥喇叭壁上开槽后形成的。波纹槽的具体形式一般有以下几种：轴向槽、直槽和斜槽，如图 4-13 所示，喇叭的张角较小（一般在 20°以内）时，可以制成与喇叭轴向垂直的波纹槽，这样机械加工较为方便；喇叭张角较大（大于 20°）时，波纹槽一般垂直于喇叭内壁排列。槽的参数包括槽宽 w、槽深 d、槽周期 p、齿宽 t、输入半径 a_{i} 和输出半径 a_{o} 等，在波纹结构中的具体位置如图 4-13 所示。这些参数在波纹喇叭的设计中极其重要，影响到方向图的性能。

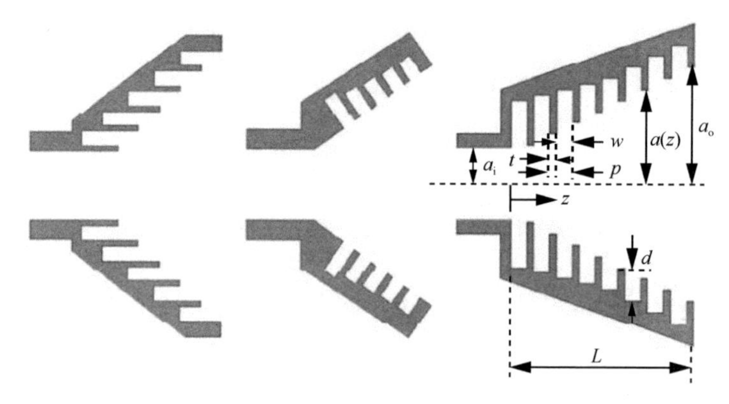

图 4-13　波纹喇叭结构

波纹喇叭的主模为平衡混合模 HE_{11} 模，这种模式是由 TE_{11} 模与其他 TE_{mn}、TM_{mn} 等高次模按照一定比例组合成的。当其工作在 HE_{11} 模时，喇叭口径面场分布为圆对称，口径面中心的场振幅最大，口径面边缘则逐渐锥削到零。根据口径面场辐射理论可知，这种形式的口径面场分布可以获得圆对称的辐射方向图。因此，波纹喇叭设计的核心问题就是在波纹喇叭中激励并传输 HE_{11} 模。而其他的混合模式如 EH_{11} 模、HE_{12} 模等则会使波纹喇叭的副瓣上升或是交叉极化分量提高，这些模式的激励与波纹结构的尺寸设计和选取有密切关系。

波纹喇叭的分析方式有很多种，最常用的方式是模式匹配法和球面波展开法相结合。首先把波纹喇叭分解成多个不连续的波导段，利用模式匹配法分析喇叭中每个不连续波导段的散射矩阵，然后利用散射矩阵级联的方法求出喇叭口径面的场分布，最后再用球面波展开法来计算出波纹喇叭的远区辐射场。其他的方法包括时域有限差分法（FDTD）、有限元法（FEM）等都可以对波纹喇叭进行精确分析。

4.3.2　反射面天线

反射面天线是利用金属反射面形成预定波束的天线，其馈源可以是振子或振子阵列，也可以是喇叭或喇叭阵列。反射面可以是一个，也可以是两个，前者称为“单反射面天线”，后者称为“双反射面天线”。反射面天线的增益一般高于线天线，且工作频率越高，反射面口径尺寸越大，天线的增益就越高。

反射面天线馈源一般采用喇叭天线、波导天线和缝隙天线等弱方向性天线，波纹喇叭是较理想的馈源。虽然馈源本身的方向性较弱，但经过反射面后球面波转变为平面波，使辐射能量愈加集中，从而可以获得很强的方向性和较高的增益。反射面天线的性能是由反射面和馈源共同决定的。双反射面天线具有馈电方便、结构紧凑、噪声低、效率高和旁瓣低等特性。在卫星通信的星载天线中，反射面天线还经常采用馈源族或馈源阵列来获得多波束或成形波束特性。

4.3.2.1　抛物反射面天线

最简单的单反射面天线为图 4-14 所示的旋转抛物面天线，由馈源和反射面两部分构成。馈源常采用喇叭天线，假设馈源产生的辐射场具有等效的相位中心，位于 F 点，以馈源的相位中心 F 为焦点，以馈源的最大辐射方向的反方向为轴线，选用合适的焦距产生一条抛物线，进而绕 z 轴旋转产生旋转对称抛物反射面。由馈源发出的球面波经过反射面的反射后变为沿 z 轴方向传播的平面波。

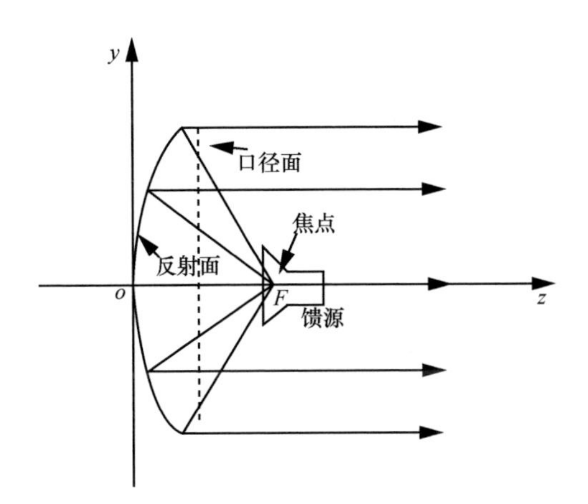

图 4-14　旋转抛物面天线

抛物反射面结构如图 4-15 所示[15-16]，Mo_1N 为抛物线，F 为抛物线焦点，o_1 为顶点，直线 M_1oN_1 为准线，抛物面则由抛物线 Mo_1N 绕轴 o_1F 旋转而成。o_2 为抛物面的口径中心，过 o_2 做垂直于轴 o_1F 的直线 M_2N_2。设 M 为抛物线上任意点，做 MM_2 平行于 o_1o_2，则抛物线在 M 点处的法线与 MF 的夹角等于法线与 MM_1 的夹角。当抛物面的表面材质是金属时，从焦点 F 处发射的以任意方向入射的电磁波，经过它的反射，均会与 o_1F 轴平行。假设馈源的相位中心置于焦点 F 处，所有经由馈源发射的球面波在经过抛物面的反射后，最终会变为平面电磁波。位于抛物面口径的任意直线 $M_2o_2N_2$ 与 M_1oN_1 是平行的。

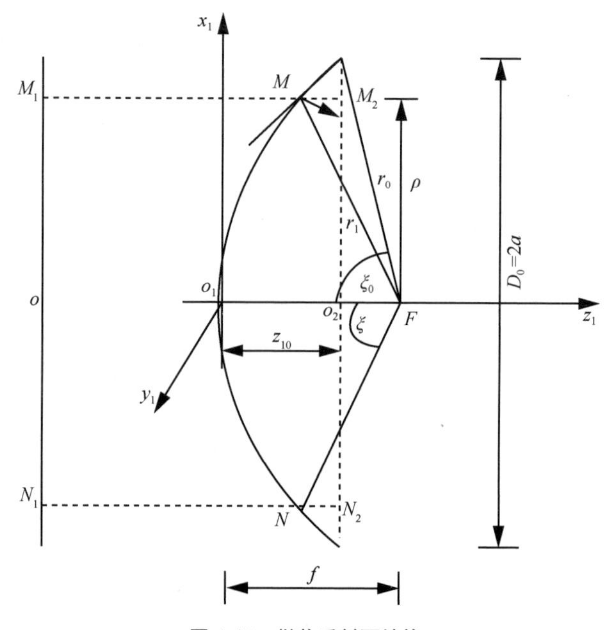

图 4-15 抛物反射面结构

由图 4-15 知

$$FM + MM_2 = FN + NN_2 = Fo_1 + o_1o_2 = f + z_{10} \tag{4-41}$$

式中，f 为抛物面的焦距，z_{10} 为 o_1 到 o_2 的距离。

在直角坐标系（x,y,z）中，抛物面的方程为

$$x_1^2 + y_1^2 = 4fz_1 \tag{4-42}$$

在极坐标系（r_1,ξ）下

$$r_1 = \frac{2f}{1+\cos\xi} = f\sec^2(\xi/2) \tag{4-43}$$

其中，r_1 为抛物面上任意一点 M 到焦点 F 的距离，ξ 为 r_1 与抛物面轴线 o_1F 的夹角。

另外 D_0 与 ξ_0 的关系为 $\frac{D_0}{2r_0} = \sin\xi_0$，其中 D_0 为抛物面口径直径，ξ_0 为抛物面口径张角。于是有

$$\frac{D_0}{4f} = \tan\left(\frac{\xi_0}{2}\right) \tag{4-44}$$

所以可用焦距与口径面直径的比值 f/D_0 或者口径张角 ξ_0 的数值来表示抛物面的形状。使用旋转抛物面的焦距与口径面直径之比为 0.25～0.5。

当 $f/D_0 = 0.25$ 时，$\xi_0 = 90°$ 焦点在口径面上，是中等焦距情况；$f/D_0 > 0.25$ 时，$\xi_0 < 90°$，焦点在口径面外，为长焦距抛物面；$f/D_0 < 0.25$ 时，$\xi_0 > 90°$，焦点在口径面内，为短焦距抛物面。在实际中[17]，如果 f/D_0 取值较大，抛物反射面天线的电特性较好，但天线的纵向尺寸太长，使机械结构复杂。至于如何选择合适的 f/D_0 值[18]，应视不同用途天线的不同要求来确定。

电磁波是从馈源照射到反射面系统中的[19]，进而辐射到空间媒质，在此传输中能量会有一定程度的损耗。反射面天线的效率就是一个表征损耗程度的电参数，效率越高，损耗就越少，天线的性能也会越好。反射面天线的效率存在 5 个效率因子[20]，分别是截获效率、投射效率、口径效率、交叉极化效率和主反射面公差效率，而反射面天线的总效率则可约等于这 5 个效率的乘积。另外存在别的一些效率因子，但它们并非决定性的因素，而且分析计算较难，通常不考虑。

截获效率 η_1 指被反射面所截获的能量占从馈源辐射的所有能量的比值[21]。如果系统包含两个反射面，则为副反射面的截获效率。设馈源辐射方向图为 $f(\theta,\varphi)$，反射面的立体张角为 Ω_A，则有

$$\eta_1 = \frac{\int_{\Omega_A} f^2(\theta,\varphi)\sin(\theta)\mathrm{d}\theta\mathrm{d}\varphi}{\int_{4\pi} f^2(\theta,\varphi)\sin(\theta)\mathrm{d}\theta\mathrm{d}\varphi} \tag{4-45}$$

投射效率 η_2 指未碰到障碍物而抵达口径面的能量在反射面所捕获并且反射的全部能量中所占的比率。单反射面天线正常情况下只出现馈源遮挡。设口径场分布为 $g(\rho,\varphi)$，则

$$\eta_2=\left(1-\frac{\int_{\Sigma_s}g(\rho,\varphi)\rho\mathrm{d}\rho\mathrm{d}\varphi}{\int_{\Sigma}g(\rho,\varphi)\rho\mathrm{d}\rho\mathrm{d}\varphi}\right)^2 \tag{4-46}$$

式中，Σ 为完整的口径面（既可以是圆形也可以是环形），Σ_s 为被遮挡的面积。

口径效率 η_3 指散布不匀称的口径面积近似等效成恒定大小的分布匀称的口径面积的比率。将口径面上的复振幅分布函数表示成 $h(\rho,\varphi)$，口径面轮廓面积设为 S，则

$$\eta_3=\frac{\left|\int_S h(\rho,\varphi)\rho\mathrm{d}\rho\mathrm{d}\varphi\right|^2}{S\int_S\left|h(\rho,\varphi)\right|^2\rho\mathrm{d}\rho\mathrm{d}\varphi} \tag{4-47}$$

交叉极化效率 η_4 指口径面所放射的总能量中含主极化分量所放射能量的比率。将口径截面上的主极化分量记作 $h_c(\rho,\varphi)$，则有

$$\eta_4=\frac{\int_{\Sigma}\left|h_c(\rho,\varphi)\right|^2\rho\mathrm{d}\rho\mathrm{d}\varphi}{\int_{\Sigma}\left|h(\rho,\varphi)\right|^2\rho\mathrm{d}\rho\mathrm{d}\varphi} \tag{4-48}$$

主反射面公差效率 η_5 指由主反射面在生产时引起的偏差所导致的效率耗损[21]。由于双反射面天线系统中副反射面尺寸小且便于精密加工，所以生产公差导致的效率耗损基本来自主反射面。假设 σ 是主反射面的生产公差，则由经验公式可得到大概的效率为

$$\eta_5=\mathrm{e}^{-\left(\frac{4\pi\sigma}{\lambda}\right)^2} \tag{4-49}$$

反射面天线的总效率 η 大小近似等于 5 个效率因数乘积的结果

$$\eta=\prod_{i=1}^{5}\eta_i \tag{4-50}$$

4.3.2.2 双反射面天线

双反射面天线中格里高利天线和卡塞格伦天线最为多见。双反射面天线由馈源、副反射面和主反射面等机械结构组成。图 4-16 为格里高利天线，其馈源通常是喇叭天线。假定喇叭馈源发出的辐射波具备同样的相位中心并位于 F_1。格里高利天线的二次反射面由旋转对称椭球的一部分组成。椭球轴与喇叭天线的辐射轴重合，一个焦点与馈源相位中心 F_1 重合，另一个焦点 F_2 位于 oz 轴上。格里高利天线主反射面的结构组成与单反射面天线较像。差异在于，格里高利天线以旋转椭球的焦点 F_2 为焦点，沿 oz 轴的抛物线角度去分析其工作原理。球面波通过副反射面的反射首先

返至 F_2 点，形成 F_2 点发射的球面波，F_2 发射的球面波经历主反射面的反射可产生远场定向辐射，类似于单反射面的形式。

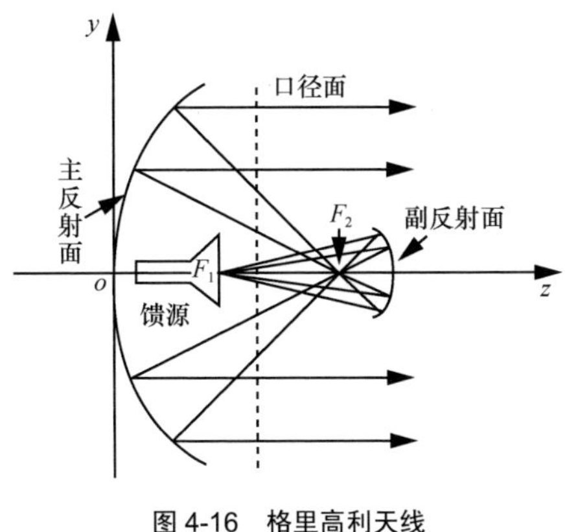

图 4-16　格里高利天线

图 4-17 为卡塞格伦天线。馈源常采取喇叭天线，F_1 为相位中心点。卡塞格伦天线的副反射面由旋转对称双曲面的一部分组成。双曲面的轴与喇叭天线的辐射轴重合，一个焦点重合于馈源相位中心 F_1，另外一个焦点 F_2 存在于 oz 轴上。卡塞格伦天线主反射面的组成与格里高利天线相似。差异在于，卡塞格伦天线以旋转双曲面的焦点 F_2 为焦点，焦点在 F_2 的抛物线沿 oz 轴旋转。根据双曲面的几何特性，F_1 发出的球面波会被副反射面反射，继而产生球面波。这种球面波能够看作 F_2 点发射的，而 F_2 发射的球面波经历主反射面的反射后会在远区实现定向辐射，像单反射面一样。

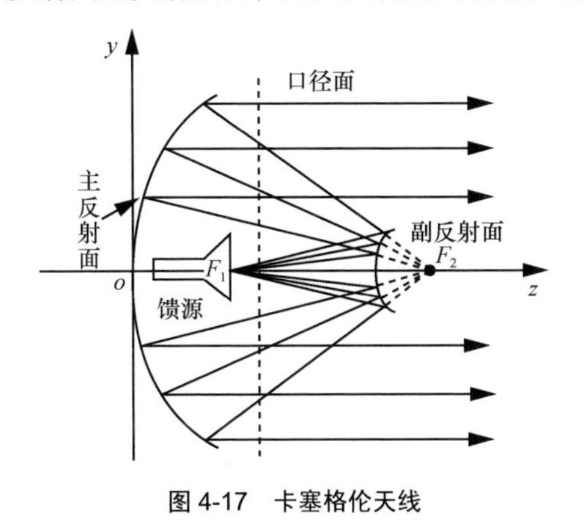

图 4-17　卡塞格伦天线

双反射面天线的最大优点是馈源靠近主反射面的顶点，使馈源硬件的支撑问题出现频率降低，损耗也得到了控制。双反射面天线有以下几方面的优点：

（1）后馈式馈源缩短馈线长度；

（2）经过对成形副反射面的有效控制可以改变主反射面上的辐照幅度，通过对成形反射面相位的控制，易于得到所需的水平辐射图；

（3）与单反射面天线相比，主反射面边沿的馈源损耗更小，减小了天线的噪声温度；

（4）可设计为宽频带，这是因为副反射面边沿与馈源相位中心的半开角在一般情况下小于 20°；

（5）存在复杂馈电网络的天线，双反射面天线通常都适用。

双反射面天线的缺点主要有以下几个。

（1）增加了副反射面，遮挡变大了。另外，副反射面的遮挡使得天线的近轴旁瓣升高，因而天线的近轴旁瓣高于单反射面天线。

（2）副反射面边沿有一定的照明锥度，不能使用弱定向馈源。

双反射面天线的设计不如单反射面天线简单。对于单反射面天线，可以参照主瓣宽度或增益粗略确定主反射面的直径，然后根据主馈波瓣宽度等因素确定焦距，从而确定抛物线、焦径比。对于双反射面天线，在确定主反射面焦径比后，需要对副反射面的直径和偏心距进行选择，原则是尽量缩减馈源对副反射面的遮挡。

（1）主反射面焦径比 F_m / D_m 的选择

在长焦距情景下，F_m / D_m 一般为 0.3～0.5[22]。天线的空间衰减效应很小，所以对于一定的馈源方向图，天线的孔径场分布基本上只与副反射面边缘照度 S 有关，F_m / D_m 取较小值的优点是

$$\frac{D_{sn}}{D_m} = \frac{D_h}{2c}\frac{F_m}{D_m} \tag{4-51}$$

由式（4-51）可知，此时最小遮挡比 D_{sn} / D_m 小，馈源的伸前量 Z_1（馈源的相心与抛物面顶点之间的距离）与焦距的关系为

$$Z_1 = F_m - 2c = F_m - \frac{D_s}{2}\left(\cot(\theta_{1m}) + \cot(\theta_{2m})\right) \tag{4-52}$$

利用式

$$M = \frac{e+1}{e-1} = \frac{\tan\left(\frac{\theta_1}{2}\right)}{\tan\left(\frac{\theta_2}{2}\right)} = \frac{c+a}{c-a} = \frac{2a+F_s}{F_s} = \frac{2c-F_s}{F_s} \tag{4-53}$$

可得

$$Z_1 = F_{\mathrm{m}} - \frac{D_{\mathrm{s}}}{2}\frac{(1+M)\left(1-M\left(\tan\left(\frac{\theta_{2\mathrm{m}}}{2}\right)\right)^2\right)}{2M\tan\left(\frac{\theta_{2\mathrm{m}}}{2}\right)} \tag{4-54}$$

Z_1 小能缩减馈线损耗，同时有益于减少馈源后瓣朝地面的宽角辐射，继而能降低天线噪声温度。由于大地的亮度和温度高，所以尽可能减小天线泄漏到地面的背瓣和尾瓣能量是低噪声天线设计原则之一。

$F_{\mathrm{m}} / D_{\mathrm{m}}$ 取较大值的优点是馈源—副反射面系统的安装误差造成天线增益耗损小，有益于改善馈源在偏焦时运作的性能，抛物面深度（抛物面边缘与顶点的轴向间隔 Z_{m} ）小，因而交叉极化分量小[22]。

（2）副反射面直径 D_{s} 的选择

主反射面直径 D_{m} 和馈源方向图确定时，若保持副反射面边沿照射电平恒定，天线的遮挡比 $D_{\mathrm{s}} / D_{\mathrm{m}}$ 变小，则副瓣电平也紧接着下降。至于天线效率，D_{s} 过小致使绕射效率太小，D_{s} 过大致使副反射面透明效率太小。

对主反射面直径波长比大的天线，副反射面遮挡率小，加上遮挡率在最优值附近变化，天线效率受影响较小，所以 D_{s} 可以往大点取，这样喇叭的伸前量可以减小；反之，对于主反射面直径波长比小的天线，副反射面遮挡率大，这时候要按照最佳遮挡比确定 D_{s} 的值[22]。

副反射面和喇叭的遮挡面积重叠且彼此矛盾，如果副反射面直径减小，喇叭对副反射面的照射角就减小，此时为满足副反射面的边缘照射电平，应相应增大喇叭口径，因此当副反射面遮挡小时，喇叭遮挡就大，反之亦然。当两者的遮挡面积近似相等时，可以将对口径的遮挡降到最小，此时的副反射面直径 D_{sn} 称为副反射面最小遮挡直径[22]，如图 4-18 所示。

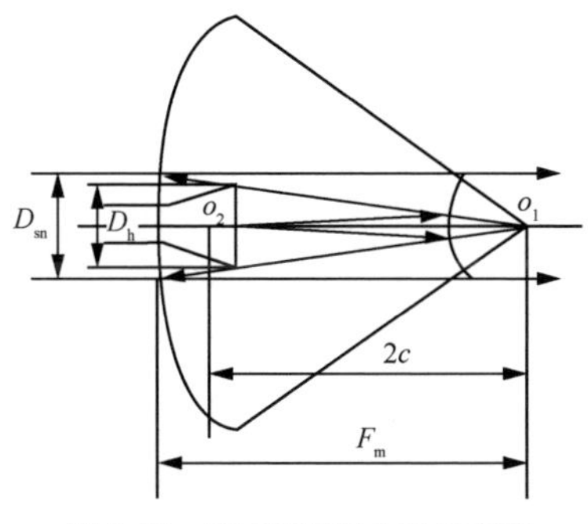

图 4-18　副反射面最小遮挡直径

一般，D_{sn} 的计算公式为

$$D_{sn} = \sqrt{\frac{2F_m\lambda}{K}} \tag{4-55}$$

副反射面直径 D_s 的下限为 $7\lambda \sim 8\lambda$ [22]，否则绕射损失急剧增大；D_s 的上限为 $0.15D_m$。

（3）天线放大率 M 的选择

天线放大率 M 的取值范围为 4～11[22]，相当于离心率 e 的范围为 1.2～1.75。

当馈源方向图和副反射面边缘照射电平给定时，M 增大将使口径效率和副反射面透明效率有所提高，但是副反射面遮挡后的副反射面电平也有所上升。此时为保持副反射面边缘照射电平不变，就要相应地增大喇叭口径。

4.3.2.3 偏置反射面天线和环焦天线

前面讨论的旋转抛物面天线和双反射面天线存在两种类型的遮挡。第一种遮挡是由于副反射面的电磁波到达主表面之前被馈源遮挡[23]。第二种遮挡是被主反射面反射的电磁波辐射出去之前会被副反射面遮挡。针对存在的问题，相应的改进型天线如偏置反射面天线和环焦天线被研制出来。

如图 4-19 所示[24]，偏置格里高利天线经过对普通格里高利天线的改善发展而来。其主要结构如下，喇叭馈源的相位中心点位于 F_1，喇叭的最大轴辐射方向为 F_1-Q 形成的方向。F_1-F_2 射线方向建立在 F_1-Q 和 F_2-Q 之间的角度为 Φ 的方向上。以此方向为轴，F_1 和 F_2 为焦点，形成一个椭球体。以 F_1 为顶点，喇叭轴 F_1-Q 为轴，顶角为 Φ 的圆锥面与上述椭球相交，相交所围成椭球的一部分形成副反射面。同时，馈源的轴线被副反射面上的点 Q 反射，形成一条穿过点 F_2 的射线 Q-F_2，轴线建立在 Q-F_2 的夹角方向上。副反射面反射后，以 θ_* 为顶角的对应锥体与上述抛物面相交，相交所围成的部分抛物线呈现如图 4-19 所示的主反射面。其工作的基本原理是，位于喇叭馈源的相位中心，也是椭球焦点的 F_1 发射的以 Φ_* 为顶角的部分球面波收敛到由部分椭球体形成的副反射面的反射得到椭球体另一个焦点 F_2，球面波经过 F_2 后，由以 F_2 为焦点的部分抛物面构成的主反射面反射，转变成平面波，到达口径面。从几何结构可以看出，所有射线都走过相等的路径，所以它们在口径面的相位相同，从而可以在远区形成定向辐射。偏置格里高利天线能够在避免遮挡的同时保持电磁波的等波程，所以天线的性能得到了很大的改善。

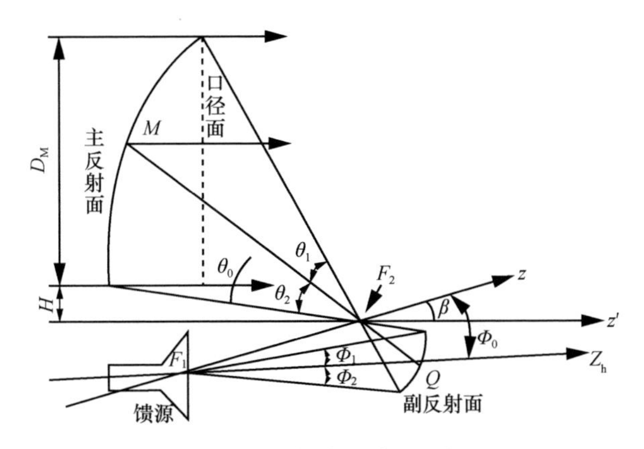

图 4-19　偏置格里高利天线

如图 4-20 所示[24]，环焦格里高利天线是通过对格里高利天线的改善发展而来的。环焦天线通过一个切面绕轴旋转形成。在平面中研究其结构，设 F_1 为喇叭馈源的相位中心，方向图对准 z 轴方向，射线 F_1-F_2 在偏离 z 轴的方向引入，以该方向为轴线，F_1、F_2 为焦点形成椭圆。再以 F_2 为焦点，在这个平面上形成一条抛物线。以喇叭轴线与上照射边沿为界，截断椭圆得到一段曲线，再用该段曲线两侧对应的射线轨迹截断抛物线，得到主反射面的截断曲线。将椭圆截断的曲线绕 z 轴旋转得到副反射面，抛物线截断的曲线段也绕 z 轴旋转得到主反射面。这构成了一个环焦双反射器天线，如图 4-20 所示。截面上的椭圆和抛物线的公共焦点 F_2 旋转后形成一个圆。这类天线的共同焦点形成一个环形，所以称之为环焦天线。馈线馈送的电磁波走过相同的路径抵达孔径面，构成环形辐射孔径面，在远区实现定向辐射。环焦天线因其特性也能够避免馈源和副反射面的遮挡。

偏置反射面天线的焦轴位于反射面边缘或者处于其边缘之外。偏置反射面天线的分析方法与轴对称反射面天线的分析方法一样，可以采用口径面场法、感应电流法与几何绕射理论。理论和测量结果都已证实，偏置反射面天线的性能要优于轴对称反射面天线。偏置反射面天线的主要优点有以下几点[24]。

（1）基本上消除了口径遮挡。与轴对称反射面天线相比，偏置反射面天线可以减少天线增益的下降、副瓣电平的提高和交叉极化辐射，这是其最大的优点。这样，既可以减小与其他邻近天线间的相互干扰，又可以利用多个线极化（或者圆极化）馈源实现多波束工作。采用偏置结构可以避免多个馈源尺寸较大造成的遮挡影响，因此在多波束天线中表现出巨大的优越性。

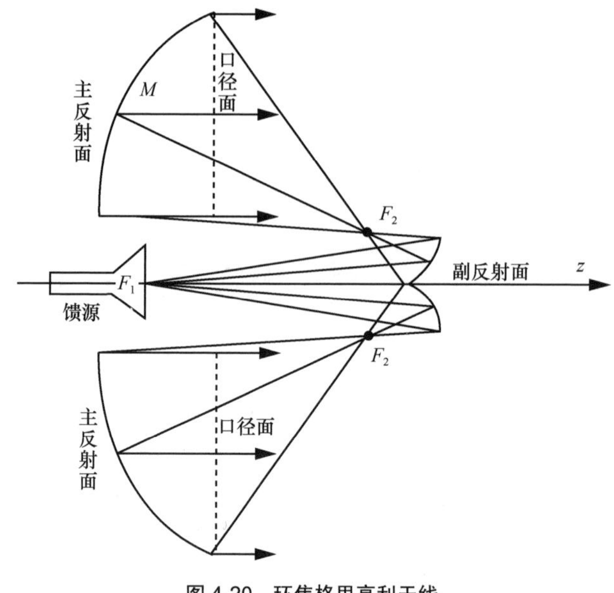

图 4-20　环焦格里高利天线

（2）减小了支杆遮挡引起的散射，使增益损失下降，并降低了副瓣电平和交叉极化电平。这对要求副瓣电平低和正交极化隔离度高的场合较为有利。

（3）由于馈源偏置使初级辐射器和反射面之间高度隔离，馈源的电压驻波比（Voltage Standing Wave Ratio，VSWR）不再受到反射面的影响。当采用多个馈源或双正交极化馈源时，由反射面引起的馈源间的互耦影响可以减小到很低的程度。

（4）对于给定的天线结构刚度，偏置结构可采用较大焦径比的反射面天线。因此，偏置反射面天线的初级馈源的辐射口径相应较大，这在多馈源应用中可以降低相邻馈源间的互耦。

当然，偏置反射面天线也有不足之处。采取线极化馈源照射反射面时，构造的不对称会使得辐射场的交叉极化分量增大；当使用圆极化馈源时，偏置反射面虽然并不发生辐射场去极化现象，但方向图会产生偏离现象，出现波束歪斜。

4.4　微带天线

口径面天线通常可以根据对应的微波设计按比例换算得出，但物理尺寸仍太大，且难于集成或实现共形。因此，人们对低剖面、将天线集成在介质基板上的微带与印制电路天线产生了浓厚的兴趣。

4.4.1　微带天线的基本类型

微带天线是在带有导体接地板的介质基板上加贴导体薄片而构成的一种新型的平面印制电路天线[25]。

微带天线最基础的结构是由辐射单元、介质基板和导体地板构成的，一般通过在介质板两侧印刷薄金属层和电路结构实现。现在市面上最常见的微带天线从结构上大致可以分为微带贴片天线、微带振子天线、微带缝隙天线和微带行波天线等[26]。

微带天线最重要的是辐射单元，主要通过该部分向外辐射电磁波。辐射单元可以为任意形状的金属贴片，通常为矩形、圆形或者环形等。以矩形形状的辐射贴片为例，此时辐射贴片的长度近似为 1/2 天线工作波长，介质基板的厚度应远小于天线的工作波长，如图 4-21（a）所示。

微带天线的辐射单元也可以由形如微带线的振子结构组成，微带振子的长度约为 1/2 天线工作波长。微带振子印刷在介质基板的一面[27]，另一面的导体地板开有与微带振子宽度相同的缝隙。缝隙与微带振子的一部分相互交叠产生耦合能量，通过变化该重叠部分的面积，从而改变微带振子与缝隙的耦合量，便可以调整天线在谐振频率点的阻抗。我们称此类天线为微带振子天线，如图 4-21（b）所示。

微带行波天线的工作原理是通过微带传输线的不断弯折形变从而产生辐射。其微带传输线由链形周期结构或普通的长波传输线组成，并在传输线的末端接匹配电阻等作为匹配负载。当微带天线上传输有行波时，可以从天线结构设计上使主波束位于从边射到端射的任意方向，如图 4-21（c）所示[28]。

微带缝隙天线的主要原理是通过介质基板另一侧的微带传输线耦合馈入缝隙，形成辐射。缝隙的形状类似于微带贴片天线[28]，可以是矩形、圆形或环形等，其主要特点是可以产生双面或单面方向图。缝隙耦合馈电是一种紧密馈电方式，因此层与层之间的连接很方便，这对于多层阵列特别有意义。此外，传输线更靠近地面，减少了馈电网络的辐射干扰；同时，贴片和地板之间的空气层可以让天线获得更宽的带宽。微带缝隙天线结构如图 4-21（d）所示。

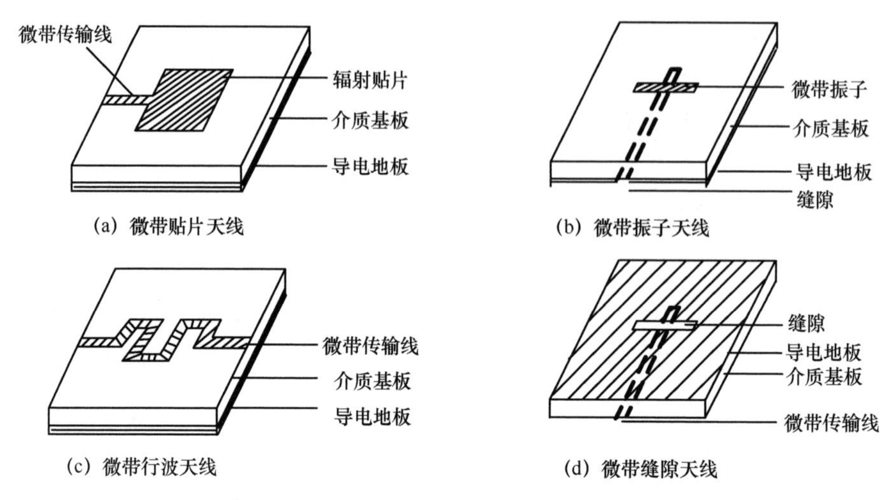

图 4-21 微带天线的基本类型

微带缝隙天线是利用在接地板上开缝隙，由介质基板另一侧的微带线或其他馈线（如槽线）对其馈电而形成辐射。微带缝隙天线的缝隙通常分为窄缝（缝宽远小于波长）和宽缝（缝宽可与波长相比）两种类型[28]。微带贴片天线、微带振子天线和微带缝隙天线均具有谐振特性，一般难以实现宽频带工作。

与常用的微波天线相比，微带天线具有以下几个优点[29]：①体积小、重量轻、低剖面，能搭载在无人机、移动通信终端等设备上；②天线制造成本低，能在短时间内设计生产；③不同于微波天线的复杂极化设备，微带天线通过简单电路设计即可以实现线极化和圆极化；④小型化天线的散射截面小，易于实现双频双极化；⑤微带天线可以简单集成其他有源器件和馈电网络。

与微波天线相比，微带天线在一些方面也有缺点：①频带窄、增益低，绝大多数微带天线实现半向辐射；②微带阵列天线的馈电网络对于微波输入能量损耗较大，效率低；③在高介电常数的介质基板上制造的微带天线虽易于和射频前端电路集成，但会受交叉极化和较窄带宽的影响。

虽然微带天线的缺点在一定程度上限制了其应用和推广[29]，但当今已存在大量措施被应用于改善微带天线的多频、宽带、高增益等指标。例如，在辐射贴片上方一定间隔加载适当厚度的介质基板，可以在期望角度上实现较高的增益；采用短路、开路加载的办法易于展宽天线的工作带宽等。

4.4.2　微带天线辐射原理

微带天线由辐射单元、介质基板和导电地板 3 部分组成，其辐射原理可以用图 4-22 来说明，图 4-22（a）是一个基本的矩形微带贴片天线。若天线电场沿微带结构的宽度和厚度方向不改变[30]，那么辐射电场分布可由图 4-22（b）表示，电场仅沿约为 1/2 天线工作波长的辐射单元长度方向变化。在两贴片边缘的场相对于导电地板便可分解为法向场和切向场，由于辐射单元的长度为 1/2 天线工作波长，所以法向场反向，并且在远区两分量彼此抵消。平行于地板的切向场同相，继而两分量的合成场强变强，垂直于介质基板表面的正法方向上辐射场因此最强。最终，如图 4-22（c）所示，矩形微带贴片天线等效为间距约为 1/2 天线工作波长、同相激励并向介质基板以上半空间辐射的两个缝隙[29]。

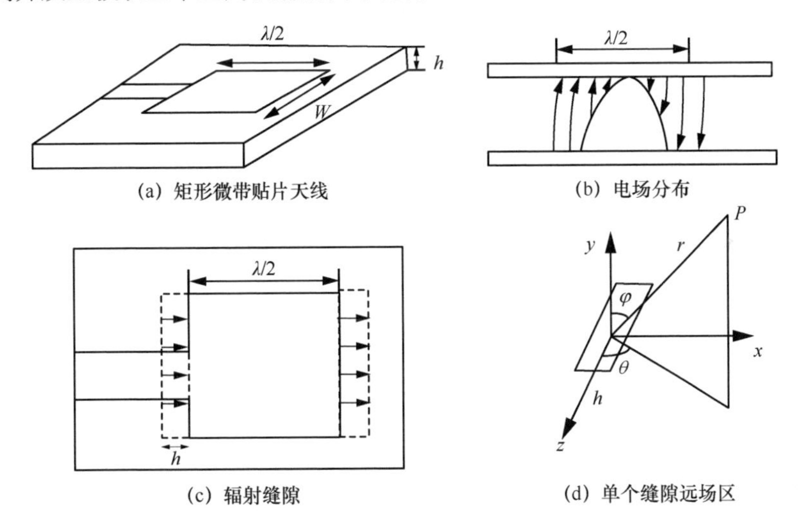

图 4-22　微带天线的辐射原理

如图 4-22（d）所示，单个等效缝隙在与源点距离为 r 的 P 点处的远区场电场强度为

$$\begin{cases} \boldsymbol{E}_{\varphi} = -\mathrm{j}2V_0 W k_0 \dfrac{\mathrm{e}^{-\mathrm{j}h\varepsilon_{\mathrm{r}}} F(\theta,\varphi)}{4\pi r} \\ \boldsymbol{E}_{\theta} = 0 \end{cases} \tag{4-56}$$

式中，V_0 为端口电压，ε_{r} 为介质基板的介电常数。

$$F(\theta,\varphi)=\frac{\sin\left(\frac{k_0 h}{2}\sin\theta\cos\varphi\right)}{\frac{k_0 h}{2}\sin\theta\cos\varphi}\frac{\sin\left(\frac{k_0 W}{2}\cos\theta\right)}{\frac{k_0 W}{2}\cos\theta}\sin\theta \tag{4-57}$$

其中，$k_0=2\pi/\lambda$，h 为介质基板的厚度。

在工程设计中，E 面和 H 面分别指的是 θ=π/2 的平面和 θ=0 的平面。当 $\theta=\pi/2$ 时，E 面方向性函数可以表示为

$$F(\varphi)=\frac{\sin\left(\frac{k_0 h}{2}\cos\varphi\right)}{\frac{k_0 h}{2}\cos\varphi} \tag{4-58}$$

同理，当 $\varphi=\pi/2$ 时，H 面方向性函数可以表示为

$$F(\theta)=\frac{\sin\left(\frac{k_0 W}{2}\cos\theta\right)}{\frac{k_0 W}{2}\cos\theta}\sin\theta \tag{4-59}$$

因此，间距为 $\lambda/2$ 的两个等效缝隙，其 E 面辐射方向性函数为

$$F_{\mathrm{T}}(\varphi)=\frac{\sin\left(\frac{k_0 h}{2}\cos\varphi\right)}{\frac{k_0 h}{2}\cos\varphi}\cos\left(\frac{k_0\lambda}{4}\cos\varphi\right) \tag{4-60}$$

由式（4-59）和式（4-60）可得，当 $\theta=\pi/2$，$\varphi=0$ 时，$F(\varphi)=F_{\max}$；当 $\theta=0$，$\varphi=\pi/2$ 时，$F(\theta)=F_{\max}$，即在垂直于介质基板平面的方向上有最大辐射。

4.4.3 微带天线馈电方式

微带天线的馈电方式主要有两种：直接馈电法和间接馈电法。传输线与辐射单元直接接触的方法称为直接馈电法，微带线侧馈电法和同轴线馈电法是目前普遍采用的直接馈电法[27]。还有一些不需要和辐射单元直接接触的方法，例如电磁耦合馈电法、缝隙耦合馈电法和共面波导馈电法等。

（1）微带线侧馈电法[27]

微带线侧馈电法是将微带传输线直接与辐射单元的边缘相连接，是微带天线应用最早，也是最普遍的一种激励方式。微带线连接到辐射单元的某一边缘，准 TEM

模式通过微带线传输。此时，微带线与辐射单元共面，印刷在介质基板的同一面，加工简单，易于共形。但是微带线本身也可以视作辐射单元，向外辐射电磁波，对辐射单元的电磁波产生干扰，从而干扰方向图，增大交叉极化，降低增益。因此，设计时要求微带线的宽度要尽可能小，以减小对辐射单元远场方向图的影响。同时考虑效率和表面波等因素，选择合适的介质基板厚度 h 和介电常数大小 ε_r[27]。选择合适的馈电点可以实现天线与微带线之间良好的阻抗匹配。馈电位置改变会使得馈线和天线耦合量改变，从而使天线谐振频率产生漂移，但对方向图无明显影响，只要保证是电磁波的主模工作，稍加改变辐射单元尺寸或者微带天线整体大小，就可补偿谐振频率的漂移。因此，微带线馈电的优点明显：集成方便，共形难度低。其缺点：需要使用阻抗匹配电路，使天线尺寸增大；微带线与天线单元处在同一表面时，微带线本身也会产生辐射，干扰方向图，降低天线整体的增益。

（2）同轴线馈电法[27]

同轴线馈电法也是一种比较简单的馈电方法，也被称为底馈法。采用同轴线馈电时，同轴线的内导体和辐射单元接触，外导体和导电地板接触，通过调节内导体的位置来调节阻抗。由于辐射单元和馈电网络印刷在导电地板的两侧，互相隔离，避免了同轴线对辐射单元的影响。但是在介质基板厚度较大的情况下，同轴线馈电不太适用。同轴线馈电的优点：馈电点可放置在辐射单元的任意位置，易于调节阻抗匹配；在接地板的下方安装同轴电缆线，可以有效地避免对天线辐射性能的影响。其缺点：加工较费事，接口不易集成，经常产生反射。

（3）电磁耦合馈电法[27]

这是一种非接触式的微带线馈电技术，又称作相近耦合馈电。该馈电技术采用两层介质基板，微带线位于底层介质基板上，天线的辐射单元位于顶层介质基板上，因此天线结构中无须导电地板。通过这种方式，带宽能够得到有效提升，因为贴片与传输线之间的耦合是电容性的，所以微带线的开放末端可改善带宽，同时两层介质基板不同的参数选择也可用来提高天线的带宽，减少微带线末端的辐射。在设计天线时，相对于顶层介质基板，底层介质基板的厚度一般较薄，从而使放置在双层介质上的辐射单元能够得到较大的带宽。这种馈电方法的优点是没有焊点带来的重复性差；缺点是辐射单元与微带线之间的位置大小需要精确匹配，使得这种馈电方式的结构较为复杂。

（4）缝隙耦合馈电法[27]

这种非接触式微带线馈电技术能够在集成相控阵系统和单片微波集成电路（MMIC）中找到其应用。辐射单元和微带线分别位于接地板的两侧，在接地板上蚀刻一定外形的缝隙，缝隙形状通常根据不同的极化方式有"一字型""工字型""U字型"等。辐射单元和微带线之间的耦合能量通过导电地板上所开的缝隙"泄漏"获得。在这种结构中，终端开路微带线的辐射不会影响辐射单元的远场辐射，这是因为接地板有屏蔽作用。微带线和辐射单元的介质基板选用不同，避免了在馈电时出现的需要折中选择介电常数的问题，并且可以通过在馈线下面距离 $\lambda/4$ 处放置另一导电地板，减小缝隙所带来的背向辐射，降低天线的不圆度。

（5）共面波导馈电法[27]

共面波导线是在介质基板顶面的金属板上开金属条形成的一种新型平面传输线。由于所有的导体都在介质基板的同一表面上，因此可以方便地与其他微波设备连接，易于实现系统的集成化和小型化。同时，共面波导线与微带线相比具有低辐射损耗和低色散的特性。随着通信技术的发展，迫切需要一种廉价、易于加工、小型化、易于集成的技术，显然共面波导馈电法可以满足这一技术渴求。

4.4.4 微带天线技术及其阵列

除了微带天线基本的结构优化和馈电选择，还有许多工程技术可以帮助提高微带天线的整体性能，并给天线增添许多新的功能和作用范围。这一小节介绍的就是3种微带天线技术：小型化、多频段和阵列技术。

4.4.4.1 小型化技术

微带天线的小型化是指在一定的运作频率上减小天线的轮廓大小，并且针对不同类型的天线有不同的小型化的方法[29]。本小节将简要地介绍微带天线小型化的几种方法，包含介电常数增大法、加载法、曲流法等。

（1）介电常数增大法

对于最基本的矩形微带贴片天线而言，其谐振频率可以表示为

$$f_{\mathrm{c}} \approx \frac{c}{2L\sqrt{\varepsilon_{\mathrm{r}}}} \tag{4-61}$$

式中，c 为真空中电磁波传播速度，L 为辐射单位长度，ε_{r} 为介质基板的介电常数。

因此，天线频率一定时，微带天线尺寸与介质基板介电常数的平方根成反比。对于结构更为复杂的微带天线形式，这种关系仍然是成立的[29]。因此，如果我们使用具有高介电常数的介质基板，设计的天线尺寸会变小，但是一味提高介质基板介电常数将使微带天线的品质因数升高，天线的带宽降低。

$$Q=\frac{c\sqrt{\varepsilon_{\mathrm{r}}}}{4f_{\mathrm{c}}h} \tag{4-62}$$

$$\begin{cases}\mathrm{VSWR}\leqslant\rho\\ \mathrm{BW}=\dfrac{\rho-1}{\sqrt{\rho Q}}\times100\%\end{cases} \tag{4-63}$$

为了保证天线带宽满足要求，我们不能一味地采用高介电常数的介质基板[29]，在实际工程中，必须综合考虑。

（2）加载法[29]

根据上述微带贴片天线的辐射原理，此类辐射单元一般都在 $\lambda/2$ 处谐振。此时，在辐射单元的中心就产生一个电压零点，如果在这个点处放入一个短路的探针或者贴片，那么天线就等同于在 $\lambda/4$ 处谐振，天线的尺寸可以缩减到 $\lambda/4$ 甚至更小，如图 4-23 所示。

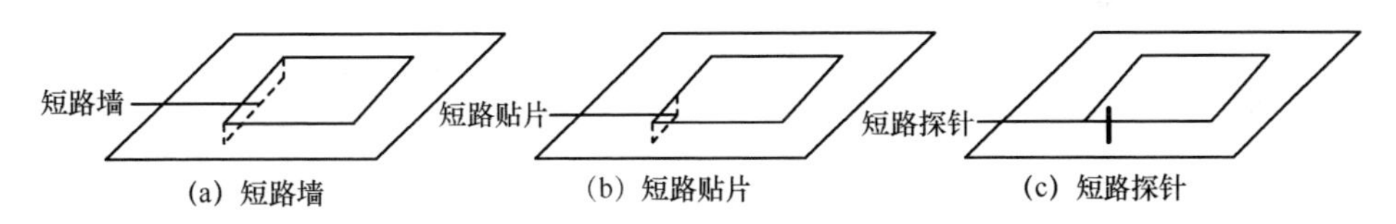

图 4-23　微带贴片天线加载法

除了短路加载，也能使用电阻或是电抗加载。与短路加载类似，在短路介质中加入电阻等，天线的尺寸也可以获得相应的减小。与短路加载天线相比，电阻加载天线的谐振频率变化不大，但带宽却增加明显。但是，由于欧姆损耗的引入，天线的增益和效率会相应降低。

（3）曲流法[29]

曲流法是通过在辐射单元表面增加缝隙改变其表面电流分布的方法。微带天线工作在谐振模式，天线的工作频率决定于其谐振的长度。换而言之，只要增加辐射单元表面电流“绕路走”，就可以在较小长度辐射单元得到较低的工作频率，如图 4-24 所示。

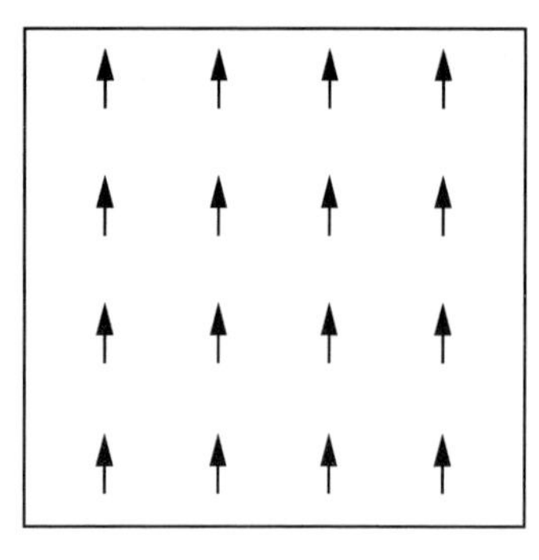
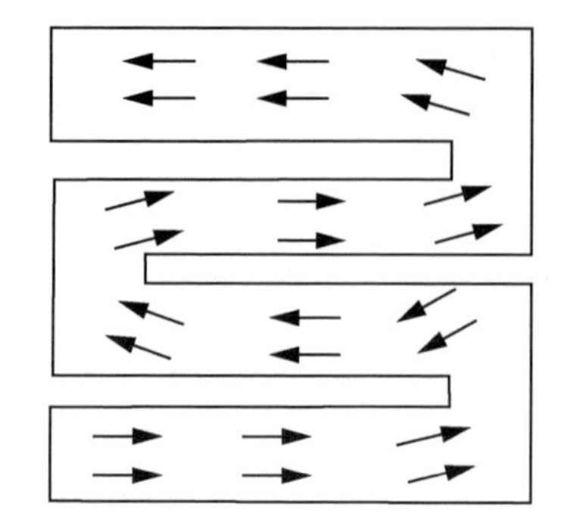

图 4-24 微带天线的曲流法示意

图 4-24 所示的辐射元件实际上是在一个简单的矩形贴片上切割 3 个槽，切槽后，天线的表面电流分布路径得到延伸。与普通的矩形贴片天线相比，电流散布路径大大增加。同一频率下工作时，采取曲流法的天线大小会减小。由于这种天线辐射贴片中电流分布复杂，方向图也会受到波及，尤其是天线的交叉极化特性。与工作在相同频率下的传统天线对比，增益会因辐射面积的减少而显著降低。同时采取曲流法的微带天线在选择馈电点位置时会相对困难。

（4）采用倒形结构[29]

平面倒 F、L 形天线是采用空气作为介质的微带天线。倒 L 形天线谐振于工作频率的 $\lambda/4$，辐射单元距地板小于 $\lambda/10$。倒 F 形天线包含短路探针，它可以看作折叠的倒 L 形天线。此两类天线基板厚，介电常数低，一般加载短路探针，具有小型化、宽频带的特点。

4.4.4.2 多频段技术

现代通信需要天线适应两个或者多个频率范围，特别是在移动通信领域中，多频段技术得到了广泛的应用。微带天线具有易于实现双频段、多频段工作的特性，使其在移动通信领域具有广泛的应用泛围，并诞生了双频段、双极化等多功能天线。实现双频段或多频段工作的辐射单元构造和基板等物理构造，有以下一些实现方式[31]：

（1）采用单一辐射单元时，利用几种不同的自然模式（如 TM_{01} 及 TM_{10}）来实现双频段或者多频段工作；

（2）采用单一贴片时，通过短路加载、开路加载或者开槽的方法改变辐射单元各种自然模的场分布；

（3）采用单层介质基板、多个不同的辐射单元的结构来形成双谐振；

（4）利用层叠贴片结构形成多个谐振腔，从而实现多频段工作。

4.4.4.3　阵列技术

单个微带天线的增益有限，一般不超过 9 dB。为了提升增益、加强方向性、增大辐射效率，降低副瓣电平，实现成形波束和多波束等特性，通常需要将辐射单元按照一定的结构排列并且给予一定大小和相位的激励分布，这就组成了微带阵列天线。由若干辐射单元按某种结构排列而组成的天线系统，称为天线阵，组成天线阵的天线单元称为阵元，可以是任意类型的天线[32]。微带天线因为组阵容易，因此常常被用来组成阵列天线。常见的天线阵有直线阵、共形阵、平面阵和立体阵等。

4.5　相控阵天线

相控阵天线指的是通过控制阵列天线中辐射单元的馈电相位来改变方向图形状的天线，具有快速改变波束指向和波束形状的能力，或者以空分多址方式实现频谱资源的充分利用和按时间分割原则合理分配通信资源的能力。相控阵天线为一点对多点通信，发送端与接收端均在运动状态中快速建立通信联系（即“动中通”），这使多信号源定位和干扰抑制等的实现变得容易[33]。采用相控阵天线便于实现多波束成形，对于大型卫星承载的通信天线，利用多个高增益星上点波束覆盖地面通信区域，可大大降低对地面通信终端天线尺寸和 EIRP 的要求[34]。

4.5.1　相控阵天线原理

相控阵天线由阵列天线发展而来[35]，由天线辐射单元、移相器和馈电网络等基本部分组成。相控阵天线将大量的天线辐射单元排列成一定形状的天线阵，然后通过控制各个天线辐射单元的馈电相位，使各单元之间产生一定的相位差，继而实现波束的空域扫描。

相控阵天线的形状多种多样，有线阵、平面阵、共形阵等。线阵将天线阵的所有辐射单元都排列在一条直线上，平面阵是线阵的推广，它将天线阵的辐射单元配置在一定形状的平面内，包括矩形、圆周边界矩形、圆形、同心圆形、六边形等形状；共形技术是将天线共形在载体上，能够极大地节约空间，同时提高天线性能。对此，共形技术具有极大的价值，相控阵的可共形设计是相控阵天线的一大优点，也是当今相控阵领域的一个研究热点。

4.5.1.1　一维直线相控阵天线

天线阵是由若干个相同的天线辐射单元通过一定的排列方式形成各种形状而组成的一种天线。天线辐射单元的种类多样，一般采用偶极子、微带天线、开口波导、螺旋天线等[36]。单个天线辐射单元方向性和增益有限，所以需要通过组阵的方式提高增益和形成较强的方向可控性。通过对天线阵内各单元的间距、馈电幅度和相位的控制来满足不同的方向性要求。

将天线阵中各单元场进行复矢量叠加，即可得到天线阵的辐射特性。

图 4-25 为 N 单元线性相控阵结构示意。

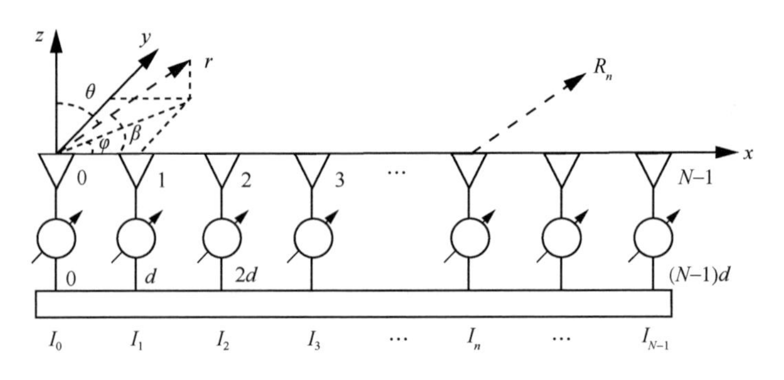

图 4-25　N 单元线性相控阵结构示意

N 个相同天线单元等间距排列在一条直线上，间距为 d。第 n 个阵元的激励为 $\dot{I}_n = I_n \mathrm{e}^{\mathrm{j}a_n}$，其中 I_n 和 a_n 分别表示的是第 n 个阵元的激励幅度和相位，n=0，1，2，3，…，N−1。若天线单元的远场方向图函数为 $f_0(\theta,\varphi)$，可得第 n 个天线单元的远场为

$$E_n = \dot{I}_n f_0\left(\theta,\varphi\right)\frac{\mathrm{e}^{-\mathrm{j}kR_n}}{R_n} \tag{4-64}$$

其中，φ 为方位角，R_n 为观察点距离第 n 个单元的距离。将整个线性阵列上 N 个单元的辐射场相加可以得到线性阵列天线的辐射总场，即为

$$E_r = f_0(\theta,\varphi)\sum_{n=0}^{N-1}\dot{I}_n\frac{\mathrm{e}^{-\mathrm{j}kR_n}}{R_n} = \frac{\mathrm{e}^{-\mathrm{j}kr}}{r}f_0(\theta,\varphi)\sum_{n=0}^{N-1}\dot{I}_n\mathrm{e}^{-\mathrm{j}k(R_n-r)} \tag{4-65}$$

其中，$R_n - r = -nd\cos\beta$，由此可以得到

$$E_r = \frac{\mathrm{e}^{-\mathrm{j}kr} f_0(\theta,\varphi) S(\beta)}{r} \tag{4-66}$$

其中，r 为目标距离第一个天线单元的距离；β 为阵列中辐射波束与 x 轴的夹角，即波束指向角，在球坐标系下可表示为 $\cos\beta = \sin\theta\cos\varphi$，因此阵因子为

$$S = \sum_{n=0}^{N-1} I_n \mathrm{e}^{\mathrm{j}(kd\cos(\beta)+a_n)} \tag{4-67}$$

以上即为阵列方向图相乘原理，对于等间距的天线单元，且天线单元相位线性递变，即 $\dot{I}_n = I_0 \mathrm{e}^{\mathrm{j}na}$，则阵因子可以变换为

$$S = \sum_{n=0}^{N-1} I_0 \mathrm{e}^{\mathrm{j}n(kd\cos(\beta)+a)} \tag{4-68}$$

令 $v = kd\cos(\beta) + a$，则式（4-68）可变换为

$$S = I_0 \sum_{n=0}^{N-1} \mathrm{e}^{\mathrm{j}nv} = I_0 \frac{\sin\frac{Nv}{2}}{\sin\frac{v}{2}} \tag{4-69}$$

当阵列天线方向图取最大值时，有 $Nv/2=0$，即 $v = kd\cos(\beta) + a = 0$，由此可得到其最大波束指向为

$$\beta_{\mathrm{m}} = \arccos\left(-\frac{a}{kd}\right) \tag{4-70}$$

由式（4-70）可知，当单元间距不变时，只要改变天线单元间的相位差，就可以实现对阵列天线波束最大值指向的改变，即实现阵列天线的波束扫描。此外，若增大单元间的距离，则当距离增大到一定程度后将会出现栅瓣。当 $v = 2\pi$ 时会出现第二个最大值，即栅瓣。栅瓣不出现的条件为 $|v| < 2\pi$，即可得到

$$d < \frac{\lambda}{1 + |\cos\beta_{\mathrm{m}}|} \tag{4-71}$$

4.5.1.2　直线阵的辐射特性

（1）半功率波束宽度

相控阵天线的半功率波束宽度可以由阵因子方向图主瓣的半功率角 $\theta_{0.5}$ 得出，由式（4-69）可得

$$S(\theta_{0.5})=I_0\sum_{n=0}^{N-1}\mathrm{e}^{\mathrm{j}nv}=I_0\frac{\sin\left(\frac{Nv}{2}\right)}{\sin\left(\frac{v}{2}\right)}=0.707 \tag{4-72}$$

其中，当I_0归一化为 1 时，可由辛格（sinc）函数得$Nv/2=1.39$，由此便可以得到半功率角$\theta_{0.5}$，因为

$$\frac{N}{2}\left(kd\cos\theta_{0.5}\right)=1.39 \tag{4-73}$$

可得

$$\cos\theta_{0.5}=\frac{2.78}{Nkd} \tag{4-74}$$

可得

$$\text{HPBW}=2\theta_{0.5}=2\arccos\frac{2.78}{Nkd} \tag{4-75}$$

当取$L=Nd>>\lambda$时，波束不扫描时的半功率波束宽度为

$$\text{HPBW}=51\frac{\lambda}{Nd}=51\frac{\lambda}{L} \tag{4-76}$$

当波束进行扫描时，阵列的有效尺寸减少为$L\sin\beta$，则扫描波束的半功率波束宽度为

$$\text{HPBW}=51\frac{\lambda}{L\sin\beta} \tag{4-77}$$

由此我们可以看出半功率波束宽度和波束指向角有关，当波束指向角靠近水平方向即β越来越小时，半功率波束宽度越来越大。

（2）波束零点和副瓣位置

天线波束的零点位置由式（4-78）确定

$$\frac{N}{2}\left(kd\cos(\beta)+a\right)=p\pi \tag{4-78}$$

其中，p=±1，±2，±3，…，p为零点位置的序列号，即第p个零点的位置就是θ_{p0}，则可得

$$\theta_{p0}=\arccos\left(\frac{1}{kd}\left(\frac{2p\pi}{N}-a\right)\right) \tag{4-79}$$

线阵的副瓣位置通过以下公式计算

$$\frac{N}{2}(kd\cos(\theta)+a)=\frac{2l+1}{2}\pi,\ l=\pm1,\pm2,\cdots \tag{4-80}$$

因此天线第 l 个副瓣位置点 θ_l 为

$$\theta_l=\arccos\left(\frac{1}{kd}\left(\frac{2l+1}{N}\pi-a\right)\right) \tag{4-81}$$

（3）天线的方向性系数

天线在最大辐射方向上远场某点的功率密度与发射功率相同的无向天线在这点的功率密度之比为

$$D=\left.\frac{S_{\mathrm{d}}}{S_0}\right|_{P_r\text{相同},\ r\text{相同}} \tag{4-82}$$

对式（4-82）进行逆变换得到如下等式。

$$D=\frac{2}{\int_0^{\pi}S^2(\theta)\sin(\theta)\mathrm{d}\theta} \tag{4-83}$$

当阵元间距 d 较小时，阵因子可变换为

$$S=\frac{\sin\left(\frac{Nkd\cos\theta}{2}\right)}{N\sin\left(\frac{kd\cos\theta}{2}\right)}\approx\frac{\sin\left(\frac{Nkd\cos\theta}{2}\right)}{\frac{Nkd\cos\theta}{2}} \tag{4-84}$$

通过数学进一步计算可得

$$D=\frac{2}{\int_0^{\pi}S^2(\theta)\sin(\theta)\mathrm{d}\theta}=\frac{kL}{2\left(Si(kL)-\frac{1-\cos(kL)}{kL}\right)} \tag{4-85}$$

其中，$Si(kL)=\frac{\sin(kL)}{kL}$，当 $kL>>1$ 时，

$$D=\frac{kL}{2Si(kL)} \tag{4-86}$$

因为 $Si(kL)\approx\pi/2$（当 $L>\lambda$ 时），得

$$D=\frac{2L}{\lambda} \tag{4-87}$$

波束扫描时的方向性系数为

$$D=\frac{2L\sin\beta}{\lambda} \tag{4-88}$$

4.5.1.3 平面相控阵天线

平面相控阵天线在现实生活中应用广泛，在各种形状的平面相控阵天线中，矩形排列的平面相控阵因其简单的结构而得到广泛的应用。图 4-26 所示为一个矩形排列的平面相控阵天线结构及其坐标关系。在 xy 平面内，x 轴方向天线单元间距为 d_1，y 轴方向天线单元间距为 d_2。第 pq 个天线单元坐标为

$$\begin{cases} x_p = pd_1, & p = 1,2,\cdots,P-1 \\ x_q = qd_2, & q = 1,2,\cdots,Q-1 \end{cases} \tag{4-89}$$

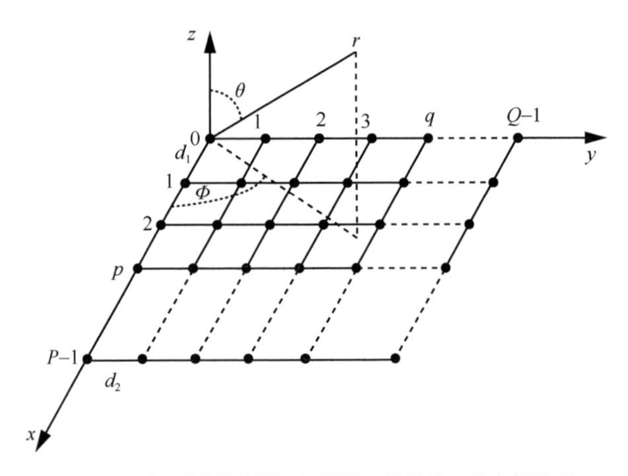

图 4-26 矩形排列的平面相控阵天线结构及其坐标关系

假设第 pq 个天线单元的激励为 $\dot{I}_{pq} = I_{pq}\mathrm{e}^{-\mathrm{j}a_{pq}}$，则平面相控阵的远场为

$$E_r = \sum_p \sum_q E_{pq} = \frac{C\mathrm{e}^{-\mathrm{j}kr}}{r} \sum_{p=0}^{P-1} \sum_{q=0}^{Q-1} \dot{I}_{pq} \mathrm{e}^{\mathrm{j}k(pd_1\cos\varphi + qd_2\sin\varphi)\sin\theta} = \frac{C\mathrm{e}^{-\mathrm{j}kr}}{r} S(\theta,\varphi) \tag{4-90}$$

阵因子 $S(\theta,\varphi)$ 为

$$S(\theta,\varphi) = \sum_{p=0}^{P-1} \sum_{q=0}^{Q-1} \dot{I}_{pq} \mathrm{e}^{\mathrm{j}k(pd_1\cos\varphi + qd_2\sin\varphi)\sin\theta} \tag{4-91}$$

将电流拆分成 x 轴和 y 轴两方向的分量，可得

$$\dot{I}_{pq} = \dot{I}_{xp}\dot{I}_{yq} = I_{xp}I_{yq}\mathrm{e}^{-\mathrm{j}(pa_x + qa_y)} \tag{4-92}$$

其中，I_{xp} 和 I_{yq} 分别为沿 x 轴和 y 轴方向排列阵列的幅值分布，a_x 和 a_y 分别为两方向上天线单元间的等值变化相位。所以可以将阵因子拆分为

$$S(\theta,\varphi)=S_x(\theta,\varphi)S_y(\theta,\varphi) \tag{4-93}$$

其中，

$$S_x(\theta,\varphi)=\sum_{p=0}^{P-1}I_{xp}\mathrm{e}^{\mathrm{j}p(kd_1\sin\theta\cos(\varphi)-a_x)} \tag{4-94}$$

$$S_y(\theta,\varphi)=\sum_{q=0}^{Q-1}I_{yq}\mathrm{e}^{\mathrm{j}q(kd_2\sin\theta\sin(\varphi)-a_y)} \tag{4-95}$$

令

$$v_x=kd_1\sin\theta\cos\varphi-a_x=kd_1\sin\theta_x-a_x \tag{4-96}$$

$$v_y=kd_2\sin\theta\sin\varphi-a_y=kd_2\sin\theta_y-a_y \tag{4-97}$$

式中，θ_x 为 xz 平面的指向角（φ=0°），θ_y 为 yz 平面的指向角（φ=90°）。

则式（4-94）和式（4-95）可简写为

$$S_x(\theta,\varphi)=\sum_{p=0}^{P-1}I_{xp}\mathrm{e}^{\mathrm{j}pv_x} \tag{4-98}$$

$$S_y(\theta,\varphi)=\sum_{q=0}^{Q-1}I_{yq}\mathrm{e}^{\mathrm{j}qv_y} \tag{4-99}$$

考虑均匀平面阵，令 $I_{xp}=I_{yq}=1$，则有

$$S(\theta,\varphi)=\frac{\sin(Pv_x/2)}{\sin(v_x/2)}\cdot\frac{\sin(Qv_y/2)}{\sin(v_y/2)} \tag{4-100}$$

当天线在 xz 平面进行波束扫描时，不出现栅瓣的条件为

$$d_1<\frac{\lambda}{1+\left|\sin\theta_{\mathrm{m}}^{x}\right|} \tag{4-101}$$

当天线在 yz 平面进行波束扫描时，不出现栅瓣的条件为

$$d_2<\frac{\lambda}{1+\left|\sin\theta_{\mathrm{m}}^{y}\right|} \tag{4-102}$$

其中，θ_{m}^{x} 和 θ_{m}^{y} 分别是 xz 平面和 yz 平面的最大扫描波束角。

4.5.2 相控阵天线的互耦问题

天线的两个最重要的特性是它的输入阻抗和辐射方向图，两者都是与频率相关的量。相互耦合对应这样一个事实，即鉴于天线附近存在另一个物体（一个支撑元件、一个人体、另一副天线等），它的近场构型与天线在无界自由空间中隔离时发现的不同。作为边界条件变化的结果，新的电流（或不同的等效电流）出现在相邻物体上。天线本身的电流，包括其端口电流，也被改变。结果就是，天线辐射方向图及其输入阻抗都会发生变化。看待这个问题的另一种方法是将相邻物体视为天线的一部分，因此必须具有新的辐射特性。当相邻元件是另一副天线时，即使是被动端接，电流也可能流经其端接，从而导致能量在其中耗散。例如，这会对位于密集阵列中的天线的效率有所限制。对于互耦效应的分析主要有周期结构法和逐元法两类，逐元法对阵列大小没有限制，通常采用阻抗矩阵或者散射系数矩阵量化互耦效应，两者得出的结果可以相互转换，周期结构法常常针对均匀无限阵列的情况。下面介绍用散射矩阵法分析阵列天线耦合问题的原理。

对于一个 N 单元的天线阵，假设阵列中各单元激励信号的入射波电压幅值为 $V_1^+,V_2^+,\cdots,V_N^+$，反射波电压幅值为 $V_1^-,V_2^-,\cdots,V_N^-$，则入射波和反射波的关系可以表示为

$$\boldsymbol{V}^- = \boldsymbol{S}\boldsymbol{V}^+ \tag{4-103}$$

写成矩阵的形式为

$$\begin{bmatrix} V_1^- \\ V_2^- \\ \vdots \\ V_N^- \end{bmatrix} = \begin{bmatrix} S_{11} & S_{12} & \cdots & S_{1N} \\ S_{21} & S_{22} & \cdots & S_{2N} \\ \vdots & \vdots & \vdots & \vdots \\ S_{N1} & S_{N2} & \cdots & S_{NN} \end{bmatrix} \begin{bmatrix} V_1^+ \\ V_2^+ \\ \vdots \\ V_N^+ \end{bmatrix} \tag{4-104}$$

其中，$\boldsymbol{S}$ 称为散射矩阵，由式（4-104）知第 m 个单元的反射波电压为

$$V_m^- = \sum_{n=1}^{N} S_{mn} V_n^+, \quad m = 1,2,\cdots,N \tag{4-105}$$

有源反射系数可以写成

$$\varGamma_m = \frac{V_m^-}{V_m^+} = \sum_{n=1}^{N} \frac{S_{mn} V_n^+}{V_m^+} \tag{4-106}$$

散射法分析耦合问题简单易懂，但散射参数的计算比较复杂，大多数情况下通过阻抗矩阵的转换得到

$$S = \frac{Z - Z_0}{Z + Z_0} \tag{4-107}$$

Z_0 表示为

$$Z_0 = \begin{pmatrix} Z_{11} & 0 & \cdots & 0 \\ 0 & Z_{22} & \cdots & 0 \\ \vdots & \vdots & \vdots & \vdots \\ 0 & 0 & \cdots & Z_{NN} \end{pmatrix} \tag{4-108}$$

现实中对散射参数的测量比较简单，除了要测试的天线单元，其余单元都接匹配负载，不需要额外的馈电结构。

4.6 典型卫星地球站天线

本节根据应用场景将卫星地球站天线分为地球站固定天线、地球站便携式天线、地球站移动载体天线，其差别是安装载体的不同，导致需要采用不同的天线跟踪技术。

4.6.1 地球站天线跟踪技术

地球站为了建立通信链路，不论当前的地球站是静止的还是运动的，都必须保证天线波束轴准确地对准卫星，为保证天线时刻对准通信方，需要一个天线伺服系统来完成天线跟踪任务。天线伺服系统采用的方式不同，成本相差很大，跟踪精度也会差别很大。不同载体、频段和口径的天线，其跟踪速度、加速度、波束宽度也会不一样。

4.6.1.1 天线跟踪方式

天线伺服系统在进行搜索和跟踪时，按其工作方式是否需要信标信号或下行用户信号，可分为无信标跟踪和有信标跟踪[37]。无信标跟踪方式下，卫星轨道位置确定，或者空间角度传感器指向很精确，故此种方式也被称为开环跟踪，但由于一般需采用高精度的传感器，故其代价非常大。有信标跟踪可以分为手动跟踪和自动跟

踪（步进跟踪、单脉冲跟踪和圆锥扫描跟踪等）[38]。其中，步进跟踪、单脉冲跟踪和圆锥扫描跟踪均根据地球站接收到的电磁波信号，处理得到误差信号，再驱动伺服电机，使天线对准卫星，故又被称为自动跟踪方式。对于地球静止轨道卫星，当地球站是固定站时，可采用手动跟踪方式。

（1）手动跟踪

手动跟踪可以有或者没有卫星信标信号。跟踪操作员可根据预知的地球站相对于卫星的角度指向数据，按时间来调整地球站天线的空间指向。

（2）自动跟踪

自动跟踪一般是利用北斗或GPS终端测出地球站所在的地理经度和纬度，再根据地球站上的惯性导航系统测出的三维姿态角，依据惯性导航系统和天线波束轴的相对角度，推算得到天线波束轴的角度指向，最后驱动伺服电机，以实现对卫星的对准和跟踪。自动跟踪处理器一般是计算机或者是嵌入式处理器，处理速度快，且由于系统采用了惯性导航系统，即使天线短时间内受到遮挡，仍能短时间维持姿态。一旦遮挡去除，通信链路即能恢复。自动跟踪方式受相对角度传感器精度、机械传动精度、惯性导航系统等因素的影响，跟踪精度会降低。目前，光纤陀螺、激光陀螺等是惯性导航系统的关键部件，价格因素对其工程应用影响很大。

天线在自动跟踪模式下，初始化完成后，首先进行理论对星。但由于受到机械设计的误差、惯性导航系统的角度指向误差、磁场、温度等因素的影响，天线指向为理论角时，往往此时并非最佳对准角，真正的对星角需要跟踪处理器驱动伺服电机进行空间搜索得到。

① 步进跟踪

步进跟踪又称极值跟踪，需要地球站跟踪处理器按一定时间间隔，使天线方位或俯仰以一个微小的角度旋转，并通过处理器对接收的卫星信号电平大小进行判别。如果接收信号增大，则天线沿原转动方向继续转动一个微小的角度；如果接收信号减小，则天线需要向相反的方向转动。该方式需在方位和俯仰两轴上依次重复交替进行，从而驱动天线使波束轴逐步对准卫星。

该跟踪技术的缺点是地球站跟踪系统的伺服电机不会停留在某个位置，而是会在对准的附近不断地摆动和逼近，故而采用此跟踪方式，跟踪精度不是很高；此外，因为是小角度逐渐逼近跟踪，故而跟踪速度慢，响应时间长；信道的噪声也会影响跟踪判断。该跟踪技术的优点是只需一个射频接收通道，对地球站的馈源等无额外硬件要求，故而此项技术一般被应用于价格低廉的地球站中。

便携式地球站出于成本和便携性的考虑，一般选择步进跟踪方式。当跟踪系统初始化完成以后，即进入步进跟踪模式，方位和俯仰均小范围画框进行姿态调整。伺服处理器采样信标接收机初始射频信号电平，在方位方向顺时针走一步长角，再采样此时的信标接收机电平值。对两次电平值进行比较，若后一次电平值大于前一次电平值，则处理器驱动方位电机继续顺时针走一步；若后一次电平值小于前一次电平值，则处理器方位走步停止，驱动俯仰电机顺时针走一步后，再次比较。步进跟踪需方位和俯仰这两维调整依次交替进行。由以上搜索策略可看出，可通过减小搜索步长角，使得天线无限接近最佳对准位置，但步长太小又会导致两次取样位置太靠近，信号差别小，难以被识别，甚至走步判断错误。步进跟踪示意如图 4-27 所示。

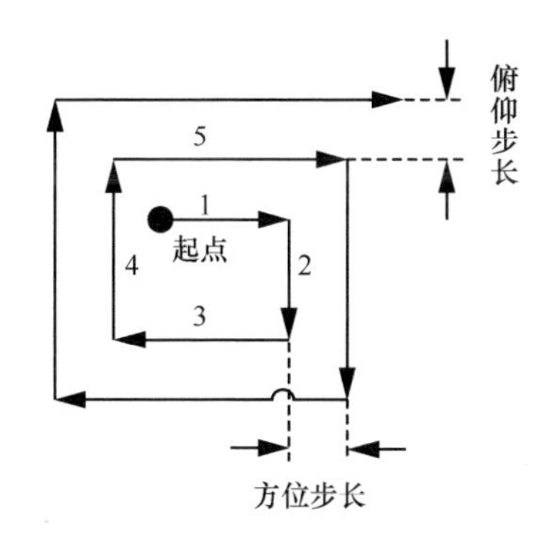

图 4-27　步进跟踪示意

步进跟踪画框搜索时，考虑到俯仰传感器输出的姿态角较为准确，可以设置方位步长大于俯仰步长，这样空间搜索时，运动轨迹将是一个扁平框。

步进跟踪搜索一段时间后，如果信标接收机电平值一直大于所设定的跟踪门限，则认为天线已基本对准卫星，可调整系统搜索参数，进入稳定状态（有些便携式卫星通信移动地球站为减小功耗，甚至可以停止对方位和俯仰电机的供电）。

从前文可知，步进跟踪技术是方位电机和俯仰电机交替运动，故而搜索速度慢，但控制策略简单，判断条理清晰。

② 单脉冲跟踪

卫星通信单脉冲跟踪是指处理器同时间采样多个信号，进行比较后，得到天线波束轴偏离卫星方向的方位及俯仰角度误差，由此来驱动电机，使天线对准卫星。这里以常见的四喇叭比幅法为例来说明单脉冲跟踪。

单脉冲四喇叭是指以天线波束轴为对称轴，四喇叭单脉冲馈源的轴线与波束轴重合，四喇叭偏离轴线且绕轴线对称。单脉冲四喇叭比幅法就是比较四喇叭接收的信号大小，以此来判断卫星偏离轴线的方向。当地球站天线完全对准卫星时，对称喇叭接收到的信号差值为零。图 4-28 是一种典型的单脉冲跟踪射频前端框图。

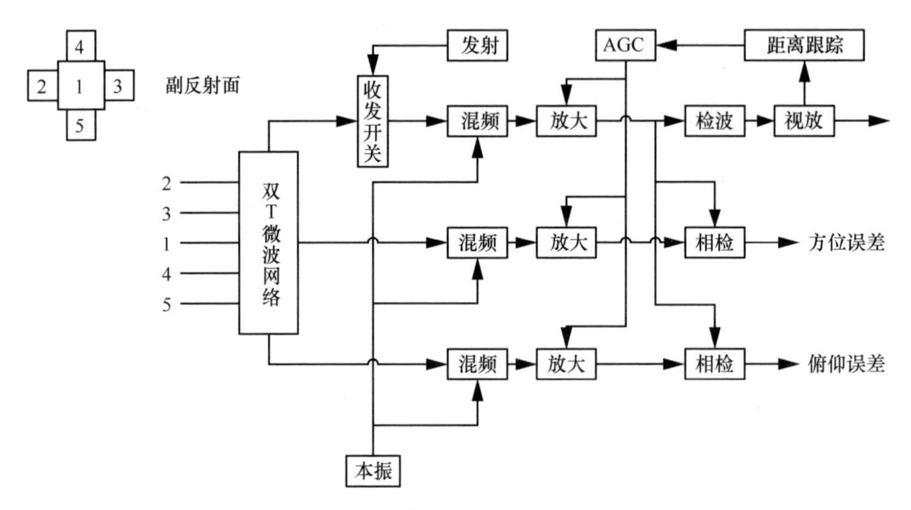

图 4-28　单脉冲跟踪射频前端框图

由图 4-28 可知，天线有 4 个喇叭[39]，分布于 4 个象限，每个喇叭有一个波束，四波束叠加得到和波束，左波束与右波束相减得到方位差波束，上个波束与下个波束相减得到俯仰差波束，因此，单脉冲跟踪天线会有两个差波束和一个和波束。

当地球站天线完全对准卫星时，天线差波束输出为零；当地球站天线偏离卫星时，差波束输出不为零，其幅度大小与方位误差角和俯仰误差角成正比。因此，跟踪系统处理器可根据差信号的大小来控制电机跟踪卫星，直至差信号消失。和波束信号除用来送至信号解调外，还可以作为基准信号，用来鉴别差信号的相位，以决定伺服电机的转向。

单脉冲地球站跟踪的优点是无须转动机械结构进行位置比较，响应速度快，跟踪精度较高。单脉冲跟踪要求射频相位稳定，需要 2 个以上的相关接收机，馈源需四通道输入，体积大，设备贵，一般应用在 1.5 m 以上口径的地球站中。

图 4-29 给出了单脉冲跟踪系统原理框图。跟踪接收机的方位和俯仰输出信号中含有方向和偏离角度大小的信息，跟踪处理器会根据这些信息，将其转化为电机控制量，送至电机驱动器，驱动跟踪系统的伺服电机转动。方位和俯仰显示装置可显示当前单脉冲天线的方位和俯仰空间指向角。

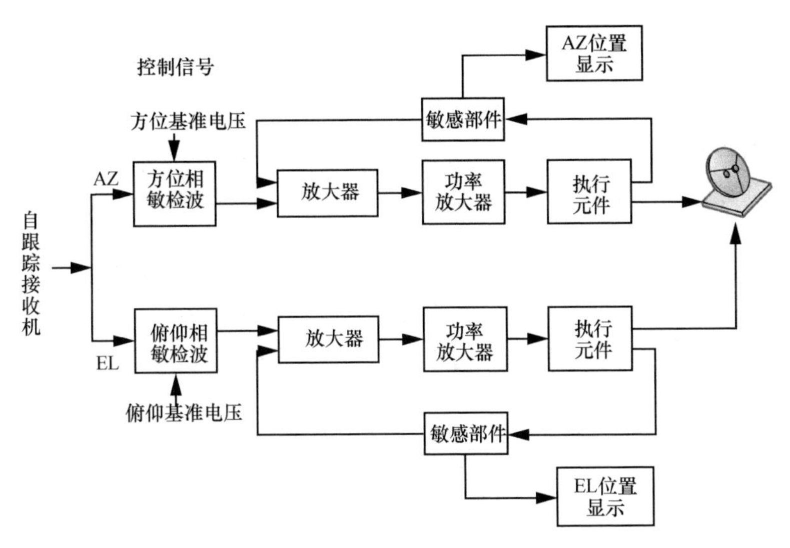

图 4-29　单脉冲跟踪系统原理框图

③ 圆锥扫描跟踪

地球站圆锥扫描跟踪常见的方式有副反射面绕天线波束轴旋转、馈源喇叭绕天线波束轴旋转等。当波束轴与目标卫星偏离时，信标接收机接收的卫星下行信号是被调制的信号，该信号的幅度和卫星偏离波束轴的大小成比例变化，信号的相位取决于偏离的方向。跟踪接收机根据波束旋转时的正交基准信号对该调制信号进行信号处理，得到方位偏离角和俯仰偏离角。

图 4-30 为圆锥扫描跟踪原理框图。由图 4-30 可知，圆锥扫描电机控制副反射面或馈源喇叭绕天线波束轴旋转，天线接收的下行信号经馈线后送至信标接收机，转化为电压信号，天线控制单元可以处理得到方位偏离角和俯仰偏离角，控制天线伺服电机向误差减小的方向转动，直至完全对准卫星。

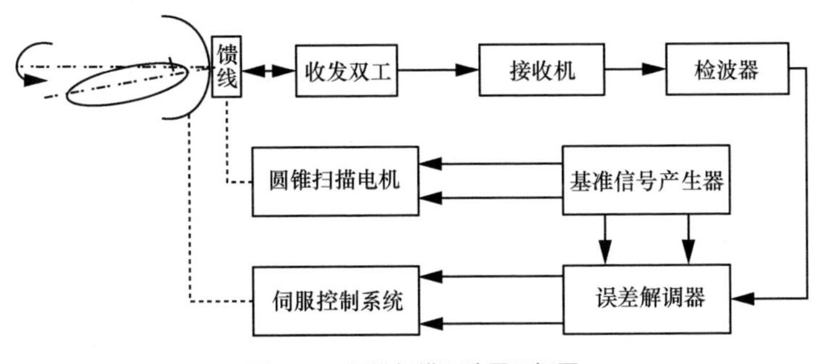

图 4-30　圆锥扫描跟踪原理框图

在一些低动态要求的天线地球站控制系统中，通过章动天线面的方式来进行跟踪扫描，有文献将此种方式也划归于圆锥扫描。

（3）程序跟踪

程序跟踪用于固定地球站自动跟踪，目标可以是非地球静止轨道卫星。卫星的未来轨道数据需准确，且轨道数据需要不断更新。

4.6.1.2 天线跟踪技术的比较

地球站 3 种跟踪技术的比较见表 4-1。

表 4-1 地球站 3 种跟踪技术的比较

<table>
<tr><th colspan="3">跟踪方式</th><th>优点</th><th>缺点</th><th>应用</th></tr>
<tr><td colspan="3">手动跟踪</td><td>设备要求简单</td><td>调整时间长，需要操作员值班</td><td>固定地球站中，卫星轨道已知</td></tr>
<tr><td colspan="3">程序跟踪</td><td>设备要求简单，计算机控制</td><td>需更新轨道数据，地球站是固定的</td><td>固定地球站中，卫星轨道已知</td></tr>
<tr><td rowspan="5">自动跟踪</td><td colspan="2">步进跟踪</td><td>设备要求简单，跟踪原理简单</td><td>跟踪速度慢，比较非同时，跟踪精度较差</td><td>地球静止轨道卫星跟踪</td></tr>
<tr><td colspan="2">圆锥扫描跟踪</td><td>跟踪精度高，设备较简单</td><td>需要机械运动，增益下降</td><td>卫星跟踪</td></tr>
<tr><td rowspan="3">单脉冲跟踪</td><td>单通道</td><td>跟踪精度高，成本比多通道略低</td><td>跟踪处理复杂，设备价格高，体积大</td><td rowspan="3">同步卫星跟踪
移动卫星跟踪
移动目标跟踪
动中通</td></tr>
<tr><td>双通道</td><td>跟踪精度高，差信号产生方便</td><td>通道要求一致性，设备价格高，体积大</td></tr>
<tr><td>三通道</td><td>跟踪精度高，无交叉耦合问题</td><td>通道要求一致性，设备价格高，体积大</td></tr>
</table>

根据各种跟踪技术的特点可知，固定于地面某处的地球站，可采用手动跟踪的方式。

卫星通信便携式地球站无精确的方位传感器，故而一般采用步进跟踪的方式。

商用小型“动中通”地球站，基于成本和体积的考虑，一般采用圆锥扫描跟踪的方式。

大型“动中通”地球站，由于无体积和成本的限制，一般采用单脉冲跟踪的方式。

此外，选择跟踪方式时，还需注意以下事项：对于地球静止轨道卫星，会因为卫星姿态漂移、太空磁场、太阳运动等导致卫星位置发生小变化，大型地球站精确跟踪时不能忽视此因素；对非地球静止轨道卫星，相对地球有运动，会对跟踪系统的实时性提出要求，此种情况可考虑使用程序跟踪或单脉冲跟踪的方式；传统的方位磁罗盘受环境影响较大；倾角传感器受加速度影响较大；惯性导航系统指标不一样，价格差异非常大。

4.6.2 地球站固定天线

地球站固定天线是指天线安装在某个固定的地表面，常用来进行通信、广播、侦查等，一般采用反射面天线。常用的天线包括抛物面天线、卡塞格伦天线、格里高利天线和偏馈型天线等。抛物面天线结构简单，装置方便，使用轴对称的旋转抛物面当作主反射面，在其焦点位置放置馈源。卡塞格伦天线性能好，噪声温度比较低，由主、副两个反射面和馈源构成。格里高利天线同样由两个反射面和一个馈源构成，不过在格里高利天线中副反射面是椭球面。前面介绍的几种天线都有一个共同的缺点，即副反射面阻碍了部分的微波能量，天线的增益会随之下降。偏馈型天线中，副反射面和馈源都不放置在主反射面辐射的区域。

地球站固定天线在结构上一般采用三轴式座架结构形式。

4.6.3 地球站便携式天线

目前的地球站便携式天线口径一般小于 1.2 m，重量不到 25 kg，能够方便地拆卸拼装，平时可以收在一个拉杆箱中，可手提也可拖行，携带方便。

地球站便携式天线伺服控制可通过控制软件，控制天线的方位、俯仰和极化，天线控制器根据电子罗盘和倾斜仪的读数计算并控制天线基本上指向卫星。然后，闭环自动跟踪子系统根据大信号接收机输出的 AGC 电平值，控制天线的方位、俯仰和极化，使其始终精准地对准卫星，形成闭环反馈自动跟踪。

按照天线座架结构形式，地球站便携式天线可分为四轴式[40]、三轴式[41-44]和两轴式[45-48]。

便携式天线及许多车载式天线中，为了简化机械机构，降低控制成本，常采用两轴的框架结构形式。

地球站两轴式天线的座架结构形式分为 X-Y[49-51]和 α-β[52-53]两种。

对于 X-Y 座架结构形式，当卫星过顶（跟踪非同步卫星）时，俯仰角 β=90°，方位角 α 会有一个 180°的突变，方位伺服系统根本无法及时响应，必然会导致“丢星”。当目标卫星俯仰角较小时，X-Y 座架结构形式在跟踪目标卫星时的角加速度很大，电机转动力矩与角加速度的平方成正比，故电机所需功率必然也会很大，因此，X-Y 座架结构形式在低俯仰角时也容易“丢星”。

$\alpha-\beta$ 座架结构形式的方位角 α 一般定义为天线波束轴在水平面的投影与地理坐标系正北之间的夹角，顺时针方向为正；俯仰角 β 定义为天线波束轴与水平面之间的夹角，向上方向为正。当目标星的俯仰角较小时，方位方向能平稳跟踪，但目标卫星过顶时，方位角 α 会有一个 180°的突变，速度和加速度几乎趋向无穷大，必然会短暂“丢星”。考虑到实际使用时，过顶情况比较少，故一般选取 $\alpha-\beta$ 座架结构形式。

4.6.4 地球站移动载体天线

地球站移动载体天线与地球站便携式天线相比，主要是跟踪传感器及伺服控制略有不同。

地球站移动载体天线可采用相控阵电扫描跟踪技术、单脉冲跟踪技术、转动整个天线面方式、旋转副反射面方式等。其中，相控阵电扫描跟踪需要多路射频移相器和数控衰减器，成本较高，且在前文已经介绍过了，这里不再赘述。

单脉冲跟踪技术[49]需要多馈源，体积较大，一般适用于大型跟踪天线，且跟踪技术与转动整个天线面方式、旋转副反射面方式相比，都是通过比较信号强度的方式来跟踪的，前文已有所提及，这里省略不讲。

转动整个天线面方式跟踪，要转动的机械件有较大惯量，但跟踪算法简单，且前文已有所提及，这里省略不讲。

这里主要介绍一种旋转副反射面的移动载体天线跟踪算法。

理想反射面天线远区方向图的分析有多种方法[50-51]，其中口径场法最为简便，这里采用口径场法分析偏焦天线的方向图。

设抛物面天线口径直径 $D=1$ m，焦距 $f=0.42$ m，天线波长 $\lambda=0.024$ m，r 为归一化口径面天线径向坐标，方位角为 χ，波数 $k=\dfrac{2\pi}{\lambda}$。

馈源方向图函数

$$F(r,\chi)=A(r,\chi)\mathrm{e}^{\mathrm{i}\phi(r,\chi)} \tag{4-109}$$

均匀照射时

$$A(r,\chi)=1 \tag{4-110}$$

设由馈源位置偏焦引起的相位偏差为 $\Delta\phi(r,\chi)$ [54]，则

$$f(\theta,\phi)=\int_0^1\int_0^{2\pi}F(r,\chi)\exp\left(-\mathrm{i}\left(k\frac{Dr}{2}\sin(\theta)\cos(\phi-\chi)+\Delta\phi(r,\chi)\right)\right)r\mathrm{d}r\mathrm{d}\chi \tag{4-111}$$

设由圆锥扫描电机振动引起的馈源偏焦包括轴向偏焦 $\Delta\phi_{\mathrm{a}}(r,\chi)$ 和横向偏焦 $\Delta\phi_{\mathrm{l}}(r,\chi)$，焦点轴向和横向偏焦量分别为 δ_{a} 和 δ_{l}，则由文献[55]可知

$$\Delta\phi_{\mathrm{a}}(r,\chi)=-\frac{2\pi}{\lambda}\times\frac{2\delta_{\mathrm{a}}(r/2f)^2}{1+(r/2f)^2} \tag{4-112}$$

$$\Delta\phi_{\mathrm{l}}(r,\chi)=\frac{2\pi}{\lambda}\times\left(-\frac{\delta_{\mathrm{l}}r\cos\chi}{f}+\frac{\delta_{\mathrm{l}}r^3\cos\chi}{4f^3}-\frac{\delta_{\mathrm{l}}^2}{8f^3}-\frac{\delta_{\mathrm{l}}^2r^2\cos^2\chi}{2f^3}+\frac{\delta_{\mathrm{l}}^2}{2f}\right) \tag{4-113}$$

当 $\Delta\phi_{\mathrm{l}}(r,\chi)=0$，$A(r,\chi)=1$ 时，方向图旋转对称，则式（4-111）可化简为

$$f_1(\theta,\phi)=\frac{\pi D^2}{2}\int_0^1 J_0\left(\frac{kDr\sin\theta}{2}\right)\mathrm{e}^{-\mathrm{i}\Delta\phi_{\mathrm{a}}(r,\chi)}r\mathrm{d}r \tag{4-114}$$

对 δ_{a} 为 5 mm 时的 $f_1(\theta,\phi)$ 进行仿真，得到轴向偏焦方向图如图 4-31 所示。由图 4-31 和式（4-114）可知，轴向偏焦后的天线方向图仍然旋转对称。

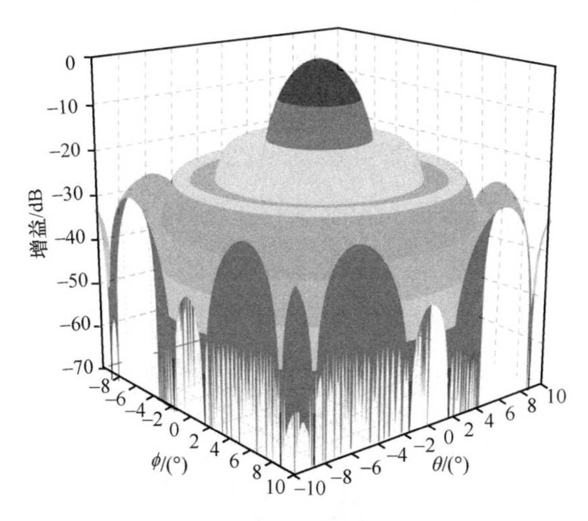

图 4-31　轴向偏焦方向图

为便于对比分析，当 $\phi=0$，δ_{a} 分别为 0 mm、2 mm、4 mm、6 mm、8 mm 时，对 $f_1(\theta,\phi)$ 进行仿真，得到轴向偏焦剖面方向图如图 4-32 所示。

当 $\theta=0°$时，天线光轴与波束轴重合，此时用 P_1 表示接收增益，在不同轴向偏焦情况下，P_1 均为峰值。由图 4-32 可知，轴向偏焦越大，峰值接收增益 P_1 越低，旁瓣电平越高。当轴向偏焦 2 mm 时，P_1 下降 0.1 dB；当轴向偏焦 4 mm 时，P_1 下降 0.25 dB；当轴向偏焦 6 mm 时，P_1 下降 0.6 dB；当轴向偏焦 8 mm 时，P_1 下降 1 dB。

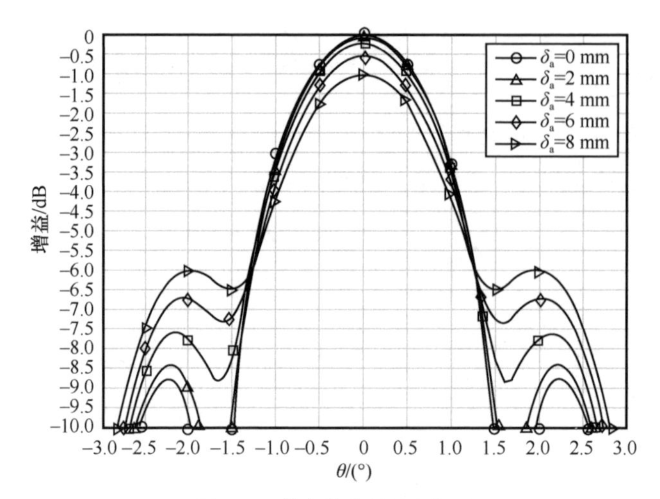

图 4-32 轴向偏焦剖面方向图

当$\Delta\phi_{\mathrm{a}}(r,\chi)=0$，$A(r,\chi)=1$时，式（4-114）可化简为

$$f_2(\theta,\phi)=2\int_0^1 J_0\left(\frac{kDr\sin\theta}{2}-\frac{8k\delta_1 rDf}{r^2D^2+16f^2}\right)r\mathrm{d}r \tag{4-115}$$

对δ_1为 20 mm 时的$f_2(\theta,\phi)$进行仿真，得到横向偏焦方向图如图 4-33 所示。由图 4-33 可知，横向偏焦引起方向图整体偏移，且两边旁瓣不对称。

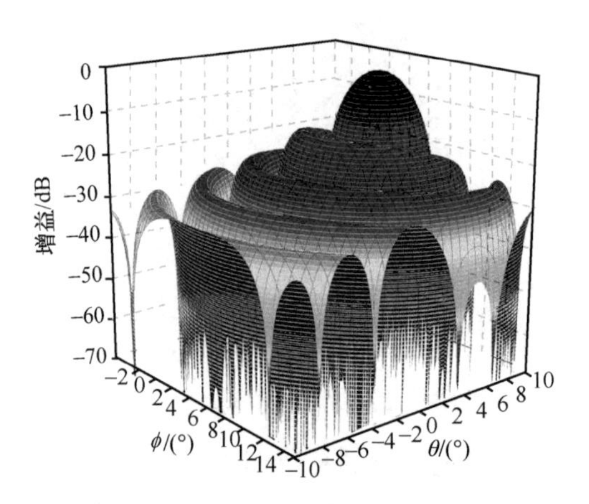

图 4-33 横向偏焦方向图仿真

当$\phi=0°$，δ_1分别为 0 mm、2 mm、4 mm、6 mm、8 mm 时，对$f_2(\theta,\phi)$进行仿真分析，得到横向偏焦剖面方向图如图 4-34 所示。

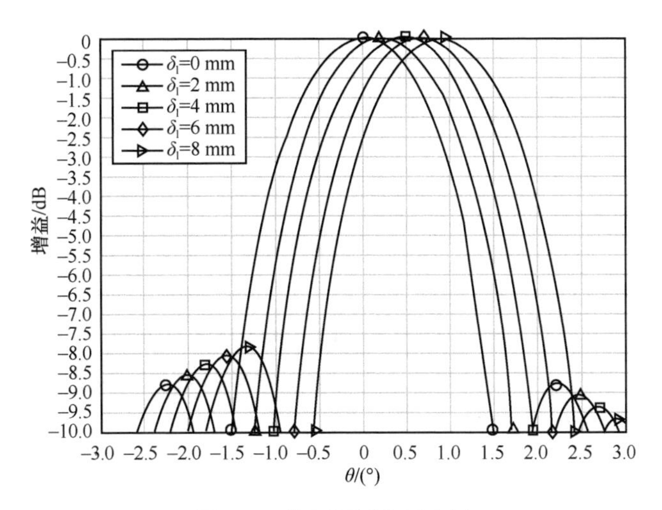

图 4-34　横向偏焦剖面方向图

由图 4-34 可知，横向偏焦越大，方向图整体偏移也越大。横向偏焦 2 mm，天线光轴与方向图峰值方向偏了约 0.2°；横向偏焦 4 mm，天线光轴与方向图峰值方向偏了约 0.4°；横向偏焦 6 mm，天线光轴与方向图峰值方向偏了约 0.65°；横向偏焦 8 mm，天线光轴与方向图峰值方向偏了约 0.9°。

当 θ=0°时，用 P_a 表示接收增益。由图 4-34 可知，横向偏焦 2 mm，P_a 下降 0.14 dB；横向偏焦 4 mm，P_a 下降 0.58 dB；横向偏焦 6 mm，P_a 下降 1.35 dB；横向偏焦 8 mm，P_a 下降 2.54 dB。

4.7　典型星载天线

4.7.1　成形天线

成形天线按反射面是否可变分为两类：单次成形天线和重构成形天线[53]。

（1）单次成形天线是指天线的用途单一，装配成型发射后，用途不再改变的天线。该天线的覆盖区域和天线所处的空间位置均不再改变，其覆盖的目标区增益分布是确定不变的。这类天线通常根据预期的覆盖区域增益分布设计反射面，反射面一经确定后不再改变。

（2）重构成形天线有两种情况[53]：一是根据天线轨道位置的改变，调整工作系统，从而得到相应的成形波束；二是通过调整系统，对不同形状的地域产生相应的成形波束覆盖。

成形天线按使用的馈源数目不同分为两类：多馈源天线和单馈源天线[18]。在传统的卫星通信中，通常使用阵馈抛物天线，由馈源阵列放在反射面或微波透镜的焦平面上，按一定方式排列的馈源天线组成[54]。馈源阵列位于焦平面上，除中心处的馈源外，各馈源相对于焦点有一个横向偏移，且偏移方向和偏移量大小各不相同，这样各馈源所产生的波束经反射面的反射或透镜的聚焦后，就会在远场区域形成一组彼此相互独立、波束宽度近似相等、均匀分布的子波束。这种天线的成形设计的重点在于优化馈源的激励系数和几何排列等参数。其中一个重要组成部分是波束成形网络（BFN），用来调整馈源的激励情况。但它们存在固有的缺点：天线系统的大型开销将花费在设计和调整波束成形网络上，并且复杂的波束成形网络会引起射频损耗，降低天线系统的总增益[18,54]。

对单个反射面进行成形得到成形波束是一种更加可行的方案。在对一个固定区域进行波束成形的情况下，可以不用波束成形网络，而是用反射面成形设计[18,54]，采用单馈成形反射面天线。这种天线具有机械加工简单，结构不复杂，以及由于没有波束成形网络，损耗小，增益更高的优势。

按照天线的反射器类型，可以分为单成形反射面天线和多成形反射面（通常是两个反射面）天线[18,54]。在成形天线设计中，单成形反射面天线一般采用偏馈型反射面天线，它由一个带有一定偏转角的圆锥面去切割标准抛物面而得到。与其他天线形式相比，偏馈型反射面天线具有结构简单、质心低的特点，同时很好地解决了馈源的遮挡问题。基于此，该天线广泛地运用于卫星通信中。在成形反射面天线设计中，常见的多成形反射面天线为双偏置反射面天线。

从成形方法的角度看，可以分为直接法和间接法[22]。直接法的优化对象是反射面本身的形状，用各种函数展开式表示反射面，通过优化函数的系数进行反射面综合。一般来说，根据要求寻找得到这样的基底函数是非常困难的[18,54]，这种方法多数是用级数的形式表示。而间接法的优化对象是成形反射面天线的一些特性参数，如波前、口径面场分布等，通过优化这些参数来满足成形要求，确定一些反射面的节点，从而进行拟合，确定反射面的形状。无论是直接法还是间接法，都只是一种优化的过程，这样，寻求一种最佳的优化方法就是其中的关键问题，检验某种方法的优化结果可以从后来的误差分析中得出。检验方法在实际中是否可行，还必须用严格的物理方法进行验证。

成形中常用的方法有波前法、口径面场优化法、口径面栅格场相位优化法、反射面直接展开法。就天线分析和综合方法而言，几何光学成形技术比较成熟、精确度较高，但是它的一个主要缺点是在反射面成形时并未考虑绕射效应。被忽略的绕射效应既包括反射面表面和边缘的绕射、馈源与反射面的近场效应，还包括主反射面与次反射面之间的相互影响（在设计双反射面和多反射面的情况下）。采用几何绕射分析技术计算几何光学成形反射面天线的远场辐射模式时，一些特性参数（如副瓣）会与期望值产生很大的偏差，因为几何光学成形要求天线系统的相对波长足够大，以满足射线轨迹近似条件。前 3 种方法都是采用几何光学法，所以都要考虑这个问题。对于小型天线系统的设计，需要采用更为精确的分析和综合程序，如物理光学法。几何光学法常用于综合口径面场而不是直接用于综合远场，口径面场与远场之间的相互关系可由几何光学法确定，通过几何光学法导出的成形反射面是由一系列点表示的，这些点可能导致反射面的表面不连续和周界不规则，因此在进行成形反射面加工制造之前，必须对这些分离的点进行插值拟合[18,54]。

在反射面直接展开法中[18,54]，由于反射面直接展开，不需要几何光学法，而是采用了物理光学法，无须满足射线轨迹近似条件，对于小型天线系统也适用，比几何光学法精确，但是当考虑一些远场参数（如旁瓣电平、交叉极化等）的精度时，物理光学法仍不够精确，必须选用物理绕射理论技术，考虑物理绕射理论边缘场。

因而从理论上讲，几何光学法较简单直观，而且发展较成熟；物理光学法精确度高，适用范围广泛；物理绕射理论方法则能够提高远场参数的精度。

4.7.2　多波束反射面天线

多波束反射面天线因为其结构较为简单、理论分析计算较为成熟等，在卫星通信中应用非常广泛[55]。

（1）反射面天线的多波束原理

多波束反射面天线由馈源和反射面组成，馈源分别于反射面焦平面上产生多个初级照射波束，经反射面反射后，形成独立、可变的高增益多波束。反射面天线设计多采用偏置结构，采用偏置结构不仅避免了反射面对馈源的反作用，也避免了馈源对反射面的遮挡，有利于提高天线增益和降低旁瓣水平。但是由于采用了偏置结构，交叉极化电平会有所提高。同时由于初级照射多波束是偏焦的，宽角扫描时方向图畸变严重，增益损失大，并且聚束元器件在工作频段比较低的时候，一般都比较庞大，不适合在小卫星上使用。

为了对抛物反射面天线进行有效馈电，提高能量的利用效率，在设计反射面系统时，必须确定馈源的等效相位中心，并且将该等效相位中心与抛物反射面的焦点重合，才能达到最大效率。一旦馈源的等效相位中心偏离反射面的焦点，就会出现散焦的现象，造成反射面天线旁瓣增大，另外由于口径场的相位也将发生改变，所以会降低系统的增益与口径效率。但是如果对偏焦现象本身加以利用，有时也可以满足某些特定情况下的需要。对于放置在反射面焦点处的馈源，如果沿垂直于抛物面轴向的方向移动，就会导致反射面方向图的最大值偏离口径面的法线方向，这种现象即被称作馈源的横向偏焦。几何关系如图 4-35 所示。

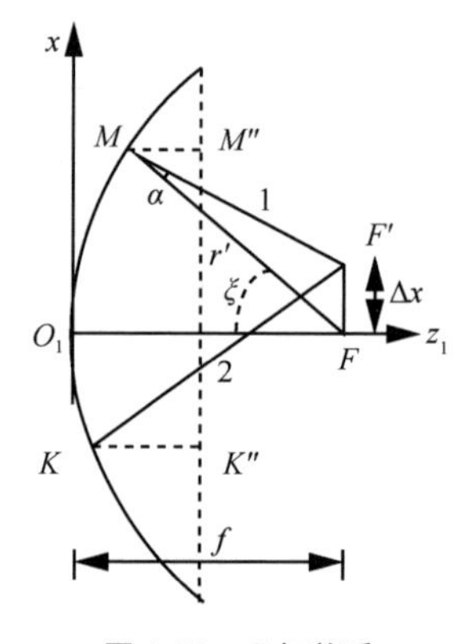

图 4-35　几何关系

横向偏焦距离为 Δx，则射线 1 到抛物面口径的路程长度为

$$F'MM''=\frac{r'-\Delta x\sin\xi}{\cos\alpha}+\frac{f+z_{10}-r'}{\cos\alpha}=\frac{f+z_{10}-\Delta x\sin\xi}{\cos\alpha} \tag{4-116}$$

偏焦不大时，可近似为

$$\frac{1}{\cos\alpha}=\frac{1}{\sqrt{1-\left(\dfrac{\Delta x\cos\xi}{r'}\right)^2}}\approx 1+\frac{(\Delta x\cos\xi)^2}{2(r')^2} \tag{4-117}$$

把式（4-116）和式（4-117）联立，并对小项进行忽略近似，以馈源处于焦点处的口径场相位作为参考，则馈源横向偏焦带来的口径场相位偏差会在反射面的边缘处有最大值。

$$\Delta\psi_{\mathrm{M}} = \frac{2\pi}{\lambda}\left(-\Delta x\sin\xi_0 + \left(f + \frac{z_{10}(\Delta x\cos\xi)^2}{2(r')^2}\right)\right) \quad (4\text{-}118)$$

已知 $r_0' = f + z_{10} = \dfrac{2f}{1+\cos\xi_0}$，式（4-118）可以写为

$$\Delta\psi_{\mathrm{M}} = \frac{2\pi}{\lambda}\left(-\Delta x\sin\xi_0 + \frac{(1+\cos\xi_0)(\Delta x\cos\xi_0)^2}{4f}\right) \quad (4\text{-}119)$$

射线 2 反射面口径是 $F'KK'$，在反射面的边缘处，其最大的相位偏差为

$$\Delta\psi_{\mathrm{M}} = \frac{2\pi}{\lambda}\left(\Delta x\sin\xi_0 + \frac{(1+\cos\xi_0)(\Delta x\cos\xi_0)^2}{4f}\right) \quad (4\text{-}120)$$

实际上，x 远小于 f，式（4-120）中的第二项可以忽略，则有

$$\Delta\psi_{\mathrm{M}} = \frac{2\pi}{\lambda}\Delta x\left(\xi - \frac{\xi^3}{3!} + \cdots\right) \quad (4\text{-}121)$$

经过以上的推导可以发现，当馈源的位置发生横向偏焦时，反射面的口径面场相位会同时出现线性偏差与立方律偏差。这两种偏差合成在一起会使辐射主瓣的最大方向向相反方向偏离一定的角度，方向图也会变得不再对称，如图 4-36 所示。在实际使用中，如果在反射面的焦平面内放置多个馈源，利用其偏焦效应，使不同位置的馈源产生不同方向的偏移波束，通过控制馈源的排布位置，就可以在不变换反射器的条件下使反射面系统在一定的角度范围内进行扫描，从而达到搜索、跟踪或分集的效果。

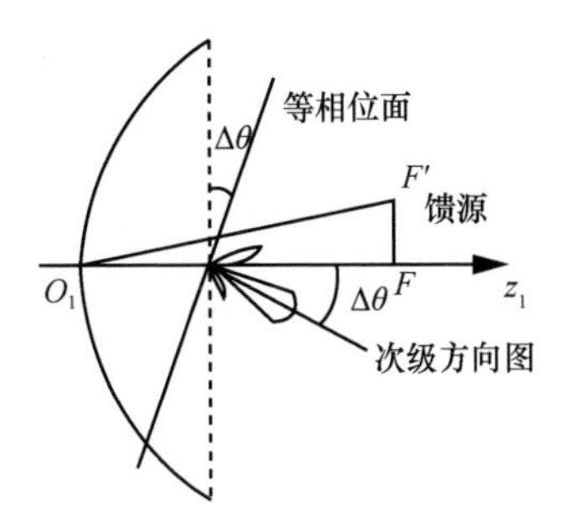

图 4-36　反射面天线多波束原理

（2）反射面天线的多波束方案

反射面多波束天线的馈源通常由多个喇叭单元或螺旋天线组成，其波束成形方式可分为基本型成束法和增强型成束法两类，相关文献也称之为每束单馈源（Single

Feed per Beam，SFB）和每束多馈源（Multiple Feed per Beam，MFB）。

SFB 是一种最直接最简单的成束方式，其每个从天线口径中辐射出来的点波束都是由一个特定的馈源照射一块反射面后形成的。该方案最大的优点就是辐射效率高，便于同时生成数量较多的点波束，馈电方便，相邻波束间具有较好的共极化和交叉极化特性，并且可以收发共用。这种成束方式的主要缺点是所需要的反射面数量较多、费用大，在通过多块反射面来实现多色复用时，需要在卫星表面占据较大的空间，对安装精度和异步展开精度要求高，而波束指向性却相对差，并且难以实现波束重构。

我国 2017 年发射的实践十三号卫星即采用 Ka 频段多口径多波束天线形式，利用四口径四色频率复用方案，卫星容量达 20 Gbit/s，如图 4-37 所示。天线布局采用重叠收拢展开形式，突破了宽带高性能双圆极化馈源组件、两副天线重叠收拢及在轨异步二维展开、高精度反射面、高精度在轨校准等多项技术难题。

图 4-37 典型多口径 SFB 天线

MFB 设计方案则采用馈源阵列模式排布，如图 4-38 所示。

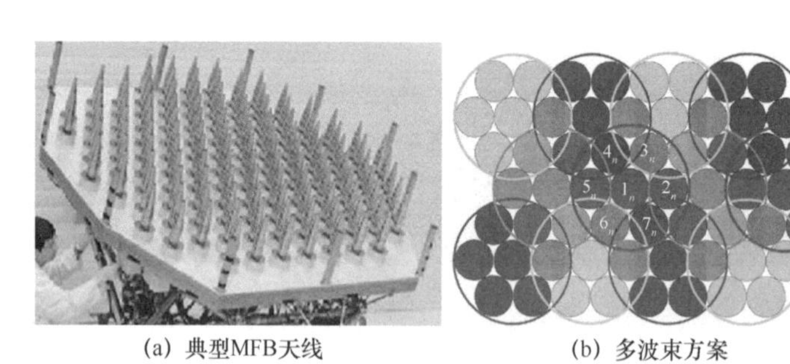

(a) 典型MFB天线　　(b) 多波束方案

图 4-38 典型 MFB 天线及多波束方案（Alphasat-I-XL）

通过波束成形网络向阵列单元激励所需的振幅和相位，以形成不同形状的多波束，单个反射面便能实现波束间的隔离和波束成形。其优点是便于对波束数目和形状进行灵活控制，对于不规则区域的覆盖具有明显优势，只要两个反射面就能分别实现对数据的收发，节约卫星表面空间，安装相对方便，且各波束的指向误差相对较小。但在形成相同点波束覆盖的情况下，MFB 所需要的馈源单元数量通常是 SFB 所需的数倍，尤其是在点波束分布比较分散的情况下，MFB 需要的馈源单元数量将更大，使得馈电网络要比 SFB 复杂得多。

处于 GEO 上的移动通信卫星通常采用的是 L/S 频段的反射面多波束天线，GEO 卫星通常采用螺旋天线或喇叭天线做馈源的阵元。由于这两个频段处于微波低频段，波长相对较长，馈源阵的体积较大，如 Alphasat-I-XL 卫星的 L 频段馈源阵尺寸就超过 2 m。为了更好地满足方向图、相位跟踪、功率分配等技术要求，这两个频段的多波束天线通常采用 MFB 的成束方式，而低频段馈源体积和反射面口径偏大给设计、加工带来的较大难度，迫切需要解决 MFB 收发共用这一技术难题。

早期只是在 L 频段上实现了 MFB 的收发共用功能，随着相关研究的推进，近年来欧美国家不仅在 S 频段的馈源上实现了 MFB 的收发共用功能，还使 L/S 频段的馈源具备了双圆极化功能。在 Ku/Ka 频段，因为波长比较短，馈源便于小型化设计，所以 SFB 和 MFB 均适合于 Ku /Ka 频段。

对于表面空间较大的通信卫星来说，综合考虑馈电难度，SFB 成束方式是一种非常理想的选择；对于那些安装空间有限的中小型卫星或有极化复用要求的多波束天线系统来说，MFB 更具吸引力；对于新型多频段多功能宽带通信卫星，其多波束天线通常也采用 MFB 成束方式，这种情况下既可采用一块大型反射面，也可以采用多块小反射面，只是前者在波束成形网络上比较复杂，而后者则会大大增加馈源单元的数量。

（3）星载多波束反射面天线的发展趋势

星载多波束反射面天线根据反射面的结构形式可分为 4 类：刚性反射面天线、充气反射面天线、网状反射面天线及薄膜反射面天线，后 3 类如图 4-39 所示。

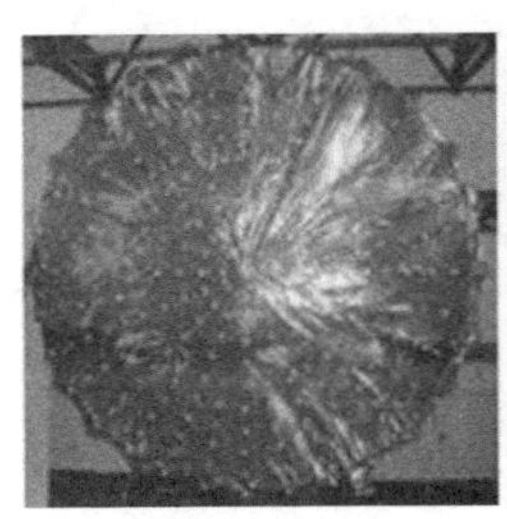

(a) 充气反射面天线

(b) 网状反射面天线

(c) 薄膜反射面天线

图 4-39　常见星载多波束反射面天线的反射面结构形式

刚性反射面天线的反射面由中心毂和若干块刚性曲面组成。优点是反射面精度高，缺点是结构笨重，造价高，收拢体积大。充气反射面天线的优点是高收纳率、大口径，缺点是面形精度难以保证，同时必须携带压缩机，因而面密度较高。网状反射面天线是在轨运行反射面天线的主要形式，由柔性金属丝网构成。其优点是质量小，易折叠，收纳率高，易于实现大口径；缺点是构造较复杂，形面精度、可靠性及重复精度较低。薄膜反射面天线主要通过在聚酰亚胺薄膜材料上镀一层金属来实现，利用裙边索力、气体压力及静电力来维持精度要求。其优点是精度高，质量超小，收藏体积小，易于折叠和展开，能够满足大口径、高精度及高频段要求。

综上所述，未来空间多波束反射面天线的发展趋势是高频段、大口径、高精度。现有的星载反射面天线形式在向大口径、高频段、高精度扩展时都受到了局限，主要是技术上不可行或成本太高。下一代多反射面天线呈现以下特点。

（1）构架式可展开反射面天线。构架式可展开反射面天线应用模块化的设计思路，通过选取合适的模块大小，容易在展开态的口径、面形精度（刚度）与收拢态的高度、直径等两大方面取得平衡，可使反射面容易以蜂窝结构的形式进行扩展，满足对下一代空间大型反射面天线的要求。

（2）充气式可展开反射面天线。充气式反射面天线的收缩比大，进入卫星轨道并通过充气满足形状要求后，可通过光照使材料硬化以实现阵面高精度，故充气硬化材料是充气式可展开反射面天线的难点。

（3）空间组装大型天线。在地面将天线模块化，而后送到空间卫星轨道附近，再利用机器人（手）组装成大口径天线。其关键技术涉及空间机器人（手）的控制和空间装配的虚拟现实两个领域，需重点研究具备沉浸感的虚拟现实环境下的装配建模、基于几何约束的操作定位、利用虚拟现实的交互式装配规划与评价和装配过程中的人机因素分析等技术。

参考文献

[1] 甘仲民，张更新，王华力，等. 毫米波通信技术与系统[M]. 北京：电子工业出版社，2003.

[2] 陈鹏. FDTD 在天线计算中的应用及一种新型天线阵列的设计[D]. 成都：电子科技大学，2008.

[3] 李晖, 王萍, 陈敏. 卫星通信与卫星网络[M]. 西安: 西安电子科技大学出版社, 2018.
[4] 苏锐. 基于卫星移动传输的动中通应急通信系统的研究[D]. 南京: 南京邮电大学, 2008.
[5] 罗晶波. USAT 卫星通信地球站的研究[D]. 南京: 南京邮电大学, 2008.
[6] 李思军. 宽带小型化印制板螺旋天线的研究[D]. 西安: 西安电子科技大学, 2007.
[7] 赵利群. 地表水污染微波实时监测研究[D]. 成都: 电子科技大学, 2007.
[8] 邵楠. 圆/线极化变换天线罩的设计与应用[D]. 南京: 南京信息工程大学, 2018.
[9] 陶伟, 赵玉军, 王昕晔. 一种具有宽角轴比特性的圆极化天线[J]. 电波科学学报, 2015, 30(3): 560-564.
[10] 李浩然. 星载对地数传相控阵天线的研究与实现[D]. 南京: 南京理工大学, 2018.
[11] 张启涛. 几种多频带共面波导馈电印刷天线设计[D]. 西安: 西安电子科技大学, 2012.
[12] 徐琰, 汪智萍. 圆锥螺旋天线的设计和仿真[J]. 制导与引信, 2004, 25(3): 40-43.
[13] 刘建华. 宽带天线与滤波天线研究与设计[D]. 南京: 南京航空航天大学, 2012.
[14] 李向芹. 天线副瓣对辐射计的影响及低副瓣天线设计[D]. 南京: 南京理工大学, 2013.
[15] 郭彦萍. Ka 频段五单元单脉冲雷达天线的研制[D]. 西安: 西安电子科技大学, 2015.
[16] 刘琼琼. 多波束反射面天线的研究与设计[D]. 西安: 西安电子科技大学, 2014.
[17] 安明明. 空间可展开结构的分析与仿真研究[D]. 西安: 西安电子科技大学, 2009.
[18] 任亚红. 单反射面天线成形研究[D]. 西安: 西安电子科技大学, 2012.
[19] 田暕. 偏焦抛物反射面天线辐射特性研究[D]. 西安: 西北工业大学, 2005.
[20] 庄建楼. Ka 频段的高效率反射面天线[D]. 西安: 西安电子科技大学, 2004.
[21] 张蕊. 一种用于卫星通信的单偏置反射面天线的研究[D]. 西安: 西安电子科技大学, 2012.
[22] 樊薇曦. 双抛物反射面天线增益优化研究[D]. 西安: 西安电子科技大学, 2013.
[23] 赵芸. 毫米波三波束卡塞格伦天线设计[D]. 南京: 南京理工大学, 2012.
[24] 张书霞. 双反射面天线成形技术研究[D]. 西安: 西安电子科技大学, 2010.
[25] 邓昊. 一种双频双极化天线的研究[D]. 哈尔滨: 哈尔滨工业大学, 2006.
[26] 席娟梅. 光子带隙结构及微带天线的研究[D]. 西安: 西安电子科技大学, 2010.
[27] 洪振. 宽带/双频带圆极化微带缝隙天线设计[D]. 西安: 西安电子科技大学, 2012.
[28] 党琳. 宽带圆极化和多频微带天线的研究与设计[D]. 西安: 西安电子科技大学, 2011.
[29] 黄振华. 小型化多频微带天线的研究与设计[D]. 上海: 上海交通大学, 2007.
[30] 徐锐. 微波毫米波微带贴片天线研究[D]. 南京: 东南大学, 2001.
[31] 赵波. 圆极化微带天线的宽频带多频段技术研究[D]. 西安: 西安电子科技大学, 2010.
[32] 吴敏. 稀疏天线阵的数据安全传输技术研究[D]. 南京: 南京邮电大学, 2017.
[33] 李璐. 基于有源相控阵雷达的通信系统仿真分析[D]. 成都: 电子科技大学, 2008.
[34] 韩庆文. 基于多飞行器测控系统的数字波束形成研究[D]. 重庆: 重庆大学, 2003.
[35] 赵红梅. 星载数字多波束相控阵天线若干关键技术研究[D]. 南京: 南京理工大学, 2009.

[36] 刘晓瑞. 光控相控阵雷达波控技术的研究[D]. 哈尔滨: 哈尔滨工程大学, 2007.

[37] 赵来定. 卫星通信移动地球站 Ka 天线及跟踪技术的研究[D]. 南京: 南京邮电大学, 2018.

[38] 沈民谊, 蔡镇远. 卫星通信天线、馈源、跟踪系统[M]. 北京: 人民邮电出版社, 1993.

[39] SEIFER A D. Monopulse-radar angle tracking in noise or noise jamming[J]. IEEE Transactions on Aerospace and Electronic Systems, 1992, 28(3): 622-638.

[40] BALDÉ M D, AVRILLON S, BROUSSEAU C, et al. Spatial scanner channel sounder for space diversity studies[C]//Proceedings of 2016 10th European Conference on Antennas and Propagation (EuCAP). Piscataway: IEEE Press, 2016: 1-3.

[41] MATSUZAKI T, TAKEMOTO M, OGASAWARA S, et al. Novel structure of three-axis active-control-type magnetic bearing for reducing rotor iron loss[J]. IEEE Transactions on Magnetics, 2016, 52(7): 1-4.

[42] LEGHMIZI S, LIU S, FRAGA R, et al. Dynamics modeling for satellite antenna dish stabilized platform[J]. Advanced Materials Research, 2012, 566: 187-196.

[43] CHAO P C P, CHIU C W. Design and experimental validation of a sliding-mode stabilizer for a ship-carried satellite antenna[J]. Microsystem Technologies, 2012, 18(9/10): 1651-1660.

[44] BISHOP B, GARGANO R, SEARS A, et al. Rapid maneuvering of multi-body dynamic systems with optimal motion compensation[J]. Acta Astronautica, 2015, 117: 209-221.

[45] ZHOU X Y, ZHANG H Y, YU R X. Decoupling control for two-axis inertially stabilized platform based on an inverse system and internal model control[J]. Mechatronics, 2014, 24(8): 1203-1213.

[46] JEON M J, KWON D S. An optimal antenna motion generation using shortest path planning[J]. Advances in Space Research, 2017, 59(6): 1435-1449.

[47] BAI Z F, LIU Y Q, SUN Y. Investigation on dynamic responses of dual-axis positioning mechanism for satellite antenna considering joint clearance[J]. Journal of Mechanical Science and Technology, 2015, 29(2): 453-460.

[48] WAN J X, LU S P, WANG X D, et al. A steerable spot beam reflector antenna for geostationary satellites[J]. IEEE Antennas and Wireless Propagation Letters, 2016, 15: 89-92.

[49] BAYER H, KRAUSS A, STEPHAN R, et al. A dual-band multimode monopulse tracking antenna for land-mobile satellite communications in Ka-band[C]//Proceedings of 2012 6th European Conference on Antennas and Propagation (EUCAP). Piscataway: IEEE Press, 2012: 2357-2361.

[50] SUGIMOTO Y, OHASHI E, ARAI H. Far-field pattern estimation on long array antennas by 1D equivalent electric current distribution[C]//Proceedings of 2015 IEEE Conference on Antenna Measurements & Applications. Piscataway: IEEE Press, 2015: 1-2.

[51] BAARS J M. The paraboloidal reflector antenna in radio astronomy and communication[J]. Springer New York, 2007.

[52] MELVIN W L, SCHEER J A. Principles of modern radar: advanced techniques[Z]. 2013.

[53] 陈志华, 关富玲. 星载反射面天线成形技术研究[J]. 空间电子技术, 2007, 4(1): 7-12, 38.

[54] 谢苏隆, 钟鹰. 成形天线研究[J]. 微型机与应用, 2010, 29(10): 1-4.

[55] 丹尼斯・罗迪. 卫星通信[M]. 张更新等, 译. 北京: 人民邮电出版社, 2002.

第 5 章

射频微波电路

射频微波电路的功能是将调制信号进行传输、变换、放大，满足射频无线电发射和接收所需要的功率、频率、带宽等方面的特性要求。本章主要介绍射频微波电路中常用的电路部件，包括微波传输线、多模谐振器与滤波电路、功分器与功率放大器的基本原理与设计方法。

5.1 微波传输线

5.1.1 传输线的分类

引导电磁波能量向一定方向传输的各种传输结构被统称为传输线。传输线是通信、雷达等系统的重要组成部分，它把载有信息能量的电磁波沿传输线自一点传送到另一点。传输线还可用来制作各种微波器件，如移相器、滤波器、功分器、阻抗变换器等。早期的微波系统采用波导和同轴线作为传输线，波导具有功率容量高、损耗小等优点，但体积大且价格昂贵。同轴线具有非常宽的带宽，但用其制作复杂的微波器件较困难，且难以集成。平面传输线则提供了另一种选择，它采用带状线、微带线、槽线、共面波导和很多其他类似的几何结构。这些平面传输线紧凑、价格低，且易于与二极管、三极管等有源器件集成形成微波集成电路。传输线的种类很多，根据传输电磁波模式的不同，可以将传输线分为以下 3 类。

（1）横电磁波（TEM）传输线，纵向电场、纵向磁场分量均为零，如同轴线、平行双线、带状线等。

（2）横电波（TE）/横磁波（TM）传输线，纵向电场、纵向磁场分量为零，如金属矩形、圆形波导等。

（3）混合模式传输线，纵向电场、纵向磁场都不为零，如介质波导、光纤等传输线。

由于平面型传输线尺寸小、便于与有源器件集成，本节主要介绍具有平面结构的传输线。

5.1.2　微带线

微带线是应用最为广泛的传输线，微带电路共用一个接地板，只需要在顶层蚀刻电路，既容易加工，又便于集成，加工精度也能够有很好的保证。图 5-1 是微带线结构及其电场分布示意。一般微带线电路层上面是空气介质，下面是固体介质，因而微带线传输的不是 TEM 波，但是一般认为频率不高、基板厚度不大（$h \ll \lambda$）时，微带线传输的是准 TEM 波。

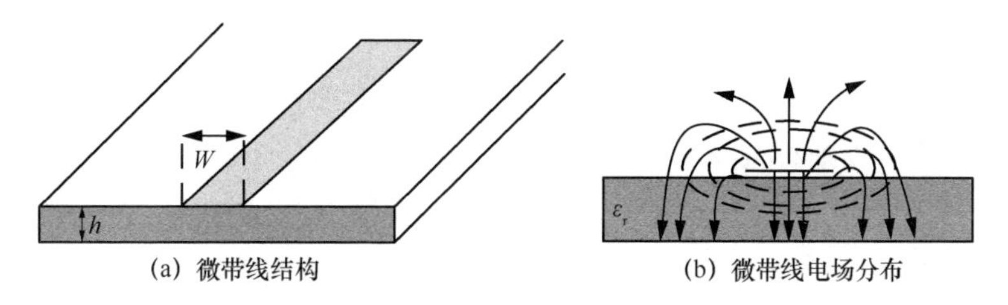

图 5-1　微带线结构及其电场分布

在微带线中，当介质基板由空气替代，即电路层悬空时，或者空气由与介质基板相同的材料代替时，微带线传播的是 TEM 波。基于这个概念，可以引入等效相对介电常数 ε_{re}，即在整个空间填充相对介电常数为 ε_{re} 的介质，并保证其相速度和原微带线的相速度一致，微带线相速度为[1]

$$v_p = \frac{c}{\sqrt{\varepsilon_{re}}} \tag{5-1}$$

其中，c 是自由空间中光速，ε_{re} 为等效相对介电常数。ε_{re} 计算公式如下

$$\varepsilon_{re} = \frac{\varepsilon_r + 1}{2} + \frac{\varepsilon_r - 1}{2}\left(1 + \frac{12h}{w}\right)^{-\frac{1}{2}} \tag{5-2}$$

其中，ε_r 是介质基板的相对介电常数，h、w 分别是基板的厚度和金属微带的宽度。

基于等效相对介电常数，可以得到微带线的特性阻抗和等效波长。给定微带线

的尺寸，特性阻抗可计算为

$$Z_0=\begin{cases}\dfrac{60}{\sqrt{\varepsilon_{\mathrm{re}}}}\ln\left(\dfrac{8h}{w}+\dfrac{w}{4h}\right), & h/d<1\\ \dfrac{120\pi}{\sqrt{\varepsilon_{\mathrm{re}}}}\left(\dfrac{w}{h}+1.393+0.667\ln\left(\dfrac{w}{h}+1.444\right)\right)^{-1}, & h/d\geqslant 1\end{cases} \tag{5-3}$$

微带线的等效传输波长为

$$\lambda_{\mathrm{e}}=\frac{\lambda_0}{\sqrt{\varepsilon_{\mathrm{re}}}} \tag{5-4}$$

5.1.3 带状线

带状线的结构示意如图 5-2（a）所示，直观上可以把带状线看成展平的“同轴线”，它们都具有完全被外导体包围的中心导体和均匀填充的电介质。在实际应用中，通常将中心导体蚀刻在厚度为 $b/2$ 的接地平面介质板上，然后覆盖另一个相同厚度的接地平面介质板来构成带状线。

带状线电磁场力线示意如图 5-2（b）所示。带状线的主模为 TEM 模，其高阶模式（TM 模和 TE 模）在实际应用中是需避免的。下面简单分析 TEM 模的传输特性参数[2]。

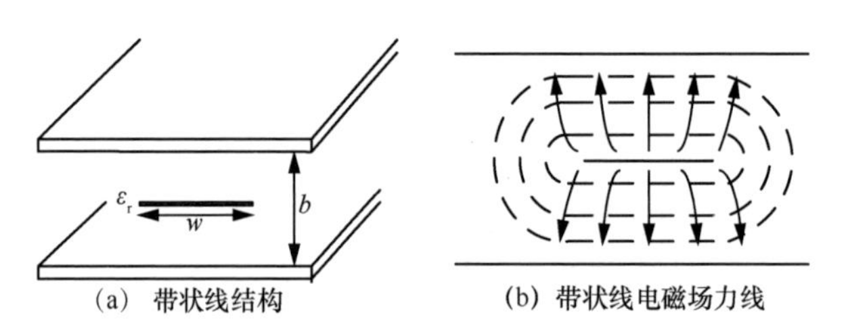

图 5-2 带状线结构及其场分布

（1）相速、相位常数和波长

TEM 模电磁波的相速表达式为

$$v_{\mathrm{p}}=\frac{c}{\sqrt{\mu_{\mathrm{r}}\varepsilon_{\mathrm{r}}}} \tag{5-5}$$

其中，$c=3\times10^{8}$ m/s 是真空中光速；μ_{r}、ε_{r} 分别是填充介质的相对磁导率和相对介

电常数。因为一般非磁性材料介质的 $\mu_r \approx 1$，因此 TEM 模电磁波相速为

$$v_p = \frac{c}{\sqrt{\varepsilon_r}} \tag{5-6}$$

电磁波的相位常数为

$$\beta = \frac{\omega}{v_p} = \frac{\omega\sqrt{\varepsilon_r}}{c} \tag{5-7}$$

其中，$\omega = 2\pi f$ 是电磁波的角频率。

电磁波的传输波长为

$$\lambda_g = \frac{2\pi}{\beta} = \frac{\lambda_0}{\sqrt{\varepsilon_r}} \tag{5-8}$$

其中，$\lambda_0 = c/f$ 是真空中的波长。

（2）特性阻抗 Z_0

带状线的特性阻抗可由单位长度带状线的等效电容求得，表达式为

$$Z_0 = \sqrt{\frac{L}{C}} = \frac{1}{v_p C} \tag{5-9}$$

其中，L 和 C 是单位长度带状线的等效电感和等效电容。带状线的单位长度电容 C 为[2]

$$C = \frac{4\varepsilon(W_e + 0.441h)}{h} \tag{5-10}$$

将式（5-10）代入式（5-9）可得带状线的特性阻抗为

$$Z_0 = \frac{\sqrt{\mu_0\varepsilon}h}{4\varepsilon(W_e + 0.441h)} = \frac{30\pi}{\sqrt{\varepsilon_r}}\frac{h}{W_e + 0.441h} \tag{5-11}$$

其中，W_e 为中心导体的有效宽度。可推出如下公式

$$\frac{W_e}{h} = \frac{W}{h} - \begin{cases} 0, & W/h \geqslant 0.35 \\ (0.35 - W/h)^2, & W/h < 0.35 \end{cases} \tag{5-12}$$

式（5-11）和式（5-12）是在假定带状线中心导体厚度为零的情况下得到的，按其计算得到的精度约为精确结果的 1%[3]。在实际应用中，带状线中心导体的厚度往往很薄，可以利用式（5-11）来计算带状线的特性阻抗。

5.1.4 共面波导

共面波导（Coplanar Waveguide，CPW）[4]是一种在介质板上覆盖金属来制作的结构，金属层被两个纵贯两端的缝隙分割，形成了中心导体和两边的“地”。共面波导区别于其他结构，具有单层平面导体结构，便于制作，在微波集成电路（MIC）和单片微波集成电路（MMIC）中被广泛应用。

基本的常规共面波导结构有 4 种实现形式，如图 5-3 所示。其中图 5-3（a）所示为共面带线，因为这种结构在频率较高的范围内杂散场很大，并且没有一般意义上的公共“地”，所以一般应用在低频段的平面电路上。图 5-3（b）所示的结构才是在现代微波集成电路中得到广泛应用的共面波导结构。图 5-3（c）为背部覆有金属的常规共面波导结构，覆上金属后增加了共面波导结构的机械强度，同时，也增强了共面波导结构的散热特性。图 5-3（d）为介质支撑共面波导。

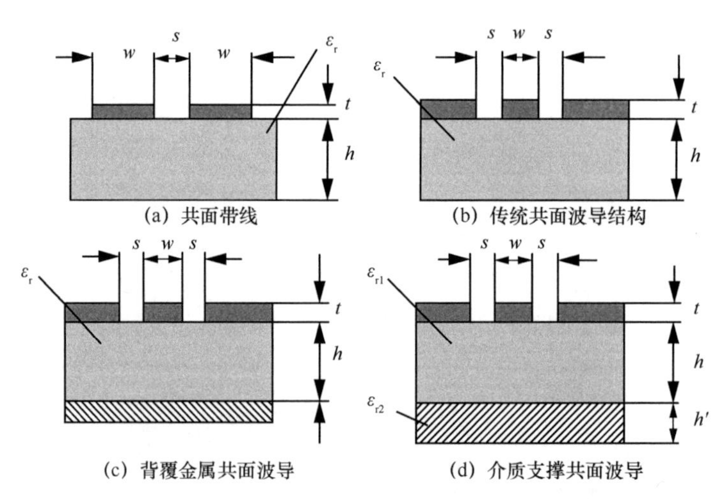

图 5-3 微波集成电路中应用的共面波导

共面波导有以下优点：共面波导的地与信号线位于同一层，容易实现与其他器件的串联或者并联连接，而不必在基板上打孔，进而可以实现电路的小型化和信号的完整性；同时，寄生参量小，很容易提供集成电路密度；相对于微带线等其他平面传输线，具有更宽的特征阻抗范围，为 30～140 Ω[5]，且其特征阻抗由 W 和 S 共同确定，有两个可调参数，设计灵活性大；另外，共面波导传输线比微带线辐射损失小。

共面波导也存在一些不足，例如，假如两边“地”不是等电势，会导致寄生模的产生，解决方法是通过添加空气桥[6-7]（即跳线）在一定程度上抑制不必要的“奇模”。但是，这一方法在设计高品质的微波电路结构时，会有很大的限制，因为在共面波导结构上焊接空气桥的工艺要求高，并且空气桥与共面波导金属层也会形成寄生电容。

设计共面波导时，可将它的所有导体都设置在波导结构的同一个平面内，它的横截面如图 5-4 所示。共面波导能支持准 TEM 波的传播，对其特性分析的简单方法有准静态法和保角变换法[8-9]。

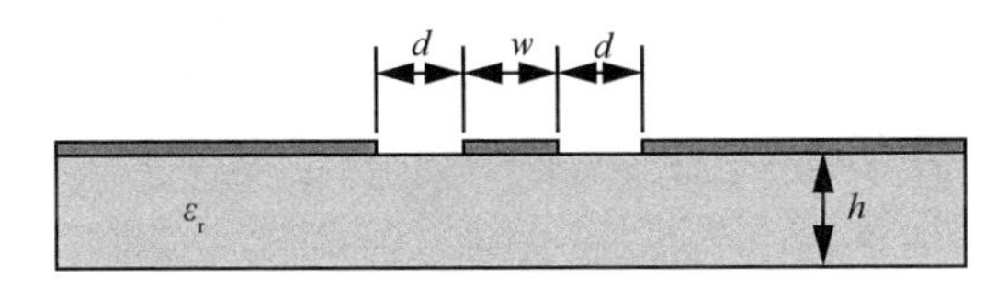

图 5-4　共面波导的横截面

共面波导横截面电场分布如图 5-5 所示，其能量在共面波导内以准 TEM 波的方式传播，有偶模及奇模两个主要模式，由于奇模损耗大且无法在同轴线中传播，故一般只考虑偶模的传播。

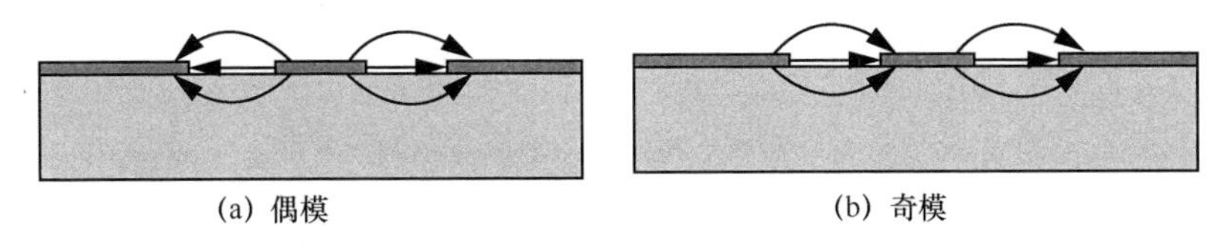

(a) 偶模　　(b) 奇模

图 5-5　共面波导横截面电场分布

共面波导的阻抗特性可由式（5-13）给出[10]。

$$Z_0 = \frac{Z_{01}}{\sqrt{\varepsilon_e}} \tag{5-13}$$

其中，ε_e 为共面波导有效介电常数，可由准静态法求得。

$$\varepsilon_e = \frac{\varepsilon_r}{2}\left(\tan\left(0.775\ln\left(\frac{h}{w}\right)+1.75\right)+\frac{kw}{h\left(0.04-0.7k+0.01\left(1-0.1\varepsilon_r\right)\left(0.25+k\right)\right)}\right) \tag{5-14}$$

式中，$k=d/(d+2w)$。在$\varepsilon_r>9$，$h/w>1$和$0<k<0.7$范围内，式（5-14）精度优于1.5%。Z_{01}是$\varepsilon_r=1$时共面波导的特性阻抗，其值可通过式（5-15）得到。

$$Z_{01}=\frac{1}{4c\varepsilon_0}\frac{K'(k)}{K(k)} \tag{5-15}$$

其中，c 为真空中光速，ε_0为真空的介电常数；$K(k)$表示第一类完全椭圆函数；$K'\left(k\right)=K(k')$，$k'=\sqrt{1-k^2}$。

$$K(k)/K'(k)=\begin{cases}\left(\dfrac{1}{\pi}\ln\left(2\dfrac{1+\sqrt{k'}}{1-\sqrt{k'}}\right)\right)^{-1}, & 0\leqslant k<0.7\\ \dfrac{1}{\pi}\ln\left(2\dfrac{1+\sqrt{k}}{1-\sqrt{k}}\right), & 0.7\leqslant k\leqslant 1\end{cases} \tag{5-16}$$

共面波导的特性阻抗与基板厚度的大小有关，在实际运用中，基板厚度为槽宽的一倍或两倍即可。

5.1.5 基板集成波导

基板集成波导（Substrate Integrated Waveguide，SIW）[11-14]传输结构如图 5-6所示，其中介质上下表面为覆盖的金属层，可等效为矩形金属波导的两个宽壁；介质基板中间为两排呈周期性分布的金属化通孔,可等效为矩形金属波导的两个窄壁。电磁波可在两个金属面和两排金属化通孔构成的范围内，以近似于介质填充矩形金属波导的模式传输。图 5-6 中两排金属化通孔圆心间距离为w_{SIW}，通孔直径为 d，同一排相邻通孔圆心间距为 s，介质板的厚度为 h。

SIW 的工作截止频率主要由w_{SIW}的值确定。由于 SIW 的两条窄边是由周期性分布的金属化通孔构成的近似金属壁，在传输微波信号时与普通矩形金属波导会有差异。金属化通孔之间的间隙会让 SIW 结构在传输信号时产生能量的泄漏，泄漏的能量随间隙的减小而减少。这个间隙相当于在矩形波导窄壁开缝，如果缝切割导体表面电流，会引起强烈的辐射，导致 SIW 结构产生很大的传输损耗。因此，矩形 SIW 结构中，只能支持 TE 模式，而不能支持 TM 模式。类似的，即使传输 TE 模式，因通孔间隙的能量泄漏，矩形 SIW 传输模式也只有TE_{n0}模式。

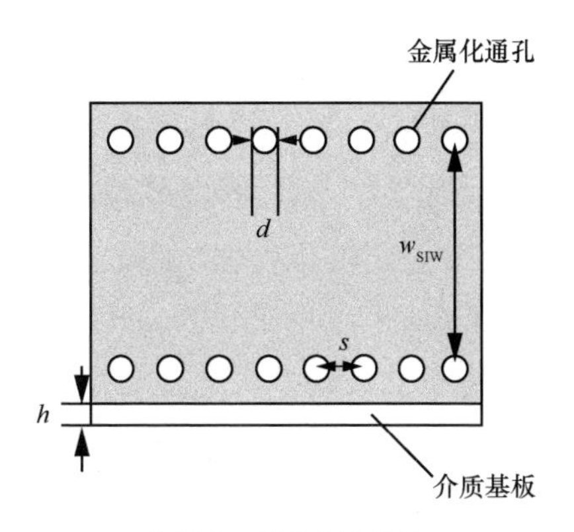

图 5-6　SIW 传输结构

利用 SIW 结构可设计天线、滤波器等各种微波元件。设计 SIW 滤波器时，需要确定单个谐振器尺寸。首先参考矩形金属谐振腔，矩形金属谐振腔的谐振频率表达式为

$$f_0 = \frac{1}{\sqrt{\mu\varepsilon}}\sqrt{\left(\frac{m}{2a}\right)^2 + \left(\frac{n}{2b}\right)^2 + \left(\frac{p}{2c}\right)^2} \tag{5-17}$$

其中，a、b、c 分别为谐振器的长宽高，m、n、p 为相对应边的谐振模式。对 SIW 矩形谐振腔，式（5-17）可简化为

$$f_0 = \frac{c_0}{2\sqrt{\varepsilon_r}}\sqrt{\left(\frac{m}{w_{eff}}\right)^2 + \left(\frac{n}{l_{eff}}\right)^2} \tag{5-18}$$

式中，c_0 表示真空中的光速，ε_r 表示介质的相对介电常数，w_{eff}、l_{eff} 表示等效金属腔的宽度和长度。

等效矩形金属波导宽度 w_{eff} 由一个简明的经验公式表示为[15]

$$w_{eff} = w_{SIW} - \frac{d^2}{0.95\,s} \tag{5-19}$$

若要更精确地考虑 d / w_{SIW} 的变化对等效金属宽度的影响，则有一个更精确的经验公式为[16]

$$w_{eff} = w_{SIW} - 1.08\frac{d^2}{s} + 0.1\frac{d^2}{w_{SIW}} \tag{5-20}$$

5.1.6　耦合微带线

在功分器、滤波器等常用电路中，常常需要耦合传输线来实现射频微波信号的

传递、分配、选择等功能。耦合微带线是广泛使用的一种耦合传输线，因为在微带的能量传输结构中，除了直接搭接微带线进行能量的交换，还有利用微带线之间的耦合实现能量交换。对于滤波器而言，谐振器之间的耦合是离不开微带线之间的耦合的，因此就滤波器设计而言，耦合微带线的传输特性十分重要。

对于耦合微带线的研究大多基于两根宽度相同、平行放置的微带线，如图 5-7 所示，微带线宽度为 W，间距为 S。

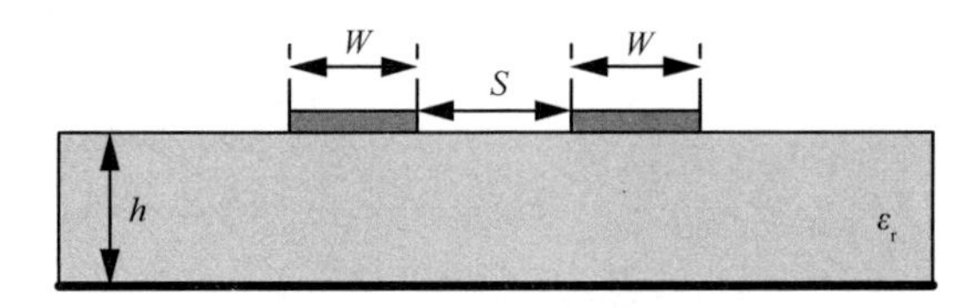

图 5-7 耦合微带线结构

因为耦合微带线中介质基板和空气填充部分的介电常数是不一样的，因此，耦合微带线的传播主模式也是准 TEM 模式。

对耦合微带线的分析多采用奇偶模分析法[17]。如图 5-8 所示，在偶模激励情况下，耦合微带线的场分布等同于在耦合线中间加上理想磁壁，电力线在磁壁附近总是平行于磁壁，磁力线与磁壁垂直；在奇模激励情况下，耦合微带线的场分布等同于在耦合线中间加上理想电壁，电力线在电壁附近总是垂直于电壁，磁力线平行于电壁。由于耦合微带线结构和场分布的对称性，两单根微带线的特性（如特性阻抗、相速等）是完全相同的。因此运用电壁和磁壁的方法可在奇模激励和偶模激励的条件下将对两根传输线的研究转化为对单根传输线的研究。设奇模的等效介电常数为 ε_{eo}，偶模的等效介电常数为 ε_{ee}。

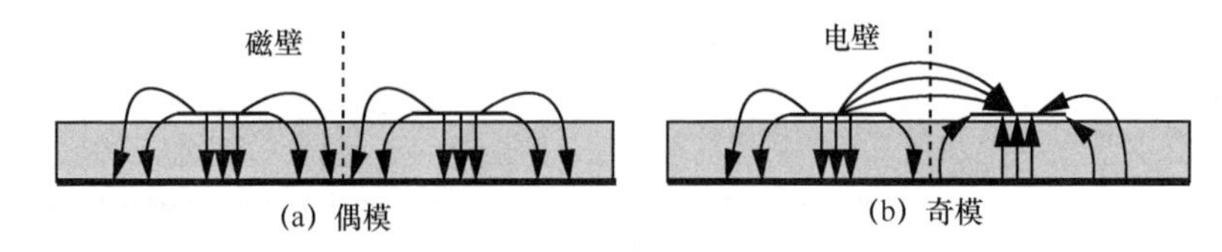

图 5-8 奇模和偶模电场分布结构示意

下面给出奇模、偶模的传播特性参数。

特性阻抗为

$$Z_{0e} = \frac{1}{c\sqrt{C_{ae}C_{e}}} \tag{5-21}$$

$$Z_{0o}=\frac{1}{c\sqrt{C_{ao}C_{o}}} \tag{5-22}$$

等效相对介电常数为

$$\varepsilon_{ee}=\frac{C_{e}}{C_{ae}} \tag{5-23}$$

$$\varepsilon_{eo}=\frac{C_{o}}{C_{ao}} \tag{5-24}$$

传播相速为

$$v_{pe}=\frac{c}{\varepsilon_{ee}} \tag{5-25}$$

$$v_{po}=\frac{c}{\varepsilon_{eo}} \tag{5-26}$$

其中，电容都是针对单根导线的电容值。偶模激励的条件下，C_e是指有介质基板条件下单根导线引入的电容，C_{ae}是指介质基板由空气替代条件下的单根导线引入的电容；相应的，奇模激励的条件下，C_o是指有介质基板条件下单根导线引入的电容，C_{ao}是指介质基板由空气替代条件下单根导线引入的电容。

从上面的分析可以看出，奇模和偶模的相对介电常数和耦合微带线的电容分布是分不开的。下面对奇模、偶模激励条件下耦合微带线的分布电容进行简单的分析，其奇模、偶模的电容分布示意如图 5-9 所示。

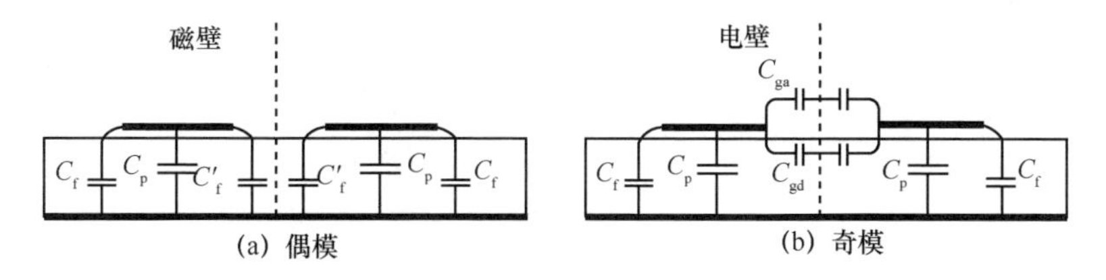

图 5-9　奇模、偶模电容分布示意

通过分析奇模、偶模的电容分布，可以得到一般意义上奇模、偶模的电容大小

$$C_{e}=C_{p}+C_{f}+C'_{f} \tag{5-27}$$

$$C_{o}=C_{p}+C_{f}+C_{gd}+C_{ga} \tag{5-28}$$

其中，C_p是微带线的对地电容；C_f是微带线的边缘对地电容；C'_f是磁壁情况下微带线的边缘对地电容；C_{ga}和C_{gd}是电壁存在条件下的耦合电容，C_{ga}是分布在空气中的电容，C_{gd}是分布在介质基板上的电容。

5.2 多模谐振器与滤波电路

5.2.1 多模谐振器

一个谐振器中存在多个谐振模式，就形成一个多模谐振器。合理设计多模谐振器的谐振频率，可以代替多个谐振器使用，既缩小了尺寸，也可减轻重量、降低成本。

（1）阶跃阻抗多模谐振器

传输线谐振器是在微波电路设计中最为普遍的谐振器之一，最常用的结构是均匀特性阻抗谐振器（Uniform-Impedance Resonator，UIR），具有一个谐振主模。阶跃阻抗谐振器（Stepped-Impedance Resonator，SIR）能在缩短谐振器长度的条件下不降低无载 Q 值，并实现多模谐振特性[18-19]。

SIR 是由两个以上具有不同特性阻抗的传输线组合而成的谐振器，适用于 TEM 模式或准 TEM 模式，如微带线、同轴线或带状线等。图 5-10 给出了基于微带线的 3 种 SIR 基本结构，传输线开路端和短路端之间的特性阻抗和等效电学长度分别为 Z_1、Z_2 和 θ_1、θ_2。

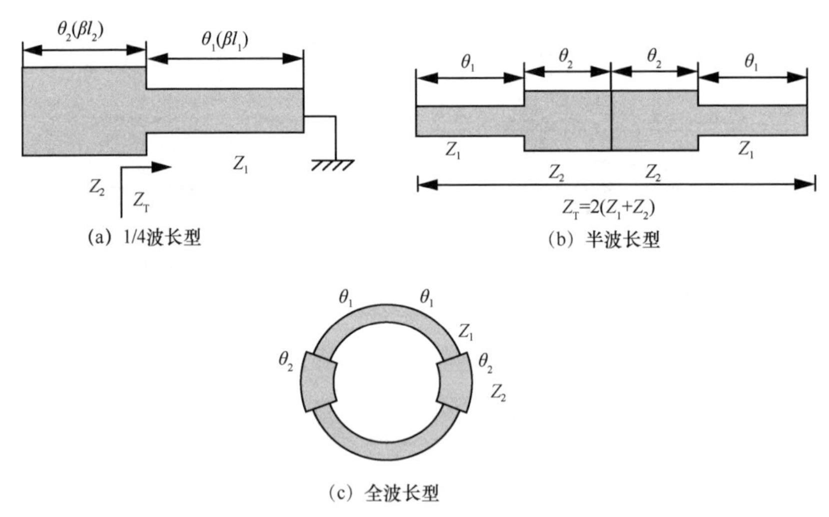

图 5-10　3 种 SIR 的基本结构

以上 3 种类型的 SIR 基本结构都拥有一组共同的单元结构。该单元结构由开路端、短路端和它们之间的阻抗阶梯结合面构成。

（2）SIR 谐振特性分析

图 5-11 所示为 1/4 波长短路 SIR 的一个基本单元。为了分析 SIR 的谐振频率、谐波位置等特性，将输入端的阻抗和导纳分别定义为 Z_{in} 和 $Y_{in}(Y_{in}=1/Z_{in})$。为简化起见，传输线视为无耗的，并且忽略阶梯非连续性和开路端的边缘电容，从开路端看进去的输入 Z_{in} 可表示为

$$Z_{in}=jZ_2\frac{Z_1\tan\theta_1+Z_2\tan\theta_2}{Z_2-Z_1\tan\theta_1\tan\theta_2} \tag{5-29}$$

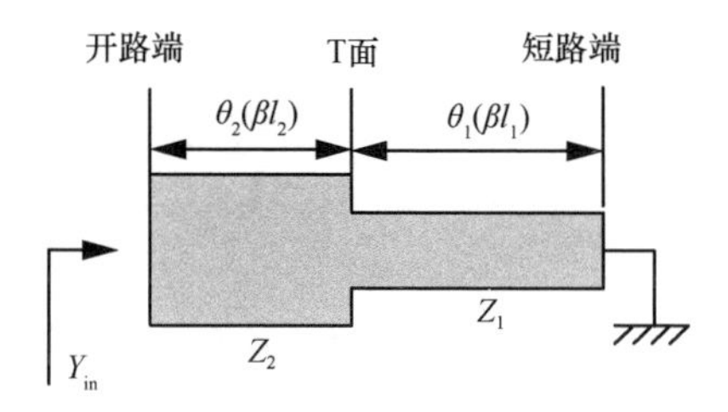

图 5-11　1/4 波长短路 SIR 基本单元示意

设 $Z_{in}\to\infty$，谐振条件可表示为

$$Z_2-Z_1\tan\theta_1\tan\theta_2=0 \tag{5-30}$$

由式（5-30）可得

$$\varepsilon_{re}=\frac{\varepsilon_r+1}{2}+\frac{\varepsilon_r+1}{2}\left(1+\frac{12h}{w}\right)^{-\frac{1}{2}} \tag{5-31}$$

因此，θ_1、θ_2 和阻抗比 $R_Z\left(R_Z=\frac{Z_2}{Z_1}\right)$ 决定了 SIR 的谐振条件。一般均匀阻抗谐振器的谐振条件仅取决于传输线的长度，对于 SIR，则同时要考虑长度和阻抗比。因此，SIR 比 UIR 有更大的设计自由度。

设 SIR 两端之间的总电学长度为 θ_{TA}，则 θ_{TA} 可表示为

$$\theta_{TA}=\theta_1+\theta_2=\theta_1+\arctan(R_Z/\tan\theta_1) \tag{5-32}$$

相对于对应的 UIR 电学长度 π/2，得出归一化的谐振器长度

$$L_n=\frac{\theta_{TA}}{\frac{\pi}{2}}=\frac{2\theta_{TA}}{\pi} \tag{5-33}$$

图 5-12 中由下到上分别是 R_Z 取 0.1、0.2、0.5，1、2，5、10 时对应的电长度 θ_1 与归一化长度 L_n 之间的关系曲线。

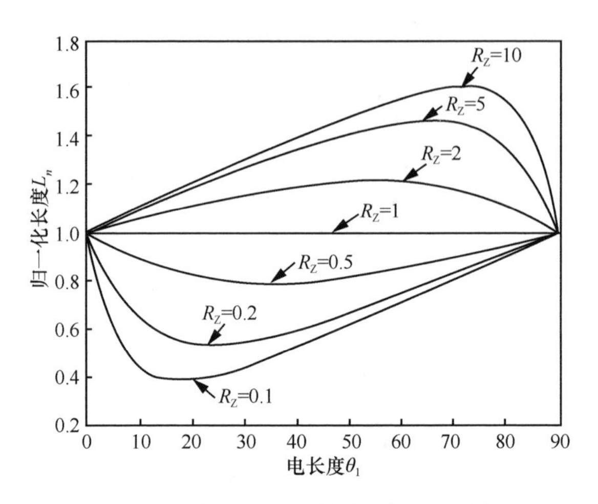

图 5-12　电长度与归一化长度之间的关系曲线

假设 $\lambda_g/2$ 型和 λ_g 型 SIR 的总电学长度分别定义为 θ_{TB} 和 θ_{TC}，则 $\theta_{TB}=2\theta_{TA},\theta_{TC}=4\theta_{TA}$，把它们分别对电长度为 π 和 2 π 的 UIR 进行归一化得

$$\frac{\theta_{TB}}{\pi}=\frac{2\theta_{TA}}{\pi}=L_n \tag{5-34}$$

$$\frac{\theta_{TC}}{2\pi}=\frac{4\theta_{TA}}{2\pi}=L_n \tag{5-35}$$

从上述公式可知，3 种不同的 SIR 的谐振条件能使用一个表达式表示。从图 5-12 中可以看出，谐振器归一化长度 L_n 在 $R_Z\geqslant 1$ 时存在一个极大值，$R_Z<1$ 时存在一个极小值。下面分析得到上述极大值和极小值的条件。将 $\theta_2=\theta_{TA}-\theta_1$ 代入式（5-30），得到

$$R_Z=\frac{\tan\theta_1(\tan\theta_{TA}-\tan\theta_1)}{1+\tan\theta_{TA}\tan\theta_1} \tag{5-36}$$

当 $0<R_Z<\pi/2$ 和 $0<\theta_{TA}<\pi/2$ 时

$$\tan\theta_{TA}=\frac{1}{1-R_Z}\left(\tan\theta_1+\frac{R_Z}{\tan\theta_1}\right)=\frac{\sqrt{R_Z}}{1-R_Z}\left(\frac{\tan\theta_1}{\sqrt{R_Z}}+\frac{\sqrt{R_Z}}{\tan\theta_1}\right)\geqslant\frac{2\sqrt{R_Z}}{1-R_Z} \tag{5-37}$$

当 $\dfrac{\tan\theta_1}{\sqrt{R_Z}} = \dfrac{\sqrt{R_Z}}{\tan\theta_1}$ 时取等号，即

$$\theta_1 = \theta_2 = \arctan\sqrt{R_Z} \tag{5-38}$$

此时 θ_{TA} 取得极小值

$$(\theta_{TA})_{\min} = \arctan\left(\frac{2\sqrt{R_Z}}{1-R_Z}\right) \tag{5-39}$$

类似地，当 $R_Z > 1$ 且 $\pi/2 < \theta_{TA} < \pi$ 时可得

$$\tan\theta_{TA} = -\frac{\sqrt{R_Z}}{R_Z-1}\left(\frac{\tan\theta_1}{\sqrt{R_Z}} + \frac{\sqrt{R_Z}}{\tan\theta_1}\right) \tag{5-40}$$

当 $\theta_1 = \theta_2 = \arctan\sqrt{R_Z}$ 时，θ_{TA} 取极大值，为

$$(\theta_{TA})_{\max} = \pi + \arctan\left(\frac{2\sqrt{R_Z}}{1-R_Z}\right) \tag{5-41}$$

上述计算表明，当 $\theta_1 = \theta_2$ 时，SIR 取得最大或最小长度。令 $\theta_1 = \theta_2 \equiv \theta_0$，观察阻抗比 R_Z 和谐振器归一化长度 L_n 的关系。如图 5-13 所示，较小的 R_Z 值能够无限地缩短 SIR 谐振器长度，而最大 SIR 长度则接近对应 UIR 长度的两倍。

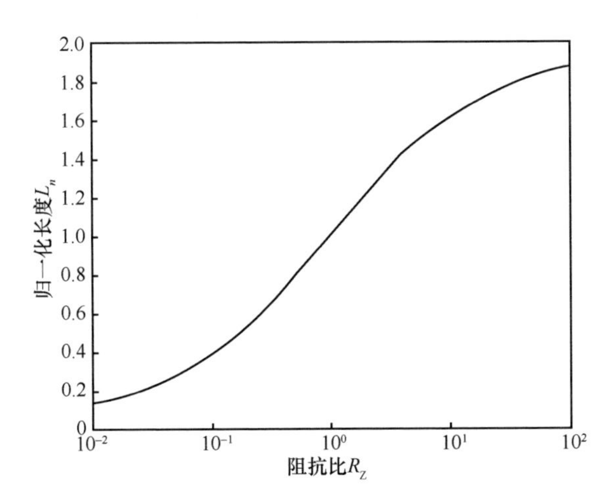

图 5-13　阻抗比和谐振器归一化长度的关系

SIR 结构的另一个特点是能通过改变谐振器的阻抗比有效控制基频与杂散频率（或称高次谐振频率）的位置关系。阻抗比 R_Z 越大，各谐波位置越靠近。

SIR 谐振器可用于超宽带滤波器的设计，使用的模式可以是两个，也可以是三个，甚至更多，以此构成双模谐振器、三模谐振器等。一个双模谐振器的中心频率可定义为两谐振点的算术平均，而三模谐振器的中心频率可定义为其第二个谐振点。需要选取适当的阻抗比 R_Z 和电长度，达到对多模谐振器各模式的控制。

（3）SIW 双模谐振器

利用 SIW 也可构成类似波导腔体的多模谐振器。一个腔体内有无数个振荡模式，利用其中几个模式之间的耦合，就可以将一个腔体等效为多腔，减少滤波器所用的谐振腔个数，从而达到滤波器小型化的目的。SIW 中应用最广的是双模谐振器，采用高次模进行设计，利用 SIW 腔体产生一对简并模[20]，再通过扰动使这一对简并模发生分离和耦合，从而产生两个谐振器耦合的效果。基于这种 SIW 双模谐振器，构成的滤波器不仅尺寸小，而且可以较方便地在上阻带、下阻带实现传输零点，提高滤波器阻带的抑制性能。

图 5-14 为 SIW 双模谐振器示意，介质板上下两面皆覆盖金属地，图中较小金属柱连通上下地，并与上下地共同构成等效的介质填充矩形波导谐振器，图中 d 为柱直径，p 为金属柱间距，b、c 分别为腔体的边长。通过调节 b、c 数值，可调整谐振腔的谐振频率。为了使谐振腔中激励的谐振模式相互耦合，在 SIW 腔中引入了金属微扰柱，如图 5-14 中较大的柱体所示，通过调节该金属柱的位置，可以调节模式之间的耦合。

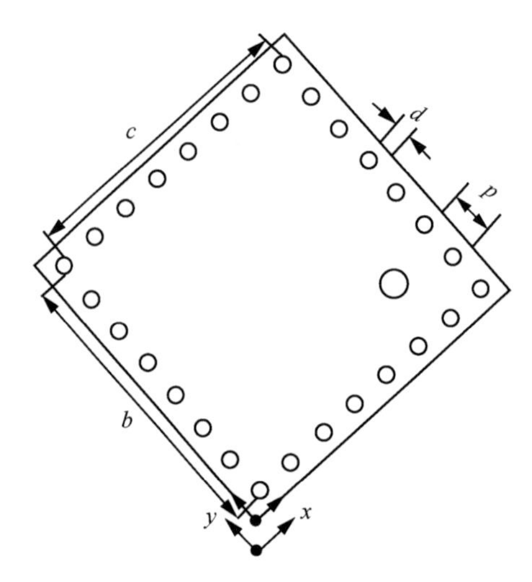

图 5-14　SIW 双模谐振器示意

5.2.2　SIW 双模滤波器

利用 SIW 腔体结构可以构成双模谐振器并进一步构成双模滤波器。SIW 双模谐振器一般利用的是 TE_{102} 和 TE_{201} 这两个高次模，与传统矩形腔谐振器类似，通过控制谐振器输入、输出的位置，可以在上阻带或下阻带产生传输零点[20]。

图 5-15 给出了 3 种 SIW 双模谐振器结构示意。这些谐振器使用罗杰斯 5880 板材，板材厚度 0.508 mm。图 5-16 是 3 种结构的仿真响应。从图 5-16 中可以看出通过控制微扰柱相对于输入、输出端口的位置，可以在滤波器的上阻带或下阻带产生传输零点，这给灵活设计滤波器、提升带外抑制性能带来了极大便利。

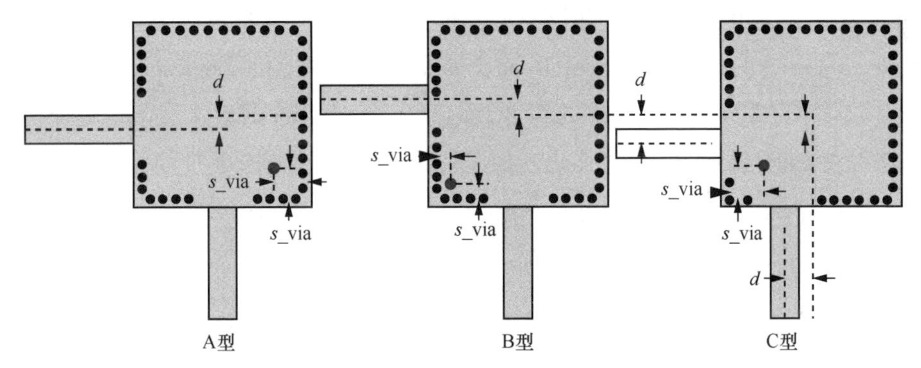

图 5-15　3 种 SIW 双模谐振器结构（灰色圆点代表金属微扰柱）

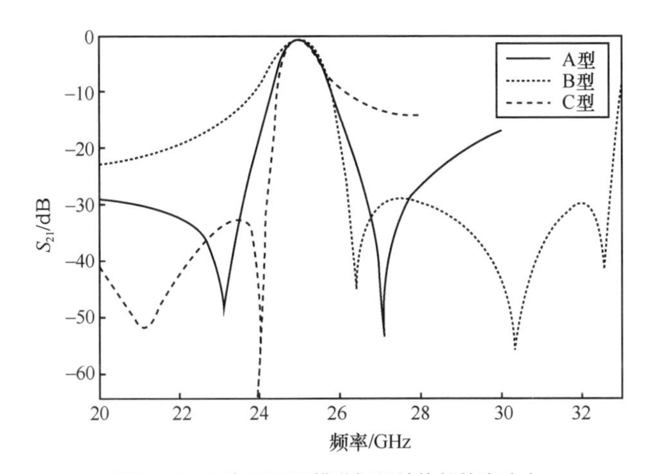

图 5-16　3 种 SIW 双模谐振器结构的仿真响应

将 2 个 SIW 腔耦合起来可以构成 1 个 4 阶双模滤波器，如图 5-17 所示[21]。

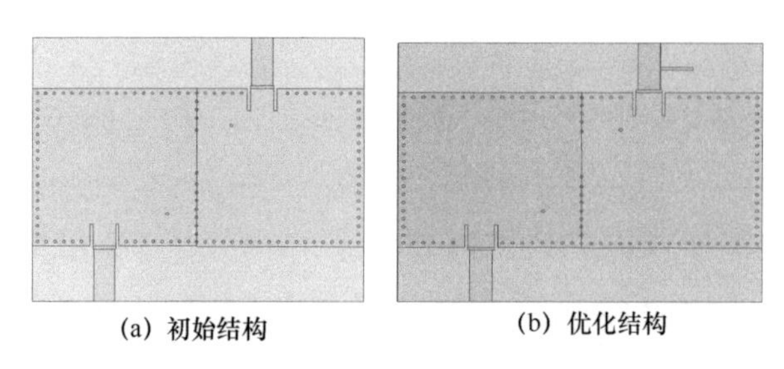

图 5-17　SIW 4 阶双模滤波器结构示意

图 5-17 给出了 1 个 SIW 4 阶双模滤波器的结构示意。该滤波器使用罗杰斯 5880 板材，板材厚度 0.508 mm，微带线作为端口传输线馈入 SIW 腔，接地金属过孔直径 d=0.3 mm，过孔间距 p=0.9 mm，整个滤波器尺寸为 28.65 mm×33.35 mm。受谐振器 TE_{101} 模式和输入、输出直接耦合的影响，在仿真响应图 5-18 中可以看到滤波器在低频段抑制性能较差。为了进一步提高滤波器低频段的抑制性能，给滤波器加入一段限波枝节，如图 5-17（b）所示。从图 5-18 仿真结果中可以看到，限波枝节的引入较好地扩展了低频段阻带范围，提高了滤波器抑制能力。

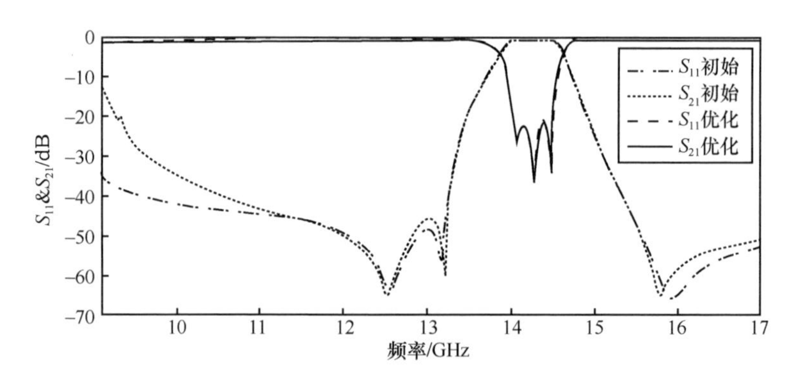

图 5-18　SIW 4 阶双模滤波器仿真响应

5.2.3　三模滤波器

（1）三模谐振器设计

图 5-19 是一种典型的三模谐振器——短路线中心加载谐振器(Short Stub-Loaded

Resonator，SSLR）[22-23]。

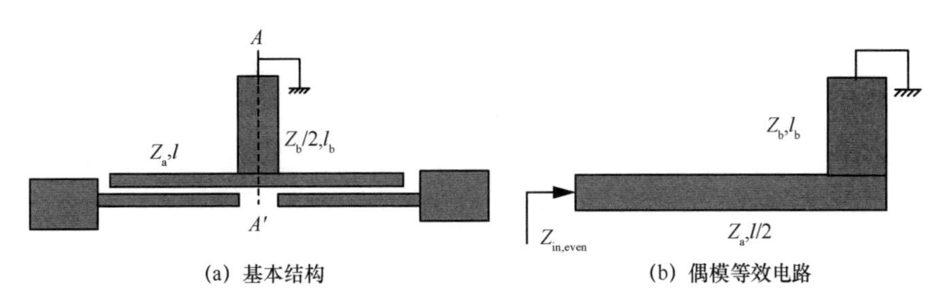

(a) 基本结构　　(b) 偶模等效电路

图 5-19　短路线中心加载谐振器

图 5-19（b）给出了该结构的偶模等效电路。偶模谐振频率可以用式（5-42）表示

$$f_{\text{even}} = \frac{nc}{2(l+2l_b)\sqrt{\varepsilon_{\text{eff}}}}, \quad n = 1,2\cdots \tag{5-42}$$

式中，ε_{eff} 为电路板等效相对介电常数。与开路中心加载枝节谐振器类似，短路中心加载枝节谐振器中的偶模谐振频率不仅依赖于传输线长度，也受加载枝节的长度影响。

观察谐振器的弱耦合响应，图 5-20 展示了短路加载结构中奇偶模谐振频率与中心长度的关系，其中，中心加载长度分别选取 7 mm、9 mm、11 mm 和 13 mm。从图 5-20 中可以看出在图示频谱范围内存在两个偶模频率，它们分别位于奇模谐振频率两侧，与奇模谐振点不同，它们随中心加载枝节长度的增加而减小。

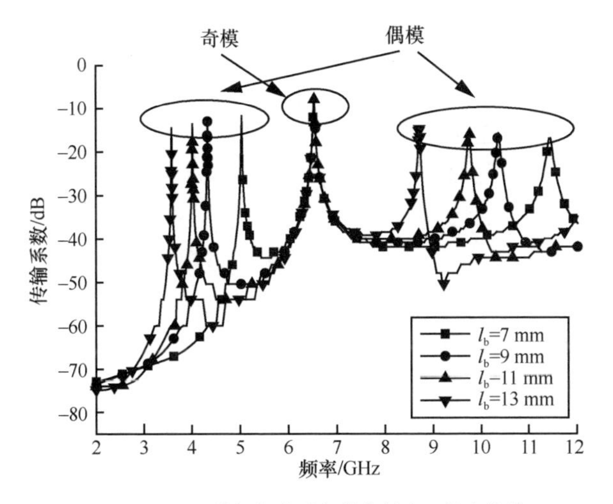

图 5-20　SSLR 谐振频率随加载线长度 l_b 的变化情况

阶梯阻抗线中心加载谐振器(Stepped-Impedance Stub-Loaded Resonator, SISLR)是 SSLR 的一种变形，其等效图如图 5-21 所示。讨论偶模激励情况时，为了简便起见，令 Z_2=Z_3，其等效电路如图 5-21（b）所示，可得输入阻抗为

$$Z_{\text{in,even}} = Z_3 \frac{Z_{\text{in1}} + \text{j}Z_3 \tan\theta_{\text{A}}}{Z_3 + \text{j}Z_{\text{in}} \tan\theta_{\text{A}}} \tag{5-43}$$

$$Z_{\text{in1}} = -\text{j}Z_1 \cot\theta_1 \tag{5-44}$$

其中，$\theta_{\text{A}} = \theta_3 / 2 + \theta_2$，由此

$$\tan\theta_{\text{A}} \cot\theta_1 = -R \tag{5-45}$$

式中，$R = Z_3 / Z_1$，即阻抗比。

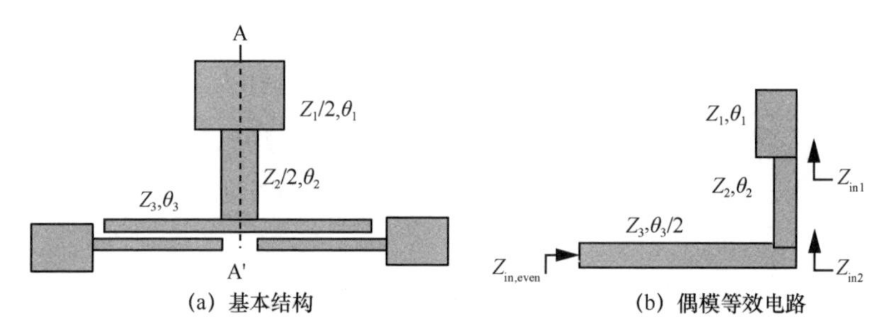

图 5-21　阶梯阻抗线中心加载谐振器等效图

图 5-22 展示了在 R=0，2，4 和 7.5 条件下，二次偶模谐振频率 $f_{\text{even,2}}$ 与偶次基频 $f_{\text{even,1}}$ 的比值随归一化电长度比 $\alpha = \theta_{\text{A}} / (\theta_{\text{A}} + \theta_1)$ 的变化情况。对应相应的目标频率，可以根据该图选定合适的阶梯阻抗比。

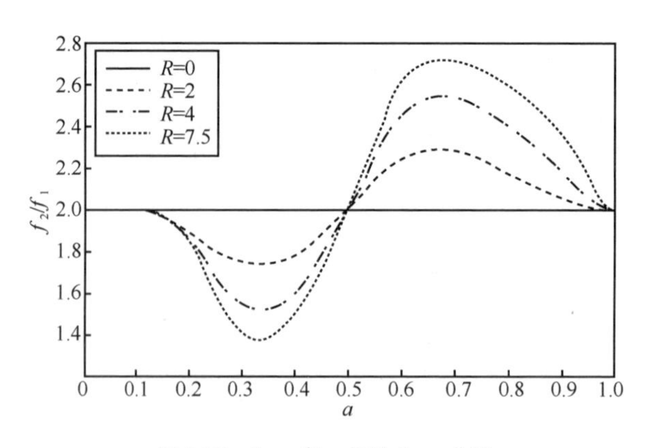

图 5-22　$f_{\text{even,2}}$ 归一化于 $f_{\text{even,1}}$ 曲线

图 5-23 展示了 SISLR 加载结构中奇偶模谐振频率与中心长度的相关性，其中，l_b 的长度分别为 3.5 mm，6 mm，7.5 mm 和 10 mm。从图 5-23 中可以看出，与 SSLR 加载结构频率响应相似的是，该频谱上存在着两个偶模频率 $f_{even,1}$ 和 $f_{even,2}$，分别位于奇模谐振频率两侧，与奇模谐振频率不同，其随中心枝节长度增加而减小。

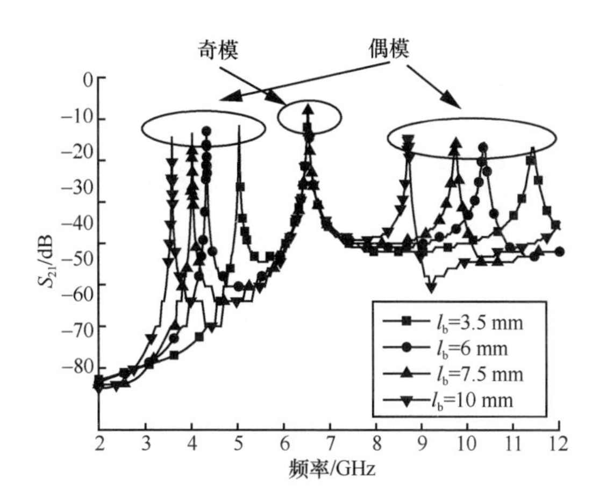

图 5-23　SISLR 谐振频率随加载线长度 l_b 的变化情况

相比于 SSLR 加载，SISLR 加载的获得更加简单，无须打接地孔，避免了短路孔造成的不必要的损耗；同时，SISLR 对宽带特性的获得更加容易，更重要的是，SISLR 在设计谐振器过程中增加了一个设计自由度，同时调节阶跃阻抗线可以更好地获得所需的宽带性能。

从以上分析可以看出，在利用三模中心加载谐振器设计超宽带滤波器时，可以通过控制相关传输线长度对第二个频率的位置进行调整，将其设置在滤波器中心频率处；通过调整其他枝节的长度尽可能使 3 个模式的频率等间距以获得好的通带特性；又因为电路的带宽大致接近于两个偶模谐振频率的差值，因此可通过调节枝节直接调节带宽。

（2）三模滤波器

使用谐振频率相近的三模谐振器可以方便地设计超宽带滤波器。三模谐振器构成的超宽带滤波器一般需要紧耦合传输线。当常规耦合无法满足紧耦合的条件时，为增强耦合，可采用双通道传输线设计，如图 5-24（a）和图 5-24（b）所示，形成的对称结构分别称为短路中心加载谐振器对称结构（Short Stub-Loaded Resonator Doublets，SSLRD）和阶跃阻抗型中心加载谐振器对称结构（Stepped-Impedance

Stub-Loaded Resonator Doublets，SISLRD）[24-25]。与双模谐振器构成的对称结构类似，该结构可在宽缝隙条件下获得较强耦合，实现宽带滤波器，达到低成本加工超宽带滤波器的目的。

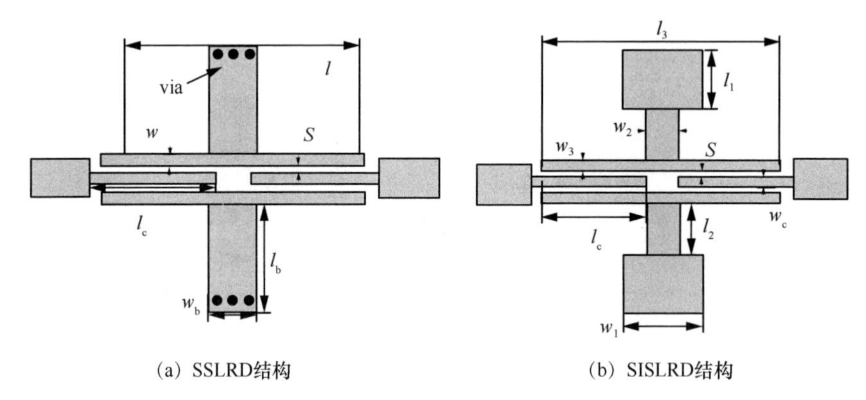

（a）SSLRD结构　　（b）SISLRD结构

图 5-24　两种中心加载对称滤波器的基本结构

利用三模谐振器设计滤波器时，通过调节三模谐振器的传输线，可调整三模谐振器的一次奇模谐振点，由此可控制谐振器中心频率位置使其处于目标通带中心。而调节谐振器的枝节长度，则能够控制带内两个偶模谐振点的位置，调整通带的带宽。

下面给出一个滤波器设计实例，设计指标：中心频率 6.5 GHz，相对带宽 95%。利用上述设计方法，可计算出中心加载谐振器各段结构尺寸。

经过仿真和优化后，得到两种不同的滤波器尺寸，分别见表 5-1 和表 5-2。

表 5-1　SSLRD 滤波器的具体尺寸（单位：mm）

w	w_b	l	l_b	l_c	S
0.5	6.6	20.1	9.1	7.15	0.25

表 5-2　SISLRD 滤波器的具体尺寸（单位：mm）

w_1	w_2	w_3	w_c	l_1	l_2	l_3	l_c	S
2.85	1.15	0.35	0.5	5.55	10	16.5	8	0.2

滤波器仿真结果如图 5-25 所示，两种超宽带滤波器在通带上具有相似的特性，在 3.50～10.2 GHz 的通带内，均出现了 5 个传输极点，在通带内绝大部分频率上，滤波器插入损耗低于 0.3 dB，回波损耗高于 15 dB。在 SISLRD 中，在高低阻带上各出现了一个传输零点。

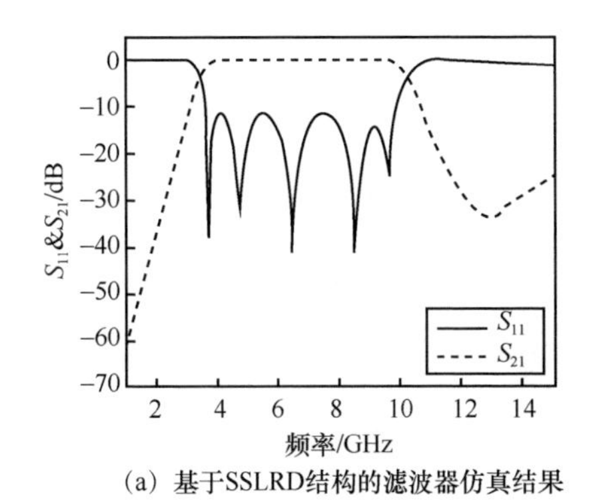

(a) 基于SSLRD结构的滤波器仿真结果

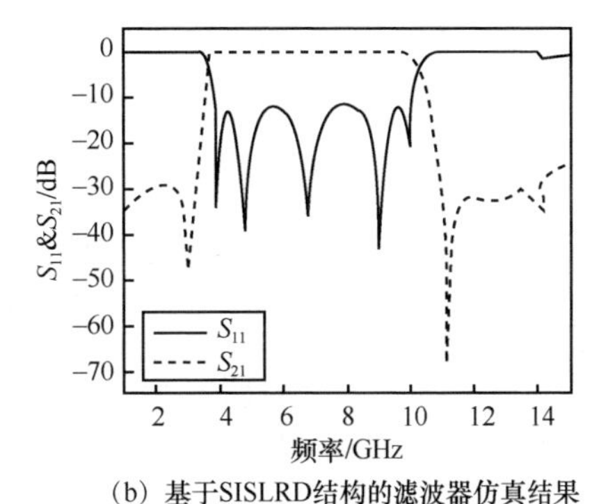

(b) 基于SISLRD结构的滤波器仿真结果

图 5-25　两种中心加载超宽带滤波器仿真结果

图 5-26 给出了基于 SSLRD 结构的滤波器随间距变化时的回波损耗情况，可知当耦合间距 S 从 0.2 mm 变化到 0.3 mm 时，滤波器散射参数有明显的恶化。因此加工误差即使只有 0.1 mm 也会对滤波器的性能产生非常明显的影响，这对加工精度提出较高的要求。而基于 SISLRD 构成的超宽带滤波器，同样存在类似的情形。

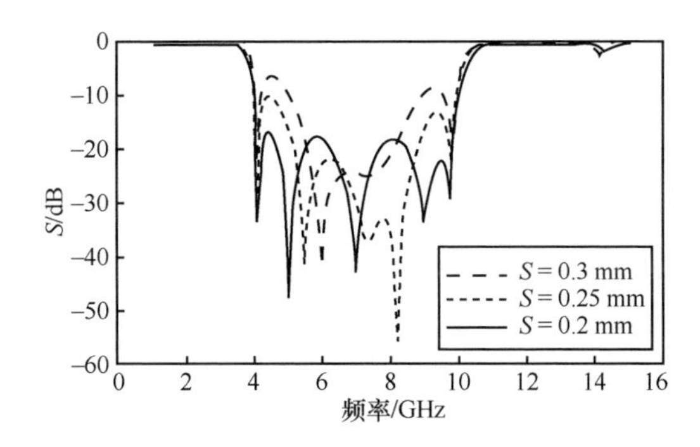

图 5-26　不同耦合间距 S 所对应的滤波器仿真结果

从图 5-25 可知，单个对称滤波器通带性能较好，但边带衰减较慢，选择性较差。为了实现通带边缘陡峭的衰减，可以选择两种对称结构，通过级联组合成一个 6 阶宽带滤波器。一个 6 阶滤波器实例结构如图 5-27 所示，谐振器之间间距均为 0.2 mm。

如图 5-27 所示，该滤波器由一种对称结构两侧各级联另一种对称结构实现。这里的各对称结构谐振频率基本一致，中心频率在 $f_0 = 6.5$ GHz 左右，而谐振器间存在的耦合会对各个谐振频率有一定影响，引起频率分离。

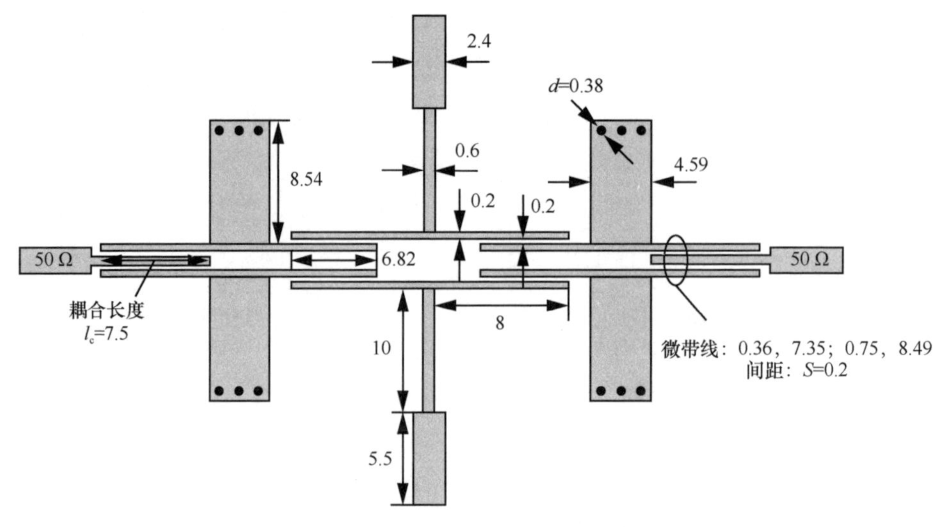

图 5-27　一个 6 阶滤波器实例结构

级联三模谐振器的谐振点分布如图 5-28 所示，通带内频率分离随耦合间距 S 的减小而增大。

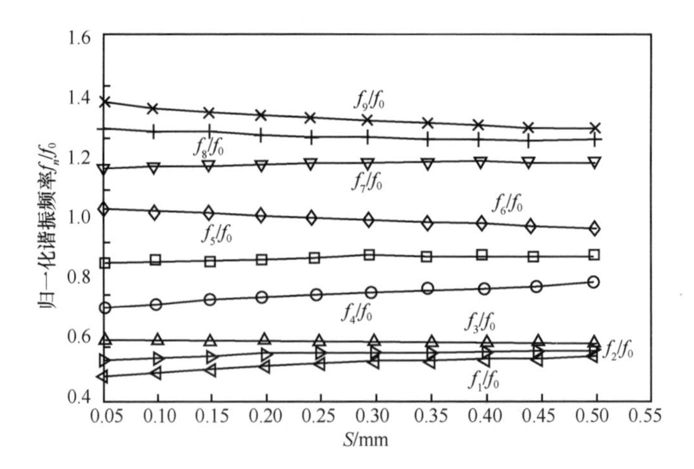

图 5-28　级联三模谐振器的谐振点分布

图 5-29 给出了优化后的滤波器响应。仿真结果显示，该级联滤波器通带在 3.6～10.5 GHz，通带内有 9 个传输极点，由加载谐振器相互耦合产生。通带内插入损耗基本低于 1 dB，回波损耗高于 9.5 dB。滤波器的边带特性大幅改善，具有很高的选择性。级联三模滤波器实物如图 5-30 所示。

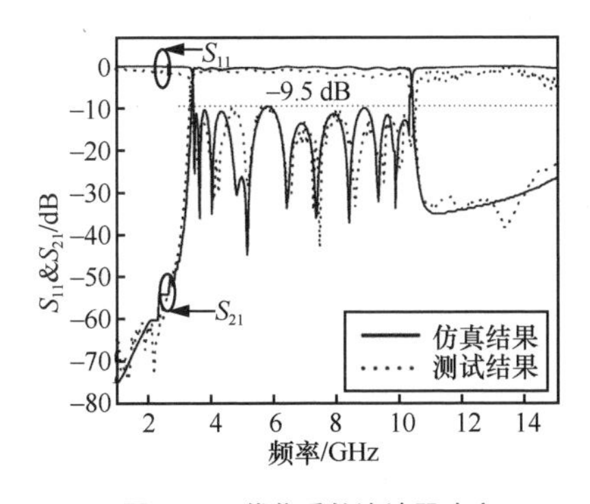

图 5-29　优化后的滤波器响应

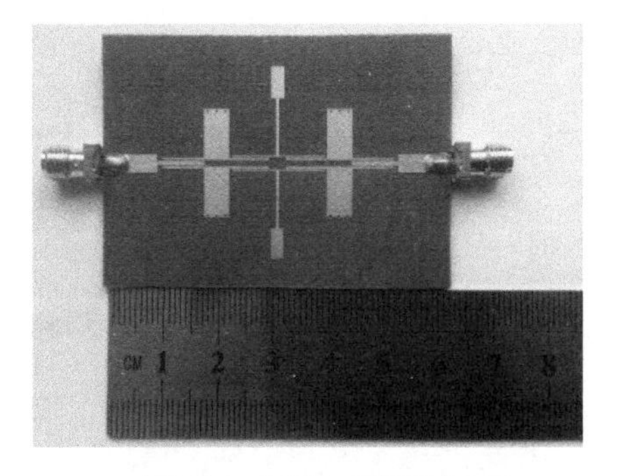
图 5-30　级联三模滤波器实物

5.3　功分器与功率放大器

5.3.1　Wilkinson 功分器

在微波、毫米波集成电路中，Wilkinson 功分器是最常用的功分器。Wilkinson 功分器主要包括功率分配段、隔离电阻、功率输出端口，多级级联功分器还包括阻抗变换段。Wilkinson 功分器各个端口都具有宽带和等相位的特性，理论上可以设计成任意功率分配比功分器，较常用的还是等功分情况。

（1）单节 Wilkinson 功分器

Wilkinson 功分器的电路如图 5-31 所示。

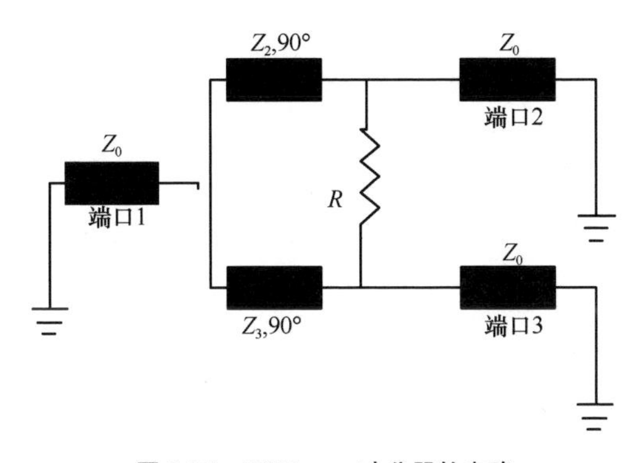

图 5-31　Wilkinson 功分器的电路

若端口 2 和端口 3 之间的功率比是 $K^2=P_3/P_2$，则图 5-31 变为微带不等功分 Wilkinson 功分器，可采用如下的计算公式计算 Z_2、Z_3 和隔离电阻 R。

$$Z_3 = Z_0^2\sqrt{\frac{1+K^2}{K^3}} \tag{5-46}$$

$$Z_2 = K^2 Z_3 = Z_0\sqrt{K\left(1+K^2\right)} \tag{5-47}$$

$$R = Z_0\left(K+\frac{1}{K}\right) \tag{5-48}$$

当 K=1 时，转化为功率等分情况，各节线的长度都是 $\lambda_g/4$，同时，输出端是与阻抗 $R_2=Z_0K$ 和 $R_3=Z_0/K$ 匹配的，因此在实际微带电路中使用时还需将阻抗变换至系统阻抗 Z_0。

（2）宽带 Wilkinson 功分器

单节 Wilkinson 功分器工作频带较窄，在中心频率 f_0 点性能较好，在工作频带边缘往往输入驻波比较差。为了增加工作带宽，在微带电路中常应用多级阻抗变换级联来实现工作带宽的展宽，如图 5-32 所示。

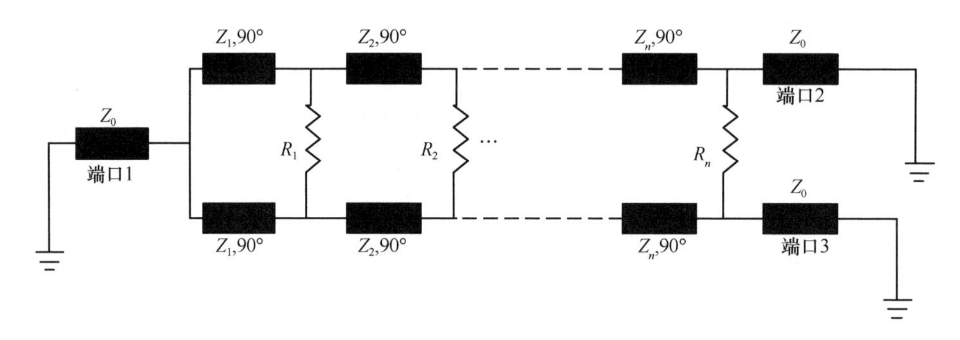

图 5-32　宽带 Wilkinson 功分器原理

阻抗变换主要有渐变线、1/4 波长阶梯阻抗变换器、短节变阻器等几种形式。为了拓展功分器的频带宽度，工程中常常采用 1/4 波长阶梯阻抗变换器。考虑到各个阻抗变换段的长度和隔离电阻的安装位置，宽带 Wilkinson 功分器一般采用“蛇形”布局，以减小功分器总的尺寸。

如图 5-33 所示，设多节阻抗变换器有 n 节，参考面有 T_0，T_1，T_2，…，T_n，共（n+1）个，相应地有（$n+1$）个反射波。这些反射波返回 T_0 面时，彼此以一定的相位（取决于行程差）叠加起来。由于反射波较多，每个反射波的振幅都很小，相位各异，所以叠加起来的结果总是会有一些发射回波彼此抵消或部分抵消。因此，总的反射波就可以在较宽的频带内保持较小的值。这就是说，大量而分散的较小的不连续与少量而集中的较大的不连续相比，前者可以在更宽的频带内获得更好的匹配。

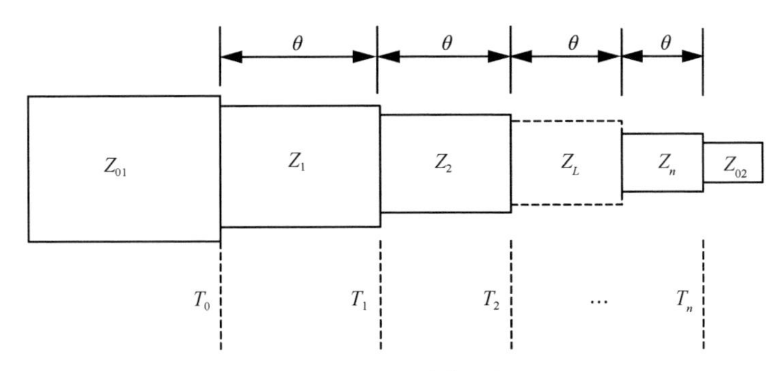

图 5-33　阻抗变换示意

引入归一化参量：$R=\dfrac{Z_{02}}{Z_{01}}$，$P_1=\dfrac{Z_1}{Z_{01}}$，$P_2=\dfrac{Z_2}{Z_{01}}$，…，$P_n=\dfrac{Z_n}{Z_{01}}$，$\theta=\beta l$，则从 T_0 面到 T_n 面之间的 n 节变换器的总网络的 $\tilde{A}$ 矩阵为

$$\left[\tilde{A}\right]=\begin{bmatrix}A & B\\ C & D\end{bmatrix}=\begin{bmatrix}\sqrt{P_1} & 0\\ 0 & \dfrac{1}{\sqrt{P_1}}\end{bmatrix}\begin{bmatrix}\cos\theta & \mathrm{j}\sin\theta\\ \mathrm{j}\sin\theta & \cos\theta\end{bmatrix}\begin{bmatrix}\sqrt{\dfrac{P_2}{P_1}} & 0\\ 0 & \sqrt{\dfrac{P_1}{P_2}}\end{bmatrix}$$

$$\begin{bmatrix}\cos\theta & \mathrm{j}\sin\theta\\ \mathrm{j}\sin\theta & \cos\theta\end{bmatrix}\begin{bmatrix}\sqrt{\dfrac{P_3}{P_2}} & 0\\ 0 & \sqrt{\dfrac{P_2}{P_3}}\end{bmatrix}\cdots\begin{bmatrix}\sqrt{\dfrac{P_i}{P_{i-1}}} & 0\\ 0 & \sqrt{\dfrac{P_{i-1}}{P_i}}\end{bmatrix}\begin{bmatrix}\cos\theta & \mathrm{j}\sin\theta\\ \mathrm{j}\sin\theta & \cos\theta\end{bmatrix}\begin{bmatrix}\sqrt{\dfrac{P_{i+1}}{P_i}} & 0\\ 0 & \sqrt{\dfrac{P_i}{P_{i+1}}}\end{bmatrix}\cdots \tag{5-49}$$

$$\begin{bmatrix}\sqrt{\dfrac{P_n}{P_{n-1}}} & 0\\ 0 & \sqrt{\dfrac{P_{n-1}}{P_n}}\end{bmatrix}\begin{bmatrix}\cos\theta & \mathrm{j}\sin\theta\\ \mathrm{j}\sin\theta & \cos\theta\end{bmatrix}\begin{bmatrix}\sqrt{\dfrac{R}{P_n}} & 0\\ 0 & \sqrt{\dfrac{P_n}{R}}\end{bmatrix}$$

完成矩阵运算后将$[\tilde{A}]$的 4 个元素 A、B、C、D 代入微波网络二端口衰减量 L 的计算公式，得到 n 节阻抗变换器衰减量的一般表达式为

$$L=\frac{1}{4}\left|A+B+C+D\right|^2=\sum_{i=1}^{n}A_i\cos^{2i}\theta \tag{5-50}$$

式中，$\cos^{2i}\theta$ 的系数为：$A_i = A_i\left(R, P_1, P_2, \cdots, P_n\right), i = 0,1,\cdots,n$。其大小取决于 R，P_1，P_2，…，P_n 共（n+1）个参数的取值。

阻抗变换器输入端全匹配的条件是输入端驻波系数等于 1，因此 n 节阻抗变换器的匹配条件为

$$\sum_{i=1}^{n} A_i \cos^{2i}\theta = 1 \tag{5-51}$$

这是 $\cos^2\theta$ 的 n 次方程，在所有系数满足一定条件（可以通过调整参数 R，P_1，P_2，…，P_n 来实现）时，上述方程有 n 个零点。这就是说，通过正确选择参数 R，P_1，P_2，…，P_n，总可以使 n 节变换器在 n 个频率点上得到完全阻抗匹配。所以一般来说，节数越多，频响曲线上的零点就越多，匹配的频带越宽，隔离度越大。图 5-34 为工程中常用的宽带 Wilkinson 功分器。

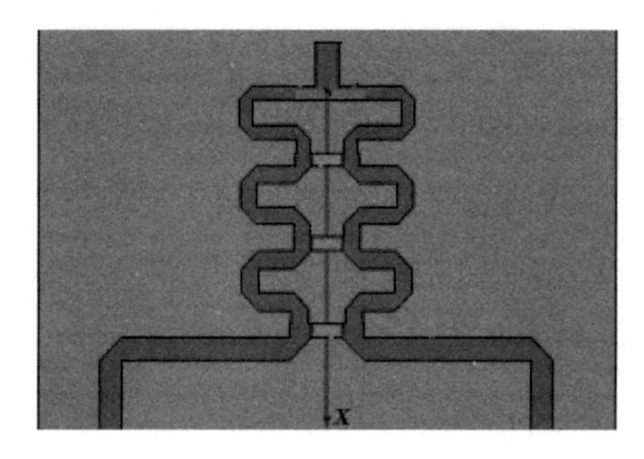

(a) 结构图

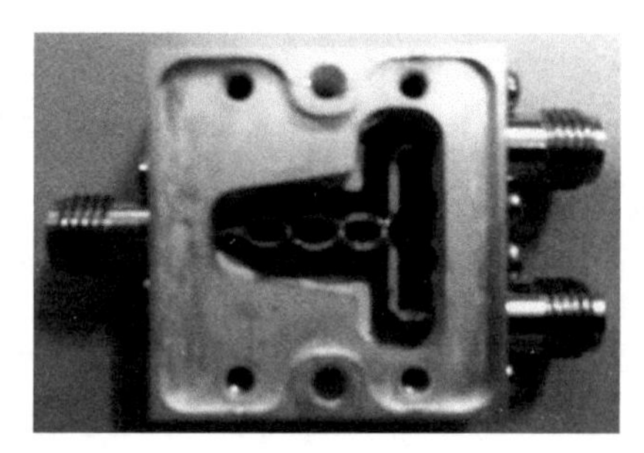
(b) 实物图

图 5-34　宽带 Wilkinson 功分器

5.3.2　耦合线功分器

传统的 UWB 平面功分器主要通过开短路枝节、1/4 波长阻抗变换的级联和渐变线等方式实现，在面对日趋复杂的三维异质异构电路设计和加工时，已不能满足使用要求。基于多模谐振器理论的耦合线功分器在 UWB 功分器中已成为一个研究的热点，其设计思想是：利用宽带耦合结构的超宽带特性进行超宽带功分器的设计，不仅解决了功分特性，还实现了小型化、滤波特性、超宽带、多频等要求，进一步提升了功分器的性能。微波、毫米波领域常见的无源宽带耦合线功分器主要有微带—槽线和 SIW—微带两种类型。

（1）微带—槽线功分器

图 5-35 为微带—槽线功分器结构，该功分器的核心是将传统的 T 形结模型转变成微带—槽线结构，这样可以提高输入、输出端口阻抗匹配，从而扩展工作带宽。

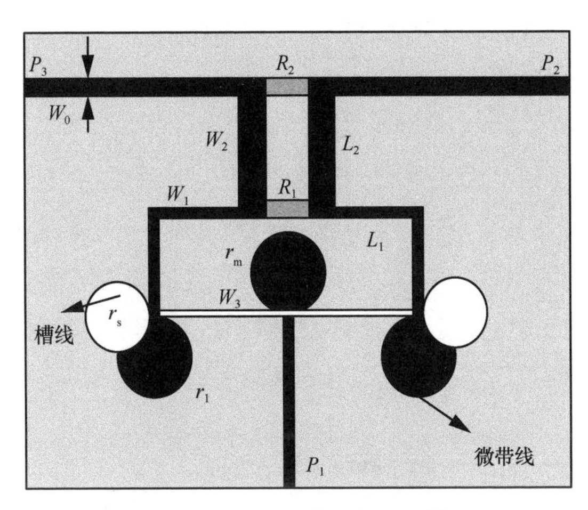

图 5-35　微带—槽线功分器结构

在输入、输出端口分别加载的半径为 r_m 和 r_1 容性圆枝节可看作虚拟短路点，地层槽线两端加载的半径为 r_s 的感性圆形槽可看作虚拟开路点，信号从底层的输入端口耦合到中间地层槽线，再等功率耦合到顶层的两个输出端口。这里假设微带线和槽线的特征阻抗为 Z_{om} 和 Z_{os}，满足如下关系

$$Z_{om} = n^2 \times Z_{os} \tag{5-52}$$

其中，n 为微带—槽线过渡结构变压器模型的变压比，表征微带—槽线之间的耦合大小。n 可用式（5-53）求得

$$\begin{cases} n = \cos\left(2\pi \dfrac{h}{\lambda_0} u\right) - \cot(q_0)\sin\left(2\pi \dfrac{h}{\lambda_0} u\right) \\ q_0 = 2\pi \dfrac{h}{\lambda_0} u + \arctan\left(\dfrac{u}{v}\right) \\ u = \left(\varepsilon_r - \left(\dfrac{\lambda_0}{\lambda_s}\right)^2\right)^{\frac{1}{2}} \\ v = \left(\left(\dfrac{\lambda_0}{\lambda_s}\right)^2 - 1\right)^{\frac{1}{2}} \end{cases} \tag{5-53}$$

式中，ε_r、h 分别为介质基板的相对介电常数和厚度；λ_0 和 λ_s 分别为在中心频点电磁波在空气中和槽线中的有效波长。n 越接近 1，表示微带—槽线之间的耦合越强，能量损失得越少，也表明微带线和槽线的特征阻抗相当。在实际中微带线的特性阻抗为 50 Ω，而特性阻抗为 50 Ω 的槽线加工较为困难，一般通过增大 n 值即增大槽线的阻抗、降低耦合系数的方式实现。

图 5-36 为微带—槽线功分器等效电路，微带—槽线过渡部分用变压器表示，n 为变压器模型的变压比，代表微带—槽线之间的耦合系数。考虑到变压器模型分析的复杂性，这里将变压器模型转换成传统 T 形结模型，从而得到图 5-36 中 Wilkinson 功分器简化等效电路。其中 Z_1、L_1 为第一节阻抗变换的阻抗和电长度，Z_2、L_2 为第二节阻抗变换的阻抗和电长度，R_1 和 R_2 为两输出端口间的隔离电阻。很明显，简化后的等效电路具有轴对称性，因此采用奇偶模理论简要分析。

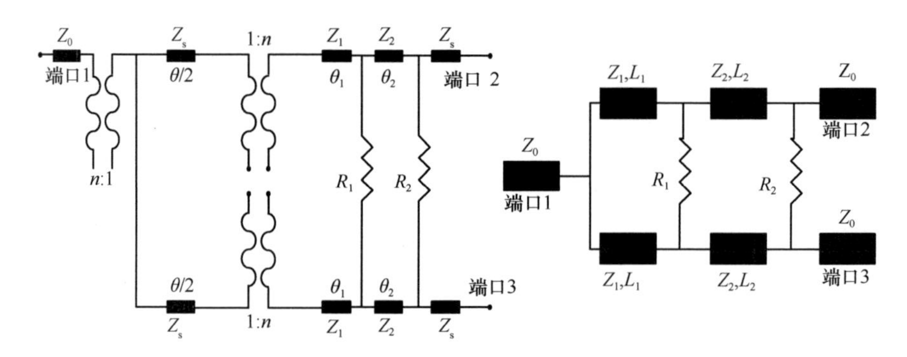

图 5-36 微带—槽线功分器等效电路

理论上两节不同阻抗线组成的功分器应该为一个双频结构，但是微带—槽线过渡的超宽带特性使得原本的双频特性拓宽到超宽带通带内，也就是说在超宽带通带内应该仍有两个极点，将双频或者多频结构功分器拓展为超宽带功分器。图 5-37 为工程中常用的多层微带—槽线功分器。

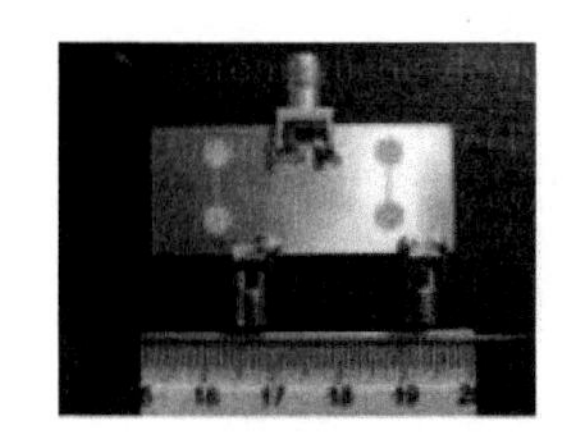
图 5-37 多层微带—槽线功分器

（2）SIW—微带功分器

图 5-38 是 SIW 结构及等效金属波导，SIW 是周期性金属通孔与基板的上下金属化镀层之间形成的一种矩形金属波导结构，其传输特性与电磁波在矩形金属波导的传输特性相似，只能传播 TE_{n0} 模式，并且主模是 TE_{10} 模式。SIW 可等效为高度

相同且填充介电常数是 ξ_r 的介质的矩形金属波导（如图 5-38 所示），其中 h 代表介质基板的厚度，a_r 代表两排金属通孔圆心之间的间距，d 代表金属通孔的直径，p 代表金属通孔阵列两圆心之间的间距。横向金属通孔的间距 p、金属通孔直径 d 和主模 TE_{10} 的截止波长 λ_c 满足如下规则。

$$\begin{cases} p > d \\ \dfrac{p}{\lambda_c} < 0.25 \\ p \leqslant 2d \\ p > \dfrac{\lambda_c}{20} \end{cases} \tag{5-54}$$

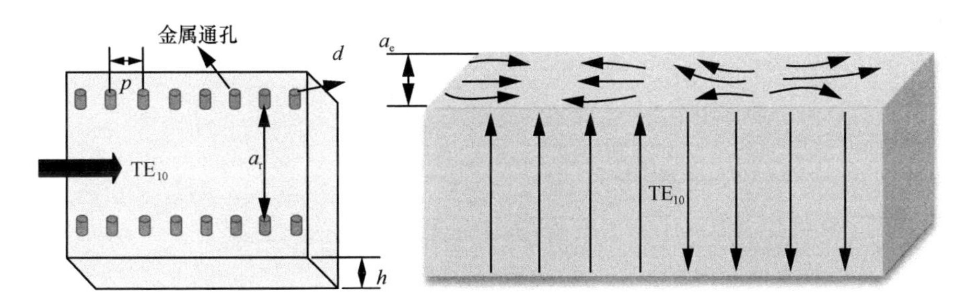

图 5-38　SIW 结构及等效金属波导

纵向金属通孔之间的间距 a_r 与归一化等效的介质矩形波导宽度 a_e 的经验公式如下

$$a_e = a_r\delta \tag{5-55}$$

其中，$\delta = \xi_1 + \dfrac{\xi_2}{\dfrac{p}{d} + \dfrac{\xi_1 + \xi_2 - \xi_3}{\xi_3 - \xi_1}}$，式中，

$$\xi_1 = 1.0198 + \frac{0.3465}{\dfrac{a_r}{p} - 1.0684} \tag{5-56}$$

$$\xi_2 = -0.1183 - \frac{1.2729}{\dfrac{a_r}{p} - 1.2010} \tag{5-57}$$

$$\xi_3 = 1.0082 - \frac{0.9163}{\dfrac{a_r}{p} + 0.2152} \tag{5-58}$$

根据波导传输理论，H-T 波导接头的 H 臂相当于并接在传输线中的电抗 jX，Ze 为波导特征阻抗，矩形波导宽壁的电感销钉等效于并联在传输线中的电纳 jB，D 为电感销钉的直径。适当调节电感销钉的大小和位置，使得其等效电纳恰好抵消 H 臂等效的并联电抗,则可以实现能量的无反射传输。图 5-39 为 H-T 波导及其等效电路，图 5-40 为电感销钉及其等效电路。

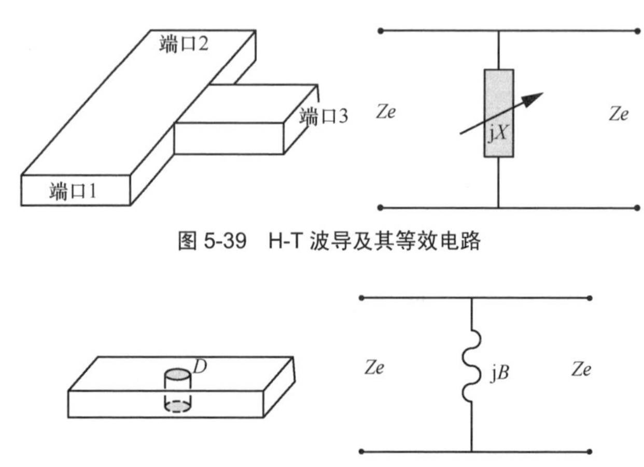

图 5-39　H-T 波导及其等效电路

图 5-40　电感销钉及其等效电路

由于 SIW 与矩形金属波导传输特性类似，因此可利用 SIW 的 T 形接头和电感销钉组合的方式得到 T 形 SIW 功分器。首先确定截止工作波长 λ_c，计算出 SIW 金属化孔的间距 p、金属通孔直径 D、宽度 a_r；然后，选取电感销钉的初始直径 D_1 和距离 D_p，完成初始参数设定；最后按照设计的预期指标进行优化仿真，得到最优值。图 5-41 为工程常用的 CPW—微带功分器。

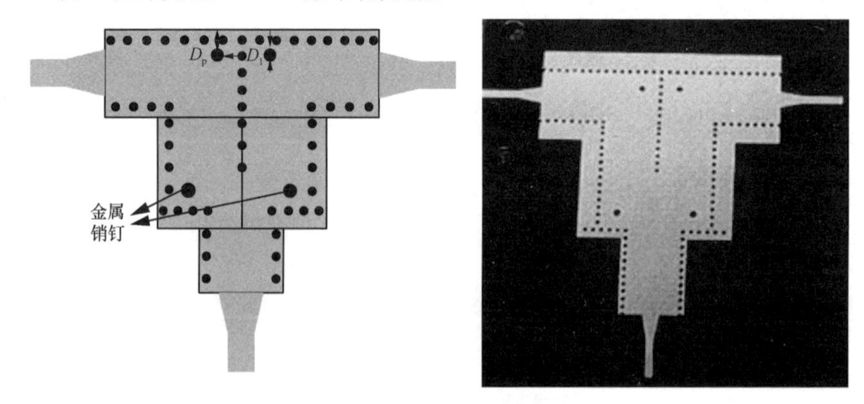

图 5-41　CPW—微带功分器

5.3.3 微波功率放大器

微波功率放大器是通信、雷达等系统的核心器件，它的性能在很大程度上决定了整个系统的性能。

微波功率放大器主要分为真空电子管和固态晶体管两种形式。正交场管、速调管、行波管（TWTA）是 3 种重要的动态控制微波真空电子管，它们已使电磁波谱扩到分米波段和厘米波段（甚至毫米波段），脉冲功率达到百兆瓦级，对通信、雷达和空间科学的发展起着巨大的作用。随着以 GaAs、GaN 为代表的固态晶体管的问世，固态器件开始在较低频段慢慢替代真空器件，尤其生产工艺的发展和成本的大幅降低，使得固态器件的应用越来越普遍。本书主要介绍微波固态功率放大器。图 5-42 为典型的微波功率放大器。

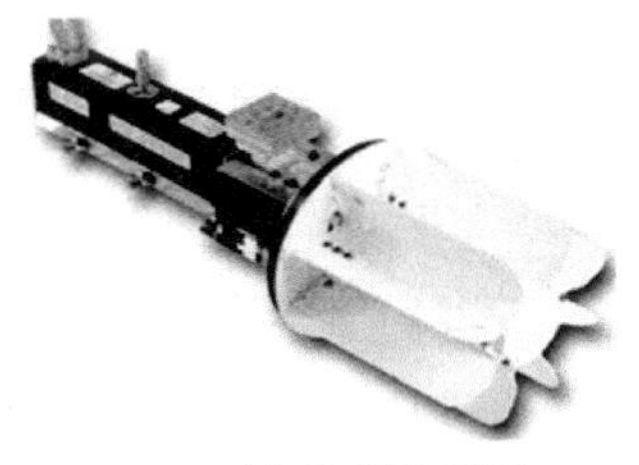

(a) Ku频段TWTA

(b) L频段固态功放

图 5-42　典型的微波功率放大器

（1）微波固态功率放大器概述

目前应用最多的微波固态功率放大器主要有硅双极晶体管（BJT）、砷化镓金属半导体场效应管（MESFET）、高电子迁移率晶体管（HEMT）和异质结双极晶体管（HBT）等。

BJT 是一种电流驱动型器件，通过基极电流控制集电极电流的大小。它有 3 种电路形式，即共基极、共发射极和共集极电路，常用共发射极电路用于功率放大。它有较低的漏电流和较低的噪声，只需单个电源供电，且价格十分便宜，因此市场占有率高，用于功率放大器可工作在 2～10 GHz 频段，用于振荡器可到 20 GHz 频段。

MESFET 是在 GaAs 衬底（绝缘层）上外延一薄层 n 型高纯度半导体高导电层，称为导电通道或 n 型沟道。它经源极（S）和漏极（D）的欧姆接触与外电路连接，而在栅极（G）的金属与 n 型半导体之间形成肖特基势垒。栅偏压越负，耗尽区下的导电通道越小，漏极电流就越小；栅偏压越正，漏极电流就越大，这样，漏极电流就受到栅极电压调制。栅极电压较小的变化将产生漏极电流较大的变化，选择合适的源阻抗和负载阻抗值就可实现功率放大。

HEMT 是利用调制掺杂原理，让两种不同能带电平的材料互相接触，因而在其交汇处（异质结）的能带产生弯曲，自由电子从高掺杂的高能级的 GaAs 区域扩散进入低掺杂的低能级的 GaAs 区域，通过在栅极加上电压实现对电流的调制。HEMT 具有极好的噪声性能、功率增益性能和较高的工作频率，它的噪声系数是所有晶体管中最低的，具有比 MESFET 更高的工作频率和振荡频率。在目前工艺下，HEMT 的工作频率已可超过 100 GHz，现已广泛地应用于诸如卫星通信、移动通信、微波辐射计等低噪声接收机的前端。

HBT 是将双极晶体管中的发射结做成异质结形成的，异质结实现了带隙宽度的调节，宽带隙的发射极可以在空穴从基极注入发射极的过程中创建一个较大的势垒，从而增加电流增益。所以 HBT 的放大倍数将比同类型的普通双极晶体管高，单个电源供电时，它比 MESFET 和 HEMT 能提供更线性和更低的相位噪声。

对于高度集成的微波、毫米波射频前端，MESFET 和 HEMT 优于双极晶体管和以硅为衬底的器件。一般 2 GHz 以下选用硅双极晶体管；在 3 GHz 以上，选用以 GaAs 为衬底的器件，使用 SiGe HBT，其截止频率和最大振荡频率可达 300 GHz。

近年来，随着大容量数字微波通信技术和卫星通信技术的飞速发展，对微波功率放大器的增益和线性度要求越来越高。微波功率放大器分析和设计的主要任务是在大信号工作条件下，输出功率尽可能大、效率尽可能高、失真尽可能小，着重需要考虑的是输出功率、效率、增益、交调等，下面对其做简要介绍。

（2）微波固态功率放大器的增益和效率

图 5-43 是微波功率放大器的二端口网络，图中有 4 个反射系数：源的反射系数 Γ_s、输入端反射系数 Γ_{in}、输出端反射系数 Γ_{out} 和负载端反射系数 Γ_l。它们均是从端口向左看或向右看的反射系数。这 4 个参数既各自独立又有一定的关联，反射系数分别等效于某个功率量，从二端口输出端得到的最大可用功率量取决于二端口网络输入端连接的源的类型。图 5-43 中标出了 4 种类型的功率量：

P_a 为由信号源给出的可用功率；

P_{in} 为实际输出给网络（器件）的功率；

P_{out}为网络输出的可用功率；

P_1为实际交付给负载的功率。

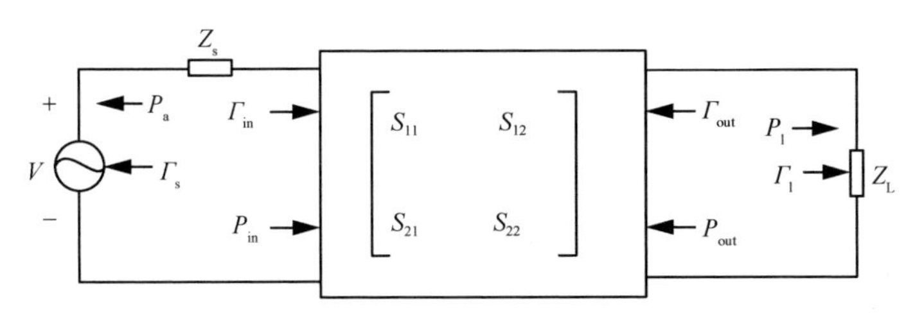

图 5-43　微波功率放大器的二端口网络

在实际应用中，功率增益主要有功率转换增益 G_T、可用功率增益 G_a 和工作增益 G_P。功率转换增益 G_T 定义为负载吸收的功率 P_1 与信号源输出的可用功率 P_a 之比，即 $G_T = P_1/P_a$；可用功率增益 G_a 定义为网络输出的可用功率 P_{out} 与信号源输出的可用功率 P_a 之比，即 $G_a = P_{\text{out}}/P_a$；工作增益 G_P 定义为实际交给负载的功率 P_1 与输入网络的功率 P_{in} 之比，即 $G_p = P_1/P_{\text{in}}$。

应用二端口网络模型结合反射系数公式，可进一步得到功率增益与 S 参数和反射系数 Γ 的关系，其中，功率转换增益 G_T 为

$$G_T = \frac{P_1}{P_a} = \frac{\left(1-|\Gamma_s|^2\right)|S_{21}|^2\left(1-|\Gamma_1|^2\right)}{|1-\Gamma_s\Gamma_{in}|^2|1-S_{22}\Gamma_1|^2} \tag{5-59}$$

可用功率增益 G_a 为

$$G_a = \frac{P_{\text{out}}}{P_a} = \frac{\left(1-|\Gamma_s|^2\right)|S_{21}|^2}{|1-\Gamma_s S_{11}|^2\left(1-|\Gamma_{\text{out}}|^2\right)} \tag{5-60}$$

工作增益 G_P 为

$$G_P = \frac{P_1}{P_{in}} = \frac{1}{1-|\Gamma_{in}|^2}|S_{21}|^2\frac{1-|\Gamma_1|^2}{|1-\Gamma_1 S_{22}|^2} \tag{5-61}$$

可用功率增益 G_a 主要应用于噪声分析中，式（5-60）中仅有 Γ_s 为可变量，Γ_{out} 是 Γ_s 的函数。因此，研究源阻抗变化的影响时，用此式较方便。当 $\Gamma_1=\Gamma_{\text{out}}$ 时，$P_{\text{out}}=P_1$，故 $G_a=G_T$。工作增益 G_P 主要用于功率放大器的设计，G_P 只取决于负载，研究负载变化对增益的影响时用式（5-61）较方便。

一般功率放大器的效率 η（也称为集电极效率或漏极效率）定义为射频输出功率 P_{out} 与消耗的直流功率 P_{d}，即 $\eta = P_{\mathrm{out}} / P_{\mathrm{d}}$，它表示功率放大器把直流功率转换成射频功率的能力，但不能反映放大器的功率放大能力，因为大多数功率放大器都有较低的增益，因此，又定义了功率附加效率 η_{p} 为

$$\eta_{\mathrm{p}} = \frac{P_{\mathrm{out}} - P_{\mathrm{in}}}{P_{\mathrm{d}}} = \frac{P_{\mathrm{out}}}{P_{\mathrm{d}}}\left(1 - \frac{1}{G}\right) = \eta\left(1 - \frac{1}{G}\right) \tag{5-62}$$

式（5-62）能同时反映功率放大器的增益和效率，在相同效率 η 下，增益 G 大的功率放大器具有较高的 η_{p}。

（3）微波固态功率放大器的线性度指标

① 功率压缩

功率放大器的一个重要指标是功率压缩，即 1 dB 压缩点输出功率。当晶体管的输入功率达到饱和状态时，其增益开始下降，或者称为压缩。典型的输入功率与输出功率的关系如图 5-44 所示，当输入功率超过一定值后，晶体管的增益开始下降，最终输出功率达到饱和。当放大器的增益偏离常数或比小信号增益低 1 dB 时，此点称为 1 dB 压缩点，并用来衡量放大器的功率容量。1 dB 压缩点的相应增益记为 $G_{1\,\mathrm{dB}}$，且有 $G_{1\mathrm{dB}}=G_0-1$ dB，其中 G_0 是放大器的小信号增益。功率放大器增益压缩 1 dB 所对应的输出功率称为 1 dB 压缩点输出功率，记作 $P_{\mathrm{out,1dB}}$。如果将 1 dB 压缩点的输出功率 $P_{\mathrm{out,1dB}}$ 用 dBm 表示，则它与相应的输入功率 $P_{\mathrm{in,1dB}}$ 的关系为

$$P_{\mathrm{out,1dB}} = G_{1\mathrm{dB}} + P_{\mathrm{in,1dB}} = G_0 - 1 + P_{\mathrm{in,1dB}} \tag{5-63}$$

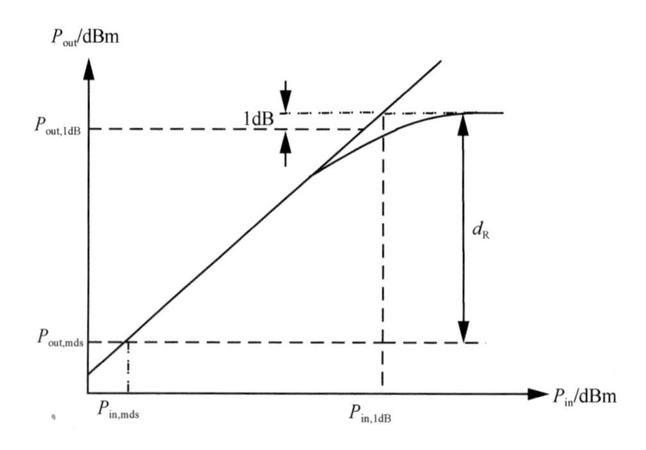

图 5-44 微波功率放大器输入功率与输出功率的关系

大功率放大器的另外一个主要指标是其动态范围，符号为 d_R，动态范围用 $P_{out,1dB}$ 和 $P_{out,mds}$ 之差表示了放大器的线性放大区，其中 $P_{out,mds}$ 为对应于最小输入信号的输出功率，其量值比输出噪声功率 $P_{F,out}$ 大 X dB。在多数情况下，指标 X dB 取为 3 dB。放大器的输出噪声功率为 $P_{F,out}=kTBG_0F$，若用 dBm 表示，$P_{F,out}=kTBG_0F$ 可变为 $P_{F,out}=10\lg(kT)+10\lg B+G_0+F$。

② 交调失真

图 5-45 为交调失真示意，信号失真一般分为线性失真与非线性失真。与所有非线性电路一样，大功率放大器会产生谐波失真，谐波失真就好像是基波功率的损耗，谐波失真通常是以 dB 表示的总谐波输出功率与基波输出功率之差。大功率放大器的特点主要在于非线性失真，表现为输出、输入信号幅度关系的非线性，多频信号产生交调失真。

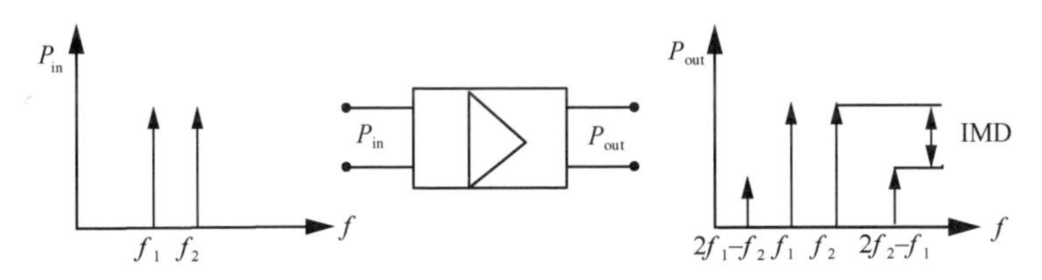

图 5-45　交调失真示意

交调失真与谐波失真不同，它对应两个或多个频率相差不大的未调制谐波信号输入一个放大器所产生的相应输出。由于放大器的三阶非线性效应，输入信号 $P_{in}(f_1)$ 和 $P_{in}(f_2)$除了产生输出信号 $P_{out}(f_1)$和 $P_{out}(f_2)$，还产生了新的频率分量 $P_{out}(2f_1-f_2)$和 $P_{out}(2f_2-f_1)$。对于微波混频电路，这些新产生的频率分量 $2f_1-f_2$、$2f_2-f_1$ 等可能是我们所需要的频率分量；然而，对于功率放大器，设计中则希望这种非线性效应尽可能小。通常，输出端口无用功率与有用功率的 dBm 之差定义为以 dB 为单位的交调失真（IMD），即 $\text{IMD}= P_{out}(2f_2-f_1) -P_{out}(f_1)$。

交调失真对功率放大器电路是十分有害的，尤其工作在必须考虑非线性效应的高功率状态下该现象更加严重。交调失真对模拟微波通信来说，会产生邻近通道之间的串扰；对数字微波通信来说，会降低系统的频谱利用率，并使误码率增大。因此容量越大的系统，通常要求交调失真值越低，通信系统一般要求三阶交调失真值小于−30 dB，甚至是小于−40 dB。

③ 调幅—调相转换系数 β

不考虑微波功率放大器相位非线性特性，一般可认为微波功率放大器是无时延的非线性网络。当对通信系统的相位特性要求很高时，应把功率放大器作为有时延的非线性网络来研究；当输入信号为调幅信号时，输出信号不仅幅度会有非线性变化，而且相位也会有非线性变化，这两种变化，前者称为调幅—调幅效应（AM/AM 效应），后者称为调幅—调相效应（AM/PM 效应）。AM/PM 效应不仅使交调失真，群时延失真变大，而且调相信号导致频谱展宽，高质量、高效率的卫星通信系统要求尽可能减小 AM/PM 效应。

调幅—调相转换系数 β 定义为：输入单频等幅信号时，输出信号相位变化与输入信号功率变化（用 dB 表示）的比值，即

$$\beta = \frac{180}{\pi} \frac{\mathrm{d}\theta}{\mathrm{d}P_{\mathrm{in}}} \tag{5-64}$$

式中，θ 的单位为弧度，P_{in} 的单位为 dB。

参考文献

[1] HONG J S, LANCASTER M J. Microstrip filters for RF/microwave applications[M]. New York: John Wiley & Sons, Inc., 2001.

[2] 李坤. 微波滤波器阻带增强技术的研究[D]. 南京：解放军理工大学, 2017.

[3] (美)DAVID M P. 微波工程[M]. 谭云华等，译. 北京：电子工业出版社, 2019.

[4] WEN C P. Coplanar waveguide: a surface strip transmission line suitable for nonreciprocal gyromagnetic device applications[J]. IEEE Transactions on Microwave Theory and Techniques, 1969, 17 (12): 1087-1090.

[5] 郭衍科. 共面波导结构等效电路的提取及应用的研究[D]. 南京：南京邮电大学, 2014.

[6] KOSTER N H L, KOBLOWSKI S, BERTENBURG R, et al. Investigations on air bridges used for MMICs in CPW technique[C]//Proceedings of 1989 19th European Microwave Conference. Piscataway: IEEE Press, 1989: 666-671.

[7] BEILENHOFF K, HEINRICH W, HARTNAGEL H L. The scattering behaviour of air bridges in coplanar MMIC'S[C]//Proceedings of 1991 21st European Microwave Conference. Piscataway: IEEE Press, 1991: 1131-1135.

[8] WEN C P. Coplanar-waveguide directional couplers[J]. IEEE Transactions on Microwave Theory and Techniques, 1970, 18 (6): 318-322.

[9] DAVIS M E, WILLIAMS E W, CELESTINI A C. Finite-boundary corrections to the coplanar

waveguide analysis (short papers)[J]. IEEE Transactions on Microwave Theory and Techniques, 1973, 21 (9): 594-596.
[10] 郑艳. 基于 CPW 馈电的超宽带平面单极子天线研究[D]. 成都: 西南交通大学, 2019.
[11] COHN S B. Slot line on a dielectric substrate[J]. IEEE Transactions on Microwave Theory and Techniques, 1969, 17 (10): 768-778.
[12] 闫腾飞. 基于新型平面结构的微波滤波器研究[D]. 成都: 电子科技大学, 2017.
[13] 孙发坤. 基于微波传输线的过渡结构和器件设计[D]. 天津: 天津职业技术师范大学, 2018.
[14] MOJICA J F, CASSIVI Y, WU K. Low-cost RF and microwave source design using substrate integrated waveguide technique[C]//Proceedings of 2004 IEEE Radio and Wireless Conference. Piscataway: IEEE Press, 2004: 447-450.
[15] 钟催林. 基于基板集成波导的微波电路研究[D]. 成都: 电子科技大学, 2009.
[16] CASSIVI Y, PERREGRINI L, ARCIONI P, et al. Dispersion characteristics of substrate integrated rectangular waveguide[J]. IEEE Microwave and Wireless Components Letters, 2002, 12 (9): 333-335.
[17] 梁昌洪, 谢拥军, 官伯然. 简明微波[M]. 北京: 高等教育出版社, 2006.
[18] (日)MAKIMOTO M, (日)YAMASHITA S. 无线通信中的微波谐振器与滤波器: 理论、设计与应用[M]. 赵宏锦，译. 北京: 国防工业出版社, 2002.
[19] 蔺云. 阶跃阻抗滤波器 (SIR)研究与设计[D]. 成都: 电子科技大学, 2006.
[20] CHU P, HONG W, TUO M G, et al. Dual-mode substrate integrated waveguide filter with flexible response[J]. IEEE Transactions on Microwave Theory and Techniques, 2017, 65 (3): 824-830.
[21] 何柳, 钟兴建, 范振东, 等. 四阶双模 SIW 带通滤波器的优化设计[J]. 通信技术, 2018, 51 (6): 1473-1476.
[22] CHEN F C, CHU Q X, TU Z H. Design of compact dual-band bandpass filter using short stub loaded resonator[J]. Microwave and Optical Technology Letters, 2009, 51 (4): 959-963.
[23] CHU Q X, TIAN X K. Design of UWB bandpass filter using stepped-impedance stub-loaded resonator[J]. IEEE Microwave and Wireless Components Letters, 2010, 20 (9): 501-503.
[24] ZHOU Y X, QU D X, ZHONG X J, et al. A novel compact ultra-wideband bandpass filter using microstrip stub-loaded triple-mode resonator doublets[C]//Proceedings of 2015 IEEE International Wireless Symposium. Piscataway: IEEE Press, 2015: 1-4.
[25] 杜立航, 屈德新, 缪古. 基于分支线加载谐振器的三频滤波器设计[J]. 军事通信技术, 2011, 32 (1): 47-49.

第6章

高通量卫星通信技术

高通量卫星（High Throughput Satellite，HTS）的容量可以达到传统通信卫星的数十倍，具有传统通信卫星不可比拟的优势。本章首先介绍高通量卫星的定义和发展历程，给出主流高通量卫星的通信体制与标准协议，分析高通量卫星的关键技术与挑战；然后阐述面向新一代高通量卫星的跳波束技术，包括基本原理、系统组成与工作流程；最后重点研究跳波束系统的资源分配方法。未来搭载跳波束载荷的高通量卫星作为天基节点，将成为卫星互联网系统重要的组成部分。

6.1 高通量卫星通信系统概述

1965 年，国际通信卫星组织成功发射 Intelsat-1 通信卫星，开始提供国际通信服务，标志着卫星通信进入商业应用领域。20 世纪末，卫星通信系统的承载业务发生了显著变化，从语音、低速率数据业务转变为高速率的互联网业务，进入了宽带化发展阶段。但随着传输速率的进一步提高、多媒体业务的增多和网络节点规模的不断扩大，受限于卫星有限的通信容量（简称通量），宽带卫星通信系统的大规模推广应用受阻。为了解决通信卫星容量不足的问题，业界和科研机构借鉴陆地无线蜂窝通信的相关技术原理，结合新型的天线技术，在相同可用频谱资源的条件下提高了数倍通信容量，将卫星通信带入高通量发展阶段[1]。

6.1.1 高通量卫星的定义与发展历程

6.1.1.1 高通量卫星的定义

高通量卫星的概念首先由美国北方天空研究所（Northern Sky Research，NSR）在 2008 年提出。高通量卫星采用频率复用和多点波束技术，在同样频谱资源的条件下，整颗卫星的通信容量是传统固定通信卫星的数倍[2]。严格意义上说，高通量卫星并不是一种新的通信卫星，而是对一类大容量宽带卫星进行的归类。高通量卫星通信系统通常利用多波束、点波束、星上波束交换、搭载宽带有效载荷、高效频率复用和使用更高频段等技术，实现通信容量达到数百 Gbit/s，甚至 Tbit/s 量级，显著提高大范围区域的传输容量和传输速度，能大幅降低每比特成本。高通量卫星是卫星通信得以再次蓬勃发展的重要技术基础。

传统卫星与典型 HTS 覆盖如图 6-1 所示，与传统卫星相比，高通量卫星一般具有以下几个技术特点，用于提高系统吞吐量。

（1）高功率的转发器。高通量卫星要求具有百瓦到千瓦级的转发器功率，支持高速传输能力。

（2）采用多点波束技术。采用多点波束天线，不同点波束可以实现频率复用且能量更为聚焦，因此系统支持的用户数量多且传输速率高。

（3）工作频段较高，一般采用 Ka 及更高频段。采用较高频段，可以支持更高的传输速率。高通量卫星系统一般要求 Gbit/s，甚至 Tbit/s 级的传输速率，只有工作在高频段才能通过较大带宽来满足高速率传输需求。

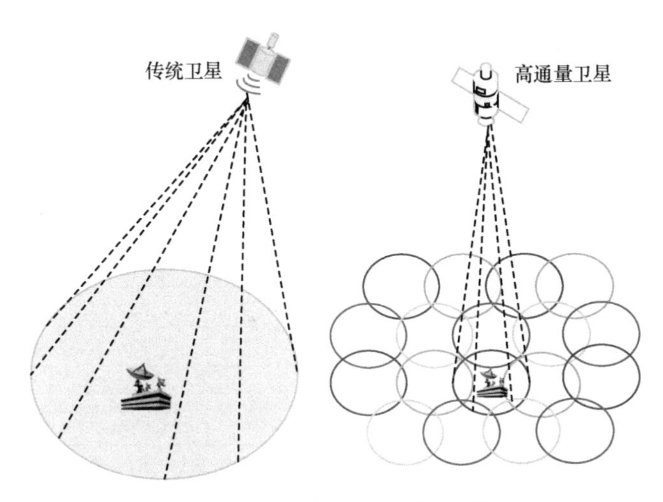

图 6-1　传统卫星与典型 HTS 覆盖

6.1.1.2　高通量卫星的发展历程

按照单星容量，可以把高通量卫星的发展历程分为 4 代[1-2]。

- 第 1 代是 2005—2011 年，单星容量在 50 Gbit/s 左右。

- 第 2 代是 2011—2017 年，单星容量是 50～140 Gbit/s。
- 第 3 代从 2017 年开始，代表是 ViaSat-2 和 EchoStar 19，容量可以达到 200 Gbit/s 以上，也可称之为甚高通量卫星（Very HTS，VHTS）。
- 第 4 代有望在 2022 年以后实现，有学者称之为超高通量卫星（Ultra-HTS，UHTS），包括 EchoStar 24 和 ViaSat-3，容量能接近 1 Tbit/s。

有学者将高通量卫星按轨道划分为地球静止轨道（GEO）卫星和非地球静止轨道（NGEO）卫星两种类型。当前在轨应用的高通量卫星大多以 GEO-HTS 为主，但基于 NGEO-HTS 星座的项目也在实施，有望提供大容量、低时延、全球（或近乎全球）覆盖的服务。如 SES 公司对 O3b MEO 星群的持续扩展，以及 Starlink、Telesat 和 LeoSat 等 LEO 宽带大容量星座项目的设计和建造。

目前全球已有多家卫星运营商投资建造了数十颗高通量卫星或载荷。表 6-1 给出部分已发射的高通量卫星[1]。

表 6-1　截至 2022 年 1 月已发射的部分高通量卫星的基本情况

通信卫星	发射时间	运营商	轨道位置	用户链路频段	容量/(Gbit·s^{-1})
ViaSat-2	2017-06	ViaSat	69.9°W	Ka	260
EchoStar-19	2016-12	Hughes	97.1°W	Ka	220
Inmarsat-5	F1:2013-12	Inmarsat	62.3°E	Ka	50
	F2:2015-02		55.0°W		
	F3:2015-08		180°E		
	F4:2017-05		备用星		
Intelsat EpicNG	IS-29e:2016-01	Intelsat	已损坏	C、Ku、Ka	25～30
	IS-33e:2016-08		60°E	C、Ku	50～60
	IS-32e:2017-02		43°W	Ku、Ka	50～60
	IS-35e:2017-07		35.5°W	C、Ku	45
	IS-37e:2017-09		18°W	C、Ku、Ka	50～60
SES-15	2017-05	SES	129°W	Ku、Ka	—
SES-14	2018-01	SES	47.5°W	C、Ku	—
SES-12	2018-06	SES	95°E	Ku、Ka	—
Horizons-3e	2018-09	Intelsat, SKY Perfect JSAT	169°E	C、Ku	—
AMOS-17	2019-08	Spacecom	17°E	C、Ku、Ka	—
Kacific-1	2019-12	Kacific, SKY Perfect JSAT	150°E	Ku、Ka	60
SES-17	2021-10	SES	—	Ka	—

此外，我国首颗高通量通信卫星实践十三号（中星十六号卫星），于 2017 年 4 月 12 日利用长征三号乙运载火箭发射升空，采用 Ka 频段，共有 26 个用户点波束，能够覆盖我国除西北、东北的大部分陆地和近海 100 km 以上的海域。其后，实践二十号卫星于 2019 年 12 月 27 日随长征五号遥三运载火箭发射升空。该高通量卫星具有 Q/V 频段载荷，相比实践十三号卫星，实践二十号卫星的 Q/V 频段带宽提高了近 3 GHz，达到了 5 GHz，能够为用户提供更多频率资源。并且，实践二十号卫星搭载的跳波束转发控制器，成功开展跳波束星地系统的在轨测试及演示验证。亚太 6D 卫星于 2020 年 7 月 9 号在西昌卫星发射中心由长征三号乙运载火箭成功发射，通信总容量达 50 Gbit/s，单波束容量在 1 Gbit/s 以上，共 90 个用户波束，8 个 Ka 频段馈电波束，整星最大输出功率 16 kW。

随着个人上网、企业数据传输、基站回传、飞机通信、航海通信等需求的日益增长，高通量卫星的应用场景越来越广泛，可以预计未来将出现更大容量的卫星。

6.1.2　高通量卫星的标准协议

2004 年起，欧洲电信标准组织（European Telecommunications Standards Institute，ETSI）等机构相继出台了一系列宽带卫星通信的空中接口协议。表 6-2 给出了有代表性的 3 种主流空中接口协议的简要比较[3]。

表 6-2　3 种主流空中接口协议对比

空中接口协议	前向接入体制	反向接入体制	调制方式	编码方式
DVB	TDM	MF－TDMA	前向：QPSK、8PSK、16APSK、支持 ACM； 反向：QPSK 等	前向：LDPC； 反向：Turbo 或卷积
IPoS	TDM	MF－TDMA	前向：同 DVB； 反向：CE-OQPSK	前向：LDPC； 反向：Turbo 或卷积
RSM-A	波束 捷变 TDM	MF－TDMA	OQPSK	前向：RS、卷积级联； 反向：RS、汉明级联

其中，基于星上再生处理的再生卫星网状网（RSM-A），采用星上再生式处理转发技术，可实现网内用户终端之间的单跳通信，目前已在休斯公司研制的宽带卫星通信系统 Spaceway3 上成功应用[4]。IPoS 标准主要基于传输层的 TCP/IP，提出了基于 IP 的卫星宽带服务业务，并争取与地面 IMT-2000 标准融合。而数字视频广播

（Digital Video Broadcast，DVB）标准，是一系列被国际所承认的数字电视公开标准，得到了广泛的应用。

下面以DVB-S协议簇为例，进一步介绍基于DVB-S协议的HTS系统空中接口标准的发展历程及特点。

6.1.2.1 DVB–S、S2和S2X协议简介

DVB-S（DVB-Satellite）是关于卫星数字视频广播的第一代标准，提供了一整套适用于卫星传输的数字电视系统规范。典型的DVB-S系统，其数据流的调制可采用四相移相键控（QPSK）调制方式，工作频率为11/12 GHz。在使用MPEG-2MP@ML格式时，用户端若达到CCIR601演播室质量，码率为9 Mbit/s；达到PAL质量，码率为5 Mbit/s；一个54 MHz转发器传送速率可达68 Mbit/s，可用于多套节目的复用[5]。

DVB-S2标准是在DVB-S基础上发展起来的第二代卫星数字视频广播标准，于2004年完成方案文本并于2005年颁布。它采用了新的工作模式、调制方式和纠错编码方式，显著改善了卫星传输效率。

DVB-S2数据信道传输的整体框架如图6-2所示[6]，分为模式适配、流适配、前向纠错、星座映射、物理成帧、基带成形和正交调制6个主要部分。

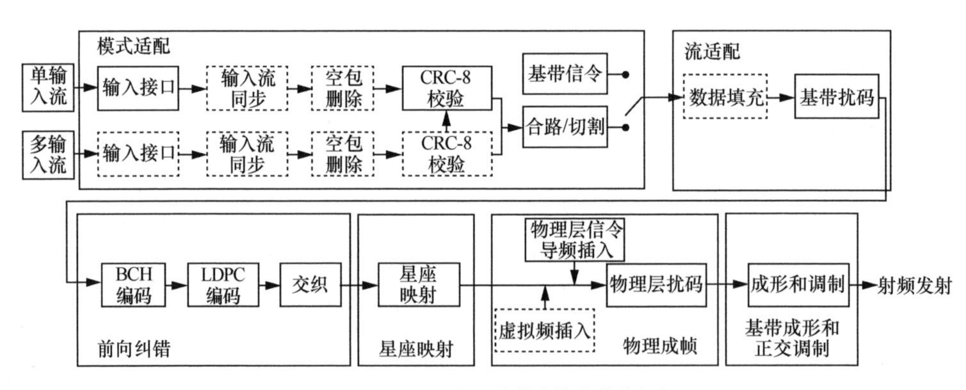

图6-2　DVB-S2数据信道传输的整体框架

输入端的数据流经过模式适配后输出统一格式的包流；通过流适配进行数据填充、扰码后成为基带帧（BBFRAME）；然后对BBFRAME进行前向纠错（Forward Error Correction，FEC）和交织后生成前向纠错帧（FECFRAME）；再经过不同调制方式的星座映射后变为复前向纠错帧（XFECFRAME）；XFECFRAME经过添加

信令、导频和扰码后，变为物理层帧（PLFRAME）；对 PLFRAME 进行成形后，最后通过调制将基带信号转换为适合卫星信道的射频信号。

随着技术的进步和新应用需求的提出，2012 年，由 Newtec 公司牵头，DVB 卫星电视行业的运营商、设备制造商、卫星专家等开始研究 DVB-S2X 标准并加强相关产品的互通性。其目标是在 DVB-S2 的基础上较大幅度地提高频谱效率，并拓展应用场景，以及发展 Ka 频段卫星、宽带转发器等新的高通量卫星技术[7]。

DVB-S2X 于 2014 年由 ETSI 正式颁布。其改进之处主要有以下几点[8]。

（1）更小的滚降系数

滚降系数是信号占用带宽及频谱利用率的决定因素之一。DVB-S2 系统所采用的滚降系数分别有 0.35、0.25、0.20，而 DVB-S2X 系统所采用的滚降系数分别为 0.15、0.10、0.05，因此 DVB-S2X 信号的频谱要比 DVB-S2 信号陡峭，有利于频谱效率的提高[8]。

（2）更加密集的编码调制方式

DVB-S2X 采用了更高阶数的 PSK 调制，最高可达 256 APSK。因此，DVB-S2X 比 DVB-S2 更容易对卫星转发器的非线性进行补偿，频谱利用率也更高。另外，星载天线可以做得更大，卫星的转发功率得到提高，这对于实现 Ka 频段的点波束区域广播具有重大意义。由于可以采用更高阶的调制方式，加之采用了更精细粒度的调制编码模式（Modulation and Coding，MODCOD），DVB-S2X 相比于 DVB-S2 的频谱效率最大提高了 51%，更接近香农极限。频谱效率的对比如图 6-3 所示[7]。

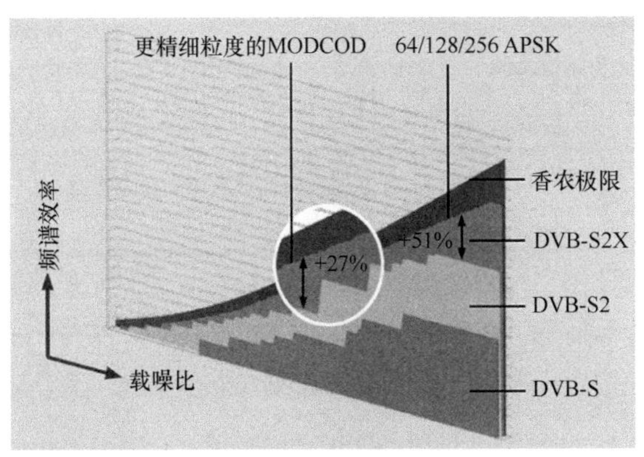

图 6-3　DVB-S2X 与 DVB-S2 频谱效率对比（原图）

（3）针对线性与非线性星座引入新的星座选择

DVB-S2 的 MODCOD 仅聚焦于卫星广播，其调制星座适合于准饱和转发器。

而与之不同的是，DVB-S2X 技术规范则分为线性 MODCOD 与非线性 MODCOD，主要用于高速数据通信业务，增益可提高 0.2 dB[8]。

此外，DVB-S2X 规范的其他改进还包括多达 3 个通道的通道绑定以支持更高的综合数据速率，支持低至–10 dB 信噪比环境下的应用，支持超帧等。

由于这些新措施的引入，DVB-S2X 可以获得更细化的模式设置以适应不同的应用需求。

6.1.2.2 DVB–RCS 和 DVB–RCS2 协议

DVB-RCS 是由 ETSI 于 2000 年制定的双向宽带卫星通信标准，采用 DVB 广播和 MF-TDMA 多点回传的工作方式，信关站和远端站以非对称的前向和回传链路速率实现双向通信。DVB-RCS 交互业务通信系统的模型框图如图 6-4 所示[9]。

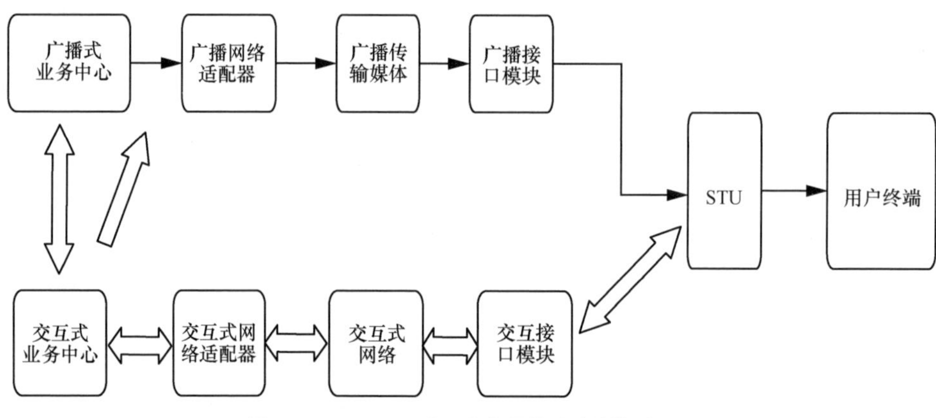

图 6-4　DVB-RCS 交互业务通信系统的模型框图

为了提升系统标准对业务的适应能力，2012 年，ETSI 正式发布了第二代双向交互式数字视频广播标准 DVB-RCS2。DVB-RCS2 作为数字视频广播卫星系统的一个扩展标准，旨在提供标准化的宽带交互连接。它定义了卫星运营商和用户终端之间空中接口的物理层和 MAC 层协议，以及终端管理者对用户的高层控制管理协议，同时定义了用于双向卫星网络的较低层协议规范[10]，以支持透明卫星网络（描述了星形和网状覆盖的拓扑结构，如图 6-5 所示[11]）和再生卫星网络（描述了交互网络的拓扑结构，如图 6-6 所示[11]）。

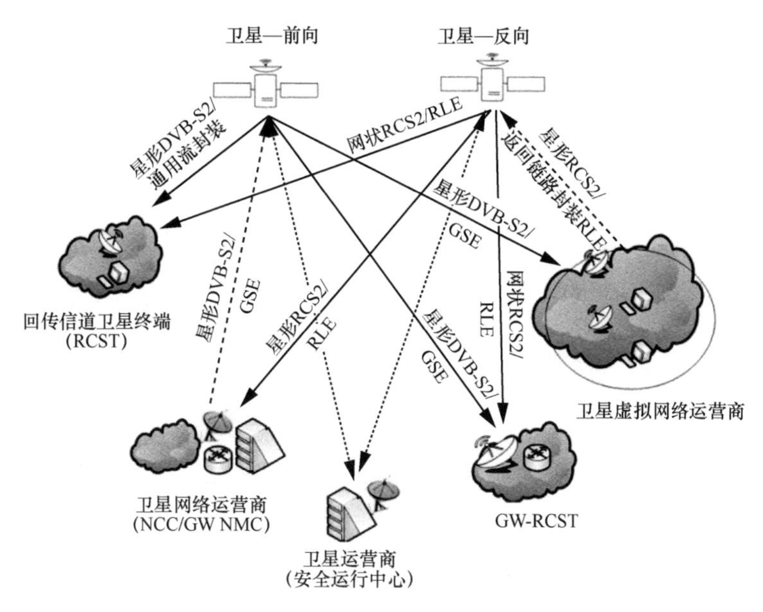

图 6-5　DVB-RCS2 透明卫星网络拓扑结构

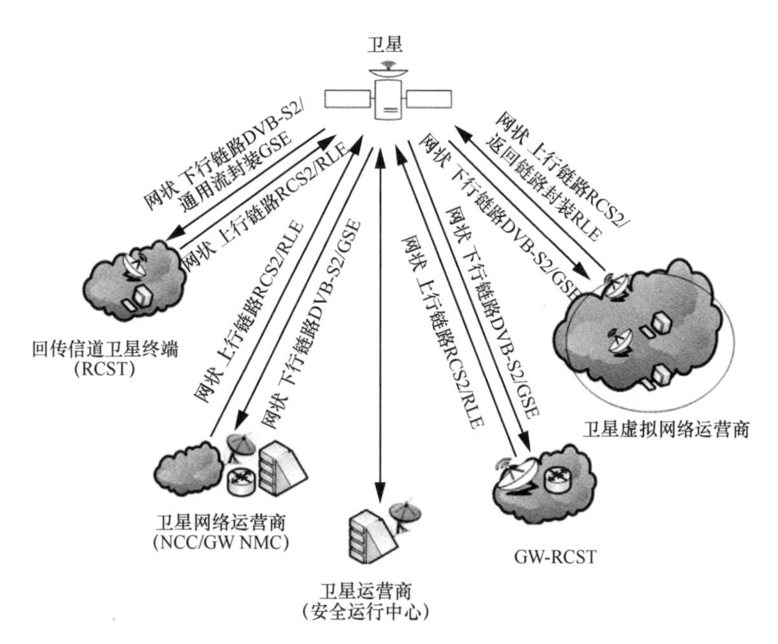

图 6-6　DVB-RCS2 再生卫星网络拓扑结构

DVB-RCS2 相比于 DVB-RCS，进行了大规模的扩展，主要体现在波形、接入流程、高层控制管理协议 3 个方面[11]。

（1）波形方面

相对于第一代 RCS 前向链路采用 DVB-S 标准，DVB-RCS2 前向链路在兼容原有协议的基础上采用 DVB-S2 标准，在传输条件允许的情况下，采用高阶调制和先进的编码方式，提高了传输容量。DVB-RCS2 采用通用流封装（GSE）来替代传输流（TS），可支持不同类型的基带帧，并且数据包的传输参数（调制方式、编码速率等）均可调整。因此有效节省了开销，实现传输效率最大化，同时符合新一代系统对 IP 数据的传输要求[11]。此外，DVB-RCS2 在反向链路中引入连续相位调制技术（CPM），改进了编码方式，提高了小站的传输效率[3]。

（2）接入流程方面

为了提高通信链路利用率和适应不同业务需求，DVB-RCS2 将 DVB-RCS 的粗同步过程与精同步过程合并为 TDMA 同步过程，优化设计了包括初始化、登录、TDMA 同步、同步监测、退网等过程的全新接入流程。此外，DVB-RCS2 增加了随机接入和长时间不确定性接入，为突发小数据提供了灵活的接入方式，提高了小站的自主性[11]。

（3）高层控制管理协议方面

DVB-RCS2 不仅定义了系统的低层（物理层和链路层）协议，还定义了系统的高层协议[3]，包括网络管理、服务质量保证、运营支持的强制规范，使用户接入 IP、互联网及其他网络更加规范化，拓展了系统业务应用的广泛性。其协议栈模型如图 6-7 所示[3]。此外，DVB-RCS2 还增加了功率控制报告，可有选择地控制各个方位用户的有效传输功率，不仅可以节约设备能耗，还可以有效延长设备使用寿命。在不需要传送信息的方向（区域）低功耗运行，仅维持设备的在线状态即可[11]。

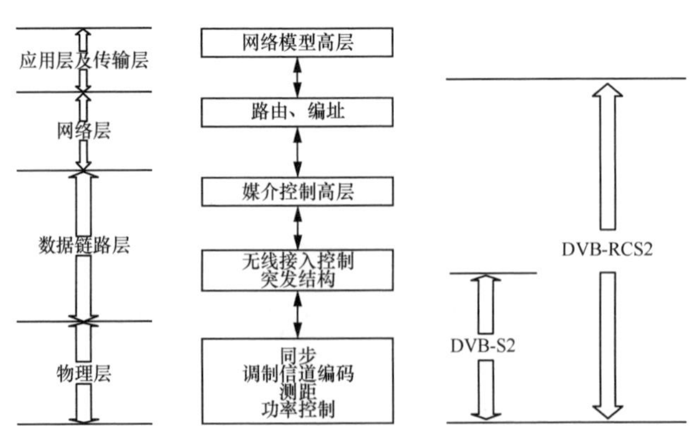

图 6-7　DVB-RCS2 协议栈模型

通过上述改进，DVB-RCS2 可实现更高的封装效率、更高的频谱利用率，支持更多样的站型及应用场景。

6.1.3　高通量卫星的关键技术与挑战

高通量卫星将向覆盖全球化、网络宽带化、通信高频化、卫星载荷灵活化、终端天线平板化、应用移动化等方向发展。其中需要解决的关键技术主要有以下几项[12]。

（1）开展频谱共享技术研究。随着多个低轨高通量卫星通信星座的兴建，频率资源变得越来越稀缺，频率协调难度越来越大，尤其是低轨星座全球覆盖的特征，使得独立专享频率资源已变得越来越困难，亟须通过频谱共享技术实现多星座共存。因此多个低轨星座之间、高低轨卫星之间、天地异构通信系统之间的频谱共享技术，成为低轨宽带通信星座成功建设的必要条件。

（2）开展星载有源大规模相控阵天线技术研究。有源相控阵天线因其具有波束灵活可赋形、指向可变的优势，被越来越多地应用于高通量卫星。同时，为了满足终端发射功率小、业务带宽大的要求，星载有源相控阵需要有较高的增益，相应的相控阵天线通道数和阵列规模也比较大。因此，星载有源大规模相控阵天线的设计成为新一代高通量卫星的关键技术之一。

（3）积极发展跳波束技术。传统的高通量卫星大多采用转发器通道与点波束相对固定的组合方式，随着点波束的增多，星载设备量急剧上升。同时，每个波束占用的带宽等资源是固定的，然而用户业务类型的多样性、业务分布的空间不均匀性和时变性，加剧了传统固定式资源配置的碎片化程度，不能很好地满足用户的业务需求。因此新一代的高通量卫星采用跳波束技术来提高卫星系统资源分配的灵活性。跳波束技术不需要所有的波束同时工作，可根据用户的业务需求，通过时间分片将点波束从既定的覆盖布局实时指向期望的区域，从而降低设备复杂度，提高资源利用率，适应用户业务的时空不均分布。

（4）开拓新的工作频段，研制相应的设备产品。目前高通量卫星大多采用 Ka 频段，但该频段已日益拥挤。为了实现高通量数据传输要求，需要向更高的 Q/V、太赫兹和激光等频段发展，从而获得更多的工作带宽资源，以提高卫星的通信容量。同时积极研发天线、转发器和星上处理器等载荷设备，提高相关设备的成熟度和实用性，并进一步向小型化和轻量化方向发展。

未来，卫星互联网的发展，以及高清4K、虚拟现实等新型多媒体业务需求的增多，将会带来巨大的带宽增量需求，有力地促进高通量卫星技术的发展和建设。同时在万物互联的趋势下，物联网与车联网等场景将产生海量的数据，需要突破无线连接对地面网络的依赖，真正实现“全连接”，这将极大发挥高通量卫星通信系统的价值。

6.2 面向新一代高通量卫星的跳波束技术

6.2.1 跳波束技术基本原理

在传统的多波束卫星通信系统中，整颗卫星的资源一般根据事先确定的规则分配到各个波束，分配给每个波束的资源在卫星寿命期内通常是固定不变的，系统往往只能在单个波束的局限下调配可用的资源。这无疑将造成卫星资源的“碎片化”调度。另外，波束数目的大幅度增加，不仅使得卫星资源“碎片化”情况加重，也会造成相应卫星载荷设备量大幅增加。更为严重的是，由于用户业务类型多样、业务分布时空不均匀，这种“碎片化”的资源配置方式，最终导致通信资源的巨大浪费，很难实现多样化、动态化业务需求的高效传输。

针对以上背景，研究人员提出了跳波束技术[13]，该技术能够提高链路的传输能力，满足时空动态分布、需求迥异的业务需求。其基本思想是利用时间分片技术，在同一个时刻，并不是卫星上所有的波束都工作，而是只有其中的一部分波束工作。波束按需跳变到有业务请求的波位，为其提供服务，大大减少了因信道空闲而造成的资源浪费。此外，工作波束能够使用系统的全部带宽和功率，实现了星上频率资源和功率资源的池化。相比于传统的多波束卫星通信系统，跳波束技术能够更好地满足业务需求不均衡的应用场景，被认为是新一代高通量卫星的关键技术。跳波束技术示意如图6-8所示。

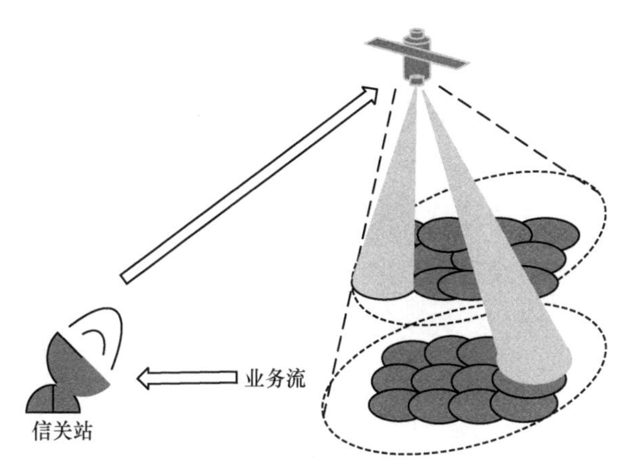

图 6-8　跳波束技术示意

6.2.2　跳波束卫星系统发展历程

跳波束技术一经提出便引起了广大研究人员的广泛关注，为了能够将跳波束技术更好地应用于实际的卫星通信系统中，业界已开展了多个跳波束技术验证项目。

（1）美国国家航空航天局的 ACTS 试验卫星

1993 年发射的 ACTS（Advanced Communications Technology Satellite）试验卫星，是第一个展示 “跳波束” 初样的试验型卫星，其波束有 5 个、覆盖区域内波位有 51 个。在功能上，它不仅实现了小型化地面站，降低了卫星的发射功率，还提高了近 3 倍的系统容量。

（2）美国休斯网络系统公司的 Spaceway3 卫星

该卫星由美国休斯网络系统公司耗时 8 年研制，耗资近 20 亿美元，于 2007 年 8 月 15 日发射，系统总通信容量为 10 Gbit/s，能够容纳近 165 万的用户终端。

该卫星使用了独特的星上交换技术，使终端之间能够快速实现网状通信，大大缩短传输时延。此卫星共有 896 个点波束，每个点波束半径约为 100 英里（1 英里约为 1 609.34 m），其中上行点波束约占 13%，下行点波束约占 87%[14]。

（3）欧洲通信卫星公司的“量子号”卫星

第一颗量子号卫星于 2021 年 7 月 30 日搭载阿丽亚娜 5 型火箭发射升空，具有覆盖美洲、欧洲和非洲的能力。该型号卫星最大的特点是“有效载荷基于软件无线电通用硬件平台，卫星功能由软件来定义”。它通过接收地面传达的指令来实现对星上波束的控制，同时通过软件操纵覆盖范围内的形状和方向的方式来达到提高星上资源利用率的目的[15]。

（4）我国的实践二十号高通量卫星

实践二十号卫星于2020年1月5日成功定点。该卫星基于东方红五号卫星平台，搭载了我国首个跳波束转发器系统，实现了跨区域星地通信试验，可以将业务容量至少提高一倍，满足卫星覆盖范围内跨区域用户之间的高速通信需求，并且能够灵活接入地面5G移动通信网络，为地面移动网无法覆盖的区域提供大容量宽带通信服务[16]。

6.2.3 跳波束卫星系统的组成

跳波束卫星系统由支持跳波束的灵活有效载荷、信关站、网络控制中心（Network Control Center，NCC）和用户终端（UT）组成，如图6-9所示。信关站到用户终端的前向链路可采用兼容DVB-S2/S2X协议的跳波束工作方式，将信关站的数据流以TDM方式发送给卫星，通过卫星跳波束控制器将不同的数据流切换到不同的波束下。反向链路可采用DVB-RCS/RCS2技术，用户终端以MF-TDMA方式接入卫星，通过卫星透明转发到地面信关站或网络控制中心，建立用户终端之间的通信链路，从而实现任意用户终端之间的互联。

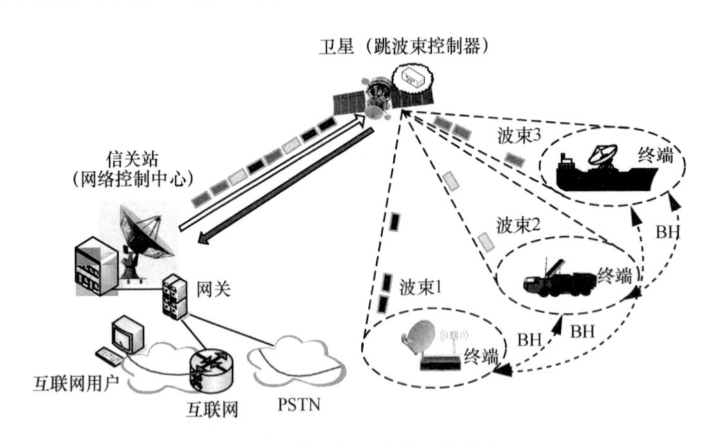

图6-9 跳波束卫星的系统组成

（1）支持跳波束的灵活有效载荷

支持跳波束的灵活有效载荷的主要部件包括跳波束控制器、微波开关矩阵和多

端口放大器等。其中跳波束控制器的主要功能是接收并解析系统的跳波束控制指令，控制相应波束完成跳跃的动作。一般来说，波束切换和波束成形是两种主流的波束跳跃实现方案。在波束切换方案中，行波管放大器（Traveling-Wave Tube Amplifier，TWTA）的输出连接微波开关矩阵，按照跳波束控制器的指令引导信号切换到指定的波束馈电网络[17]。如图 6-10 所示，每个 TWTA 连接到一组备选的波束，这样在单个时隙中只有一个波束被激活。微波开关矩阵可由多个铁氧体开关组成，且路数比可以是 1∶2、1∶4、1∶6 等。在这种方案中，除了在地球上的投影而产生的差异性，每个被激活的波束在大小、形状和性能上都是相似的[18]。

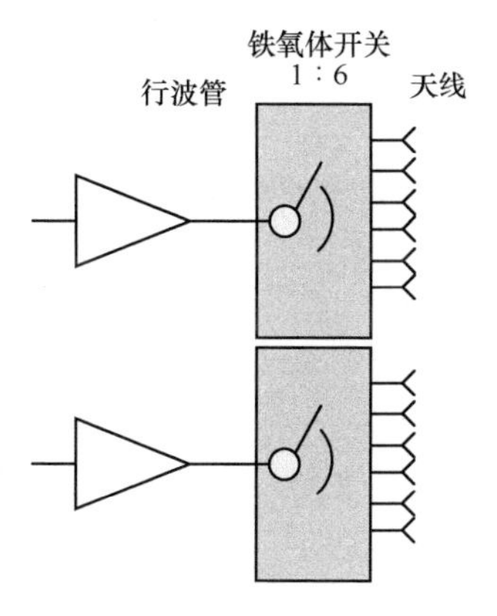

图 6-10　波束切换开关矩阵

在波束成形方案中，通常采用相控阵天线来实现波束的快速成形和方向控制。波束成形方案的主要优点是每个波束的指向、大小、形状和 EIRP 可以根据需求进行调整[19]。更重要的是，相控阵天线配合多端口放大器（MPA）使用，可实现功率的灵活分配[20]。在传统卫星有效载荷中，每个转发器提供单独的带宽和功率池。例如，在传统的宽波束卫星中，一般安装有数十个 36 MHz 或 54 MHz 带宽的转发器，每个转发器都由专用的数十瓦到一百多瓦的行波管放大器来放大信号，转发器之间是不能调度功率和带宽资源的。由于用户的业务需求是随时间变化的，当根据峰值分配资源时，它们可能在非高峰时间未得到充分利用，因此必须调整分配的资源以满足高峰需求。使用多端口放大器（MPA）的灵活载荷能够克服这个缺陷，它可以进行系统功率汇聚，并且动态地将功率资源从低需求波束移动到高需求波束[20]。

MPA 的主要组件[20]是输入矩阵（IBM）、高功率放大器（HPA）和输出矩阵（OBM）。电磁波信号由 IBM 输入，通过 HPA 放大，并在 OBM 重新组合。如果有必要且需求合理时，所有功率都可以映射到一个输出端口。图 6-11 展示了一个 8×8（8 输入 8 输出）MPA 模型。

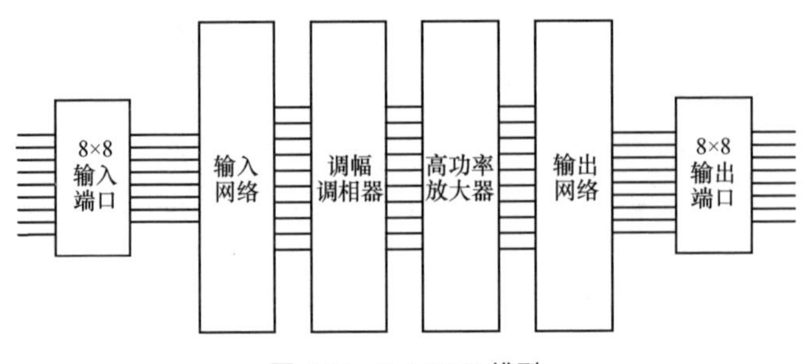

图 6-11　8×8 MPA 模型

（2）信关站

信关站主要提供与地面网络的接口，通过各种标准或专用的接口设备，提供与电话网（PSTN、ISDN）和互联网等的接入与互联。为保证接入速率和服务质量，信关站针对不同的用户和业务应能够提供相应的服务保障。

（3）网络控制中心

网络控制中心负责管理整个卫星通信网络，主要的功能包括跳波束控制指令的生成、用户接入控制、资源分配与管理、用户信息管理、系统网络管理、系统业务统计、用户费用统计等。在跳波束系统中，NCC 根据各用户的业务需求进行时隙资源分配，生成跳波束时间计划表，包括波束驻留时间、波束跳变周期、重访时间等。

（4）用户终端

终端中既有可单独进行通信的小型终端，也有和外部互联网、PSTN 等相连的大型站。

6.2.4　跳波束卫星系统的通信体制

针对传统多波束卫星通信系统上行链路功率资源按用户能力进行调度、频率资源按波束进行调度的碎片化管理模式的不足，结合空间信息网络用户差异大、业务多样化的特点，兼顾终端小型化需求，文献[21]在 DVB-RCS/RCS2 协议的基础上，提出基于“多波束+频分复用+多载波”的上行链路通信体制，利用“多波束”解决用户对大容量、小型化的需求，利用“频分复用”有效解决各信道同频干扰的影响，利用“多载波”解决用户对不同组网应用模式和终端能力的需求，在实现卫星资源充分利用的前提下，满足各类用户的随需接入需求。针对传统多波束卫星通信系统下行链路功率和频率资源调度中存在的碎片化现象，结合空间信息网络业务分布的时空不均匀性和多载波工作时需要功率回退的特点，文献[21]提出基于“跳波束+时间分片+单载波”的下行链路通信体制。利用“跳波束”实现功率和频率资源的随需集中、解决业务分布的空间不均匀性问题，利用“时间分片”实现功率和频率资源的高效调度、解决业务分布的时间不均匀性问题，利用“单载波”实现对卫星功率资源的充分利用、解决多种业务的融合传输问题，以实现资源的全局灵活调度，构建可“满功率、全带宽”运行的新一代大容量下行链路通信体制。

具体内容和分析如下[21]。

（1）“多波束+频分复用+多载波”的上行链路通信体制

传统多波束卫星通信系统上行链路在支持空间信息网络多样化业务过程中，面临着按波束进行碎片化频率配置造成的频率资源调度能力弱，空分频率复用导致机动终端跨波束切换时的短时通信中断，不同业务采用不同通信体制导致难以实现多业务融合传输等问题。

采用“多波束+频分复用+多载波”这一体制后，对不同用户、不同业务的需求，可以通过对频率资源更加灵活的调度和优化配置满足业务对传输能力的要求。在该体制中，主要通过以下技术手段解决传统卫星通信体制中存在的资源碎片化现象和对快速移动目标支持能力不强等问题，实现多业务的融合传输。

① 多波束：通过多波束实现对地面目标的覆盖，有效提高功率效率，同时通过空分频率复用提高频率利用效率，在一定程度上满足高速通信对天线高增益和终端小型化的要求。

② 频分复用：采用四色频分复用技术，在保证较高的频谱利用率的前提下，增加各波束间的隔离度，降低波束间的干扰。

③ 多载波：在每个波束内，各用户群根据需求分配不同的带宽，并通过多载波方式接入卫星，从而实现了一个波束内不同类型用户多样化业务的融合传输和随需接入，同时也利于满足终端小型化的需要。

④ 信道化：通过信道化技术解决各波束间的连通性、馈电链路带宽受限和噪声功率累加等问题。

（2）“跳波束+时间分片+单载波”的下行链路通信体制

在传统多波束卫星通信系统中，卫星的全部功率和频率资源通常是按照一定的规则分配给各个波束，每个波束只能使用卫星全部资源的一部分，造成资源分配的“碎片化”现象。同时，由于转发器通常工作在多载波模式，为使功放工作在线性区，需要进行功率回退，导致功率利用率的进一步下降。基于“跳波束+时间分片+单载波”的通信体制在保证波束间符合同频干扰要求的条件下，将所有点波束动态划分为不同的波束簇。该通信体制具有以下几个方面的特点。

① 跳波束：通过工作波束在多个波位切换跳变对频率或功率进行灵活调度。每个波束簇内只有一个点波束被激活工作，服务该波束簇的多个波位，避免了波束簇内的同频干扰，从而使得每个波束都可以簇内“全频带、满功率”工作。

② 时间分片：从时域上对卫星资源进行优化，将系统资源以时隙为单位分配给各个波束，这种灵活的分配方式可以满足各波束不同的业务需求。

③ 单载波：每个波束内单载波工作，各业务流分配不同的时隙进行传输，从而避免了功率回退，可以满功率工作。

为支持跳波束技术，适应时间分片的不连续特点，DVB-S2X 协议详细介绍了超帧（Super Frame，SF）的架构[22]。一个超帧可容纳多个物理层帧，其架构如图 6-12 所示。

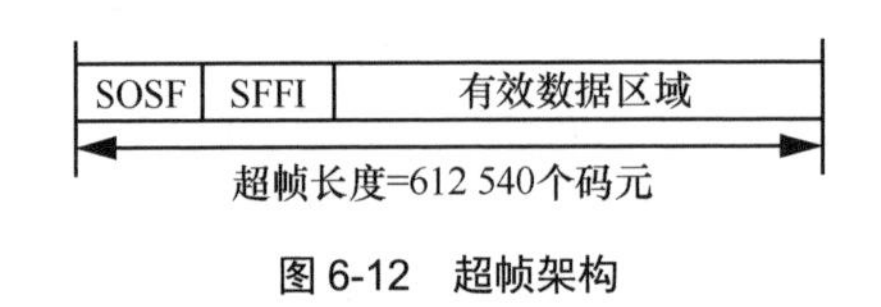

图 6-12　超帧架构

超帧的提出对支持跳波束的高通量卫星宽带空中接口协议和波形设计有重要意义，但 DVB-S2X 协议仅提供了一个概念性参考[23]，实际应用超帧结构还存在以下问题。

（1）超帧长度远大于物理层帧，增大帧长能够提高传输效率，但是过长的超帧会给同步带来难度[24]。

（2）基于时间分片的波束切换是跳波束技术的核心，但波束切换不可避免地带来切换时延，如何避免切换时延对数据传输的影响，是超帧设计亟待解决的问题之一。

为解决以上问题，在兼容 DVB-S2X 协议的基础上，可以将物理层业务帧每 90 个符号划分为一个容量单元（Capacity Unit，CU），每 16 个容量单元插入一个导频块，从而解决同步问题；然后在帧头中插入 TDM 帧信息，包括波束簇号、波束编号、BHS 号、超帧号；最后还需在超帧结尾插入哑元符号块，用于解决切换时延问题。图 6-13 是优化后的超帧结构及其与物理层帧的对应关系。

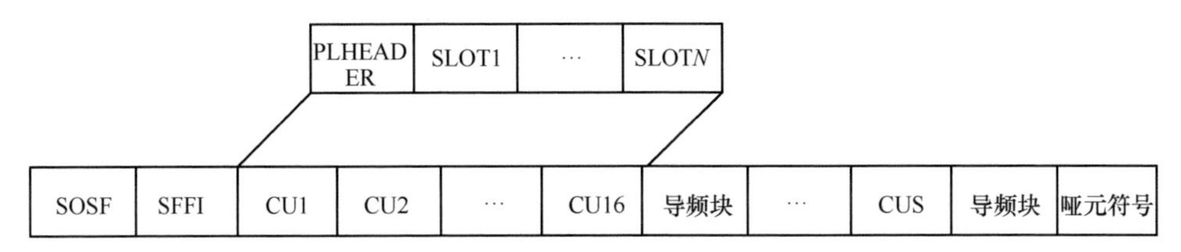

图 6-13　优化后的超帧结构及其与物理层帧的对应关系

各部分的物理意义如下。

（1）SOSF（Start of SF）由 270 个正交 Walsh-Hadamard 码元组成，用于检测和同步超帧，同时标志着超帧开始。

（2）SFFI（SF Format Indicator）由 450 个码元组成，用来指示超帧种类、波束簇号、波束编号、BHS 号、超帧号等信令信息。

（3）有效数据区域共 611 820 个码元，作为物理层帧的载体，每 90 个码元划分为一个容量单元。

（4）导频块由 36 个码元组成，每 16 个容量单元插入一个导频块[25]，用于解决同步问题。

（5）哑元符号，一般在超帧结尾插入哑元符号块[26]，用于解决切换时延问题。

为了兼容 DVB-S2X 协议，适应跳波束的特点，超帧的架构还需遵守如下准则。

（1）所有类型的超帧结构保持一致，长度固定为 612 540 个码元（DVB-S2X 协议推荐的固定长度）。相同的结构和固定的长度既能够兼容 DVB-S2X 协议，又能辅助接收端进行检测和同步。

（2）为了避免突发错误和同频干扰，对于超帧的帧头（SOSF+SFFI）和数据区域，可以分别选择不同的方法进行加扰，且波束之间的加扰序列不同。

（3）哑元符号块会影响业务帧信息的传输效率，因此连续多个超帧服务同一波束不需要在结尾处插入哑元符号块，只有当该超帧结束之后进行波束切换，才必须插入哑元符号块。哑元符号长度与码元速率、波束切换开关时延、时隙切换时间的关系为

$$\text{时隙切换时间} \geqslant \frac{\text{哑元符号长度}}{\text{码元速率}} \geqslant \text{波束切换开关时延}$$

据此，可设计哑元符号长度，避免长度冗余造成的传输效率降低。

6.2.5 跳波束卫星系统的工作流程

基于上述给出的“多波束+频分复用+多载波”的上行链路通信体制和“跳波束+时间分片+单载波”的下行链路通信体制，文献[21]针对空间信息网络的多样化业务模型，基于跳波束和时间分片的信息服务流程，设计一系列包含波束、频率、时隙等资源的控制、调配的工作流程，保证各类用户能以最适当的方式接入空间信息网络，实现最优化的信息服务。

如图 6-14 所示，跳波束卫星系统的架构及通信体制设计主要分为以下几个工作步骤。

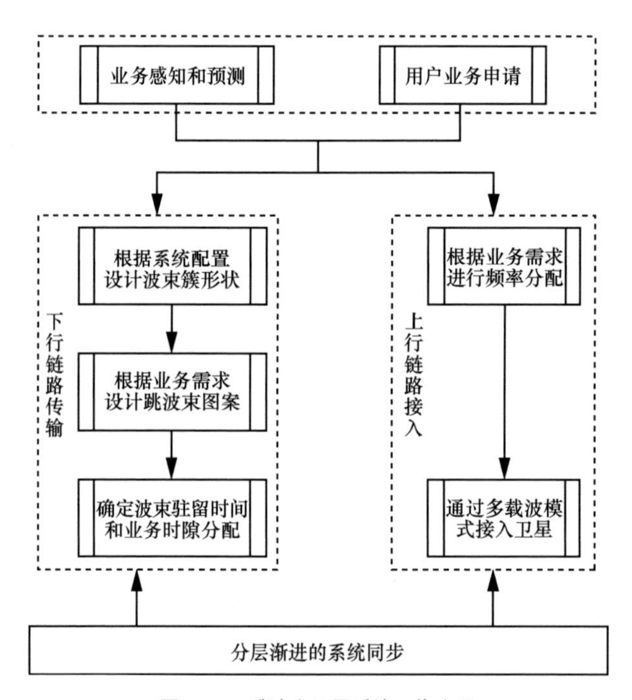

图 6-14　跳波束卫星系统工作步骤

业务感知和预测：系统利用控制信道对用户业务类型、业务量进行采集和统计分析，并对即将到来的业务的类型和流量进行预测；系统将根据业务感知与预测结果和来自用户的业务申请，对资源进行调度和分配。

下行链路传输：首先根据系统配置设计波束簇，然后根据业务感知预测结果和用户申请状况设计跳波束图案，并确定各波束驻留时间和业务时隙分配数量，实现多种业务的高效融合传输。

上行链路接入：系统工作过程中需要根据业务分布、用户需求，在上行链路接入中动态调整不同用户的频带资源，共享同一频率资源池，保证频率资源的有限分配和共享，解决高速运动节点频繁的波束切换问题，实现多业务的融合传输；然后承载各种业务的终端设备通过多载波模式共同接入卫星。

分层渐进的系统同步：整个系统基于业务特征、采用时间分片方式实现波束资源的灵活调度和用户的自适应传输，因此必须做到信关站、卫星、终端三者的网同步，才能实现波束的跳变，保证该技术的工程可行性。同时由于系统采用“跳波束”的工作模式，用户与卫星不具备持续连通的下行通道，因此除了常规的 TDM 系统同步技术，系统还采用了多种方法和措施，从多个层次保证了全网的时间同步和用户的高效接入。综合前文，其具体措施如下。

（1）在业务帧层面上，为避免超帧长度较长带来的同步困难问题，在数据字段周期性地插入导频块，辅助终端进行同步。

（2）在链路层面上，由于控制信令与业务超帧的帧头结构相同，但长度大大缩短，因此可利用控制信令引导业务载波快速同步。

（3）在系统层面上，信关站、卫星、终端三者都严格按照 NCC 生成的跳波束时间计划表进行工作：信关站按照跳波束时间计划信令在馈电链路依次传输相应波束的业务，卫星解析跳波束时间计划信令完成波束的同步切换，用户终端遵循跳波束时间计划信令在指定时隙内完成业务的收发。

6.3　跳波束系统的资源分配方法

6.3.1　时空二维卫星宽带业务模型

卫星互联网宽带业务主要是指人与人（Human to Human，H2H）之间通信产生的语音或数据业务，因此其业务模型主要取决于人口密度和时间这两个因素。其原因在于：H2H 通信的业务分布与人口密度或 GDP 呈显著的正相关；H2H 通信业务的通信时段具有较强的周期性。由此，可从空间分布和时间周期变化两个维度对卫星互联网宽带业务进行建模[27-28]。

（1）业务空间分布建模

首先对波束覆盖区域按照经纬度进行网格划分，以我国部分地区为例，可对波束覆盖范围按经度每隔 1.5°、纬度每隔 1.25°划分为 559 个网格。业务量强度[29]计算公式定义如下

$$\rho(i)=\lambda_i T_i \sum_i n_i \tag{6-1}$$

其中，$\rho(i)$ 表示第 i 个网格的业务量强度，λ_i 表示第 i 个网格内的业务平均达到率，T_i 表示第 i 个网格内的业务平均服务时长，n_i 表示第 i 个网格内的卫星宽带用户数量。为简化计算，假设各省份的用户均匀分布，可以通过面积比计算每个网格内的用户数量，具体公式如下

$$n_i=\frac{A_{i,k}}{\sum_i A_{i,k}} N_{i,k} \tag{6-2}$$

其中，$A_{i,k}$ 表示省份 k 的第 i 个网格面积。$N_{i,k}$ 表示第 i 个网格所在省份 k 的用户数量，与当地的人口密度、卫星宽带服务的普及率、卫星宽带服务的使用率等[30]相关。

另外，单个网格面积计算公式为

$$A \approx l_\mathrm{a} l_\mathrm{b}=R_\mathrm{E}^2 \times \frac{\pi}{120} \times \frac{\pi}{144} \cos\theta_\mathrm{c}=R_\mathrm{E}^2 \times \frac{\pi^2}{17\,280} \times \cos\theta_\mathrm{c} \tag{6-3}$$

其中，l_a 表示每个网格沿经度方向的长度，l_b 表示每个网格沿纬度方向的长度，θ_c 表示每个网格中心纬度值，R_E 表示地球半径。综上，可求得各波束覆盖范围内的网格业务强度之和，并参考卫星宽带业务所需的带宽、速率等，最终得到业务量的空间分布模型。

（2）时间变化模型

业务量不仅具有区域差异性，还存在随时间的周期变化性。为分析业务量变化受时间因素的影响，描述其在一天之内的相对变化情况，文献[31]中提出了一个归一化业务量时间加权因子，在一日（24 h）之内，根据人们日常的活动规律，在不同的时间段，给业务量分配一个时间加权系数作为业务量的时间变化模型，如图 6-15 所示。将时间加权因子与业务需求峰值加权，便可得到业务量随时间变化模型，以一个 GEO 卫星点波束为例，仿真其业务量随时间变化的情况，如图 6-16 所示[27-28]。

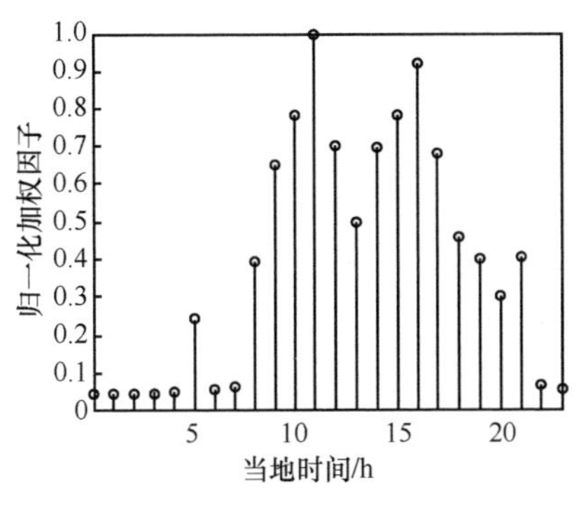

图 6-15　时间变化模型

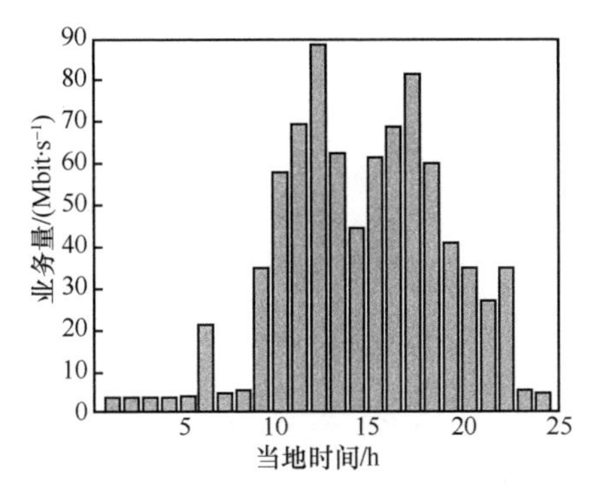

图 6-16　某个点波束内业务量随时间变化情况

6.3.2　波束跳变周期和波束驻留时间

图 6-17 是波束跳变周期和波束驻留时间工作机制示意，其具体参数如下[32]。

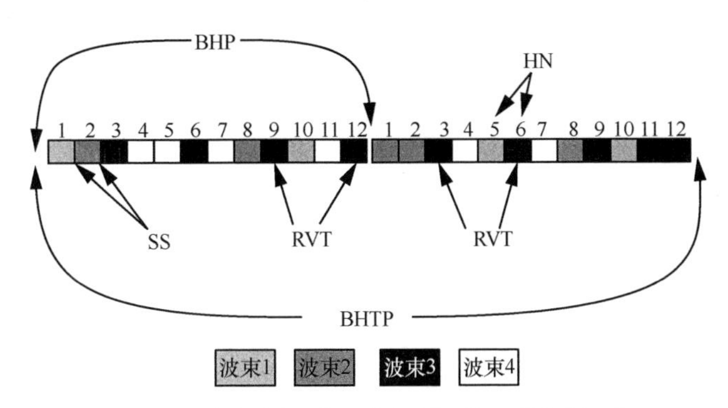

图 6-17　波束跳变周期和波束驻留时间工作机制示意

（1）跳波束时隙（Beam Hopping Slot，BHS）：BHS 指的是分配给一个波束的最小持续时间。可根据用户业务需求，分配给各波束相应的时隙个数。BHS 作为物理帧的时间载体，一般为毫秒量级。

（2）跳波束周期（Beam Hoping Period，BHP）：遍历一次所分配的 BHS 序列所需的时间。DVB-S2X 附录 E 中推荐的 BHP 包含 128 或 256 个 BHS。各波束分配的 BHS 个数，可由跳波束时隙分配算法得到，各波束的 BHS 在跳波束周期中的排序，可由跳波束图案设计得到。

（3）时隙切换（Slot Switch，SS）时间：波束切换所需的时延，一般是微秒量级。由于一个波束可能被连续地分配多个 BHS，所以切换可以在多个 BHS 之后发生。由于地面与卫星有严格的时间同步要求，因此切换时延是跳波束系统的关键参数之一。如前文所述，可在帧结尾设置哑元符号块，对切换时延进行保护。

（4）波束重访时间（Revisit Time，RVT）：波束所分配的相邻 BHS 之间的最大间隔时间，一般波束重访时间不大于跳波束周期长度。

（5）跳序号（Hop Number，HN）：代表了跳波束时隙 BHS 在该 BHP 中的序号，也就是说当每个 BHP 开始时，第一个 BHS 的 HN 为 1；当 BHP 结束时，HN 重新初始化。

（6）跳波束时间计划（Beam Hopping Time Plan，BHTP）：各波束资源分配的传输计划，BHTP 要综合考虑用户申请、业务预测、业务感知、系统资源等因素，确定 BHS、BHP、各波束分配的 HN 序号（也就是相应的跳波束图案）和带宽、载波频率等重要参数。一般由 NCC 或服务提供商提前生成，并发送给卫星和地面系统。卫星和地面系统都严格按照 BHTP 进行波束的切换和业务数据的传输。

（7）跳波束个数：同时工作的跳波束个数一般由卫星载荷设备能力决定。当跳波束个数大于 1 时，意味着同一 BHS 有多个波束被激活工作（一个 BHS 可同时分配给多个跳波束）。

6.3.3 基于业务需求的时隙分配算法

根据系统需求建立多样化的目标函数，以解决业务分布的时间和空间不均性和业务需求的轻重缓急，同时高效利用“空、时、频、功率”多维资源，最大限度地满足用户的业务需求。为了准确地描述卫星的服务性能，参数设置如下，总带宽为 B_t，窗口总长度为 W，每个时隙同时处于工作状态的波束数为 $N_{\max}$，总波束数为 R，R_i 和 T_i 分别为第 i 个波束所需的容量和通过跳波束资源分配后达到的实际容量。根据不同的应用场景和系统需求，可建立如下 3 种目标函数[33-34]。

（1）n 阶差分目标函数

$$\min\sum_{i=1}^{K}|R_i-T_i|^n \tag{6-4}$$

$$\text{s.t.}\ \sum_{i=1}^{K}N_i\leqslant N_{\max}W \tag{6-5}$$

若使用高斯编码，SNR_i 是第 i 个波束的信噪比，则每个波束的信道容量为

$$T_i = \frac{N_i}{W} B_t \log_2(1+\text{SNR}_i) \tag{6-6}$$

引入约束变量λ，则其拉格朗日函数为

$$L(N_i,\lambda) = \sum_{i=1}^{K} |T_i - R_i|^n + \lambda\left(\sum_{i=1}^{K} N_i - N_{\max} W\right) \tag{6-7}$$

解得n阶差分目标函数时隙分配的闭式解为

$$N_i = \frac{R_i W}{B_t \log_2(1+\text{SNR}_i)} - \frac{\sum_{j=1}^{K} \frac{R_j W}{B_t \log_2(1+\text{SNR}_j)} - N_{\max} W}{\sum_{j=1}^{K} \left(\frac{\log_2(1+\text{SNR}_i)}{\log_2(1+\text{SNR}_j)}\right)^{\frac{n}{n-1}}} \tag{6-8}$$

（2）权重目标函数

$$\max \prod_{i=1}^{K} \left(\frac{R_i}{T_i}\right)^{\omega_k} \tag{6-9}$$

$$\text{s.t.} \ \sum_{i=1}^{K} N_i \leqslant N_{\max} W \tag{6-10}$$

其中，ω_k为各波束的权重系数，对式（6-9）进行对数运算，转化为凸优化问题，如式（6-11）所示。

$$\max \sum_{i=1}^{K} \omega_k \log_2\left(\frac{R_i}{T_i}\right) \tag{6-11}$$

引入约束变量λ，则其拉格朗日函数为

$$L(N_i,\lambda) = -\sum_{i=1}^{K} \omega_k \ln\left(\frac{T_i}{R_i}\right) + \lambda\left(\sum_{i=1}^{K} N_i - N_{\max} W\right) \tag{6-12}$$

解得权重目标函数时隙分配的闭式解为

$$N_i = \frac{\omega_i R_i W}{\log_2(1+\text{SNR}_i)} \times \frac{N_{\max} W}{\sum_{j=1}^{K} \frac{\omega_j R_j W}{\log_2(1+\text{SNR}_j)}} \tag{6-13}$$

（3）公平性目标函数

$$\max \prod_{i=1}^{K} \left(\frac{R_i}{T_i}\right) \tag{6-14}$$

$$\text{s.t.} \ \sum_{i=1}^{K} N_i \leqslant N_{\max} W \tag{6-15}$$

当 ω_k 取值全部为 1 时，权重目标函数就变为公平性目标函数，求解过程不再赘述。

对以上目标函数进行仿真，系统仿真参数见表 6-3。

表 6-3　系统仿真参数

参数	符号	数值
总波束数量	K	21 个
同时隙点亮最大波束数量	$N_{\max}$	3 个
带宽	B	400 MHz
总功率	P	300 W
时间窗口长度	W	256 个跳波束时隙
天线发射增益	G_{T}	50 dBi
天线接收增益	G_{R}	40 dBi
雨衰	L_{rain}	8.21 dB
自由空间损耗	L_{free}	202 dB

数值仿真结果如图 6-18～图 6-20 所示。

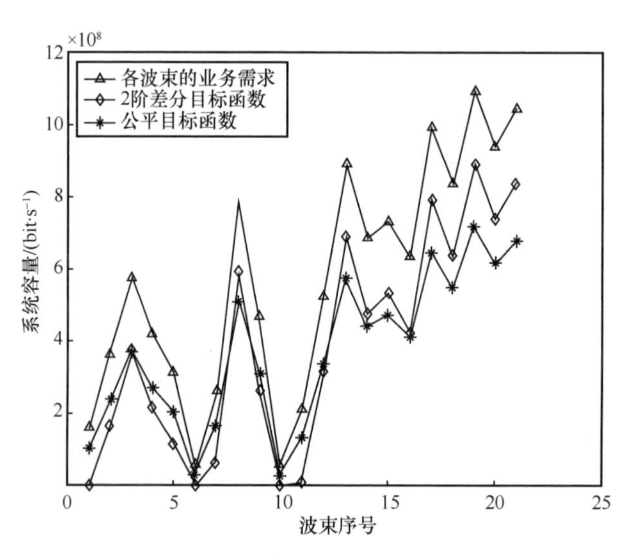

图 6-18　公平目标函数与 2 阶差分目标函数

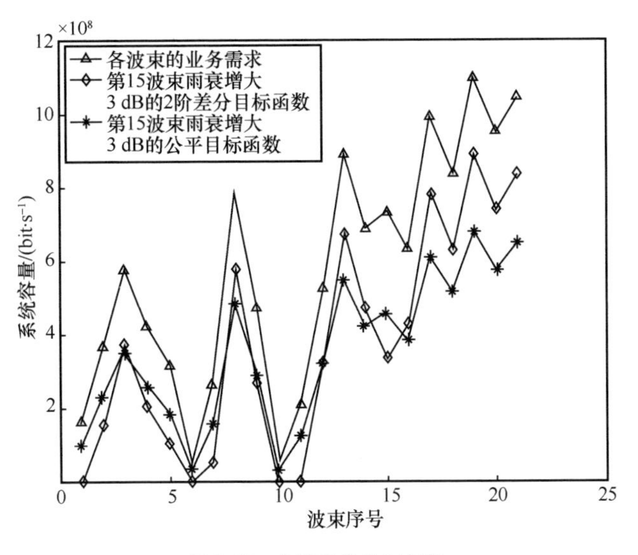

图 6-19　信道条件发生变化

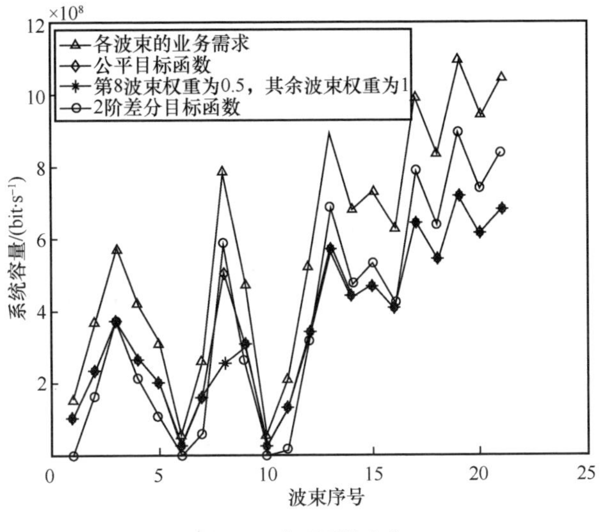

图 6-20　权重系数变化

从图 6-18～图 6-20 中可以分析出目标函数的特性为：在相同信道条件下，当某些波束业务需求较小时，2 阶差分目标函数会忽略这些业务需求较小的波束，而为高业务需求的波束分配更多的资源，公平性目标函数则为高、低业务需求按比例分配相应的资源，保证系统的公平性；当信道条件发生变化时，2 阶差分目标函数会以最大化系统容量为目标，使得信道条件更好的波束获得更多的系统资源，而公平性函数依然遵循公平性准则。权重目标函数可根据用户业务的轻重缓急，设置不同的权重值ω，以满足应急通信、突发业务等重点用户的需求。因此需要根据系统场景和业务需求，选取不同的目标函数。

6.3.4 面向资源高效利用的跳波束图案设计

跳波束的图案设计主要包括跳波束簇集合设计和簇内波束跳跃图案设计。为了在共信道干扰避免与频带利用效率之间达成平衡，可将所有的波束进行分簇，在簇间进行频率复用和簇间功率的优化，在簇内进行跳波束时隙分配。

如前文所述，跳波束技术的显著优势就是某一时刻被启用的波束可以使用所在簇内的全部功率和带宽资源，从而使得系统资源的使用效率大大提高，因此在跳波束系统中对功率和频率资源进行分配通常是以簇为单位。

根据簇间频率复用方式的不同，跳波束系统可采用全频率复用或部分频率复用方案。全频率复用是指每个簇能够共享系统的全部带宽资源，但同时激活的波束簇必须不相邻，以避免同频干扰。如图6-21所示，在每个跳波束周期内，同时工作的跳波束簇必须在空间上进行隔离[35]。

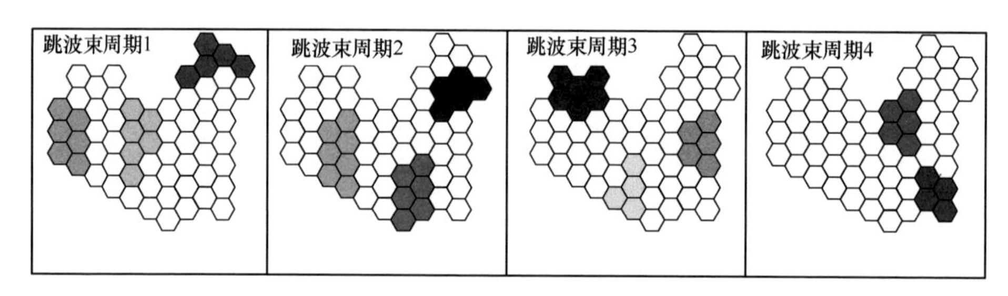

图6-21 簇间全频率复用

部分频率复用方案是指基于频率的多色复用，每个簇分配到系统总带宽的一部分，以避免同频干扰。可通过极化复用，提高系统频谱利用效率。如图6-22所示，系统等效频谱复用因子为3，假设系统总可用频带为B，则分配给每个簇的频带为$B/3$，从而兼顾频谱利用率和同频干扰避免[36]。

在跳波束簇的集合内，每个簇在一个跳波束时隙期间，可设置只有单个波束处于激活工作状态。也就是说，激活的波束在该时隙中可以使用分配给整个簇的功率和频带，也不存在簇内波束同频干扰的问题，与传统的多波束系统相比有显著的优点；对于多个跳波束簇，可同时有不同簇的波束被激活，同时激活的波束数量取决于卫星的载荷能力。

簇内跳波束的跳跃图案设计，实际就是各波束分配的跳波束时隙在跳波束周期内的排列组合的优化问题。该优化问题要考虑热点区域波束（在该跳波束周期内有业务传输需求）、非热点区域波束（在该跳波束周期内无业务传输需求）以及波束重访时间、切换时延、资源利用率等多种因素，可遵循但不仅限于如下准则和约束条件[21,32]。

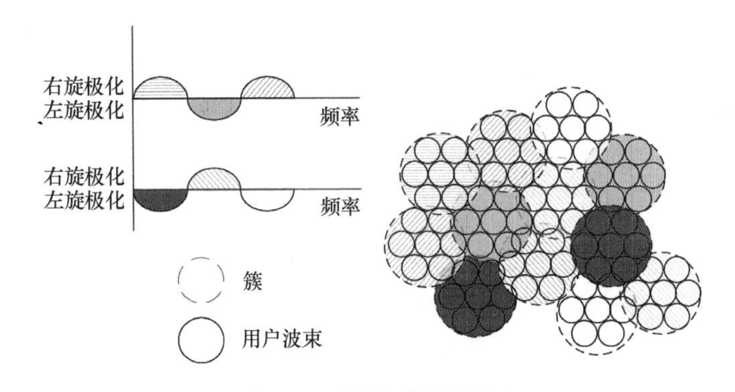

图 6-22　簇间部分频率复用

（1）热点区域波束：系统根据各波束申请的业务量，以及当前的系统资源情况，根据选定的不同目标函数，通过相应的跳波束资源分配算法，对热点区域波束分配相应个数的 BHS，按需完成相应的业务服务。

（2）非热点区域波束：由于跳波束系统的波束间断特性，即使非热点区域波束在该跳波束周期内无业务需求，也应在周期内至少分配一个 BHS，在该时隙中完成同步和必要的信令交互。

（3）无论热点区域还是非热点区域的波束，它们的 BHS 在排列时，都应使该波束的重访时间小于终端用户同步的最大保持时间，否则用户会因为失去同步，需要重新接入系统。

（4）对于业务需求量很大的波束，应在跳波束图案设计时，尽可能增加该波束单次驻留的时间（连续分配多个 BHS），避免该波束单次的驻留时间太短而造成反复波束切换，从而导致通信效率降低。

参考文献

[1] 高鑫，门吉卓，刘晓滨，等. 高通量卫星通信发展现状与应用探索[J]. 卫星应用, 2020(8): 43-48.

[2] 张航. 国外高吞吐量卫星最新进展[J]. 卫星应用, 2017(6): 53-57.

[3] 潘申富，王赛宇，张静. 宽带卫星通信技术[M]. 北京：国防工业出版社, 2015.

[4] 冯少栋，秦长路，徐志平. 宽带卫星通信系统 RSM-A 空中接口设计(三)[J]. 卫星电视与宽带多媒体, 2009(24): 59-61.

[5] Digital Video Broadcasting (DVB). Framing structure, channel coding and modulation for 11/12 GHz satellite services: DVB-S[S]. ETSI EN 300 421 V1.1.2，1998.

[6] Digital Video Broadcasting (DVB). Second generation framing structure, channel coding and modulation systems for broadcasting, interactive services, news gathering and other broadband satellite applications; part 1: DVB-S2[S]. ETSI EN 302 307-1 V1.4.1, 2014.

[7] 李远东，凌明伟. 第三代 DVB 卫星电视广播标准 DVB-S2X 综述[J]. 电视技术, 2014, 38(12): 28-31, 44.

[8] Digital Video Broadcasting (DVB). Second generation framing structure, channel coding and modulation systems for broadcasting, interactive services, news gathering and other broadband satellite applications; part 2: DVB-S2 Extension[S]. ETSI EN 302 307-2, 2014.

[9] Digital Video Broadcasting (DVB). Interaction channel for satellite distribution systems[S]. ETSI EN 301 790 V1.5.1, 2009.

[10] Digital Video Broadcasting (DVB). Second generation DVB interactive satellite system (DVB-RCS2) part 2: lower layers for satellite standard[S]. ETSI EN 301 545-2, 2017.

[11] 何健辉，李成，刘婵，等. DVB-RCS2 通信网络拓扑与接入技术研究[J]. 通信技术, 2017, 50(8): 1696-1702.

[12] 韩慧鹏. 国外高通量卫星发展概述[J]. 卫星与网络, 2018(8): 34-38.

[13] MAUFROID X, RINALDO R, CASALEIZ R. Benefits of beam hopping techniques in future multi-beam broadband satellite networks[C]//AIAA International Communications Satellite Systems Conference. San Diego: AIAA Press, 2005:1-5

[14] WHITEFIELD D, GOPAL R, ARNOLD S. Spaceway now and in the future: on-board IP packet switching satellte communication network[C]//Proceedings of MILCOM 2006 - 2006 IEEE Military Communications conference. Piscataway: IEEE Press, 2006: 1-7.

[15] FENECH H, SONYA A, TOMATIS A, et al. Eutelsat quantum: a game changer[C]//Proceedings of 33rd AIAA International Communications Satellite Systems Conference and Exhibition. Reston, Virginia: AIAA, 2015: 1-7.

[16] 崔岳，唐勇. 实践二十号卫星在轨核心试验全部完成[J].国际太空，2020(7): 38-41.

[17] PECORELLA T, FANTACCI R, LASAGNA C, et al. Study and implementation of switching

and beam-hopping techniques in satellites with on board processing[C]//IEEE International Workshop on Satellite and Space Communications. Piscataway: IEEE Press, 2007: 206-210.

[18] FONSECA N J G, SOMBRIN J. Multi-beam reflector antenna system combining beam hopping and size reduction of effectively used spots[C]//Proceedings of IEEE Antennas and Propagation Magazine. Piscataway: IEEE Press, 2012, 54(2): 88-99.

[19] FREEDMAN J B, MARSHACK D S, KAPLAN T, et al. Advantages and capabilities of a beamforming satellite[C]//32nd AIAA International Communications Satellite Systems Conference. Palo Alto: AAAI Press, 2014: 1-7.

[20] MORRIS I, HINDS J W. Ku Band Multiport Amplifier Powers HTS Payloads into the future[C]//Proceedings of 33rd AIAA International Communications Satellite Systems Conference and Exhibition. Reston, Virginia: AIAA, 2015: 4340.

[21] 张晨, 张更新, 王显煜. 基于跳波束的新一代高通量卫星通信系统设计[J]. 通信学报, 2020, 41(7): 59-72.

[22] ROHDEL C, ALAGHA N, GAUDENZI R D, et al. Super-framing: a powerful physical layer frame structure for next generation satellite broadband systems[J]. International Journal of Satellite Communications and Networking. 2016, 6(34): 413-438.

[23] ROHDE C, STADALI H, PEREZ-TRUFERO J, et al. Implementation of dvb-s2x super-frame format 4 for wideband transmission[C]//EAI International Conference on Wireless and Satellite Systems. Berlin: Springer, 2015: 1-5.

[24] MAZZALI N, BOUMARD S, KINNUNEN J, et al. Enhancing mobile services with DVB-S2X superframing[J]. International Journal of Satellite Communications and Networking, 2018, 36(6): 503-527.

[25] ANDRENACCI S, CHATZINOTAS S, VANELLI-CORALLI A, et al. Exploiting orthogonality in DVB-S2X through timing pre-compensation[C]//Proceedings of 2016 8th Advanced Satellite Multimedia Systems Conference and the 14th Signal Processing for Space Communications Workshop (ASMS/SPSC). Piscataway: IEEE Press, 2016: 1-8.

[26] MERIC H, LESTHIEVENT G. On the use of dummy frames for receiver synchronization in a DVB-S2(X) beam hopping system[C]//35th AIAA International Communicational Satellite Systems Conference. Palo Alto: AAAI Press, 2017: 1-12.

[27] 张更新, 王运峰, 丁晓进, 等. 卫星互联网若干关键技术研究[J]. 通信学报, 2021, 42(8): 1-14.

[28] 赵旭东. 业务驱动的跳波束卫星系统资源分配及干扰消除研究[D]. 南京: 南京邮电大学, 2021.

[29] FUN Y, SHERIFF, RAY E. Satellite-UMTS traffic dimensioning and resource management technique analysis[J]. IEEE Transactions on Vehicular Technology, 1998, 47(4): 1329-1341.

[30] HU Y F, SHERIFF R E, DEL R E, et al. Satellite-UMTS traffic dimensioning and resource management technique analysis[J]. IEEE Transactions on Vehicular Technology, 1998, 47(4):1329-1341.

[31] HU X, LIU S J, WANG Y P, et al. Deep reinforcement learning-based beam hopping algo-

rithm in multibeam satellite systems[J]. IET Communications, 2019, 13(16): 2485-2491.

[32] PANTHI S, BREYNAERT D, MCLAIN C, et al. Beam hopping - a flexible satellite communication system for mobility[C]//Proceedings of 35th AIAA International Communications Satellite Systems Conference. Reston, Virginia: AIAA, 2017: 1-10.

[33] ALBERTI X, CEBRIAN J M, DEL BIANCO A, et al. System capacity optimization in time and frequency for multibeam multi-media satellite systems[C]//Proceedings of 2010 5th Advanced Satellite Multimedia Systems Conference and the 11th Signal Processing for Space Communications Workshop. Piscataway: IEEE Press, 2010: 226-233.

[34] ALEGRE-GODOY R, ALAGHA N, VÁZQUEZ-CASTRO M A. Offered capacity optimization mechanisms for multi-beam satellite systems[C]//Proceedings of 2012 IEEE International Conference on Communications. Piscataway: IEEE Press, 2012: 3180-3184.

[35] KIBRIA M G, LAGUNAS E, MATURO N, et al. Precoded cluster hopping in multi-beam high throughput satellite systems[C]//Proceedings of 2019 IEEE Global Communications Conference. Piscataway: IEEE Press, 2019: 1-6.

[36] SHI S C, LI G X, LI Z Q, et al. Joint power and bandwidth allocation for beam-hopping user downlinks in smart gateway multibeam satellite systems[J]. International Journal of Distributed Sensor Networks, 2017, 13(5): 33-44.

第7章

面向海量连接的低轨卫星物联网技术

低轨卫星物联网作为物联网的重要组成部分，在未来全球范围内机器类信息交互中将会起到至关重要的作用。本章在介绍物联网技术基本概念的基础上，重点论述卫星物联网的定义、系统架构、地面通信体制的适应性、多址接入技术等，并介绍卫星物联网的典型系统和应用。

| 7.1 物联网技术概述 |

物联网（Internet of Things，IoT）是新一代信息技术的高度集成和综合运用，对新一轮产业变革和经济社会绿色、智能、可持续发展具有重要意义。物联网能够使“物”在任何时间、任何地点与任何人或任何“物”通过互联网、传统电信网等信息承载体连接起来，让所有能够被独立寻址的“物”实现智能化的互联互通、定位跟踪和监控管理。

7.1.1 物联网定义及其基本特征

物联网的概念是由美国麻省理工学院研究射频识别标签的 Auto-ID 中心的阿什顿（Ashton）教授在 1999 年提出的：物联网是把所有物品通过射频识别标签等信息传感设备按照约定的协议与互联网连接起来，进行信息交换和通信，实现智能化识别、定位、跟踪、监控、管理及支持各类信息应用（智能交通、智能家居、环境监控管理和大众医疗健康等）的一种网络[1]。

与互联网不同，物联网主要是从应用出发，在传感器网络的基础上，利用互联网、无线通信网等进行业务信息的传送，是互联网、移动通信网应用的延伸，是综合了自动控制、遥控遥测及信息应用技术的新一代信息系统。图 7-1 给出了物联网区别于互联网的三大特征[2]。

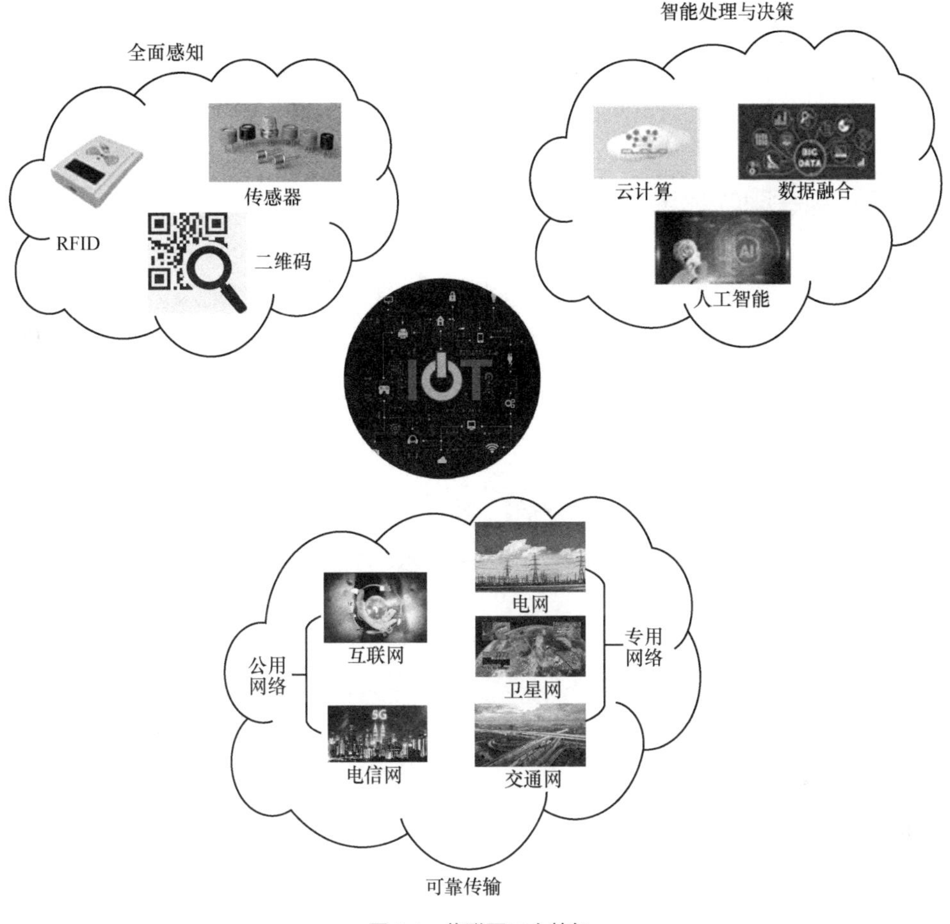

图 7-1　物联网三大特征

（1）全面感知：利用射频识别（Radio Frequency Identification，RFID）、传感器、二维码等随时随地获取物体的信息。数据采集方式众多，实现数据采集多点化、多维化、网络化。

（2）可靠传输：通过各种承载网络，包括互联网、电信网等公共网络，还包括电网、交通网和卫星网等专用网络，建立起物联网内实体间的广泛互联，具体表现在各种物体经由多种接入模式实现异构互联，将物体的信息实时准确地相互传递。

（3）智能处理与决策：利用云计算、数据融合、人工智能等各种智能计算技术，对海量数据和信息进行处理、分析和对物体实施智能化的控制。主要体现在物联网中从感知到传输，再到决策应用的信息流，并最终为控制提供支持。

综上所述，物联网和互联网相比较最突出的特征是实现了非计算设备间的物物互联。

7.1.2 物联网的体系架构

物联网按照功能划分可以分为 3 个功能层，自下向上分别为感知层、网络层和应用层，各层相互协作，共同完成数据采集、传输、处理过程。此外，安全防护系统和运维管理系统是支撑物联网正常运行的重要系统模块，形成了“三层两系统”的物联网体系架构[3]，如图 7-2 所示。

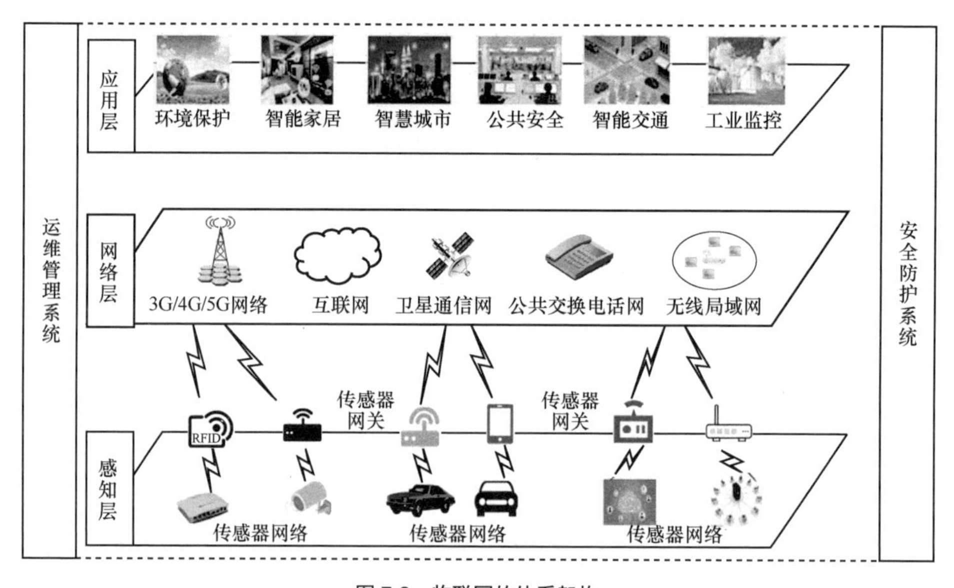

图 7-2　物联网的体系架构

感知层：主要负责信息的采集、获取和识别。其中包括大量的具有感知、通信、识别能力的智能终端与传感网络，作为物联网的基础层，它通过 RFID 和传感器等技术获取周围各种环境信息，进行初步的处理和分析后，经过网络层的传输，为上层提供各种基础数据。例如，RFID 读写器、采集视频的摄像头、各类传感器和采用短距离传输技术的无线接入单元等。物联网的特殊需求对终端提出了更高的要求，因而如何用更低的功耗、成本实现业务需求是感知层的关键。

网络层：主要用于完成信息的传递、寻址和交换功能。作为物联网的神经系统，网络层要具备根据感知层的业务特点优化网络特性的能力，这就要求从全局建立一个端到端的信息传输网络。物联网中海量的终端设备差异很大，并存在各种接入方式，因而网络层的接入部分是异构的。当前的网络层综合利用互联网、公用交换电话网、综合业务数字网、广播电视网、移动通信网（3G/4G/5G）、卫星通信网、无线局域网等通信网络，实现有线和无线的结合、宽带和窄带的结合、感知网和通信网的结合。移动通信网凭借覆盖范围广、移动性强、部署方便等特点成为物联网主要的接入方式。物联网支持终端设备的中低速移动，任意时刻都有可能存在接入的需求，这就要求网络层在局部自主网络的基础上构建一个具有层次性的网络，从而达到无缝透明接入的目的。

应用层：主要负责信息的处理和应用。通过面向服务的思想，实现信息的存储、分析、整理，数据的挖掘、应用的决策等，此过程类似于人类的“大脑”。由于终端种类众多，数据类型也多种多样，需要借助云计算、大数据、数据挖掘、机器学习等技术对数据进行分析和处理。物联网的应用类型大致可分为监控类（物流监控、污染监控、侦查监控），查询类（智能检索、远程抄表），控制类（智能交通、智能家居、路灯控制），扫描类（物流管理、手机钱包、高速自动收费系统）等。

安全防护系统：保护物联网免受各类人为的网络攻击，保障物联网安全稳定运行。物联网安全防护系统的功能贯穿感知层、网络层、应用层和运维管理系统，涉及整个物联网中传感器、传输网和应用服务平台的安全等方面。其保护对象包括感知层的各类传感器，网络层的各类通信网络及其设备，应用层的计算、存储、软件和数据资源等，以及运维管理系统中各类设备。

运维管理系统：用于保障物联网稳定高效运行。物联网的运维管理系统功能贯穿感知层、网络层、应用层和安全防护系统，涉及整个物联网的网络管理、控制、运营和维护等方面。其管理对象包括感知层的各类传感器，网络层的各类通信网络及其设备，应用层的计算、存储、软件和数据资源等，安全防护系统及其各类设备。卫星物联网的运维管理还应包括卫星星座的测控与运控功能。

7.1.3　物联网的典型应用

物联网技术可以在众多不同领域中应用，其中机器对机器（Machine to Machine，

M2M）服务、环境与敏感区域监控服务、大众医疗服务等是物联网的典型应用[4]。

（1）M2M 服务

M2M 服务是最早的物联网应用形式，如图 7-3 所示。

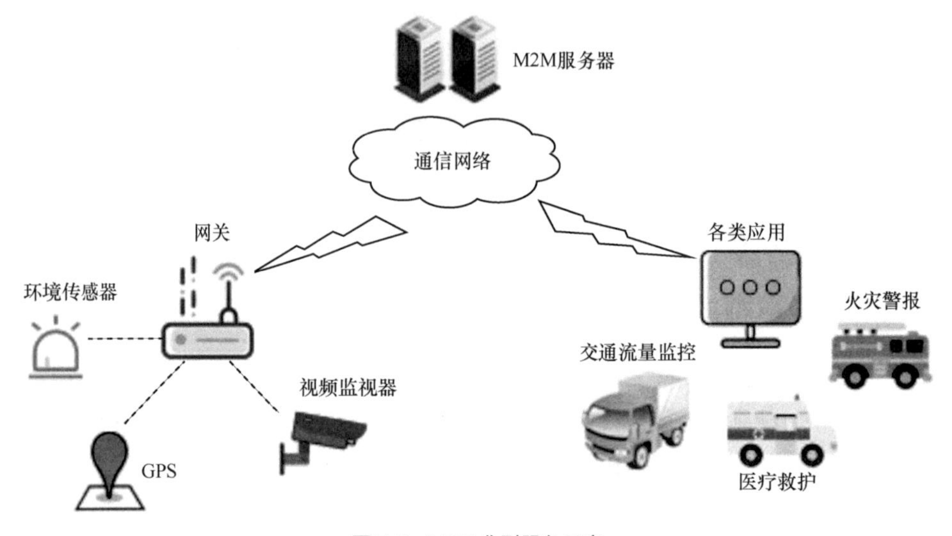

图 7-3　M2M 典型服务示意

M2M 服务是将原来的通信网络中的人与人之间的通信扩展到机器之间的通信、机器控制通信、人机交互通信、移动互联通信等多种方式，让机器设备、应用处理过程和后台信息系统共享信息，并与操作者共享信息。M2M 应用综合了数据采集、卫星导航定位、远程监控、通信、信息处理等技术，能够实现业务流程的自动化。

海量机器类通信（massive Machine Type Communication，mMTC）作为 5G 移动通信系统的 3 个主要应用场景之一，利用 5G 的强大连接能力可以快速促进各垂直行业进行深度融合，如智慧城市、智能家居、环境健康、智慧农业、智能制造等。

（2）环境与敏感区域监控服务

随着现代社会经济的高速发展，人类面临的环境问题日益严重，促进环境保护向自动化、智能化、网络化方向发展成为未来环境保护工作的重点。另外，对敏感区域进行实时监控是物联网技术的重要应用领域。图 7-4 给出了基于物联网的环境与敏感区域监控服务示意，其工作流程主要分为信息感知、信息传输和信息处理与应用 3 个环节。

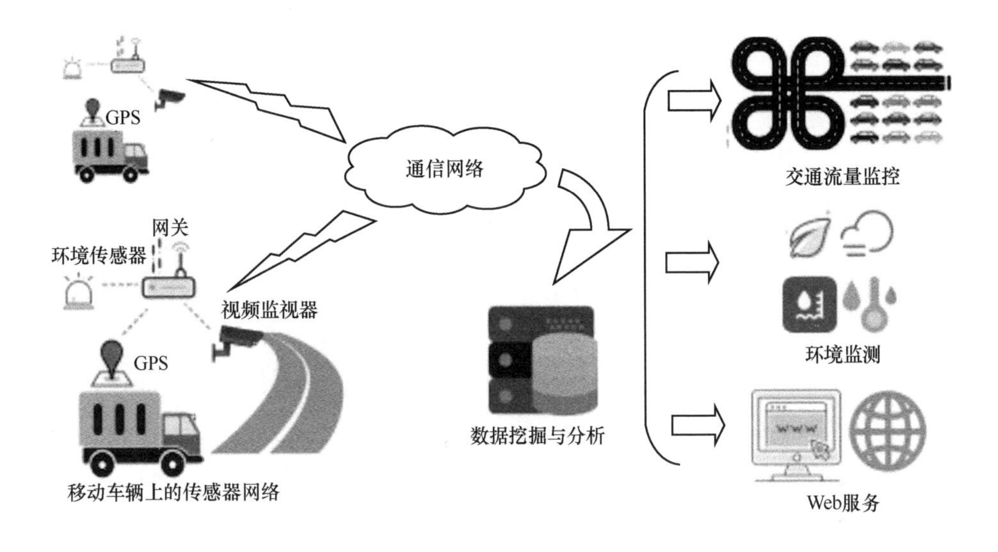

图 7-4　基于物联网的环境与敏感区域监控服务示意

信息感知：通过环境传感器、智能识别卡、视频监控设备等感知设备实现环境指标监控、物体识别、事故灾害等信息的捕获和采集，从而达到智能感知的目的。

信息传输：通过不同的网络接入方式与信息传输方式将感知数据接入通信网络。由于传感器设备种类和数量巨大，需要利用异构的网络接入技术，包括光纤传送网、IP 互联网、移动通信网和卫星通信网等技术，以及 Wi-Fi、蓝牙、ZigBee、UWB 等短距离无线传输技术。

信息处理与应用：针对汇聚的海量感知数据，一方面需要具有极强的数据处理和分发能力，以完成信息的分析、处理和决策；另一方面需要结合特定的规则进行数据智能分析和利用，才能实现特定环境监测的智能化应用和服务。

（3）大众医疗服务

物联网能够与医疗健康相关的各种设备和软件实现资源共享和无缝集成，实现不同系统的协同高效运行，打破传统的医院服务模式。基于物联网的医疗保健服务如图 7-5 所示。

家庭网络采集与数据汇总：在家庭网络中利用测量血压、心电、体温等生命体征的数据采集设备采集家庭成员（老龄人群、慢性病人群、术后人群）在日常生活中的身体体征数据，并将数据通过公用通信网络有效传输到物联网服务供应商的数据中心、医院等部门的数据服务器进行存储、分析和处理。

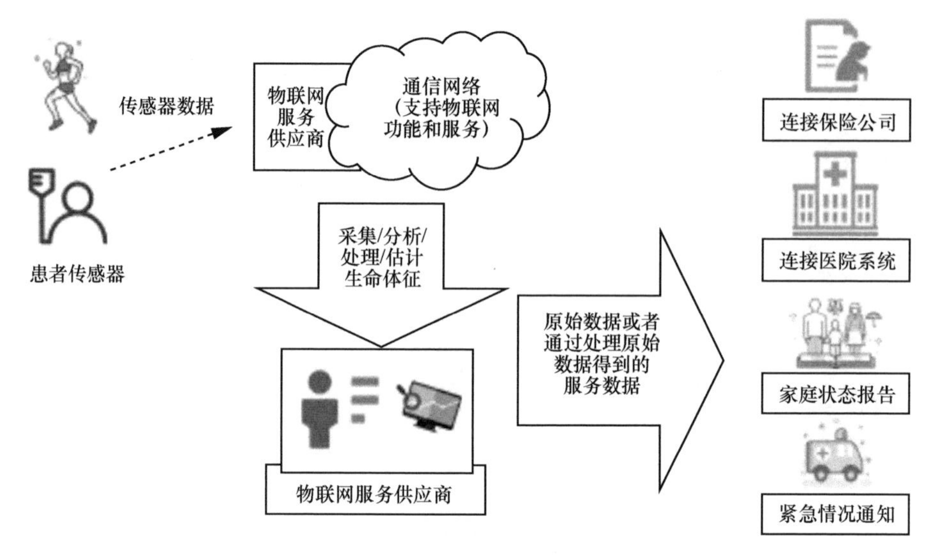

图 7-5　基于物联网的医疗保健服务

公用通信网络完成传感信息和服务信息传输：公用通信网络提供覆盖众多家庭网络与物联网服务供应商、医院、保险公司、社会服务中心的无缝连接和通信服务，如家庭医疗采集设备采用短距离通信技术 Wi-Fi 完成采集数据上传，再通过 IP 互联网向物联网服务供应商、医院等数据中心服务器汇总采集数据。

物联网服务供应商在应用层建立医患联系：物联网服务供应商在收集、汇总、处理从家庭网络采集的患者身体体征数据基础上，通过公用通信网络与医院、保险公司、社区服务中心等机构建立连接，为客户提供各种医疗保健服务，如医院的专科医生向患者提供健康建议和提醒等。

7.2　卫星物联网的基本概念

卫星物联网是以卫星通信网络为核心和基础，融合了卫星导航、遥感等服务，为物与物、人与物、人与人提供无障碍交互的综合信息系统[5]。

7.2.1　卫星物联网的定义及其特征

依托地面网络的物联网应用逐渐发展成熟，但在一些大范围、跨地域、恶劣环

境等数据采集的领域，由于空间、环境等的限制，地面物联网无能为力，出现了服务能力与需求失配的现象[6]，如海洋、森林、山区等偏远区域矿产资源的监测；森林、山体、河流、海洋等地区的灾害监测和预报；海洋监测管理；跨地域交通物流监管；偏远地区输油管道、电网的监测；野生动物跟踪监测保护；大范围移动的无人机、舰船、车辆等移动目标。

对于依靠无线接入的物联网来说，除了物联终端，必须要有足够多的基站支撑终端的接入。但是在地表布设基站和连接基站的通信网设备受到诸多的限制：占地球表面大部分面积的海洋区域无法建立基站；用户稀少或人员难以到达的偏远及沙漠地区的基站建设和维护成本高；发生自然灾害（如洪涝、地震、海啸等）时地面网络设备容易遭到损坏。因此，地面物联网的覆盖范围是有一定的局限性的。如果将基站搬到“天上”，即建立卫星物联网，使之成为地面物联网的补充和延伸，则能够有效克服地面物联网的这些不足[7]。卫星物联网典型应用场景如图 7-6 所示。

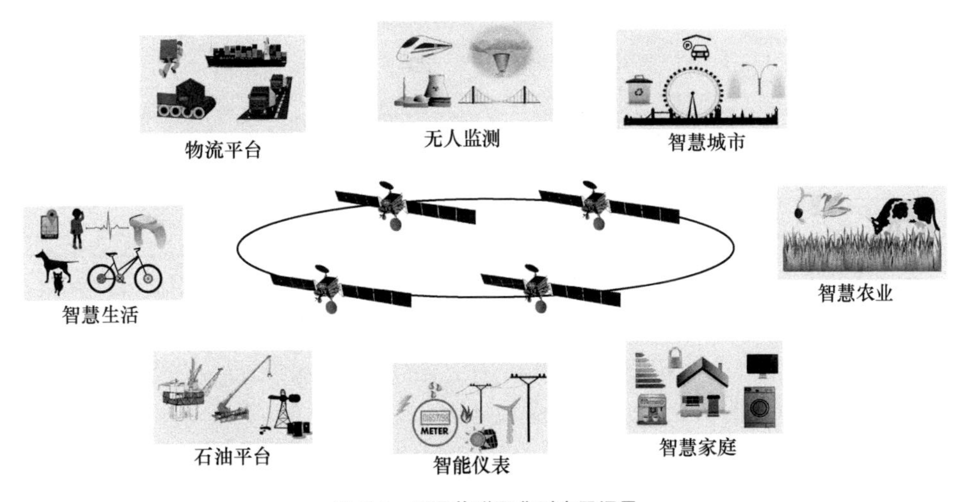

图 7-6　卫星物联网典型应用场景

卫星物联网具有下列优势[8-9]。

（1）覆盖范围广，可以实现全球覆盖。一颗低轨通信卫星覆盖区的直径可达数千千米，由多颗低轨通信卫星组成的卫星星座可以满足全球覆盖的需求。同时，传感器的布设能够突破地域空间的约束，部署在地球的任何角落，而且在通信卫星的覆盖区域内，也易于向大范围运动的各类平台（如飞机、舰船等）提供不间断的网络连接与通信服务。

（2）受天气、地理条件的影响小，可全天时、全天候不间断地工作。由于通信卫星位于太空，地面的地形条件和天气情况对它的影响相对较小，卫星物联网可实现全天时、全天候不间断地工作。

（3）抗毁性强，系统可靠性高。由于通信卫星被部署在太空，用户之间的通信不依赖地面的通信网，受人为因素的影响很小，特别是当发生地震、洪涝、台风等自然灾害时，当地的地面通信网很可能会遭到破坏，无法提供服务，但利用卫星通信手段，将依然可以提供正常的物联网通信服务。

（4）系统容量大，可支持海量连接。通信卫星的可用频段很宽，且现阶段被广泛采用的多波束星载天线技术大大提高了系统容量，能够支持海量终端连接需求。

表 7-1 给出了地面物联网与卫星物联网的对比。

表 7-1　地面物联网与卫星物联网的对比

对比项目	地面物联网	卫星物联网
覆盖范围/基站（卫星）	数十千米	数百至数千千米
服务终端数/基站（卫星）	10^6 个	海量
传输体制	NB-IoT，LoRa	没有成熟的技术标准
技术方案	成熟	国外有应用案例，国内正进行技术验证
系统稳定度	受天气、地理条件和自然灾害的影响较大	可全天时、全天候工作
应用场景	共享单车，智能家居，智慧城市	物流监控，环境监测，数据采集

相比于高轨卫星，采用低轨卫星作为物联网接入网关具有如下优点[10-11]：传播时延小，对于具有一定时延要求的卫星物联网业务更加合适；传输损耗小，易于终端的小型化、便携化、低成本化；通过多颗低轨卫星构建低轨卫星星座的全球覆盖效果更好，尤其是高纬度地区；低轨卫星星座相比于高轨卫星星座在一些特定的地理环境（峡谷、城市、丛林等地形）下，通信链路更好；高轨的轨位和频率存在协调困难的问题；低轨小卫星的低成本使得构建星座在经济上更可行。低轨卫星的其他优势还包括可以更快实现新技术及更大的系统弹性。

同时，采用低轨卫星星座面临如下的技术挑战：低轨卫星的高动态，卫星波束以每秒数千米的速度扫过地面，使信号遭受大的多普勒频移（在 LoRa 400 MHz 以上的频段已经有几兆赫兹的多普勒频移，如向 L、S 等更高频段发展，则其多普勒频移更大），网络连接关系的高动态切换频繁（低轨卫星过顶时间一般十几分钟）；

低轨卫星网络传输距离在几百千米以上，传输的损耗和传输时延，对于终端的低功耗设计仍是一个挑战；授权/非授权频段和外界同频干扰之间的矛盾。对于授权频段，如果不能做到全球的频率协调，争取在重点服务区进行频率协调，获得干扰保护；对于非授权频段，干扰情况严重，需要通过技术措施在不干扰别人的基础上，自身具有干扰抑制的能力。

7.2.2　卫星物联网的体系架构

面向物联网天地融合发展的趋势，以卫星物联网的基本特征为基础，借鉴地面 5G 网络架构的设计思想，设计天地融合卫星物联网体系架构，如图 7-7 所示[8]。

该体系架构天基部分主要由天基骨干网与天基接入网组成。从与地面 5G 移动通信网融合的角度出发，低轨卫星物联网与地面移动通信网共享统一的核心网设施。天基网侧主要负责用户寻址、用户接入控制、用户会话管理等功能，遵循 5G 控制平面数据平面分离的基本思想，将核心接入与移动性管理功能（Core Access and Mobility Management Function，AMF）和会话管理功能（Session Management Function，SMF）两个功能节点延伸进入天基网控制平面。同时，将天地融合管控中心与上述两个功能节点合并，组成天基网控制平面的地面段，即天地融合控制网关，主要用于向控制平面空间段传输核心网控制面指令及天基网络资源调度指令。在本架构设计中，控制平面空间段由天基骨干网节点和天基接入网节点共同组成，但各自功能和服务对象各有侧重。考虑平台存储、处理能力及稳定性，部署于骨干网节点的天基控制器主要利用 GEO 骨干节点广覆盖的广播波束对其覆盖区域内的低轨及地面终端进行控制信息的高效传输。作为对骨干网控制单元的备份和补充，部署于天基接入网节点的天基控制器将为服务热点区域及暂无骨干网节点覆盖区域传输控制信息。在与骨干网覆盖区域重叠时，该段控制器受天基骨干控制器直接控制；当飞临区域无骨干网节点覆盖时，则自动启用该段控制器。天基控制面 N2（星）参考点用于两段天基控制器之间的控制信令调度，用以完成整个天基接入网内的资源分配。为与地面控制平面相匹配，天基控制器部署有 AMF、SMF 的星载版本，同时通过资源控制单元接收资源调度指令。

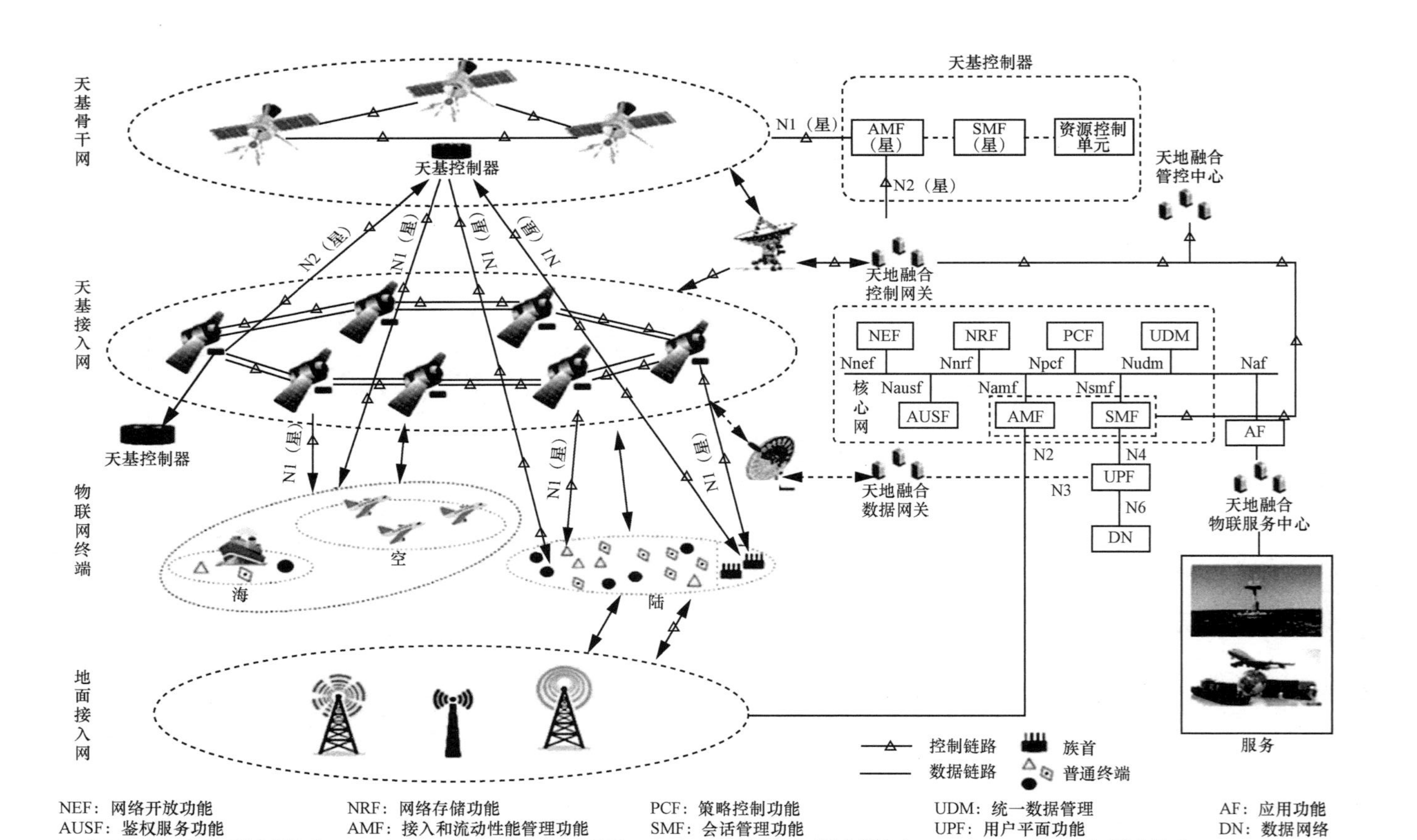

图 7-7　天地融合卫星物联网体系架构

星载控制器通过天基控制面 N1（星）参考点，向物联网终端传输接入控制、资源调度等信息，同时部分采用面向连接传输的终端通过其自身 N1（星）参考点，向天基控制器请求接入资源。在获得接入资源信息或完成接入申请后，终端向对应接入节点发起数据传输，而后天基接入网通过天地融合数据网关与地面接入网共同使用核心网资源。

在天地融合卫星物联网场景的终端侧，由于空、海、偏远陆地区域与地面接入网相对独立，因此部署在上述区域的终端仅能通过天基接入网传输其业务数据；而部署于地基接入网与天基接入网重叠覆盖区域的终端，可通过自身环境感知、业务需求、终端能力等因素，灵活地选择合适的接入网进行业务传输。天地融合卫星物联网场景中各接入网和终端的具体特性及典型对应关系分别见表 7-2 和表 7-3。

表 7-2 天地融合卫星物联网各接入网具体特性及典型对应关系

接入网类型	工作模式	流程	针对终端
天基接入网	接入业务一体化	天基控制器轮询广播接入控制信息，终端按需随机竞争接入	空、海、偏远陆地区域普通终端；部分繁忙陆地区域低 QoS 需求终端
	预约资源面向连接	终端向天基控制器发起业务请求，控制器将合适的接入资源（接入节点、接入时频资源）告知终端，终端向对应接入点进行传输	汇聚型簇首终端、高 QoS 终端
地面接入网	地面物联网接入流程		大部分地面接入网覆盖区域终端

表 7-3 天地融合卫星物联网终端的具体特性及典型对应关系

终端类型	终端数量	典型业务	传输速率	工作模式	业务特征	典型部署环境	接入网/节点
普通终端	多	采集类、跟踪类业务	低	接入业务一体化/地面物联网接入流程/分簇协作传输	短猝发	空、海、陆地区域	天基、地面/汇聚型簇首终端
汇聚型簇首终端	少	汇聚采集类业务	高	预约资源面向连接	长包	陆地	天基
较高 QoS 需求终端	少	图像、视频监控类业务	高	预约资源面向连接/地面物联网接入流程	流媒体	空、陆	天基、地面
较高安全性能需求终端	少	敏感数据业务	低	接入业务一体化	短猝发（扩频）	敏感地区	天基

7.2.3 卫星物联网的业务分类及其特征

卫星物联网包含多种应用，其复杂性主要体现在网络层的技术选择和应用层的场景多样性。根据终端数据产生的方式主要分为周期更新（Periodic Update，PU）型、事件驱动（Event-Driven，ED）型及载荷交换（Payload Exchange，PE）型；根据业务的传输特征分为双向交互类和单向采集类。

（1）卫星物联网终端业务分类

通常意义上，PU 型业务通常是在终端向中心节点传输各类常规状态更新报告时产生的，其传输时间间隔是由服务器端进行设置的。最典型的 PU 型业务是各类测量数据的读取业务，如远程抄表业务等。ED 型业务是物联网终端被触发并传送相应数据时产生的业务类型，其中终端可以被测量参数超过预定门限或网络侧下发指令等事件触发。大部分 ED 型业务对实时性要求较高，且上下行兼顾。典型的 ED 型上行业务包括报警和各类健康信息监测业务，ED 型下行业务包括分发区域性报警业务，例如海啸/地震预警等。PE 型业务通常是在 PU 型或 ED 型业务之后产生的终端与服务器节点之间大数据量通信业务，该类型业务以上行数据为主，可认为是前述两种业务的后续业务，如传送报警时监控拍摄的图像或视频流等。为了更加直观地体现卫星物联网的业务特征，表 7-4 列出了 10 类低轨卫星物联网应用及其可能的部署环境、终端部署密度和业务周期。

表 7-4 10 类低轨卫星物联网应用及其可能的部署环境、终端部署密度和业务周期

<table>
<tr><th>应用名称</th><th>部署环境</th><th>终端部署密度</th><th>业务周期/间隔</th></tr>
<tr><td>广播式自动相关监视系统</td><td>空（沿航线）</td><td>视航线繁忙程度而定</td><td>极短</td></tr>
<tr><td rowspan="2">船舶自动识别系统</td><td>远洋（沿航线）</td><td>视航线繁忙程度而定</td><td rowspan="2">短</td></tr>
<tr><td>近海</td><td>中等</td></tr>
<tr><td rowspan="2">海洋水文监测（水温、洋流等）</td><td>远洋</td><td rowspan="2">低</td><td rowspan="2">中等–极长</td></tr>
<tr><td>近海</td></tr>
<tr><td rowspan="3">渔业监测</td><td>近海</td><td rowspan="3">中等</td><td rowspan="3">中等</td></tr>
<tr><td>海湾</td></tr>
<tr><td>岛屿区</td></tr>
<tr><td rowspan="4">智能电网（风电厂/太阳能电厂设备监测、电网输电线路监测）</td><td>沙漠</td><td rowspan="4">低</td><td rowspan="4">中等</td></tr>
<tr><td>滨海区</td></tr>
<tr><td>高原</td></tr>
<tr><td>草原</td></tr>
</table>

续表

应用名称	部署环境	终端部署密度	业务周期/间隔
动物追踪及生命状态监测	森林/高原（针对野生动物）	中等/低	长
	草原（针对放牧牲畜）	中等	短–中等
物流跟踪（沿公路或铁路）	沙漠	视运输线路繁忙程度而定	短–中等
	草原/高原/山区		
地质灾害监测（森林防火、地震、山体滑坡等）	森林	中等	可变
	山区	中等–高	短
	裂谷	高	
油气资源监测（采集与运输）	近海	低	中等–长
	海湾		
	沙漠		
环境监测	所有野外区域	具体应用场景	具体应用场景

对表 7-4 进行分析可知，终端部署环境可分为陆、海、空 3 类。由于终端部署密度与应用及其所处地理环境密切相关，因此对地理环境进行细分有着十分重要的意义。例如，海洋监测类应用（包括近海和远洋）所对应的终端部署密度相对较低，原因在于海洋在大部分情况下处于稳定状态，即大范围内的观测值将会非常接近，因此无须部署过密的终端。然而，对同属监测类应用的地质灾害监测而言，其在地质灾害活动频繁区域（如裂谷、山地等区域）的终端部署密度将会大大提高，原因在于该类应用旨在利用冗余的监测数据来推断所处区域发生位移或形变的潜在可能，以提高先期预警的准确性。需要注意的是，由于单颗低轨卫星的覆盖区域通常超过数百万平方千米，且应用需求远小于 5G 移动通信愿景下对海量机器类通信提出的每平方千米百万连接数需求，故其终端部署密度较地面物联网将呈现数量级下降。对于 PU 型业务，ITU 对常见的物联网应用提出了业务频度建议。例如，对物流跟踪、车辆跟踪和交通控制 3 类业务，其相应的推荐业务频度分别为 2 次/小时、6 次/小时和 10 次/小时。因此，业务频度与其重要性/优先级呈强正相关，该规律同样适用于低轨卫星物联网应用。

（2）卫星物联网业务特征

根据业务特征的不同，可以把卫星物联网的业务分为两大类：双向交互类和单向采集类。在对卫星物联网这两大类业务进行分析时需要考虑其对卫星物联网的网络层通信能力的要求，即与通信相关的基本要素有 5 个：触发特性、流量特性、移动性、可靠性和实时性、忙时特性。这些要素与网络层通信基本业务模型的对应关系见表 7-5。

表 7-5　基本要素与网络层通信基本业务模型的对应关系

基本要素	要素特点
触发特性	激活频率/（次/天）
流量特性	单次数据量/Byte
	平均带宽需求/($kbit \cdot s^{-1}$)
移动性	移动速度/($km \cdot h^{-1}$)
	定位精度
可靠性和实时性	QoS 服务等级
	通信连续性
忙时特性	忙时时段

① 双向交互类业务

对于卫星物联网而言，运输行业应用是一种典型的双向交互类业务，其实质是以交通工具、路桥网络、远洋航线、飞行航线为主体的交通体系的物联网应用集。

运输工具有基本确定的运行时间段、基本固定的运行线路、基本固定的途经点等特点，对于公共交通运输业而言，其还具有相对固定的乘员上下方式等。它对物联网的应用需求大体为：运输工具状况、运载负荷、路径预报等多类信息的处理、存储、丢弃、转发、交互。一般来讲运输业务应用中的物联网涉及以下 6 种特性。静止参数特性：运载工具工况、部件参数、载重负荷等固有参数。移动参数特性：司机和乘务员等人员的生理参数、生理状态、活性货物状态等。读写或识别特性：运输工具身份鉴别、其他信息交互或结算。位置或无线网特性：导航信息、路径规划及管控、停靠监管、多线路复合统筹管理、运输人员工具安全。控制驱动特性：安全协助的强制速度、方向控制等。视频、图像应用特性：人员图像分析、货物视频监控。

将运输业务的以上 6 种特性均等效为各自独立的用户终端进行分析，即对于每一个运输业务用户，相当于使用 6 个物联网终端。由于这些特性不一定同时产生通信需求，因此在取定业务模型时，要根据实际情况来选择。对于同一忙时需网络传送的信息，业务参数应叠加；忙时不在同一时段的，则只选择其中最大的参数值即可。

② 单向采集类业务

广域的单向采集类业务是卫星物联网中的典型应用。这里以布设在输油管道、输电

线路、海洋浮标、森林草原、边境海岛等区域的传感器监测到的采集类数据为例介绍其业务特点。此类数据内容主要是一些格式固定的参数信息，数据量小，通常在比特量级。因此，对传输带宽、传输速率要求不高，对硬件要求不高，终端容易做到小型化，适合大范围布设，用户数量比较多。其应用包括静态参数（管道状态、输电线路覆冰情况、海水温度、洋流速度）、位置或移动特性（浮标运动状态、野生动物运动轨迹等）、图像或视频应用特性（边境时频监控、野生动物图像、海底遥感信息等）。

7.3　物联网典型通信体制及其在卫星物联网中的适应性分析

卫星物联网通信体制是指为了保证卫星物联网完成信息的传输和交换所制定的技术规定，即根据卫星物联网信道条件及业务要求，规定采用怎样的信号形式、如何进行信息传输、用什么方式进行信息交换等。卫星物联网的数据传输具有海量连接、大时延、高动态、多样化及关联性等特征，导致直接应用在地面物联网中的 NB-IoT 和 LoRa 技术体制存在不足，对现有地面物联网体制做适应性改造是研究的热点方向[11-12]。

7.3.1　卫星物联网的工作频段

地面物联网主流体制包括 LoRa、Sigfox、eMTC 和 NB-IoT 等，其中 LoRa 和 Sigfox 工作在非授权频段，而 eMTC 和 NB-IoT 工作在授权频段。工作在授权频段的 NB-IoT 网络地面干扰明显减少，频谱质量很好。表 7-6 给出了我国电信运营商分配给 NB-IoT 业务的具体频率和频宽。

表 7-6　我国电信运营商分配给 NB-IoT 业务的具体频率和频宽

运营商	上行频率/MHz	下行频率/MHz	频宽/MHz
中国移动	890～900	934～944	10
	1 725～1 735	1 820～1 830	10
中国联通	900～906	954～960	6
	1 745～1 765	1 840～1 860	20
中国电信	825～840	870～885	15

对于 LoRa 网络，LoRa 联盟建议部署于工业、科学和医疗频段（ISM），这些频段属于免费频段，任何人都可以使用，LoRa 自建网关并且运行在 ISM 中，灵活方便，适用于地面蜂窝网覆盖不到的地域。表 7-7 给出了 LoRa 网络在全球主要地区或国家使用的工作频段。

表 7-7 LoRa 网络在全球主要地区或国家使用的工作频段

国家或地区	工作频段/MHz	频宽/MHz	中心频率/MHz
欧洲	867～869	2	868
北美	902～928	26	915
中国	470～510	40	490
韩国	920～925	5	922.5
日本	920～925	5	922.5
印度	865～867	2	866

对于卫星物联网来说，使用授权频段是最理想的。但由于频率资源的匮乏，很难在全球范围内获得受保护的授权频段。此时，采用频谱感知技术寻找可用频率，以及采用跳频、扩频等技术降低功率谱密度等方式都是有效的解决途径。

从 20 世纪 90 年代末以来，以铱系统（Iridium）、全球星（Global-Star）、轨道通信（Orbcomm）等为代表的低轨卫星通信系统均支持物联网服务，主要采用 L、S、VHF 等低频段。表 7-8 给出了支持物联网应用的部分卫星通信系统的工作频段及主要业务。

表 7-8 支持物联网应用的部分卫星通信系统的工作频段及主要业务

系统名称	国家	轨道	频段	主要业务
Iridium	美国	LEO	L	资产跟踪
Global-Star	美国	LEO	L、S	资产跟踪
Orbcomm	美国	LEO	VHF	物流、资产跟踪、能源
Inmarsat	英国	GEO	L、S	海事
Thuraya	阿联酋	GEO	L	物流、能源

可以看出，L、S 频段是卫星物联网服务的首选频段，在此频段，终端设备技术复杂度相对更低，且能够满足船舶跟踪、远程资产管理等非实时性、窄带通信业务需求。传统卫星运营商大多在提供卫星移动通信服务的基础上，向低速 M2M 和物联网领域拓展。

7.3.2　NB-IoT 技术体制及其在卫星物联网中的适应性分析

NB-IoT 是根据物联网应用的特点而对 4G LTE 网络进行的适应性改造，从技术体制上说是一种功能裁减。NB-IoT 的网络架构和 4G 网络架构基本一致，但其优化了通信流程。NB-IoT 的网络架构如图 7-8 所示，包括 NB-IoT 终端（User Equipment，UE）、基站（eNodeB）、归属用户服务器（Home Subscriber Server，HSS）、移动性管理实体（Mobility Management Entity，MME）、服务网关（Serving Gateway，SGW）、分组数据网关（PDN Gateway，PGW）和业务能力开放单元（Service Creation Environment Function，SCEF）。在实际部署中，为了减少物理网元数量，可以将基站后端的部分核心网网元合并部署，合并后称之为 CIoT 服务网关节点。

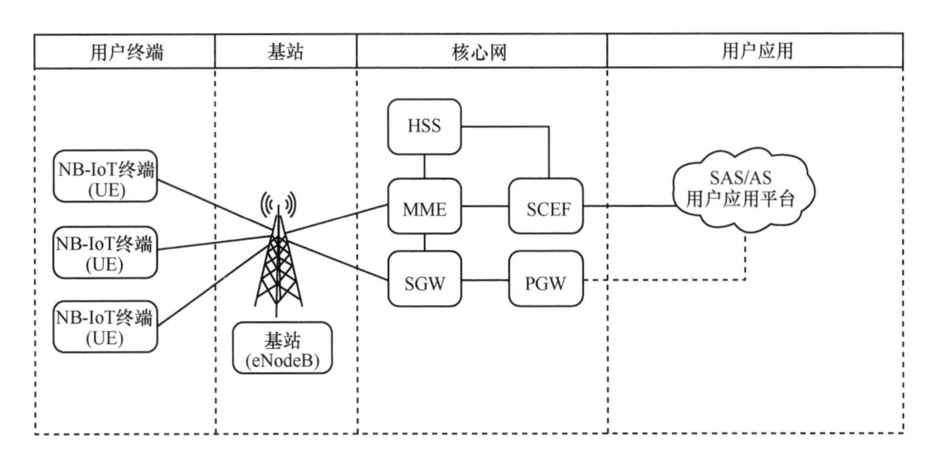

图 7-8　NB-IoT 的网络架构

NB-IoT 针对 M2M 通信场景对原有的 4G 网络进行了技术优化，其对网络特性和终端特性进行了适当的平衡，以适应物联网应用的需求。

（1）部署方式

为了便于运营商根据自有网络的条件灵活运用，NB-IoT 可以在不同的无线频带上进行部署，分为 3 种部署模式：独立部署、保护带部署、带内部署。

① 独立部署模式：利用独立的新频段或空闲频段进行部署，运营商所提的“GSM 频段重耕”也属于此类模式。

② 保护带部署模式：利用 LTE 系统中边缘的保护频段进行部署。采用该模式，需要满足一些额外的技术要求，如原 LTE 频段带宽要大于 5 Mbit/s，以避免 LTE 和

NB-IoT 之间的信号干扰。

③ 带内部署模式：利用 LTE 载波中间的某一频段进行部署。3GPP 要求该模式下的 NB-IoT 信号功率谱密度相比于 LTE 信号的功率谱密度不得高于 6 dBmW/kHz。

除了独立部署模式，另外两种部署模式都需要考虑和原 LTE 系统的兼容性，部署的技术难度相对较高，网络容量相对较低。

（2）覆盖增强

为了增强信号覆盖，在 NB-IoT 的下行无线信道上，网络通过重复向终端发送控制消息、业务消息（“重传机制”），再由终端对重复接收的数据进行合并，来提高数据通信的质量。这种方式可以增加信号覆盖的范围，但数据重传势必将导致时延的增加，从而影响信息传递的实时性。在 NB-IoT 的上行信道上，同样支持无线信道上的数据重传。此外，终端信号在更窄的 LTE 带宽中发送，可以实现单位频谱上的信号增强，提升了上行无线信号在空中的穿透能力。通过上行、下行信道的优化设计，NB-IoT 信号的“耦合损耗”最高可以达到 164 dB。

（3）NB-IoT 低功耗的实现

要终端通信模块低功耗运行，最好的办法就是尽量让其“休眠”。为此，NB-IoT 设计了两种工作模式，即省电模式（Power Saving Mode，PSM）和扩展不连续接收（Extended Discontinuous Reception，eDRX）模式，使得通信模块只在约定的一段很短暂的时间内，监听网络对其的寻呼，其他时间则处于关闭的状态。

① PSM

在 PSM 下，终端设备的通信模块进入空闲状态一段时间后，会关闭其信号的收发和接入层的相关功能。当设备处于这种局部关机状态时，即进入了省电模式。终端可以减少通信元器件（天线、射频等）的能源消耗。

在大多数情况下，采用 PSM 的物联终端超过 99%的时间都处于休眠状态，主要有两种方式可以激活它们和网络的通信：一是当终端自身有连接网络的需求时，它会退出 PSM，并主动与网络进行通信，上传业务数据；二是在每一个周期性的跟踪区更新（Tracking Area Update，TAU）中，都有一小段时间处于激活的状态。在激活状态中，终端先进入“连接状态（Connect）”，与通信网络交互其网络、业务的数据。在通信完成后，终端不会立刻进入 PSM，而是保持一段时间为“空闲状态（Idle）”。在空闲状态下，终端可以接收网络的寻呼。

在 PSM 的运行机制中，使用“激活定时器（Active Timer，AT）”控制空闲状

态的时长，并由网络和终端在网络附着（Attach，终端首次登记到网络）或 TAU 时协商决定激活定时器的时长。终端在空闲状态下出现 AT 超时的时候，便进入了 PSM。根据标准规定，终端的一个 TAU 周期最大可达 310 小时；“空闲状态”的时长最高可达 3.1 小时（11 160 秒）。

综上，PSM 主要适用于那些几乎没有下行数据流量的应用。云端应用和终端的交互，主要依赖于终端自主性地与网络联系。在绝大多数情况下，云端应用是无法实时“联系”到终端的。

② eDRX 模式

在 PSM 下，网络只能在每个 TAU 最开始的时间段内寻呼到终端（在连接状态后的空闲状态进行寻呼）。eDRX 模式的运行不同于 PSM，它引入了 eDRX 运行机制，提升了业务下行的可达性。

在 eDRX 运行机制中，一个 TAU 周期包含多个 eDRX 周期，以便于网络更实时地向其建立通信连接（寻呼）。eDRX 模式流图如图 7-9 所示。

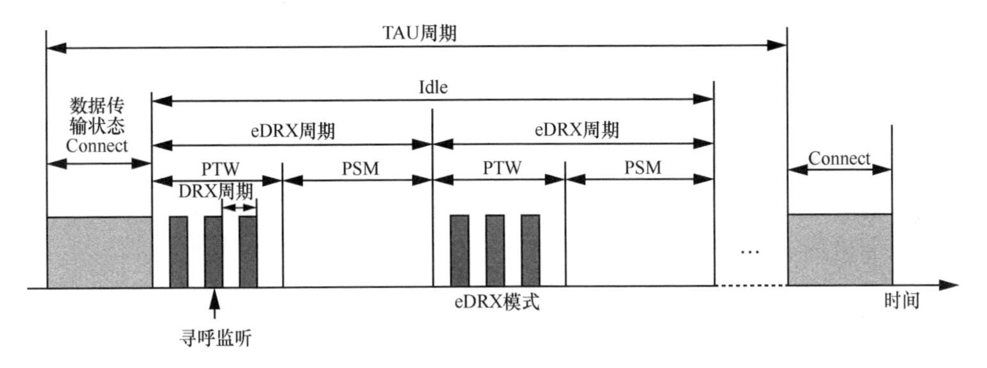

图 7-9　eDRX 模式流图

eDRX 的一个 TAU 包含一个连接状态周期和一个空闲状态周期，空闲状态周期中则包含多个 eDRX 寻呼周期，每个 eDRX 寻呼周期又包含一个 PTW 周期和一个 PSM 周期。PTW 和 PSM 的状态会周期性地交替出现在一个 TAU 中，使得终端能够间歇性地处于待机的状态，等待网络对其的呼叫。eDRX 模式下，网络和终端建立通信的方式相同：终端主动连接网络；终端在每个 eDRX 周期中的 PTW 内，接收网络对其的寻呼。

总体而言，在 TAU 一致的情况下，eDRX 模式相比较 PSM，其空闲状态的分布密度更高，终端对寻呼的响应更为及时。eDRX 模式更适用于下行数据传送需求相对较多且允许终端接收消息有一定时延的业务。总体来看，eDRX 模式在大多数情况下比 PSM 模式更耗电。

（4）低成本终端

针对数据传输要求不高的物联应用，NB-IoT 具有低速率、低带宽、非实时的网络特性，这些特性使得NB-IoT终端采用简化的模组电路依然能够满足物联网通信的需要。

NB-IoT 采用半双工的通信方式，终端不能够同时发送或接收信号，相对全双工通信方式的终端，节省了硬件成本。业务低速率，使得终端不需要配置大容量的缓存。低带宽，降低了对均衡器性能的要求。NB-IoT 通信协议栈也进行了简化，降低终端软件和硬件的配置，终端可以使用低成本的专用集成电路来替代高成本的通用计算芯片，从而进一步降低终端的整体功耗，延长电池使用寿命。

（5）业务在核心网中的简化

在 NB-IoT 的演进分组核心网（Evolved Packet Core，EPC），即 4G 核心网中，针对物联网业务的需求特性，蜂窝物联网（CIoT）定义了以下两种优化方案。

- CIoT EPS 用户面功能优化。
- CIoT EPS 控制面功能优化。

① 用户面功能优化方案

用户面功能优化方案与原 LTE 业务的差异并不大，它的主要特性是引入 RRC（无线资源控制）的“挂起/恢复（Suspend/Resume）流程”，减少了终端重复进行网络接入的信令开销。

当终端和网络之间没有数据流量时，网络将终端置为挂起状态（Suspend），但在终端和网络中仍旧保留原有的连接配置数据。

当终端重新发起业务时，原配置数据可以立即恢复通信连接（Resume），以此减去了重新进行 RRC 配置、安全验证等流程，降低了无线空中接口上的信令交互量。

② 控制面功能优化方案

控制面功能优化方案包括两种实现方式，即以下两种数据传递的路径。

a. 在核心网内，由 MME、SCEF 网元负责业务数据的转接

在该方式中，NB-IoT 引入了新的网元：业务能力开放功能（Service Capability Exposure Function，SCEF）。物联网终端接收或发送业务数据，是通过无线信令链路进行的，而非通过无线业务链路。

当终端需要上传数据时，业务数据由无线信令消息携带，直接传递到核心网的

网元移动性管理实体（Mobility Management Entity，MME），再由 MME 通过新增的 SCEF 网元转发到 CIoT 服务平台（也称为 AP-应用服务）。数据传输路径为 UE（终端）-MME-SCEF-CIoT 服务平台。云端向终端发送业务数据的方向则和上传方向正好相反。

b. 在核心网内，通过 MME 与业务面交互业务数据

在该方式中，终端同样通过无线信令链路收发业务数据。对于业务数据的上传，由 MME 设备将终端的业务数据送入核心网的业务面网元 SGW，再通过 PGW 进入互联网平台；对于下传业务数据，则由 SGW 传递给 MME，再由 MME 通过无线信令消息发送给终端。业务数据上传和下传的路径是一致的。数据传输路径为 UE-MME-SGW-PGW-CIoT 服务平台。

按照传统流程（包括用户面优化方案），终端需要和网络先建立信令无线承载（SRB），再建立数据无线承载（DRB），才能够在无线通道上传输数据。而采用控制面优化方案（CP 模式），只需要建立 SRB 就可以实现业务数据的收发。

NB-IoT 两种控制面功能优化方式如图 7-10 所示。

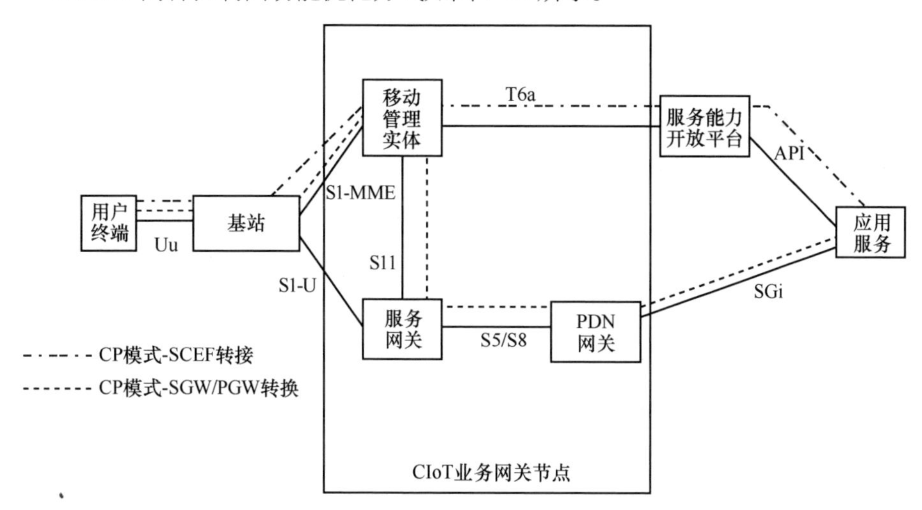

图 7-10　NB-IoT 两种控制面功能优化方式

通过这两种控制面功能优化方式，终端不必在无线空中接口上和网络建立业务承载，就可以将业务数据直接传递到网络中。而传统通信系统的特性之一就是控制与承载（业务）分离，即业务的控制消息（建立业务、释放业务、修改业务）和业务数据本身并不在同一条链路上混合传递。NB-IoT 的控制面功能优化则简化了这种

惯常的信息业务架构。

（6）NB-IoT 体制在卫星物联网中适应性分析

NB-IoT 体制的主要优势在于其基于运营商网络，可以提供可靠的运营安全和质量保证。但是针对卫星物联网系统，NB-IoT 体制存在以下一些不足。

① 带宽资源：NB-IoT 基于地面蜂窝系统，频率资源在小区间可以复用。由于卫星波束的宽度可达上千千米，在其波束覆盖范围内可能存在上千个以上的地面同频复用小区。若卫星物联网采用与地面相同的带宽（180 kHz），即使采用扩频技术，其扩频增益仍不足以消除来自地面的同频干扰。因此，NB-IoT 所指定的频带资源在有地面系统使用时，将会受到严重的同频干扰，从而造成性能的急剧下降。针对上述问题，文献[13]提出了一种基于 NB-IoT 的 SC-FDMA 上行仿真器的干扰分析方法，通过使用单载波频分多址上行链路模拟器进行链路干扰仿真，模拟出不同程度的链路干扰，然后进行系统内部测量以了解来自地面物联网用户设备的干扰等级，从而判断是否需要做进一步优化。

② 传输体制：NB-IoT 源自 LTE 的传输体制，其上下行分别采用 SC-FDMA 和 OFDMA 的多址接入方式。若在卫星物联网中使用相同的传输体制，势必因 OFDMA（SC-FDMA）的峰均比问题造成卫星资源利用效率降低，影响系统容量。同时，对于低轨卫星通信系统来说，由于卫星的高动态运动，其多普勒频移会导致 OFDM 信号失去正交性，造成信噪比恶化。因此，若要在卫星物联网中应用 NB-IoT，必须要对其做必要的修改。针对上述问题，文献[14]分析了卫星信道下传播时延和多普勒频移对于 NB-IoT 性能的影响；文献[15]中提出了一种上行链路资源分配的方法来减少低轨卫星高动态信道对于随机接入性能的影响。

③ 系统帧结构：NB-IoT 体制的帧结构沿用 LTE 系统设计，即下行帧长为 20 ms，每个时隙长度为 0.5 ms。但在卫星物联网中，卫星的大传输时延使得信号传输时间大于 NB-IoT 所规定的帧长。因此，须针对 NB-IoT 的传输帧结构进行优化，使改进后的帧结构满足卫星通信系统的工作特点。针对上述问题，文献[16]提出了基于极性扩展的随机接入前导序列结构设计，针对低轨卫星通信系统中轨道高度高，信道通信距离相对于地面蜂窝系统远，每颗卫星中每个波束半径比地面蜂窝小区半径大的特征，对现有随机接入帧结构进行改进，使其适用于低轨卫星通信系统。

④ 通信业务流程：在 NB-IoT 的设计中，虽然其业务流程相对 LTE 进行了一些精简和优化，但还是在终端连接、挂起、释放过程中保留了大量交互流程，如 eNodeB

向 MME 发送上下文重启请求之前，eNodeB 与 UE 至少需要 5 次信令交互。而在低轨卫星物联网中，终端与卫星的连接不是稳定的物理连接，而是随着卫星的运动动态变化，每个信号传输都可能通过不同的路由，终端无法做到与核心网元进行实时交互，由于有限的传输能力和处理器容量，频繁的信令交互势必会增加开销，降低系统的吞吐量和效率。在 NB-IoT 系统中，终端连接、挂起、释放过程中的交互信令采用 Zadoff-Chu（ZC）序列，在海量连接环境下，频繁的冲突和突然重传会导致网络拥塞、时延增加和资源浪费。文献[17]提出了用 Reed-Muller（RM）序列替代 ZC 序列，相比于 ZC 序列，RM 序列可以唯一且明确地映射到用户 ID，在正确检测到 RM 序列之后，网络侧可以立即推断出该用户 ID。因此，5 次信令交互可以被简化为终端发送 RM 序列后网络侧发送“RRC Connection Setup Complete”来完成连接的双步骤交互。通过减少信令交互不仅提高了系统吞吐量，而且降低了系统时延和能耗。

⑤ 上下文信息存储：按照 NB-IoT 的规则，一旦信号连接中断，IoT 终端和网关会存储上下文信息和重置 ID 数据，而在卫星物联网中，由于卫星有限的存储和处理资源，难以承受海量用户终端的上下文信息，很有可能在短时间出现内存溢出，导致系统无法正常工作。针对上述问题，文献[18]提出了一个代理缓存方案，该方案将用户终端-卫星段作为一个纯粹的传输网络从地面通信网中分离处理，具体的工作流程是终端上传包含终端 ID 和相关鉴权信息的数据包给过顶卫星，卫星收到后仅对数据包进行鉴别和认证。一旦终端完成数据上传，就进入深睡眠状态直到下一次被唤醒。地面信关站中的数据处理网关（Data Processing Gateway，DPG）存有所有的上下文信息，它通过代理缓存方案建立或者重启连接。在接收到卫星下行链路数据后，DPG 区分不同的终端数据包并用所存储的信息扮演终端设备完成高层传输过程。通过引入 DPG，大大减轻了空间段的压力，通过减少上下文信息存储避免空间段因内存不足而溢出。

综上所述，NB-IoT 虽然为了适应地面物联网的需求而删除了上行物理链路控制信道、新增了业务能力开放功能、引入了用户面和控制面优化传输方案，但在带宽资源、传输体制、帧结构、业务流程等方面延用地面蜂窝系统设计，在低轨卫星信道特征下需要进行适应性改造。

7.3.3 LoRa 技术体制及其在卫星物联网中的适应性分析

LoRa 是 LPWAN 通信技术中的一种，是美国 Semtech 公司推出的一种基于扩频技术的远距离无线传输方案。

（1）LoRa 网络架构

LoRa 网络采用星形拓扑结构，将网络实体分成 4 类：用户终端、网关、网络服务器和业务服务器。LoRa 网关是一个透明传输的中继，连接终端节点和服务器。网关与服务器间通过标准 IP 连接；终端节点采用单跳与一个或多个网关通信。所有终端、服务器与网关间均是双向通信，但上行链路占主导地位，同时支持云端升级等操作以减少云端通信时间。LoRa 网络架构如图 7-11 所示。

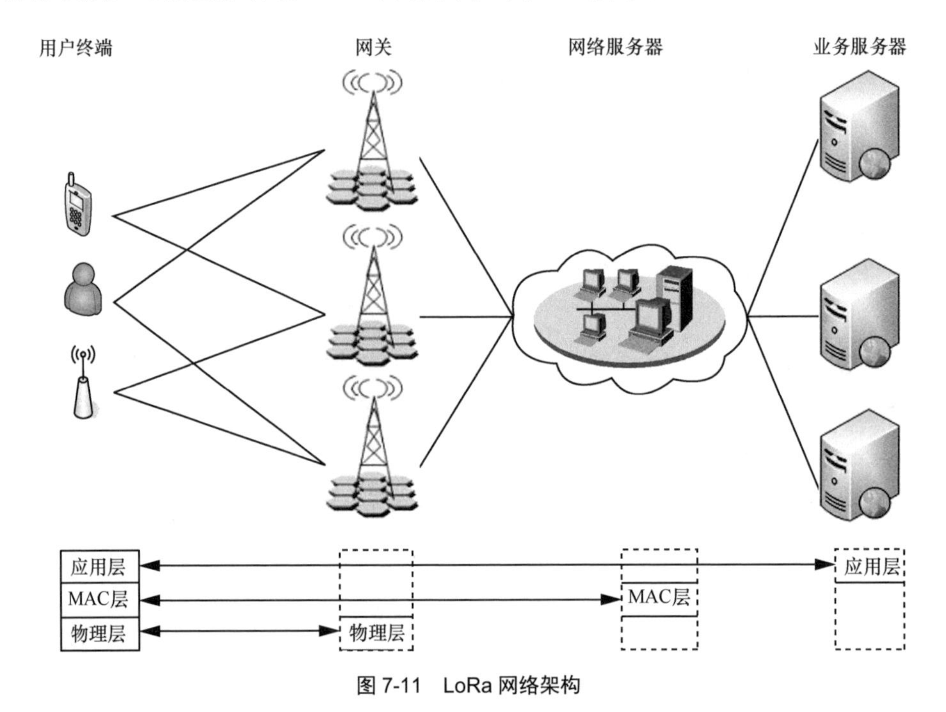

图 7-11　LoRa 网络架构

（2）数据传输模式

LoRa 终端工作模式分为 3 种，即 Class A、Class B 和 Class C，不同的工作模式功耗不同，适用于不同的场景。在 3 种工作模式中，Class A 功耗最低，在物联网中应用最广泛。

Class A 支持双向通信，每个传感器在上行链路发送消息后都会打开两个下行接收窗口，以接收下行链路传回的消息。接收窗口的开始时间固定，如图 7-12 所示。上行链路发送数据包后，传感器睡眠，经过接收时延 1，接收窗口 1 打开，它与上

行链路信道频率相同，可以根据上行链路的数据率适当调整接收窗口 1（图中 Rx1）的数据率。上行链路发送数据包后，传感器睡眠，经过接收时延 2，接收窗口 2（图中 Rx2）打开，Rx2 频率和数据率固定，信道频率和数据率可以通过 MAC 命令修改。

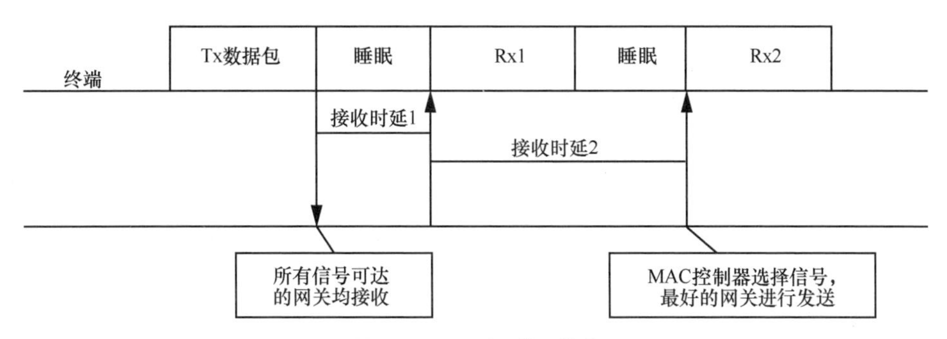

图 7-12　Class A 收发模式

Class B 除了开放 Class A 两个接收窗口，还会开放一个固定周期的接收窗口用以接收下行链路，因此功耗会大于 Class A 终端。

Class C 仅在发送数据的时刻停止接收下行数据，功耗最大，更适用于有大量下行数据接收的应用。

在以上任意一种工作模式下，传感器接收下行数据前禁止发新包，如果终端没有接收到应答，至少等待 ACK_TIMEOUT（默认 2 秒）后进行重发。

（3）一般通信过程

传感器节点的通信过程分为 3 个部分，即终端激活、加入网络、数据传输。终端激活有两种方式：无线激活（OTAA）与独立激活（ABP）。

无线激活是在通信终端设备部署或重置时激活，激活时传感器设备带有全局唯一的终端设备标识符（DevEUI）、应用程序标识符（AppEUI）和 2 个字节随机值（DevNonce）。当传感器加入网络后，用 AppKey 及其他标识符产生两个会话密钥：NwkSKey（网络进程密钥）和 AppSKey（应用进程密钥），用来加密和校验网络层和应用层数据，以使数据传输更安全。

独立激活是将终端设备初始化和激活两个步骤合成一步，意味着传感器初始化时就配置好了入网必要的信息，即在传感器节点中直接存储设备地址 DevAddr、NwkSKey 与 AppSKey。

（4）自适应速率

根据距离远近、干扰程度选择不同扩频因子（Spreading Factor，SF）以实现通信速率的自适应。LoRaWAN 的数据传输速率范围为 0.3 kbit/s ~ 37.5 kbit/s。为了终端设备电池的寿命和整个网络容量的最大化，LoRaWAN 服务器通过一种自适应速率（Adaptive Data Rate，ADR）方案来控制数据传输速率和每一个终端设备的射频输出功率。

（5）LoRa 调制

LoRa 调制基于线性扩频（Chirp Spread Spectrum，CSS）调制技术，调制出的码片波形为

$$s(t) = a(t)\cos\big(\theta(t)\big) \tag{7-1}$$

其中，$\theta(t)$ 为相位，$a(t)$ 为码片幅度函数。码片 $s(t)$ 瞬时频率可定义为

$$f_{\mathrm{M}}(t) = \frac{1}{2\pi}\frac{\mathrm{d}\theta}{\mathrm{d}t} \tag{7-2}$$

式（7-2）中，频率在 T_{symbol} 周期内扫过 $f_{\min}$ 到 $f_{\max}$ 整个频带范围，随着时间线性增加（up-chirp）或随着时间线性减小（down-chirp）。

在不同通信场景中，路径损耗不同、所需数据传输率不同，为了在可靠传输基础上提高网络传输性能、延长传感器电池寿命，LoRa 调制采用不同的扩频因子来实现自适应速率，即采用 7 ~ 12 的扩频因子，满足

$$\mathrm{SF} = \frac{T_{\mathrm{symbol}}}{T_{\mathrm{bit}}} = \frac{R_{\mathrm{bit}}}{R_{\mathrm{symbol}}} \tag{7-3}$$

信号扫过的带宽为

$$\mathrm{BW} = 1/T_{\mathrm{chip}} \tag{7-4}$$

符号周期为

$$T_{\mathrm{symbol}} = 2^{\mathrm{SF}}T_{\mathrm{chip}} \tag{7-5}$$

可得出比特率与 SF、BW 关系

$$R_{\mathrm{bit}} = \mathrm{SF}\times R_{\mathrm{symbol}} = \mathrm{SF}\times(1/T_{\mathrm{symbol}}) = \mathrm{SF}/2^{\mathrm{SF}} \tag{7-6}$$

由式（7-6）可见，扩频因子越大，传输的数据数率就越小。码片速率表示为

$$\mu(t) = \frac{\mathrm{d}f_{\mathrm{M}}}{\mathrm{d}t} = \frac{1}{2\pi}\frac{\mathrm{d}^2\theta}{\mathrm{d}t^2} = 2^{\mathrm{SF}}R_{\mathrm{bit}} \tag{7-7}$$

假设码片速率恒定，则频率 $f_{\mathrm{M}}(t)$ 是时间 t 的一次函数，相位 θ 是时间 t 的二次函数，Chirp 扩频信号可表示为

$$s(t)=a(t)\cos(2\pi f_{\mathrm{c}}t+\pi\mu t^2+\phi) \tag{7-8}$$

图 7-13 为不同 SF 下的 Chirp 扩频信号的时频图。

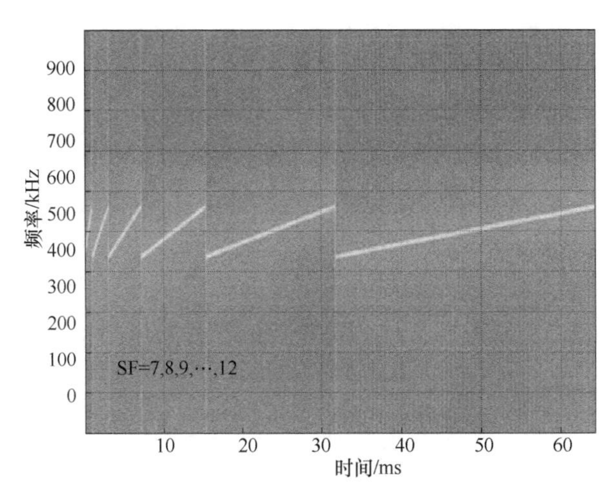

图 7-13　不同 SF 下 Chirp 扩频信号的时频图

（6）LoRa 体制在卫星物联网中的适应性分析

作为一种采用非授权频段的专网体制，LoRa 体制应用于卫星物联网时主要存在以下不足。

① 有限的传输距离。LoRa 体制的最大传输距离为 20 km 左右，而 LEO 卫星的信号传播距离为 1 000 km 左右，如此大的距离差对 LoRa 体制是个挑战，除了增大天线增益或发射功率，可能还得采取一些其他的措施来适应这么大的传播损耗。针对上述问题，文献[19]提出了一个基于捕获效应和串行干扰消除（Successive Interference Cancellation，SIC）解调技术的低轨卫星物联网模型，以分析 LoRa 的上行链路性能，并从接收信号强度指标（Receive Signal Strength Indicator, RSSI）的角度推导了莱斯信道中 LoRa 信号的连接概率方程。文献[20]提出一个单小区 LoRa 系统的分析模型，考虑相同 SF 和不同 SF 传输之间干扰的影响，推导了几种干扰条件下的信号干扰比分布。

② 重传机制。为了获得可靠的数据传输，LoRa 采用了不成功即重传的传输方式，这在地面物联网场景中很实用，但是在卫星物联网场景中，若仍采用这种重传机制，则终端必须要在接收到卫星的确认信息后才能重发下一帧。由于传输距离远，

通信时延大，卫星过顶时间又短，如果在重传几次后终端与卫星失去连接，那终端一直重发就会很快耗尽电源能量，所以 LoRa 的重传机制需要改变。针对上述问题，文献[21]提出了确认和重传的双向 LoRa 网络中上行链路消息传递协议，并分析数据包碰撞冲突，提高了可靠性并降低了能耗，证明可靠性和能耗影响终端重新传输未确认数据包的最大次数。文献[22]提出了一种新的 MAC 层 DG-LoRa 协议，用于提高低功耗广域网的可扩展性，并使用 Monte-Carlo 仿真评估 DG-LoRa 的性能，与传统 LoRaWAN 在数据丢失率和重传次数方面进行比较，DG-LoRa 通过减少数据包重传的次数来实现低功耗。

③ 对频偏的敏感性。LoRa 体制是针对地面物联网设计的，对于存在高动态性的低轨卫星来说，其接收端的残余频偏可能会比较大，而这会极大地影响 LoRa 体制的性能。针对上述问题，文献[23]提出了一种基于 LoRa 体制的终端节点发射信号多普勒预补偿方法，根据区域内随机分布终端的概率密度和卫星星历信息推导多普勒频移的分布，再由此进行预补偿以保证终端之间的正交性。文献[24]针对 LoRa 信号在大尺度频偏下互相关性能恶化的情况，设计出对称和非对称 Chirp 信号，降低了信号的互相关性，使其具有更好的捕获性能。文献[25]从调制的角度提出 LoRa 差分调制，将传输信息调制到两个相邻符号的起始频率相对关系上，并提出其最大似然序列检测算法解决误码扩散现象。

④ 空中接口接入方式的差异性。地面物联网中 LoRa 入网分为空中激活与独立激活两种方式。空中激活时终端内置 AppKey，终端先发送 join-request 命令给网关，网关再传输给服务器，最后应用服务器产生密钥并返回 join-response 命令，终端解析命令中相应字段并根据 AppKey 产生通信密钥。但在卫星物联网，尤其是低轨卫星物联网中，由于网络体系架构的巨大差异，LoRa 空中激活方式需进行适应性改造，以尽量减小双方信令交互的次数。针对上述问题，文献[26]提出了一种基于压缩感知的联合活跃设备检测与信道估计方案，解决免授权随机接入机制带来的调度信令缺乏的问题。文献[27]提出了基于窄带物联网的分段式低轨卫星物联网数据传输流程，该流程采用分段的方式将终端与基站之间的数据传输与卫星数据下发信关站进入核心网的数据传输过程作为两段，在信关站中设立数据处理网关模拟终端与基站之间的信令交互，从而减少链路不连续造成的时延大的问题。

综上所述，LoRa 体制虽然解决了终端的接入问题，但相对而言缺乏完善的网络运营管理机制，对于卫星物联网中大时延、大传播损耗和大频偏的适应性存在不足，

因此，需要进行一定的适应性改造以适合卫星物联网的应用环境。

7.4　卫星物联网的多址接入技术

实现多址接入技术的基础是信号分割，也就是在通信的发送端进行恰当的信号设计，使得网络中各通信终端所发射的信号在时频空各域有所差别，而接收端能够通过这些差异区分识别不同终端的信号。竞争接入（ALOHA）协议是一种多个终端竞争访问同一信道而无须与其他终端协调的随机接入方法，这种接入方式对于短突发数据业务具有较高的信道利用率。相比于语音业务和宽带接入业务，物联网应用中业务多是短包类型。随机接入协议由于简单、信令开销小、信道利用率高等特点得到了学术界的广泛关注，研究人员设计了大量高效的随机接入协议。

7.4.1　ALOHA 和时隙 ALOHA

最早的竞争接入方式被称为纯 ALOHA（Pure-ALOHA，P-ALOHA），其工作原理如图 7-14 所示，只要用户产生数据，就立即发送数据，而不考虑是否有其他用户处于活动状态。由于存在数据冲突的威胁，每个用户必须监控其发送的数据包或等待接收机的确认以确定数据包传输是否成功，如果发送失败，为了避免重复碰撞，用户随机化重传时间，这样重传的数据包随着时间扩散开来，减少了再次碰撞的可能性。这种系统实施简单，适用于流量负载很小的网络状态，而当负载增大时，用户同时接入的可能性大大增加，会使接入性能急剧恶化。

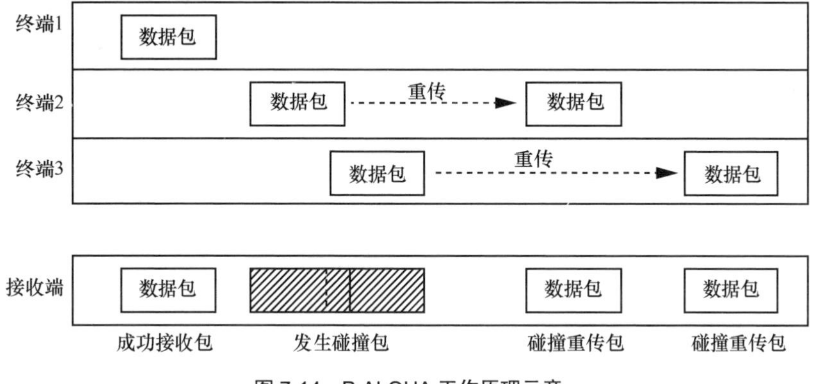

图 7-14　P-ALOHA 工作原理示意

用户在发送数据包之前并没有被分配指定的信道资源，使得多用户的数据包在共享信道上存在碰撞的可能，碰撞会导致数据包无法被正确接收，因此 P-ALOHA 协议的信道利用率较低。

假设终端数据包到达概率在一个数据包持续时间 t 内服从参数为 λ 的泊松分布。则在一个数据包持续时间范围内，有 k 个数据包同时到达的概率可表示为

$$p=\frac{(\lambda t)^k}{k!}\mathrm{e}^{-\lambda t} \tag{7-9}$$

若数据包能被成功接收，需要在 $2t$ 时间段内没有其他数据包到达，因此数据包被成功接收的概率为

$$p_{\mathrm{s}}=\frac{(2\lambda t)^k}{k!}\mathrm{e}^{-2\lambda t}\big|_{k=0}=\mathrm{e}^{-2\lambda t} \tag{7-10}$$

定义系统负载为 $G=\lambda t$，因此，P-ALOHA 系统吞吐量为

$$S=Gp_{\mathrm{s}}=G\mathrm{e}^{-2G} \tag{7-11}$$

当 $G=0.5$ 时，P-ALOHA 系统可获得最大吞吐量为 0.184（数据包/时隙），即频谱利用率最高为 18.4%。

时隙 ALOHA（Slotted ALOHA，S-ALOHA）是 P-ALOHA 的一种改进方法，其工作原理如图 7-15 所示，它把时间划分成与固定长度数据包持续时间 t 相等的时隙，保证数据包开始发送的相邻两个时隙内没有其他数据包到达，即用户只在时隙的开始发送数据包，如果用户在时隙的中间时刻生成了数据包，只能在下一帧的开始即时隙开始才能发送数据包。因此，当两个数据包发生冲突时，它们将完全重叠，而不是部分重叠，该机制是一种降低数据包碰撞概率的有效措施，避免了用户发送数据的随意性，减少了数据冲突的可能，提高了信道的利用率，其吞吐量可以增加到 P-ALOHA 的一倍。

假设每个时隙长度与数据包持续时间相同，都为 t，若数据包能被成功接收，需要在 t 时间段内没有其他数据包到达，因此数据包被成功接收的概率为

$$p_{\mathrm{s}}=\frac{(\lambda t)^k}{k!}\mathrm{e}^{-2\lambda t}\big|_{k=0}=\mathrm{e}^{-\lambda t} \tag{7-12}$$

因此，S-ALOHA 系统吞吐量表示为

$$S=Gp_{\mathrm{s}}=G\mathrm{e}^{-G} \tag{7-13}$$

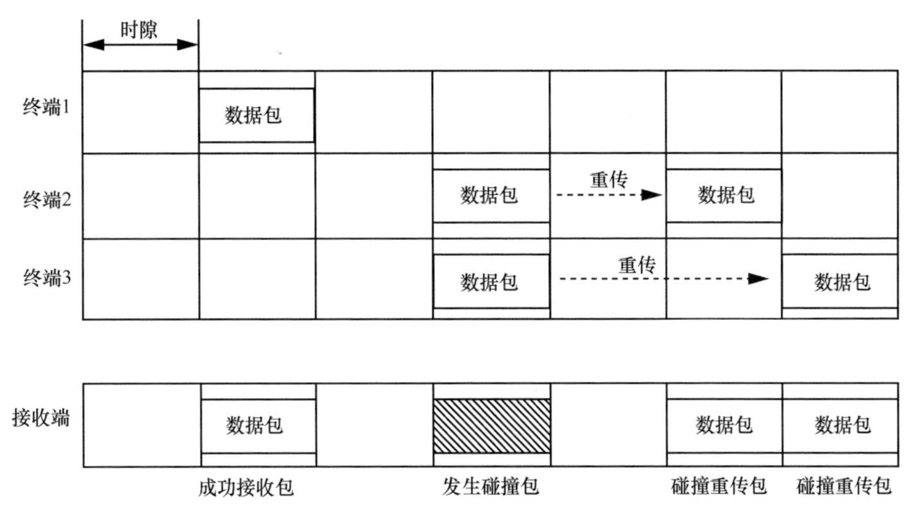

图 7-15　S-ALOHA 工作原理示意

当 $G=1$（数据包/时隙）时，S-ALOHA 系统可获得最大吞吐量为 0.368（数据包/时隙），即频谱利用率最大为 36.8%。两种 ALOHA 方式的吞吐量曲线如图 7-16 所示。

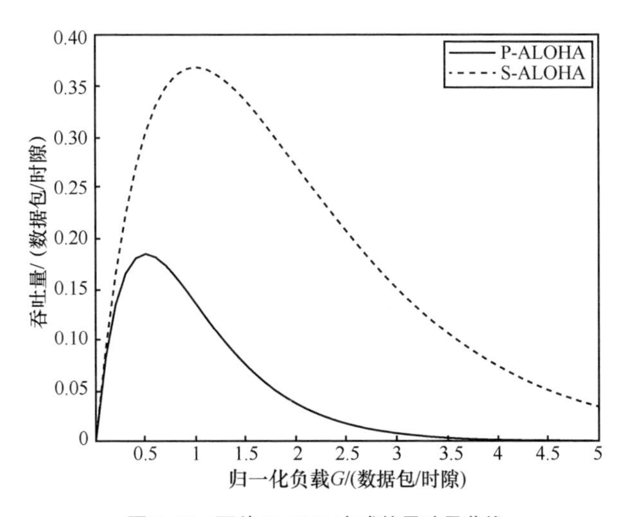

图 7-16　两种 ALOHA 方式的吞吐量曲线

在 P-ALOHA 和 S-ALOHA 随机接入协议中如果数据包发生碰撞，终端需要退避重发发生碰撞的数据包。决定避让的方式和时间的算法就是退避算法。退避算法在减少数据包碰撞，提高发送成功率和系统性能方面非常有效。经典的退避算法有均匀退避（Uniform Backoff，UB）算法、二进制指数退避（Binary Exponential Backoff，

BEB）算法、倍数增加线性减少退避（Multiplicative Increase and Linear Decrease Backoff，MILDB）算法等。

7.4.2 扩频时隙 ALOHA

扩频时隙 ALOHA 信号在形式上等效于扩频 CDMA 信号，但只需使用一个扩频序列，而不必像 CDMA 那样为每个用户分配一个不同的扩频码。典型的扩频时隙 ALOHA 的原理框图如图 7-17 所示。

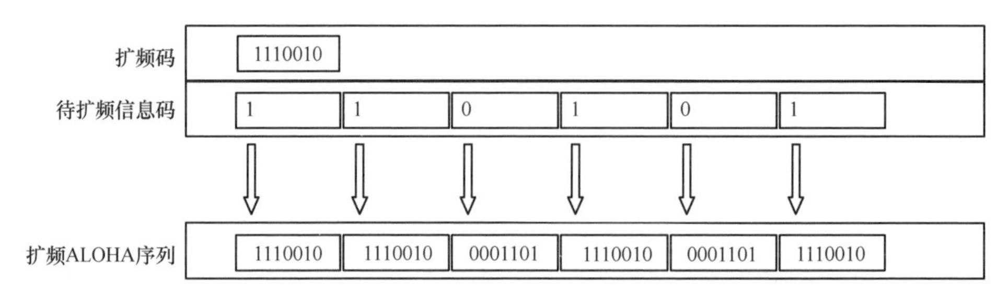

图 7-17　典型的扩频时隙 ALOHA 的原理框图

用扩频序列将要传输的用户报文的每一个数据比特进行扩展，然后再进行传输。在这种随机接入共享信道中，数据包长度的增加似乎会导致信道上更多的数据包发生碰撞，从而导致吞吐量下降。然而事实上，根据扩频通信原理可知，只要选择合适的扩频序列（低旁瓣、自相关性好）且信道中各个数据包不是在同一时刻发送的，尽管它们在信道上相互重叠，但经过基站相关检测之后，均可分离出各个数据包。但是，当两用户在同一时刻发送数据包时与传统 ALOHA 信道一样，仍然会产生数据包冲突，需要重发数据包。所以，传统 ALOHA 信道得出的吞吐量和负载关系同样适用于扩频时隙 ALOHA 方法。

由于应用了扩频信号，即使所有的数据包使用同一个扩频码，基站的上行接收机也可以区分出不同的数据包。根据扩频码的特性，如果两个使用同一个扩频码的数据包恰好绝对同时到达基站接收机，则它们会表现出很强的相关性。但是如果这两个数据包的到达时间不是绝对相同（它们的到达时间之差大于一个 chip 的宽度），则可以认为这两个数据包是准正交的。如果合理地设置基站中上行接收机的结构，并将此特性加以利用，就可以让接收机能够准确地观察并记录下信道中彼此竞争的数据包与接收机中匹配滤波器所产生的相关尖峰在时间轴上的具体位置。通过这样

的记录，一些满足条件的数据包会被成功跟踪并被成功捕获，其余的数据包会被接收机拒绝。

扩频技术与时隙 ALOHA 系统结合，可以使它们优势互补。在已结合的系统中，扩频技术的灵活性可以保留的同时，还简化了上行接收机结构。在已结合的系统中，所有用户共用一个扩频码。所有新产生的数据包可以在下一个时隙的开始时刻在信道上传输。如果两个或两个以上的数据包在一个时隙内被发送，则这些数据包在时间轴上会有重叠的部分，在信道中会发生碰撞，但是这些发生碰撞的数据包不一定全部被毁坏。只要它们到达基站的时间之差满足一定的条件（这是扩频 CDMA 固有的时延捕获特性），它们中的一些便可以被基站中的上行接收机成功接收。这一点是传统的时隙 ALOHA 和结合了扩频技术的时隙 ALOHA 系统最主要的区别。扩频时隙 ALOHA 的工作流程如下。

（1）在信号发射之前，使用扩频序列对将要传输的用户数据包的每一个比特的数据进行扩频处理，发送扩频处理后的数据包。

（2）当接收机接收到信号，检测其是否发生碰撞，如果没有发生碰撞，解调器便会对其信道参数（载波频率、振幅和相位信息）进行估计，并尝试译码数据包得到有用信息。如果有效信息通过校验码验证成功，则数据包就会被成功恢复出来。

（3）如果接收机接收到的信号发生碰撞，碰撞信号就会被废弃，用户会按照设计的退避算法进行重发，接收机等待下一个扩频时隙 ALOHA 信号到达。

假设系统数据包到达率为 λ，数据包到达看成泊松过程。基站在每个时隙能够处理的最大数据包数为 N_c，系统仅考虑多址干扰和加性高斯噪声。扩频时隙 ALOHA 系统数据包吞吐量为

$$S = G\mathrm{e}^{-G} + G\mathrm{e}^{-G}\sum_{k=1}^{\infty}\frac{GQ_{\mathrm{E}}(K+1)}{K!} \tag{7-14}$$

其中，$Q_{\mathrm{E}}(K)$ 表示在一个时隙内正确收到 K 个数据包的概率。式（7-14）右侧第一项表示一个时隙最多传输一个数据包时的吞吐量，即传统时隙 ALOHA 的信道容量；第二项表示采用扩频技术后系统增加的吞吐量。显然，由于 K 是一个无穷大的数而无法精确评估吞吐量。但 $Q_{\mathrm{E}}(K)$ 是一个随 K 递减的函数，因此通过截取 $Q_{\mathrm{E}}(K+1)$ 后面的各项（称为 $Q_{\mathrm{E}}(K_{\mathrm{u}})$）即可得到级数的下界

$$S_1 = G\mathrm{e}^{-G}\sum_{k=0}^{K_{\mathrm{u}}-1}\frac{G^k Q_{\mathrm{E}}(K+1)}{K!} \tag{7-15}$$

同理，当 $K \geqslant K_u$ 时，令 $Q_E(K)=Q_E(K_u)$，即得到级数 S 的上界

$$S_u = Ge^{-G}\sum_{k=0}^{K_u-1}\frac{G^k Q_E(K+1)}{K!}+Ge^{-G}\sum_{k=K_u}^{\infty}\frac{G^k Q_E(K_u)}{K!} \tag{7-16}$$

显然，$S_u - S_l$ 表示了级数上下界之间的相对紧密程度。在上面的假设条件下，对于一个实际系统而言，显然有

$$Q_E(K)=\begin{cases}1, & K \leqslant N_c \\ 1, & K > N_c\end{cases} \tag{7-17}$$

其中，N_c 为基站在每个时隙能够处理的最大数据包数。此时扩频时隙 ALOHA 系统的吞吐量为

$$S = Ge^{-G}\sum_{k=0}^{N_c-1}\frac{G^k}{K!} \tag{7-18}$$

当 $N_c=1$ 时，系统吞吐量与传统时隙 ALOHA 的吞吐量相同。

在传统的时隙 ALOHA 技术中，如果在一个时隙中有超过一个数据包到达，则在这个时隙中传输的所有的数据包就都将被破坏。在扩频时隙 ALOHA 中，尽管有超过一个数据包在一个时隙中传输，但是只要第一个数据包的到达时间与随后到达的数据包相隔一个 chip 的捕获时间 T_c，则第一个数据包就可以被相应的接收机成功捕获。由于接收端的不同接收功率和随机的到达时延，系统的吞吐量会受到捕获效应的影响。当在一个时隙中有 n 个数据包到达接收机时，设在这个时隙中成功接收到一个数据包的概率为 C_n，如果第一个到达的数据包与随后到达的数据包时间相隔至少为 T_c，则可以成功地捕获这个数据包，其中 T_c 是该系统的捕获时间。C_n 则被定义为捕获概率。通常假设只有接收到的第一个数据包才有资格被捕获，当系统引入捕获效应后，其吞吐量可写作

$$S(N_R)=Ge^{-G}\sum_{n=1}^{\infty}\frac{G^{n-1}}{(n-1)!}\left(1-\left(1-\frac{c^n}{n}\right)^{N_R}\right) \tag{7-19}$$

其中，c 为捕获效应参数，N_R 表示接收机数量，如果接收机数量为 1，则其吞吐量表达式为

$$S=(1-c)Ge^{-G}-e^{-G}+e^{(c-1)G} \tag{7-20}$$

扩频时隙 ALOHA 在不同捕获效应参数 c 下的吞吐量如图 7-18 所示。

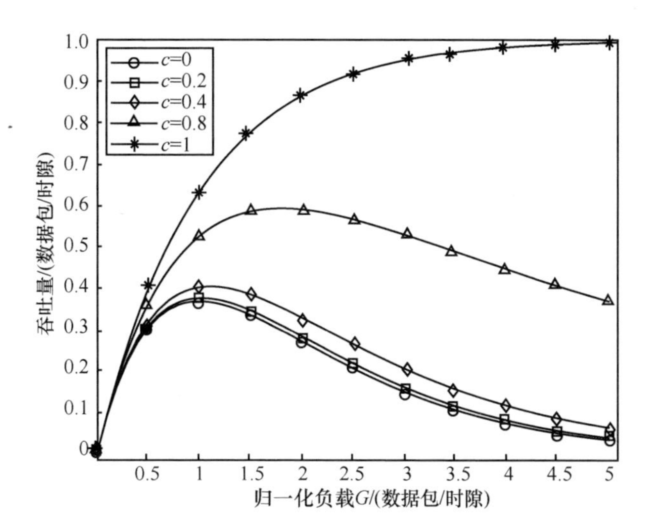

图 7-18　扩频时隙 ALOHA 在不同捕获效应参数 c 下的吞吐量

7.4.3　容碰撞分集时隙 ALOHA 技术

面对海量的传感器终端，卫星需要从传感器终端收集数据，并将数据发送到地面信关站，然后再把这些传感器数据发送到云平台及应用服务。在这个过程中，卫星物联网中大量的用户终端传输的主要是短突发数据包，其传输时间通常是无规律且具有随机性的，这些因素导致数据包冲突并增加系统的通信时延。如果在卫星通信网络中采用传统的随机多址接入协议，系统性能将会较差，只有在负载很小时，数据包碰撞率才比较小，而当负载较大时，数据包碰撞率会升高，导致较高的数据包重传概率和较大的传输时延。因此，在 2010 年，Casini 等首次提出将干扰消除（Interference Cancellation，IC）算法用于随机接入协议，并提出一种基于争用解决的分集时隙 ALOHA（Contention Resolution Diversity Slotted ALOHA，CRDSA）。其核心思想是，在同一帧中，一个数据包选择 2 个不同的时隙发送，并且每个数据包都包含同一帧里其副本所在时隙位置的信息。在接入点侧，接收机利用连续干扰消除算法逐次分解发生碰撞混叠的数据包，即利用成功接收的数据包来消除该数据包副本对其他数据包的干扰，一旦数据包被成功接收，通过它包含的副本时隙位置信息找到其副本所在时隙并将其副本消除。该过程迭代若干次后，一些初始由于碰撞未被成功接收的数据包也能被正确恢复出来。

如图 7-19 所示，该段通信共存在 6 个时隙，其中时隙 2 中数据包 1 和数据包 3 发生了碰撞，时隙 5 中数据包 3 和数据包 4 发生了碰撞。如果按照传统的 P-ALOHA 协议或 S-ALOHA 协议，这个时隙中存在的数据包会随机选择时隙进行重传。在 CRDSA 协议中，由于时隙 1 中的数据包 1 没有碰撞，接收方会先解调数据包 1 并发现其在时隙 2 中存在副本，随后会利用解调出的数据包 1 的信息消除时隙 2 中数据包 1 的影响，从而使得时隙 2 中的数据包 3 碰撞得到消除而成功解调。同理，时隙 2 中被解调出的数据包 3 也会被用于时隙 5 中解除数据包 4 的碰撞。重复该过程，不断进行迭代，直到没有新的数据包被恢复出来。正是因为充分地利用了碰撞的数据包信息，CRDSA 协议改善了随机接入的丢包率，降低了传输时延，显著提升了系统的吞吐率。

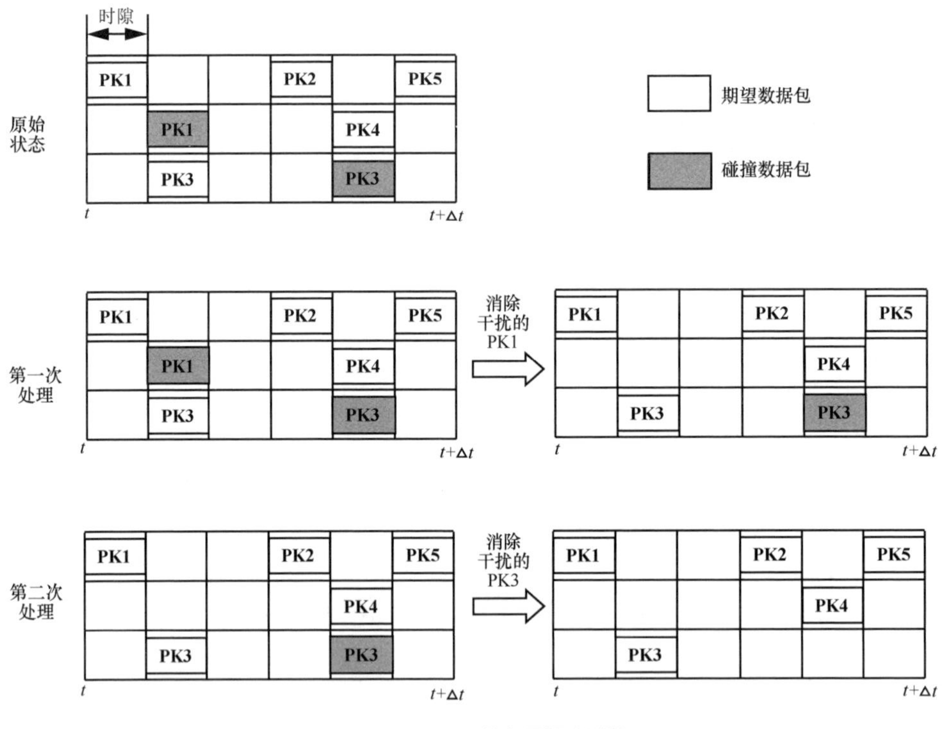

图 7-19　CRDSA 的争用解决过程

为了执行迭代解码的过程，CRDSA 协议的解调器会将基带样本信号所对应的一个完整的帧存储在内存中。CRDSA 协议的解调器设置迭代计数器的初始值 N=1。在每次迭代过程中解调器执行的步骤如下。

（1）对于无干扰数据包的解调和译码

① 在这一步骤中，信关站的解调器并行地搜索整个帧的每个时隙，通常报头搜索区域被限制在一帧每个时隙中的报头位置周围的保护时间段内。一旦有一个或多个报头序列被检测出来，解调器将对其信道参数（载波频率、振幅和相位信息）进行估计，并尝试对有效信息进行译码。如果有效信息通过校验码验证成功，则数据包就被成功恢复出来了。

② 当一个数据包被成功解码时，就可以从它的报头中获取其副本所在时隙位置的信息（如解调图 7-19 时隙 1 中的数据包 1，就可以得到其副本在时隙 2）。此外，可以分别从解调器的前置码相关器和定时估计单元中提取出报头序列和时间，还可以从已恢复出的数据包的有效信息中获得其副本的振幅和时钟信息。

③ 在一帧内检测到的一个或多个无干扰数据包副本的位置将被存储，并从无干扰的数据包中检测其幅度和时钟信息，以便在下一次迭代中使用。然而，由于本地振荡器的不稳定性，数据包之间的载波相位通常是不相关的，所以副本的相位信息无法从有效信息中获得。

（2）争用解决算法

根据第一步处理，CRDSA 解调器将会处理一些时隙，在这些时隙中将干扰的数据包副本消除掉（如图 7-19 时隙 2 中的数据包 1 就可以被消除）。因此，解调器将会在发生冲突的时隙上进行操作，CRDSA 协议的目的是对存储的帧样本信息进行后期处理，以便解决一些由于竞争信道资源的数据包而产生的碰撞问题。

对于干扰消除过程可以很直观地用图 7-20 来表示。一个 MAC 帧由 n 个时隙组成，在一帧中有 m 个终端有数据包发送。那么，该 MAC 帧的状态可以通过二分图 $\mathfrak{R}=(B,S,E)$ 来描述。该二分图是由 m 个终端节点（每一个发送数据包的终端）组成的集合 B，n 个节点（一帧中的每个时隙）组成的集合 S 和边的集合 E 构成的。图 7-20 描述了 m=4、n=4 时 CRDSA 协议的 IC 迭代过程，其中正方形代表时隙节点，圆形代表数据包节点，如果数据包副本能够被成功接收，则对应的边标记为 1，否则标记为 0。

图 7-20（a）：二分图的初始状态，每条边都为实线，表示迭代干扰消除过程还未开始。

图 7-20（b）：由于时隙 S2 只有终端 B2 发送的一个数据包，所以该数据包可以成功地被译码，即可以将从 B2 指向 S2 的虚线从图中删除，接着继续寻找只有一

个数据包发送的时隙，发现其他时隙均有 2 个数据包发送，产生了冲突。在这次迭代过程中，根据终端 B2 发送的已译码的数据包的报头信息可以找到其副本所在时隙的位置信息。所以可以将从 B2 指向 S1 的实线从图中删除。

图 7-20（c）：在第二次迭代过程中，发现时隙 S1 只有终端 B1 发送的一个数据包，所以终端 B1 在时隙 S1 上发送的数据包可以成功被译码，同时可以删除在其他时隙上该数据包副本的干扰，即从 B1 指向 S1 的虚线和指向 S3 的实线都可以从图中删除。

图 7-20（d）：在第三次迭代过程中，可以成功译码终端 B3 发送的数据包。

图 7-20（e）：在第四次迭代过程中，可以成功译码终端 B4 发送的数据包。

图 7-20（f）：迭代五次后的状态。

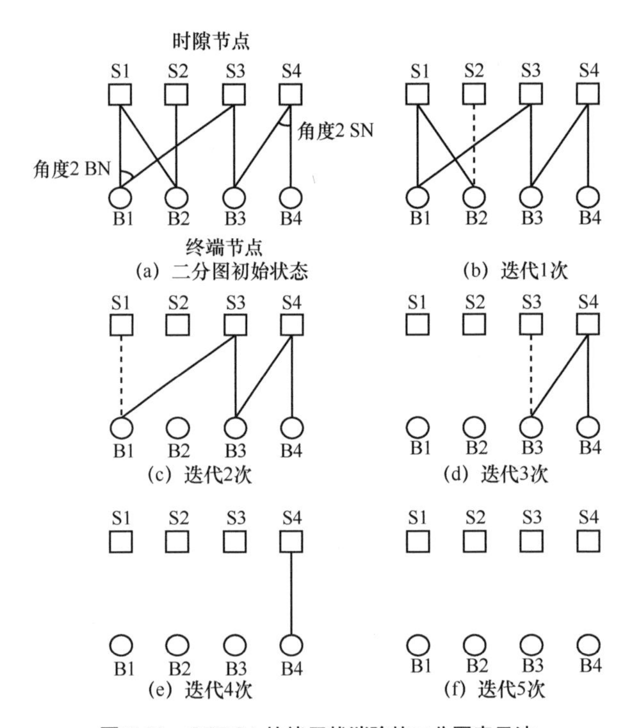

图 7-20 CRDSA 协议干扰消除的二分图表示法

至此，所有数据包都被成功恢复出来了，迭代结束。

假设系统没有采用拥塞控制（指在发生拥塞时控制进入网络的数据量）和重传机制，由于每个终端在一个完整帧中会选择 2 个不同的时隙将相同的数据包发送 2

遍，故 CRDSA 协议物理层负载是时隙 ALOHA 协议的 2 倍。图 7-21 给出了时隙 ALOHA 协议和 CRDSA 协议分别迭代 1、2、3、6、16 次的吞吐量与归一化负载的关系曲线。其中，归一化负载 G 是指一帧中平均每个时隙传输的数据包数量，单位为数据包/时隙，吞吐量是指一帧中平均每个时隙成功接收译码的数据包数量，单位为数据包/时隙。仿真结果表明，当 G=0.65（数据包/时隙），迭代次数为 16 次时，CRDSA 的吞吐量达到了峰值，为 0.52（数据包/时隙）；当 G=1（数据包/时隙）时，时隙 ALOHA 的吞吐量达到了峰值为 0.36（数据包/时隙）。另外，当 G 从 0 变化到 0.4（数据包/时隙）时，CRDSA 的吞吐量呈线性增长（即几乎没有数据包丢失），而时隙 ALOHA 只有在 G 从 0 到 0.1（数据包/时隙）时呈线性增长。因此，CRDSA 协议的吞吐量性能相比传统的时隙 ALOHA 方式有明显改善。

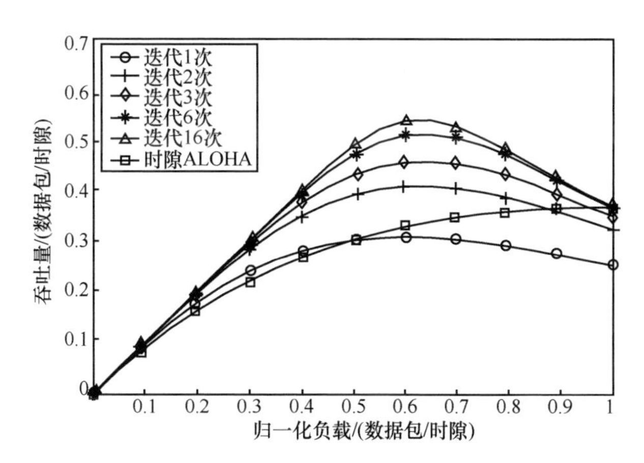

图 7-21 时隙 ALOHA 协议和 CRDSA 协议分别迭代 1、2、3、6、16 次的吞吐量与归一化负载的关系曲线

7.5 卫星物联网典型系统与应用

现有已开展物联服务的典型卫星通信系统有 Orbcomm 系统、“下一代铱系统”搭载的天基广播式自动相关监视（ADS-B）系统和天基船舶自动识别（AIS）系统，这些卫星通信系统在航空器管理、船舶识别、抢险救灾、数据采集、电子邮件等不同领域具有广泛的应用。

7.5.1 轨道通信系统

Orbcomm 系统是美国 Orbcomm 公司和加拿大 Teleglobe 公司共同打造的一个采用 LEO 卫星构成的全球低速数据通信系统，于 1993 年投入运行，它是世界上第一个建成的低轨卫星物联网[28]。

Orbcomm 系统包括空间段、地面段和用户段 3 部分。空间段是指由许多 Orbcomm 卫星构成的卫星星座。地面段包括信关站控制中心（Gateway Control Center，GCC）、网关地球站（Gateway Earth Station，GES）和网络控制中心（Network Control Center，NCC）。用户段是指用户通信器（Subscriber Communicator，SC），它为个人消息传输提供一种手持式终端，为固定用户或移动用户提供远端监测和跟踪应用。图 7-22 为 Orbcomm 系统的组成示意。

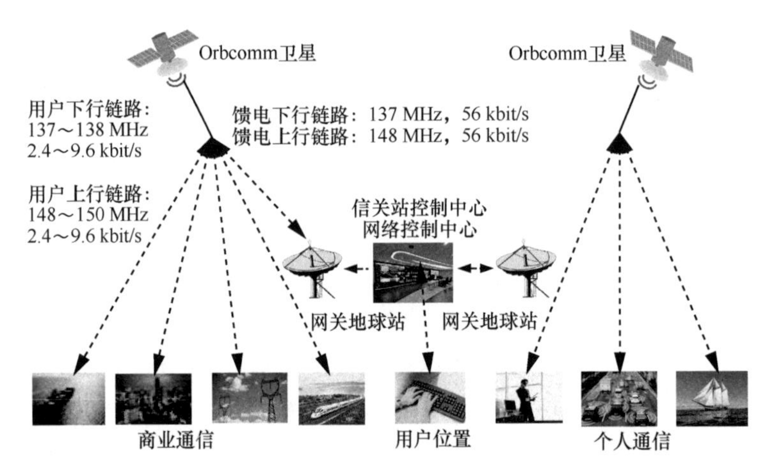

图 7-22　Orbcomm 系统的组成示意

Orbcomm 系统的空间段已经发展了两代。其中，第一代 Orbcomm 卫星（OG1）一共发射了 35 颗卫星。OG1 星座基本参数见表 7-9。

表 7-9　OG1 星座基本参数

轨道面	卫星数/颗	轨道高度/km	轨道倾角/(°)
A	6	835	45
B	6	835	45

续表

轨道面	卫星数/颗	轨道高度/km	轨道倾角/(°)
C	6	835	45
D	7	1 000	0
E	6	740	70
F	2	740	108
G	2	835	45

Orbcomm 公司于 2008 年与内华达山脉公司签署下一代卫星星座合同，即建设 18 颗第二代 Orbcomm 卫星（OG2），分 3 次发射，每次发射 6 颗卫星。每一颗第二代 Orbcomm 卫星配备一套增强的通信有效载荷，专门为 M2M 业务建设。其中，天线长度和功率提升至 OG1 的 2 倍，星上存储能力提升 85 倍，微处理能力提升 17 倍，与第一代 Orbcomm 卫星相比，用户数量最多可以增加至原来的 12 倍，数据传输速率更高。第二代 Orbcomm 卫星具有向后兼容特性，第一代 Orbcomm 卫星用户终端可与第二代 Orbcomm 卫星实现无缝链接。上述对于第一代 Orbcomm 卫星的改进，使得第二代 Orbcomm 卫星系统能够提供更大的吞吐量和更快的数据传输速率。

Orbcomm 系统的地面段包含了 Orbcomm 系统主要的处理功能，这些功能分布在 GCC、GES 和 NCC 中。

（1）GCC 负责 Orbcomm 系统与地面通信网之间的连接。

（2）GES 负责连接 Orbcomm 系统的空间段和地面段。

（3）NCC 负责管理整个 Orbcomm 系统，并且具有 GCC 的功能。

Orbcomm 系统的用户段包括各类用户通信器。手持式用户通信器主要提供双向信息传输功能，有一个字母键盘和一个小显示屏；对于用于固定数据应用的用户通信器，由于使用 VHF 频段，所以可使用比较廉价的设备和简单的天线，可采用电池、太阳能等供电。表 7-10 为 Orbcomm 系统的用户通信器的典型技术规范。

表 7-10　Orbcomm 系统的用户通信器的典型技术规范

参数	值
发射功率	5 W
接收动态范围	−116～−80 dBm
灵敏度性能	当输入信号电平为−116 dBm 时，BER 为 10^{-5}
工作温度范围	−30 ℃～+60 ℃
功耗（+12V_{DC}）；接收：100 mA；发送：2 A；睡眠：小于 1 mA	

发送消息时：SC 发送的消息被卫星接收后，会被中继到 GES；GES 把此消息通过卫星链路或专用地面线路中继到 NCC，NCC 再通过电子邮件、专用电话线或传真把该消息传递到最终的地址。当 SC 接收消息时，要向 SC 发送消息的用户首先通过电子邮件系统把消息发送到 NCC 或 GCC，再由 NCC 或 GCC 传递给 GES，最后由 GES 发送给 SC。

Orbcomm 系统开展的业务主要有 3 类：交通工具的跟踪定位、搜索目标、抢险救灾服务；仪表的自动监测，如在水利、电力、油田、天然气等行业完成数据的自动采集，以及对车辆、管道管理、环境进行监控；信息传递，包括收发电子邮件、股票金融等信息，该系统直接接入互联网，以电子邮件的形式为用户服务。由于数据速率只有 2 400 bit/s，所以 Orbcomm 系统只能提供非实时的低速率双向数据通信业务，而不能提供语音、视频等实时通信业务。

7.5.2 天基广播式自动相关监视系统

现代空中交通管制系统需要对航空器（如飞机）飞行的全过程进行管控，即从飞机驶出停机坪开始，经起飞爬升，进入航路，通过报告点，到目的地机场降落为止，飞机始终处于被监视和管控之下。传统的陆基飞机监视系统主要由空中机载发射机和地面接收站组成，受系统布置的限制，一般沿民航航线、机场终端区等陆地区域进行布置，很难实现对洋区、沙漠、高山、峡谷等特殊地区的覆盖。天基航空器监视系统可用于陆基系统难以覆盖或无法覆盖的空域，从而形成一个全球无缝覆盖的航空器监视网络。

天基广播式自动相关监视系统无须人工操作或询问，可以自动从相关航空器的机载设备中获取参数，向其他飞机或地面控制站广播飞机的位置、高度、速度、航向、识别信息和类别信息等，以供航空管制员对航空器的状态进行监控。将 ADS-B 技术用于空中交通管制，可以在无法部署航管雷达的陆地及海洋地区为航空器提供优于雷达间隔标准的虚拟雷达管制服务；在雷达覆盖地区，即使不增加雷达设备也能以较低的代价增强雷达系统的监视能力，提高航路乃至终端区的容量；多点 ADS-B 地面设备联网可作为雷达监视网的旁路系统，能够以不低于雷达间隔的标准提供空管服务；利用 ADS-B 技术可以在较大的区域内实现飞行动态监视，以改进飞行流量管理，还能对运行中的航空器提供各类情报服务[29]。

天基 ADS-B 系统借助低轨道通信卫星强大的覆盖能力，将 ADS-B 收发信机载荷安装到卫星上，并通过 ADS-B 设备接收其覆盖区域内的航空器发送的 ADS-B 报告，再通过卫星信道下传给卫星地面站，卫星地面站通过地面网络将 ADS-B 报告传递给地面相关实体（如航空管理中心、航空公司等），从而实现 ADS-B 系统的全球覆盖，完成对航空器的全球飞行追踪和实时监控。美国的“下一代铱星”系统和“全球星二代”系统的天基 ADS-B 技术较为成熟，已经得到实际应用的检验。

依托“下一代铱星”系统构建的 ADS-B 系统包括空间段、地面段和用户段 3 部分，其架构如图 7-23 所示。

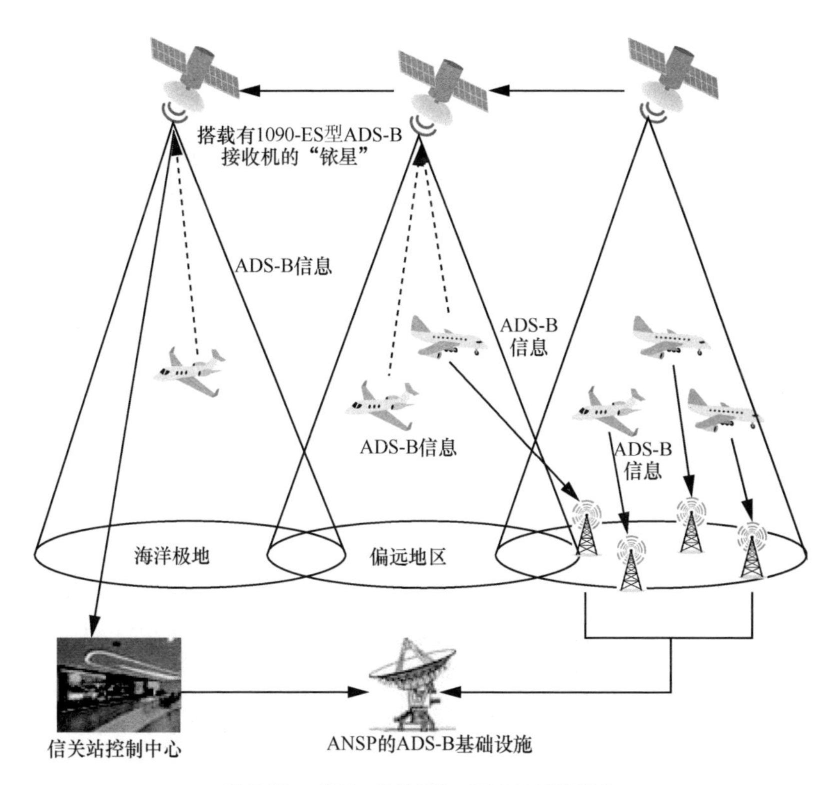

图 7-23　“下一代铱星” ADS-B 系统架构

空间段：“下一代铱星”ADS-B 系统的空间段是由加装了 ADS-B 载荷的“下一代铱星”卫星构成的极轨星座。“下一代铱星”卫星上携带 Aireon 公司和 Harris 公司研制的 1090-ES 型 ADS-B 接收机，接收机质量约为 50 kg，尺寸约为 30 cm×40 cm×70 cm，平均功耗约为 50 W，可实现单星监视 3 000 个航空器目标，处理 1 000 个以上航空器目标，主要用于飞机的飞行监视和追踪，提供飞机位置报告服务，主要目标用户是空管、搜救部门等。

地面段：“下一代铱星”ADS-B 系统的地面段包括铱系统信关站、信关站控制中心、空中导航服务提供商（ANSP）的 ADS-B 基础设施（含多点 ADS-B 地面网络、地面监视雷达、空中交通控制中心）等。通过铱系统馈电链路传送到地面的 ADS-B 信息最终由空中交通控制中心处理与显示，这些信息主要包括飞机的四维位置信息（经度、纬度、高度和时间）和其他可能的附加信息（冲突告警信息、飞行员输入信息、航迹角、航线拐点等），以及飞机的识别信息和类别信息。

用户段：用户段是指加装了 ADS-B 设备的各类航空器。由于“下一代铱星”卫星中装了 1090-ES 型 ADS-B 接收机，所以用户段主要的机载设备有：空中交通控制（Air Traffic Control，ATC）应答机，它是 ADS-B 系统的核心，负责收集和处理飞机的有关参数（位置、高度、速度、航向、识别号等），由 ATC 天线通过数据链向卫星、地面站和其他飞机广播；大气数据惯性基准装置（Air Data Inertial Reference Unit，ADIRU）计算机，它向 ATC 应答机提供飞机的气压、高度等大数据信息；数据链系统，用户段的 ADS-B 通信能力是基于数据链系统完成的。

搭载 ADS-B 设备的铱系统接收到飞机的位置信息后，通过其馈电下行链路将该信息传送到地面信关站，然后由地面信关站通过地面网络将信息传送给 ADS-B 信息处理中心，由其处理 ADS-B 地面信关站接收到的飞机信息。信息运行流程如图 7-24 所示。

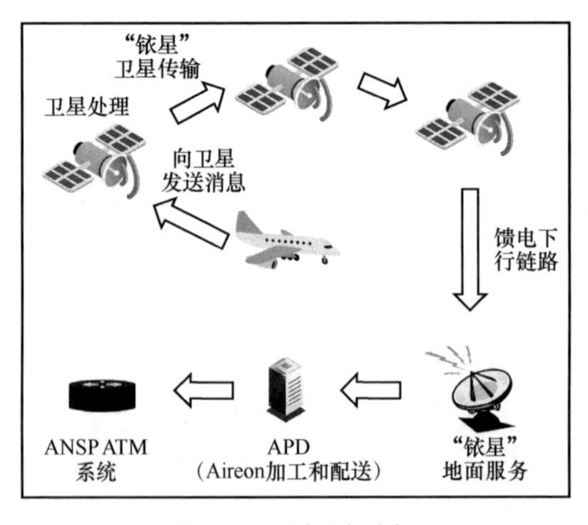

图 7-24 信息运行流程

“下一代铱星”ADS-B 系统已经部署完毕，并于 2019 年 3 月开始提供全球天基 ADS-B 服务。其主要特点如下。适用性：兼容所有符合 DO-260 标准的 1090-ES ADS-B 设备。覆盖范围：可实现全球范围内的不间断覆盖。可用性：大于 99.9%。容量：每个点波束可服务 1 000 架飞机（每颗卫星有 48 个点波束）。时延：ATC 检测追踪小于 1.5 s。更新速率：95%的响应时间小于 8 s。

7.5.3　天基船舶自动识别系统

传统的船舶自动识别系统由地基（海基/岸基）设施和船载设备共同组成，是一种集网络、通信、计算机和电子信息显示等技术为一体的数字船舶助航系统。AIS 诞生于 20 世纪 90 年代，由舰船、飞机的识别器技术发展而成。AIS 配合 GPS（全球定位系统）将船位、船速、改变航向率及航向等船舶动态信息，以及船名、呼号、吃水及危险货物等船舶静态信息由甚高频（VHF）电台向附近水域的船舶及岸台广播，使邻近船舶及岸台能及时掌握附近海面所有船舶的动态资讯和静态资讯，发现险情时能采取必要的避让行动，有效保障船舶安全航行。由于 VHF 通信系统传输距离的限制（一般为 50 海里），很难实现对广域洋区的覆盖。天基 AIS 可以有效克服地基 AIS 的不足，可以用于地基系统难以大面积覆盖或无法覆盖的海域，从而形成了一个全球无缝覆盖的 AIS 网络[30]。

天基 AIS 能够提供的业务能力如下。

（1）船舶识别。天基 AIS 能够在广阔的海域内通过获取各类船舶的 AIS 消息确定船舶的身份和位置等信息。此外，天基 AIS 还具备以下 3 项特殊能力：能够根据其他数据探测暗目标；在地基 AIS 瞬时关闭时也能探测到目标；能够估算出实施欺骗播报目标的位置。

（2）支持船舶交通管制系统（VTS）有效运行。天基 AIS 增强了地基 ARPA 雷达、船舶交通管制系统和船舶报告系统的功能，支持 VTS 有效运行，避免船舶间发生碰撞事故。天基 AIS 能够在电子海图上显示所有船舶的航向、航线、船名等信息，提供了一种基于 AIS 识别的船舶与 VTS 之间进行语音和文本通信的方法，改进了海事通信功能，使航海船舶交通管理进入了数字化时代，增强了海上船舶航行的安全性。

（3）广域/全球海上监视。随着天基 AIS 技术的快速发展，地基 AIS 有限的工作覆盖范围得到了极大的拓展，使得大范围，甚至全球的海洋船舶目标监视成为现实。

（4）海域态势感知。天基 AIS 可提供大量船舶的相关信息，已成为海域态势感知的有效组成部分。星载 AIS 数据可与其他多源数据（如合成孔径雷达、光电图像等）融合，以创建全天时、全天候的大范围海域通用作战图，支持海上作战、安全防卫、打击海盗等多样化的活动。

参考文献

[1] ITU. Internet reports 2005: The internet of things[EB].

[2] 韦乐平. 物联网的特征、发展策略和挑战[J]. 现代电信科技, 2011, 41(4): 1-5.

[3] 吴巍, 吴渭, 骆连合. 物联网与泛在网通信技术[M]. 北京: 电子工业出版社, 2012.

[4] 周洪波. 物联网: 技术、应用、标准和商业模式[M]. 北京: 电子工业出版社, 2011.

[5] 吴巍, 张更新. 天基物联网技术[M]. 北京: 电子工业出版社, 2021.

[6] 柳罡, 陆洲, 周彬, 等. 天基物联网发展设想[J]. 中国电子科学研究院学报, 2015, 10(6): 586-592.

[7] (加)丹尼斯·罗迪(Dennis Roddy). 卫星通信[M]. 张更新等, 译. 北京: 人民邮电出版社, 2002.

[8] QU Z C, ZHANG G X, CAO H T, et al. LEO satellite constellation for Internet of Things[J]. IEEE Access, 2017: 18391-18401.

[9] DE SANCTIS M, CIANCA E, ARANITI G, et al. Satellite communications supporting Internet of remote things[J]. IEEE Internet of Things Journal, 2016, 3(1): 113-123.

[10] 张更新, 揭晓, 曲至诚. 低轨卫星物联网的发展现状及面临的挑战[J]. 物联网学报, 2017, 1(3): 6-9.

[11] 张更新. 现代小卫星及其应用[M]. 北京: 人民邮电出版社, 2009.

[12] 汪春霆, 李宁, 翟立君, 等. 卫星通信与地面 5G 的融合初探(二)[J]. 卫星与网络, 2018(11): 22-26, 28.

[13] JANHUNEN J, KETONEN J, HULKKONEN A, et al. Satellite uplink transmission with terrestrial network interference[C]//Proceedings of 2015 IEEE Global Communications Conference. Piscataway: IEEE Press, 2015: 1-6.

[14] BARBAU R, DESLANDES V, JAKLLARI G, et al. NB-IoT over GEO satellite: performance analysis[C]//Proceedings of 2020 10th Advanced Satellite Multimedia Systems Conference and the 16th Signal Processing for Space Communications Workshop (ASMS/SPSC). Piscataway: IEEE Press, 2020: 1-8.

[15] KODHELI O, ANDRENACCI S, MATURO N, et al. Resource allocation approach for differential Doppler reduction in NB-IoT over LEO satellite[C]//Proceedings of 2018 9th Ad-

vanced Satellite Multimedia Systems Conference and the 15th Signal Processing for Space Communications Workshop (ASMS/SPSC). Piscataway: IEEE Press, 2018: 1-8.

[16] 李倩. 低轨卫星通信系统随机接入技术研究[D]. 北京: 北京邮电大学, 2019.

[17] ZHANG H Z, LI R, WANG J, et al. Reed-muller sequences for 5G grant-free massive access[C]//Proceedings of GLOBECOM 2017–2017 IEEE Global Communications Conference. Piscataway: IEEE Press, 2017: 1-7.

[18] 靳聪, 和欣, 谢继东, 等. 低轨卫星物联网体系架构分析[J]. 计算机工程与应用, 2019, 55(14): 98-104.

[19] ZHOU W D, HONG T, DING X J, et al. LoRa performance analysis for LEO satellite IoT networks[C]//Proceedings of 2021 13th International Conference on Wireless Communications and Signal Processing (WCSP). Piscataway: IEEE Press, 2021: 1-5.

[20] MAHMOOD A, SISINNI E, GUNTUPALLI L, et al. Scalability analysis of a LoRa network under imperfect orthogonality[J]. IEEE Transactions on Industrial Informatics, 2019, 15(3): 1425-1436.

[21] BORKOTOKY S S, SCHMIDT J F, SCHILCHER U, et al. Reliability and energy consumption of LoRa with bidirectional traffic[J]. IEEE Communications Letters, 2021, 25(11): 3743-3747.

[22] LEE J, YOON Y S, OH H W, et al. DG-LoRa: deterministic group acknowledgment transmissions in LoRa networks for industrial IoT applications[J]. Sensors, 2021, 21(4): 1444.

[23] 洪涛, 刘成阳, 丁晓进, 等. 一种基于 LoRa 体制的终端节点发射信号多普勒预补偿方法: CN112383340A[P]. 2021.

[24] QIAN Y B, MA L, LIANG X W. The acquisition method of symmetry chirp signal used in LEO satellite Internet of Things[J]. IEEE Communications Letters, 2019, 23(9): 1572-1575.

[25] LIU C Y, HONG T, DING X J, et al. LoRa differential modulation for LEO satellite IoT[M]. Singapore: Springer Singapore, 2021: 94-105.

[26] 周星宇, 高镇, 王华. 一种卫星物联网免授权随机接入方案[J]. 无线电通信技术, 2021, 47(5): 557-561.

[27] 崔雪伟, 张更新, 谢继东, 等. 低轨卫星物联网数据传输流程设计[J]. 计算机技术与发展, 2019, 29(9): 128-134.

[28] 边东明, 胡向群, 汪宏武. 卫星通信系列讲座之九轨道通信系统概况[J]. 数字通信世界, 2008(1): 82-84.

[29] 李自俊. ADS-B 广播式自动相关监视原理及未来的发展和应用[J]. 中国民航飞行学院学报, 2008, 19(5): 11-14.

[30] 龚涛, 窦建龙, 赵学军, 等. 基于导航技术的 AIS 系统[J]. 数字通信世界, 2011(8): 76-78.

第 8 章

频谱认知与干扰分析技术

在卫星通信系统中，频谱资源非常紧缺，实现对频谱资源的高效利用至关重要。对电磁环境进行动态认知，并分析不同卫星通信系统间、卫星通信系统与地面通信系统间同频干扰，是支撑频谱资源高效利用的有效途径。本章首先从主用户发射机检测、主用户接收机检测和协作感知 3 个方面阐述频谱感知技术；然后对信号特征识别技术进行阐述，包括其信号检测和参数估计；最后探讨干扰分析技术，包括其相关场景、分析模型和仿真结果。

8.1 频谱感知概述

频谱感知起初发源于无线电频谱资源的管理与监测，保证授权用户可以“独占”其授权频段。但最近十几年，随着认知无线电（Cognitive Radio，CR）概念的提出与技术发展，频谱感知技术得到了迅猛发展[1]。简而言之，现阶段频谱感知技术的研究与发展离不开认知无线电。

认知无线电的核心思想是通过频谱感知和系统的智能学习能力，灵活利用“频谱空洞”，实现动态频谱接入（Dynamic Spectrum Access，DSA）和频谱共享，从而实现有限频谱资源的高效利用[2]。图 8-1 描述了在时间域范畴的典型的频谱空洞，用户可以在频谱空洞实现动态的频谱接入和频谱共享。

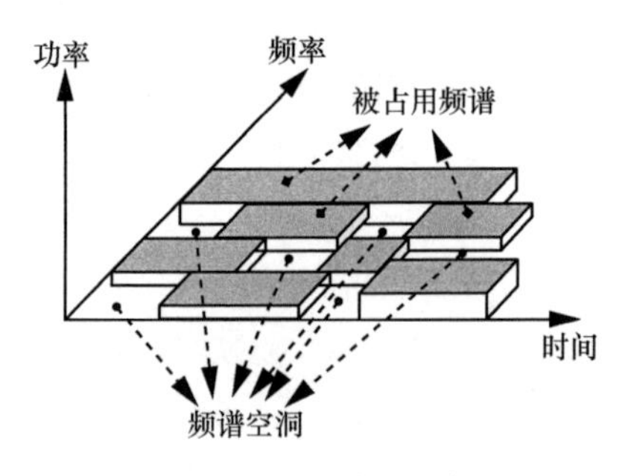

图 8-1 频谱空洞示意

频谱感知是 CR 的核心技术，为动态频谱接入和有序的频谱管理奠定了基础。频谱感知的功能：一是动态感知外界的频谱环境，找出频谱空洞实现频谱的机会接入；二是在检测频谱空洞的同时检测授权用户的出现，避免机会接入用户对其的干扰。

根据参与节点数目的多少，检测算法的不同，频谱感知技术可以分为不同的类别。图 8-2 对现有的频谱感知技术进行了梳理和分类。

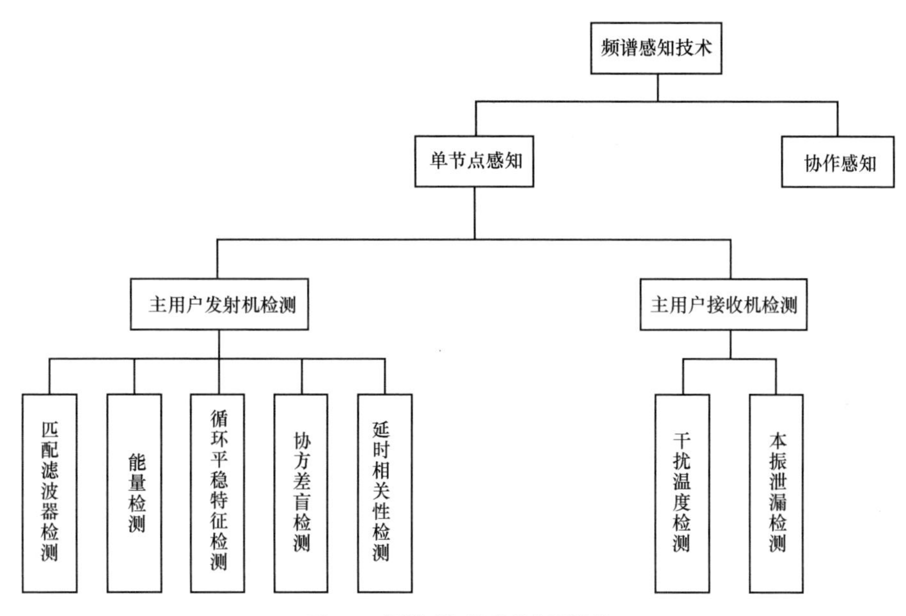

图 8-2　频谱感知技术的主要分类

8.1.1　主用户发射机检测

8.1.1.1　匹配滤波器检测

匹配滤波器检测是利用已知的授权用户信号的先验信息对授权用户信号进行导频检测或相干解调，将检测统计量与门限值做比较，如果检测统计量大于门限值，则该频段有用户存在，频段被占用；反之，则该频段没有用户存在，频段空闲[3]。

输入信号 $x(t)=s(t)+n(t)$，式中，$s(t)$为主用户（Primary User，PU）信号；$n(t)$

为加性高斯白噪声，且 $s(t)$ 和 $n(t)$ 两个信号相互独立。检验统计量 $Y=\sum_{k=0}^{K}x(k)x_{\mathrm{p}}(k)$，式中 $x(k)$ 为待检测的未知信号，x_{p} 为已知的同步码或引导信号等。然后将检验统计量 Y 与预设的判决阈值 λ 进行比较，若 $Y\geqslant\lambda$，则判定为 H_1，主用户正在使用授权频段；否则判定为 H_0，主用户并不在线。判决流程如图 8-3 所示，判决规则表示为

$$\hat{H}=\begin{cases}H_0, Y=\sum_{k=0}^{K}x(k)x_{\mathrm{p}}(k)<\lambda \\ H_1, \text{其他}\end{cases} \tag{8-1}$$

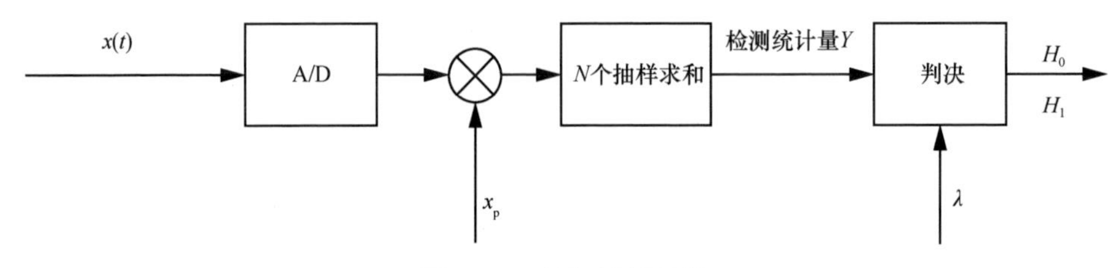

图 8-3　匹配滤波判决流程

在两种假设中都假定 $x(k)$ 是高斯随机变量。由式（8-1）可知，统计量 Y 是高斯随机变量的线性组合，它也是高斯的，其服从的分布为

$$\begin{cases}H_0: N\left(0,\sigma_{\mathrm{s}}^2\sigma_{\mathrm{n}}^2\right) \\ H_1: N\left(\sigma_{\mathrm{s}}^2,\sigma_{\mathrm{s}}^2\sigma_{\mathrm{n}}^2\right)\end{cases} \tag{8-2}$$

在式（8-2）中，σ_{s}^2 是次用户（Secondary User，SU）接收到的来自 PU 信号的平均功率，σ_{n}^2 表示噪声功率。基于式（8-2）可得检测概率 P_{d} 和虚警概率 P_{f} 的闭式表达式分别为

$$P_{\mathrm{d}}=P\left(Y>\lambda\middle|H_1\right)=Q\left(\frac{\lambda-\sigma_{\mathrm{s}}^2}{\sqrt{\sigma_{\mathrm{s}}^2\sigma_{\mathrm{n}}^2}}\right) \tag{8-3}$$

$$P_{\mathrm{f}}=P\left(Y>\lambda\middle|H_0\right)=Q\left(\frac{\lambda}{\sqrt{\sigma_{\mathrm{s}}^2\sigma_{\mathrm{n}}^2}}\right) \tag{8-4}$$

由于匹配滤波器检测法依据未知信号与已知信号的相干程度来进行存在判定，因此使用该方法可得到精确的检测结果。另外其感知时间较短，所需的接收信号样本较少。但是，必须提前了解一些关于 PU 信号的特征。这种知识通常不易获得，

这使其在实际中并不实用。另外，它的复杂性较高，会消耗更多功率且需对各种 PU 系统和信号分别进行设计。

8.1.1.2　能量检测

能量检测通过测量一段观测空间内接收信号的总能量，将得到的总能量与预先设定的判决门限进行比较，判决是否有授权用户信号出现。当认知用户只知道噪声功率时，能量检测是最优的频谱感知算法。能量检测算法计算复杂度较低，实现简单，灵活性好，且不需要授权用户的先验信息，比较适合检测宽带频段内的频谱空洞。

能量检测算法是一种最常用的频谱感知算法，属于非相干检测，在使用能量检测算法进行感知时不需要提前知道任何主用户的先验知识。能量检测算法是在一段时间内持续接收目标频段信号，根据累积接收到的频段能量的大小来判断在该频段上是否存在工作信号，还是只有噪声存在[4]。

能量检测算法原理如图 8-4 所示，具体检测过程为：将接收到的宽带模拟信号通过带通滤波器，然后通过平方律设备对接收到的带通信号求和以计算接收信号功率；最后，比较固定阈值和接收信号的功率来判断 PU 是否存在。如果接收信号的功率大于阈值，则认为假设 H_1 成立，存在 PU；如果接收信号的功率小于阈值，则判定 H_0 成立，不存在 PU。上述过程用式（8-5）表示为

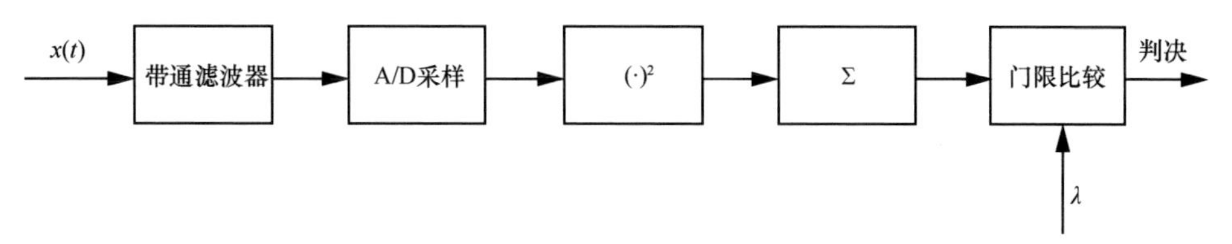

图 8-4　能量检测算法原理

$$\hat{H}=\begin{cases}H_0, & Y=\dfrac{1}{x}\displaystyle\sum_{k=0}^{K}\left|x(k)\right|^2<\lambda \\ H_1, & \text{其他}\end{cases} \tag{8-5}$$

在式（8-5）中，K 表示信号感知周期的采样点数，$x(k)$ 代表输入平方律设备的离散信号，Y 是根据信号 $x(k)$ 计算得到的检验统计量。λ 为固定的门限值，其取决于接收机噪声。

统计量 Y 在假设 H_0 和 H_1 分别服从中心卡方分布和自由度为 $2K$ 的非中心卡方分布。在低信噪比条件下，为达到固定的表现性能所需的采样点数 K 通常很大，其

满足：$K \gg 1$。根据中心极限定理，统计量Y近似服从如下所示的高斯分布

$$\begin{cases} H_0 : N\left(K\sigma_\mathrm{n}^2, 2K\sigma_\mathrm{n}^4\right) \\ H_1 : N\left(K\left(\sigma_\mathrm{n}^2+\sigma_\mathrm{s}^2\right), 2K\left(\sigma_\mathrm{n}^2+\sigma_\mathrm{s}^2\right)^2\right) \end{cases} \tag{8-6}$$

在式（8-6）中，σ_s^2是 SU 接收到的来自 PU 信号的平均功率，σ_n^2表示噪声功率。基于式（8-6）可得检测概率P_d和虚警概率P_f的闭式表达式分别为

$$P_\mathrm{d}=P\left(Y>\lambda \middle| H_1\right)=Q\left(\frac{\lambda-K\left(\sigma_\mathrm{n}^2+\sigma_\mathrm{s}^2\right)}{\sqrt{2K\left(\sigma_\mathrm{n}^2+\sigma_\mathrm{s}^2\right)^2}}\right) \tag{8-7}$$

$$P_\mathrm{f}=P\left(Y>\lambda \middle| H_0\right)=Q\left(\frac{\lambda-K\sigma_\mathrm{n}^2}{\sqrt{2K\sigma_\mathrm{n}^4}}\right) \tag{8-8}$$

在式（8-7）和式（8-8）中，$Q(\cdot)$函数是标准正态分布的右尾函数，表达式为

$$Q(x)=\int_x^{\infty}\frac{1}{\sqrt{2\pi}}\mathrm{e}^{-\frac{t^2}{2}}\mathrm{d}t \tag{8-9}$$

能量检测的缺点是高度依赖随机噪声，使用静态阈值会降低其性能。因此，必须具有噪声功率的先验知识或其水平的可靠估计，以增强其检测性能。另外，它无法区分 PU 信号与来自 CR 系统的其他干扰，也不能区分使用同一信道的信号，并且在信噪比较低的环境中性能较差。此外，能量检测不能用于扩频信号的检测。

8.1.1.3 循环平稳特征检测

在认知无线电中，用户信号一般都是调制信号，经过编码、载波调制、加循环前缀、扩频或跳频等处理，传输数据虽然是静态随机的，但信号的一阶均值、二阶自相关函数和高阶中心矩等统计参数具备一定的周期性，这种周期变化的特性称为循环平稳特性。噪声则是一种宽带的、静态的、不具有相关性的广义平稳随机过程，并不具备循环平稳特征。循环平稳特征检测法就是利用了信号和噪声的这一差异特性来完成目标频段内信号存在性检测的[5]。循环平稳特征检测流程如图 8-5 所示，首先通过 A/D 转换将输入的模拟信号转变为数字信号，再对数字信号进行快速傅里叶变换（Fast Fourier Transform，FFT）使其由时域信号转变为频域信号，然后求谱相关函数并在一段时间内求平均值，最后经过对特征的检测来判断目标频段内是否存在信号。

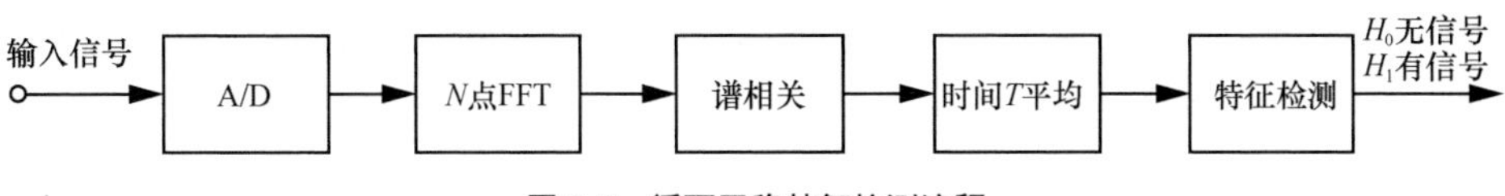

图 8-5　循环平稳特征检测流程

在进行循环平稳特征检测时，首先需要计算待测信号 $x(t)$ 的周期自相关函数。

$$R_x^{\alpha}(\tau)=\lim_{T\to\infty}\frac{1}{T}\int_{-\frac{T}{2}}^{\frac{T}{2}}x\left(t+\frac{\tau}{2}\right)x\left(t-\frac{\tau}{2}\right)\mathrm{e}^{-\mathrm{j}2\pi\alpha t}\mathrm{d}t \tag{8-10}$$

其中，α 为循环的周期频率。对自相关函数进行离散傅里叶变换之后，可得到其谱相关函数为

$$S_x^{\alpha}(f)=\int_{-\infty}^{\infty}R_x^{\alpha}(\tau)\mathrm{e}^{-\mathrm{j}2\pi\alpha t}\mathrm{d}\tau \tag{8-11}$$

并且可进一步得到

$$S_x^{\alpha}(f)=\lim_{T\to\infty}\lim_{Z\to\infty}\frac{1}{TZ}\int_{-\frac{Z}{2}}^{\frac{Z}{2}}X_T\left(t,f+\frac{\alpha\tau}{2}\right)X_T^*\left(t,f-\frac{\alpha\tau}{2}\right)\mathrm{d}\tau \tag{8-12}$$

其中，$X_T(t,f)=\int_{t-\frac{Z}{2}}^{t+\frac{Z}{2}}x(u)\mathrm{e}^{-\mathrm{j}2\pi fu}\mathrm{d}u$ 。

上述得到的谱相关函数 $S_x^{\alpha}(f)$ 是一个与频率和周期频率有关的二元函数，由信号的谱相关结果就可以判断主用户是否存在。

循环平稳特征检测法是根据接收信号中的循环谱特征来判断主用户是否存在的，并且由于不同调制方式、编码方式的信号具有的特征不尽相同，所以该检测方法可以根据不同的信号循环特征来判断信号的类别。由于噪声并不具有循环谱特征，所以使用循环平稳特征检测可以准确地将主用户信号和噪声区分开来，在信噪比（Signal-to-Noise Ratio，SNR）较低的情况下也能取得很好的效果。循环平稳特征检测法的计算过程比较复杂，在对信号进行观测时也需要更长的时间，故该方法实时性并不理想。此外，若需要检测时将多个信号区分开，需要知道主用户信号的先验知识，这对循环平稳特征检测法的使用场景造成了一些限制。

8.1.1.4　协方差盲检测

协方差盲检测是利用主信号的相关性建立信号样本的协方差矩阵，协方差矩阵包含信号子空间和噪声子空间。协方差盲检测通过计算矩阵的最大、最小特征值的比来做出判决[6]。该检测方法无须知道信道的噪声功率，不会受噪声不确定性的影

响，但在构建接收信号的协方差矩阵及计算特征值所采用的对角化运算时会引入额外的计算复杂度。

协方差盲检测算法不需要知道 PU 和信道的信息，基于信号间的相关性判决 PU 是否存在。根据感知时提取的特征，又可划分为基于协方差特征值的感知和基于协方差矩阵的感知。前者通过协方差矩阵的奇异值分解（Singular Value Decomposition，SVD），得到全部特征值来完成检测；后者直接利用协方差矩阵的特性或将矩阵经过简单的变换实现感知。这两种算法都可在较低 SNR 时取得较好的感知性能。

基于特征值的检测算法主要有最大特征值检测（Maximum Eigenvalue Detection，MED）算法[7]和最大最小特征值（Maximum Minimum Eigenvalue，MME）算法[8]，它们利用了协方差矩阵的特征值信息，分别属于半盲和全盲检测算法。基于协方差矩阵的感知算法则利用了协方差矩阵的所有元素信息，由于构造统计量的多样性其产生了不同的感知方法。常见的感知算法有协方差绝对值（Covariance Absolute Value，CAV）算法，其属于盲检测算法。

（1）协方差特征值检测算法

协方差感知中，通常加性噪声 $n(k)$ 是独立同分布高斯信号，均值为 0，方差满足 $E\left(n^2(k)\right)=\sigma_{\mathrm{n}}^2$；且假设 PU 信号 $s(k)$ 的样本之间具有相关性。在实际系统中，信号的采样点数通常都是有限的，因此，一般可用样本协方差矩阵来代替信号的统计协方差矩阵。假设存在 M 个 SU，采样点数为 k，那么 SU 接收到的信号、PU 信号和噪声的采样点可以分别写成如下形式。

$$
\begin{aligned}
Y&=\left(y_1(k)\ \ y_2(k)\ \ \cdots\ \ y_M(k)\right)^{\mathrm{T}}\\
S&=\left(s_1(k)\ \ s_2(k)\ \ \cdots\ s_M(k)\right)^{\mathrm{T}}\\
N&=\left(n_1(k)\ \ n_2(k)\ \ \cdots\ \ n_M(k)\right)^{\mathrm{T}}
\end{aligned}
\tag{8-13}
$$

分别计算 SU 接收到的信号、PU 信号和噪声的样本协方差矩阵。

$$
\begin{aligned}
R_{\mathrm{Y}}&=E\left(YY^{\mathrm{H}}\right)\\
R_{\mathrm{S}}&=E\left(SS^{\mathrm{H}}\right)\\
R_{\mathrm{N}}&=E\left(NN^{\mathrm{H}}\right)=\sigma_{\mathrm{n}}^2 I_M
\end{aligned}
\tag{8-14}
$$

通过对协方差矩阵的计算，可以得到

$$\begin{cases} H_0 : R_{\mathrm{Y}} = \sigma_{\mathrm{n}}^2 I_M \\ H_1 : R_{\mathrm{Y}} = R_{\mathrm{S}} + \sigma_{\mathrm{n}}^2 I_M \end{cases} \tag{8-15}$$

显然，当 PU 不存在时，协方差矩阵为噪声的协方差矩阵。由于噪声的不相关性，接收端信号的统计协方差矩阵为对角阵。当 PU 存在时，由于信号间难以相互独立，此时协方差矩阵为非对角阵。

协方差特征值检测算法的基本检测步骤如下。首先，计算接收信号统计协方差矩阵，其次，对其进行 SVD 分解，得到其特征值。然后，提取特征值信息进而构造相应的统计量。最后，设定虚警概率，求出给定虚警概率下的理论阈值，并将其与测试统计量进行比较来对信号的是否存在做出判决。其感知流程如图 8-6 所示。

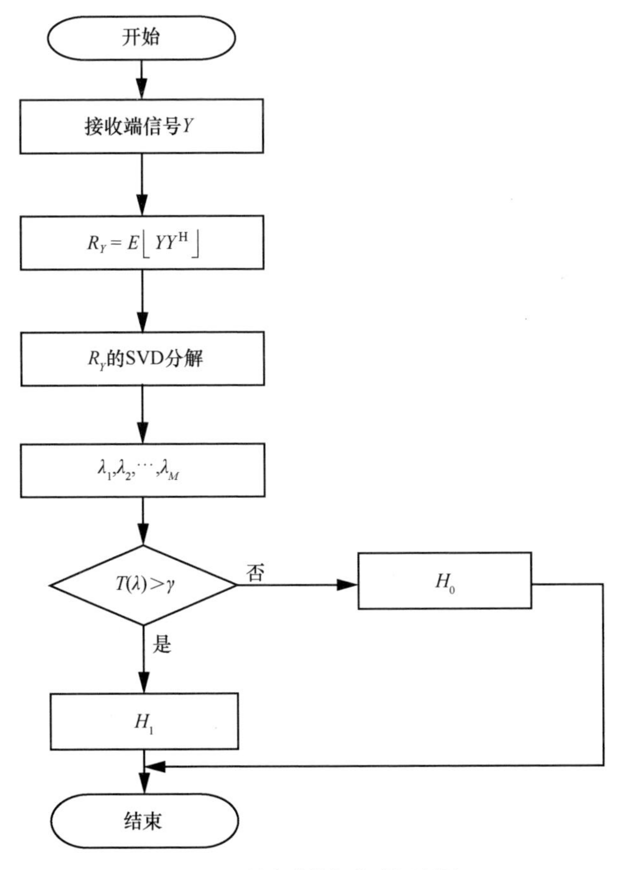

图 8-6　协方差特征值感知流程

① MED 检测算法

MED 检测算法是一种半盲的检测方法，可取得较为可靠的检测性能。其具有以下特征：无须依赖信号的属性；在低 SNR 时可取得较好性能；可避免传统能量检测方法所面临的噪声不确定问题，但需要噪声的先验信息。MED 检测算法原理：当 PU 存在时，协方差矩阵的 λ_1 和 λ_M 满足 $\lambda_1 > \lambda_M$；否则，$\lambda_1 = \lambda_M = \delta_{\mathrm{n}}^2$，满足一阶 Tracy-Widom 分布 $F_1(t)$ [9]。MED 检测算法通常基于上述特征进行频谱感知。因此，在给定阈值 γ_{MED} 时，令 $T_{\mathrm{MED}} = \lambda_1$，可基于以下准则判断 PU 是否存在。

$$\begin{cases} H_0 : T_{\mathrm{MED}} \leqslant \gamma_{\mathrm{MED}} \\ H_1 : T_{\mathrm{MED}} > \gamma_{\mathrm{MED}} \end{cases} \tag{8-16}$$

进一步计算虚警概率 P_{f} 和阈值为

$$\begin{aligned} P_{\mathrm{f}} &= P\left(T_{\mathrm{MED}} > \gamma_{\mathrm{MED}} \middle| H_0\right) \\ &= P\left(\lambda_1\left(R_{\mathrm{N}}(K)\right) > t\lambda_M \middle| H_0\right) \\ &= P\left(\frac{\sigma_{\mathrm{n}}^2}{K}\lambda_1\left(A(K)\right) > t\sigma_{\mathrm{n}}^2\right) \\ &= P\left(\lambda_1\left(A(K)\right) > tK\right) \\ &= P\left(\frac{\lambda_1\left(A(K)\right) - \mu}{\nu} > \frac{tK - \mu}{\nu}\right) \\ &\approx 1 - F_1\left(\frac{tK - \mu}{\nu}\right) \end{aligned} \tag{8-17}$$

$$\gamma_{\mathrm{MED}} = t\sigma_{\mathrm{n}}^2 = \frac{\left(\sqrt{K-1} + \sqrt{M}\right)^2}{K}\left(1 + \frac{\left(\sqrt{K-1} + \sqrt{M}\right)^{-2/3}}{(KM)^{1/6}} F_1^{-1}\left(1 - P_{\mathrm{f}}\right)\right)\sigma_{\mathrm{n}}^2 \tag{8-18}$$

② MME 检测算法

在 MME 检测算法中，假设接收信号中只有零均值高斯白噪声分量，那么其方差等于接收信号的协方差矩阵的最小特征值。因此，无须先验信息，只需要根据接收信号来提取噪声方差[6]。

MME 检测算法的基本原理是，PU 存在时，矩阵 SVD 分解得到 λ_1 和 λ_M 满足 $\lambda_1/\lambda_M > 1$；否则，$\lambda_1/\lambda_M = 1$。

为此，在给定阈值 γ_{MME} 时，令 $T_{\mathrm{MME}} = \lambda_1/\lambda_M$，则可基于以下准则判断 PU 是否存在。

$$\begin{cases} H_0 : T_{\mathrm{MME}} \leqslant \gamma_{\mathrm{MME}} \\ H_1 : T_{\mathrm{MME}} > \gamma_{\mathrm{MME}} \end{cases} \tag{8-19}$$

由此，可以得出 MME 检测算法的虚警概率 P_{f} 、阈值 γ_{MME} 和检测概率 P_{d} 分别为

$$P_{\mathrm{f}}=P\left(T_{\mathrm{MME}}>\gamma_{\mathrm{MME}}\left|H_0\right.\right)\approx 1-F_1\left(\frac{\gamma_{\mathrm{MME}}\left(\sqrt{K}-\sqrt{M}\right)^2-\mu}{\nu}\right) \tag{8-20}$$

$$\gamma_{\mathrm{MME}}=\frac{F_1^{-1}\left(1-P_{\mathrm{f}}\right)\nu+\mu}{\left(\sqrt{K}-\sqrt{M}\right)^2} \tag{8-21}$$

$$P_{\mathrm{d}}=P\left(T_{\mathrm{MME}}>\gamma_{\mathrm{MME}}\left|H_1\right.\right)\approx 1-F_1\left(\frac{\gamma_{\mathrm{MME}}K+K\left(\gamma_{\mathrm{MME}}\rho_M-\rho_1\right)/\sigma_{\mathrm{n}}^2-\mu}{\nu}\right) \tag{8-22}$$

在式（8-22）中，ρ_1 和 ρ_M 分别为 PU 发送信号协方差矩阵的最大和最小特征值。

（2）协方差矩阵检测算法

协方差矩阵检测算法的主要检测过程如下。首先，采样接收端信号并计算其样本协方差矩阵。然后，基于协方差矩阵元素或对协方差矩阵做适当变换后矩阵的元素来计算相应的统计量。最后，给定虚警概率，推导出相应的阈值，并将其与统计量相比，以判断是否存在 PU 信号[6]。协方差矩阵算法的具体流程如图 8-7 所示。

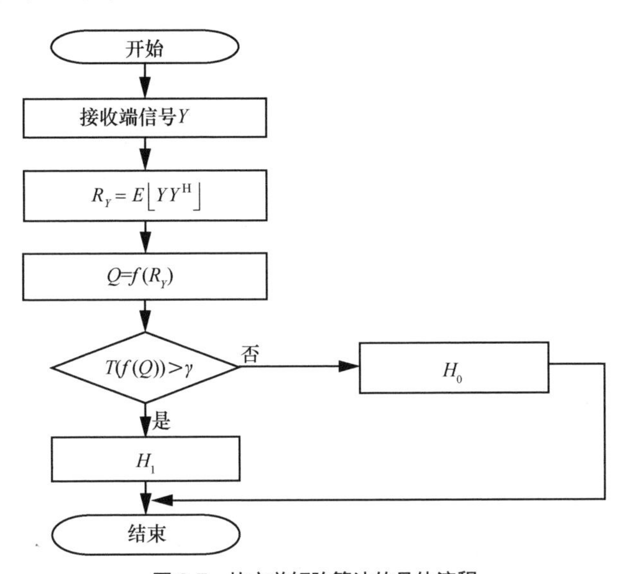

图 8-7　协方差矩阵算法的具体流程

假设 $n(k)$ 是独立同分布高斯信号，具有零均值，方差为 σ_{n}^2 ，且 PU 信号 $s(k)$ 的平滑因子为 M，采样点数为 k，则接收信号、PU 信号及噪声样本如下。

$$\begin{aligned}Y &= \left(y(k)\ \ y(k-1)\ \ \cdots\ y(k-M+1)\right)^{\mathrm{T}} \\ S &= \left(s(k)\ \ s(k-1)\ \ \cdots\ s(k-M+1)\right)^{\mathrm{T}} \\ N &= \left(n(k)\ \ n(k-1)\ \ \cdots\ n(k-M+1)\right)^{\mathrm{T}}\end{aligned} \tag{8-23}$$

分别计算接收信号、PU 信号和噪声的样本协方差矩阵。

$$\begin{aligned}R_Y &= E\left(YY^{\mathrm{H}}\right) \\ R_S &= E\left(SS^{\mathrm{H}}\right) \\ R_N &= E\left(NN^{\mathrm{H}}\right) = \sigma_{\mathrm{n}}^2 I_M\end{aligned} \tag{8-24}$$

通过协方差矩阵的计算过程，可以得到

$$\begin{cases}H_0 : R_Y = \sigma_{\mathrm{n}}^2 I_M \\ H_1 : R_Y = R_S + \sigma_{\mathrm{n}}^2 I_M\end{cases} \tag{8-25}$$

进一步可基于 CAV 完成 PU 信号检测，当 PU 存在时，R_Y 不是对角矩阵，即非对角线元素不为 0；否则，$R_S=0$，则 R_Y 的非对角元素取值为 0[10]。假定矩阵 R_Y 第 m 行、第 n 列的元素为 r_{mn}，则统计量 T_1 和 T_2 分别为

$$\begin{aligned}T_1 &= \frac{1}{M}\sum_{n=1}^{M}\sum_{m=1}^{M}\left|r_{mn}\right| \\ T_2 &= \frac{1}{M}\sum_{n=1}^{M}\left|r_{mn}\right|\end{aligned} \tag{8-26}$$

那么，当 PU 不存在时，$T_1/T_2=1$；否则，$T_1/T_2>1$。因此，T_1/T_2 可以当作判决统计量来检测 PU 的状态。根据判决统计量可以得到 CAV 算法的虚警概率、阈值和正确检测概率分别为[6]

$$\begin{aligned}P_{\mathrm{f}} &= P\left(T_1 > \gamma_{\mathrm{CAV}} T_2 \middle| H_0\right) \approx 1 - Q\left(\frac{\frac{1}{\gamma_{\mathrm{CAV}}}\left(1+(M-1)\sqrt{\frac{2}{\pi K}}\right)-1}{\sqrt{\frac{2}{K}}}\right) \\ \gamma_{\mathrm{CAV}} &= \frac{1+(M-1)\sqrt{\frac{2}{\pi K}}}{1-Q^{-1}\left(P_{\mathrm{f}}\right)\sqrt{\frac{2}{K}}} \\ P_{\mathrm{d}} &= P\left(T_1 > \gamma_{\mathrm{CAV}} T_2 \middle| H_1\right) \approx 1 - Q\left(\frac{\frac{1}{\gamma_{\mathrm{CAV}}}E(T_1) - \sigma_s^2 - \sigma_{\mathrm{n}}^2}{\sqrt{\mathrm{var}(T_2)}}\right)\end{aligned} \tag{8-27}$$

由式（8-27）可知，CAV 算法是一种全盲频谱感知算法，其可消除噪声不确定性影响，且在低 SNR 时可取得较好的检测效果。

8.1.2 主用户接收机检测

8.1.2.1 干扰温度检测

2003 年，FCC 提出了干扰温度的概念和模型，其模型图如图 8-8 所示。干扰温度检测通过量化和管理干扰源来判断 CR 用户是否可以在某频段工作。在进行干扰温度检测时，根据授权用户端的接收机干扰温度和己方接入后造成的影响来确定“干扰温度门限”[11]。当 CR 用户引入的干扰与背景噪声叠加没有超过主用户接收机相应的干扰门限值时，就可以使用所接入的频段进行通信。但是还没有一种切实可行的干扰温度测量模型和方法，实际工程实现比较困难。

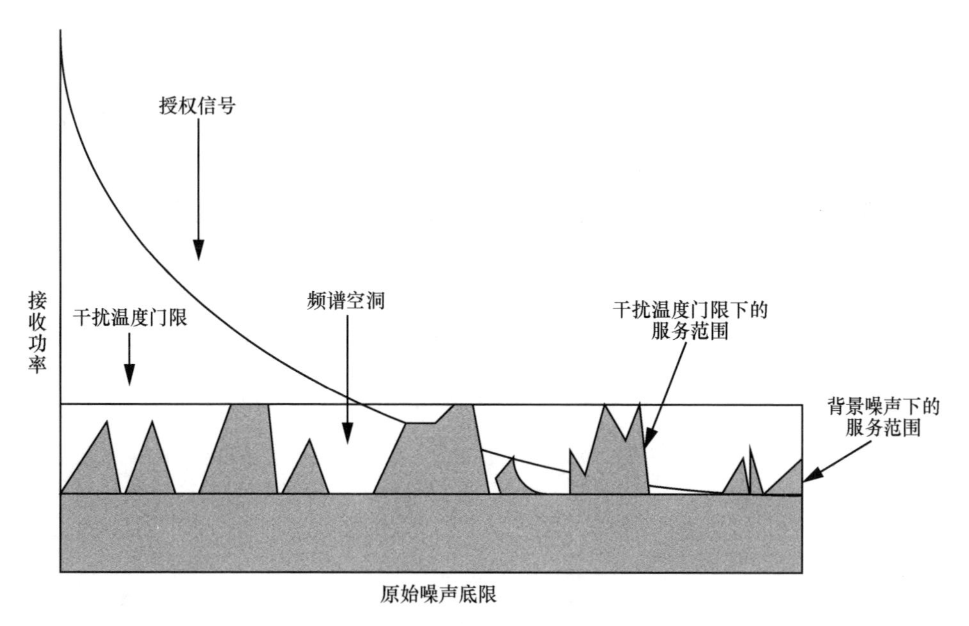

图 8-8　干扰温度模型图

认知无线电技术需保证 SU 对 PU 接收机造成的干扰尽量低。干扰温度的提出是为了更好地表征和管理干扰，其计算公式表示为

$$T_{\mathrm{I}}=\frac{P_{\mathrm{I}}(f_{\mathrm{c}},B)}{\mathrm{k}B} \tag{8-28}$$

其中，k 是玻尔兹曼常数；$P_{\mathrm{I}}(f_{\mathrm{c}},B)$ 是平均干扰功率，f_{c} 是载波频率，B 是带宽。

干扰门限是指特定位置的某一频段所能接受的最大干扰值，其可以依据 PU 接收机最低信噪比进行设定。具体而言，当干扰温度比干扰门限低，那么就允许 SU 利用该频段通信。这就要求 SU 能够获得精确的 PU 接收机位置信息，并准确估计相应的干扰温度。进一步将干扰温度与设定的干扰门限进行比较，以决定是否接入该频段进行无线传输[12]。此外，PU 发送端的方案通过累积干扰，以感知频谱占用状态。但是，当前干扰温度并未获得实际应用，这是因为 PU 接收机的精确位置难以获得，且 SU 和 PU 接收机间无法进行有效交互，导致难以准确估计干扰温度。

8.1.2.2 本振泄漏检测

本振泄漏检测是通过检测 PU 接收机的本振泄漏功率来判断 PU 是否存在的，这是由于 PU 接收的本地振荡器所产生的本振信号会从天线泄漏出去[13]。

图 8-9 给出了典型的超外差接收机结构。具体而言，射频放大器将所接收的信号提供给混频器，由其将所接收信号和本地振荡器的输出进行混频处理，实现高频到中频的下变频，然后进行中频放大、解调等其他相关处理。在此过程中，天线会泄漏部分本地振荡器产生的本振信号。SU 可基于此检测 PU 接收机本振泄漏功率，并以此来检测是否存在 PU 用户。然而，本振泄漏功率通常较低，SU 难以直接检测到所泄漏的能量，使得检测精度不高，且检测时间较长。可考虑在 PU 接收机侧部署传感器，当所部署的传感器检测到本振泄漏功率后，它们将检测结果发送给 SU，以降低检测错误率。

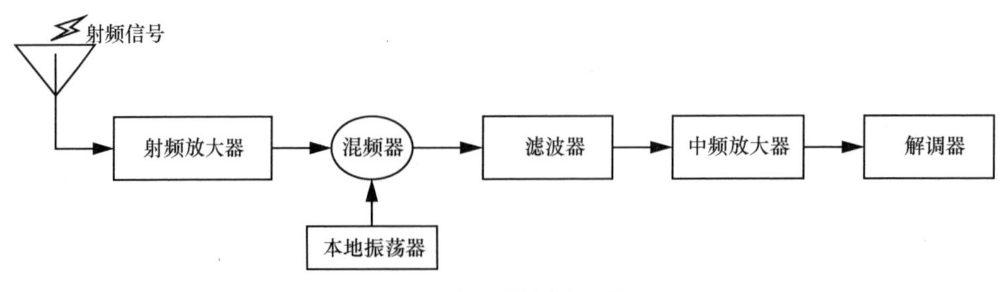

图 8-9 超外差接收机结构

8.1.3　协作感知

信号在传输过程中可能会遭遇多径效应或者阴影衰落的影响，以及在感知用户接收机处受到干扰的影响，这都会造成传统单感知用户检测算法频谱感知性能的下降，以至于不能有效检测到授权用户的存在。为了解决这一问题，多感知用户协作的频谱感知方案利用多感知用户的空间多样性增益，减弱信号经多径效应和阴影衰落带来的使检测性能下降的影响。

多感知用户协作检测是由针对同一检测目标的多个 SU 共同组成的一个检测系统，多个 SU 协同检测并融合检测结果以最终判决是否存在 PU[14]。这种检测系统可以综合利用处于不同环境的感知用户所产生的分集增益，从而大幅提升整体检测性能和可靠性。协作感知模型如图 8-10 所示，具体执行时包括以下步骤：各 SU 独立进行频谱检测，再将其检测的结果发送给融合中心（Fusion Center，FC）；融合中心根据接收到的所有检测结果，结合所采用的判决准则做出最终的判定，并将最终融合结果转发给各 SU。

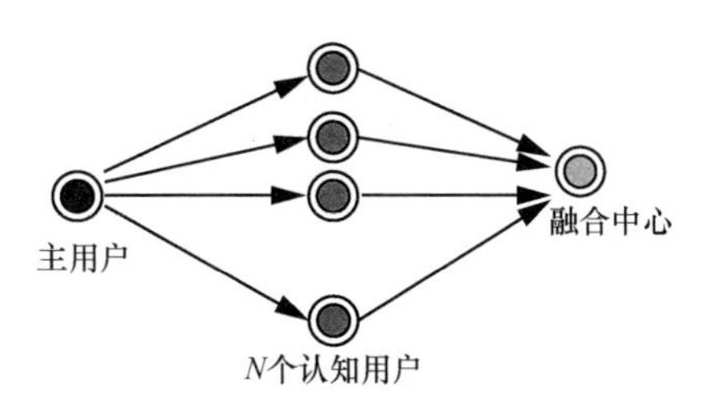

图 8-10　协作感知模型

8.1.3.1　中心式协作频谱感知检测

中心式协作频谱感知检测系统由融合中心和多个 SU 组成，各 SU 通过普通的控制信道将感知数据传送给 FC，其将所接收的感知数据合并，根据判决准则最终判定 PU 是否存在[15]。

如图 8-11 所示，每个 SU 都将各自的本地感知结果汇报给 FC，中心式协作频谱感知检测性能往往取决于 FC 的判决准确性。如果 FC 处存在深衰落，将会影响中心式协作频谱感知检测的感知性能。

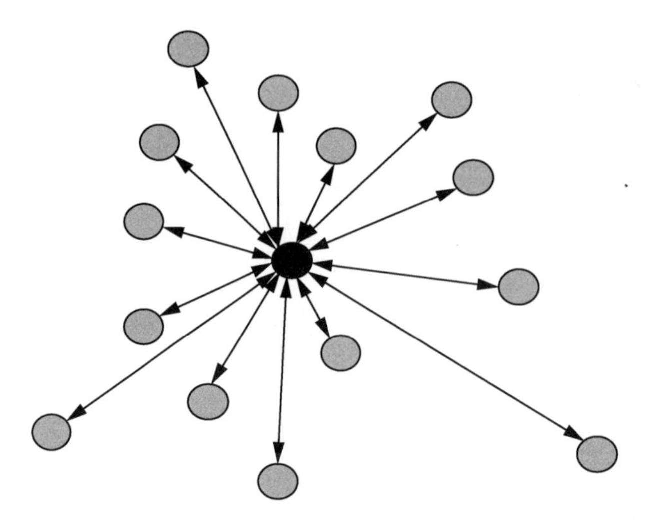

图 8-11 中心式协作频谱感知检测

8.1.3.2 分布式协作频谱感知检测

分布式协作频谱感知检测系统不依赖 FC，由各 SU 共同组成一个分布式感知网络，彼此之间可以相互传递信息，每个 SU 将自己接收到的数据与其他 SU 传递过来的数据融合在一起进行检测判决[16]。这种检测方案比中心式的检测方案更加灵活，如图 8-12 所示。分布式协作频谱感知检测比中心式协作频谱感知检测更有优势，其无须额外的基础设施。

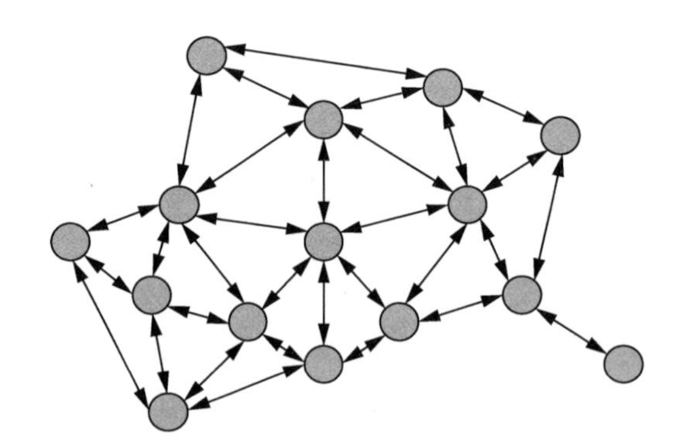

图 8-12 分布式协作频谱感知检测

8.1.3.3 数据融合准则

频谱感知技术解决了频谱占用情况下数据的获取问题，当得到了频谱感知数据后，就需要进行数据融合以便完成对频谱的高效分析和使用。现阶段，频谱感知数据融合的研究主要关注中心式协作频谱感知检测系统。中心式协作频谱感知检测系统由感知用户和认知基站的信息融合中心组成。感知用户对频谱资源进行感知，并将感知信息数据传输至信息融合中心，然后信息融合中心依照一定的融合方式和准则，对所有感知用户的感知数据进行综合处理，最终得到全局的检测结果。一般融合方案分为硬判决数据融合和软判决数据融合两大类。

（1）硬判决数据融合

硬判决数据融合是指感知用户独立进行本地的频谱感知，并计算各自该频段是否被占用的判决结果，判决结果用 1 bit（0 或 1）的二进制数表示，中心基站接收到多个用户的感知结果后根据一定的准则做出最终的判决。一般融合中心采用的融合准则主要有“OR”准则[17]、“AND”准则[18]、“*K-M*”准则[19]。

①　“OR”准则

在“OR”准则下，融合中心收到 M 个本地判决结果后，采用逻辑“或”运算对 M 个结果进行融合从而做出最终的判决。该准则的特点在于 M 个参与协作的认知用户只要其中任意一个认知用户检测结果出现授权信号 H_1，那么融合中心给出的判决结果就为 H_1。融合后认知无线电系统的整体检测概率 Q_d 和虚警概率 Q_f 分别为

$$Q_\mathrm{d}=P\left(H_1\middle|H_1\right)=1-\prod_{i=1}^{M}\left(1-P_{\mathrm{d},i}\right) \tag{8-29}$$

$$Q_\mathrm{f}=P\left(H_1\middle|H_0\right)=1-\prod_{i=1}^{M}\left(1-P_{\mathrm{f},i}\right) \tag{8-30}$$

②　“AND”准则

在“AND”准则下，融合中心收到 M 个本地判决结果后，采用逻辑“与”运算对 M 个结果进行融合从而做出最终的判决。该准则的特点在于 M 个参与协作的认知用户检测结果全部为 H_1，融合中心给出的判决结果才是 H_1。融合后认知无线电系统的整体检测概率 Q_d 和虚警概率 Q_f 分别为

$$Q_\mathrm{d}=P\left(H_1\middle|H_1\right)=\prod_{i=1}^{M}P_{\mathrm{d},i} \tag{8-31}$$

$$Q_\mathrm{f}=P\left(H_1\middle|H_0\right)=\prod_{i=1}^{M}P_{\mathrm{f},i} \tag{8-32}$$

③　“*K-M*”准则

在“*K-M*”准则下，当参与协作感知的 M 个认知用户中有 K 个或 K 个以上的

认知用户的本地判决结果为 H_1，即不少于 K 个认知用户支持 H_1 成立时，融合中心才会给出判决结果 H_1。由此可知，“OR”准则和“AND”准则都属于“K-M”准则的极端情况：当 $K=M$ 时，“K-M”准则等同于“AND”准则，此时虚警概率较低，漏检概率较高；当 $K=1$ 时，“K-M”准则等同于“OR”准则，此时整体检测概率较高。那么认知无线电系统中采用“K-M”准则的整体检测概率 Q_{d} 和虚警概率 Q_{f} 分别为

$$Q_{\mathrm{d}}=P\left(H_1\middle|H_1\right)=\sum_{j=1}^{M}\binom{M}{j}P_{\mathrm{d},i}^{j}\left(1-P_{\mathrm{d},i}\right)^{N-j} \tag{8-33}$$

$$Q_{\mathrm{f}}=P\left(H_1\middle|H_0\right)=\sum_{j=1}^{M}\binom{M}{j}P_{\mathrm{f},i}^{j}\left(1-P_{\mathrm{f},i}\right)^{N-j} \tag{8-34}$$

（2）软判决数据融合

在软判决数据融合方案下，首先参与协作的认知用户独立地进行本地频谱感知，认知用户不需要根据接收到的信号做出判决；然后认知用户将这些信号量通过传输信道传送到融合中心，融合中心利用一定的算法来对信号能量值进行综合处理；最后根据处理结果给出判决。

目前，在协作频谱感知技术中最常见的信息融合方法有权重增益融合算法[20]、似然比融合算法[21]和证据理论（D-S）融合算法[22]。

① 权重增益融合算法

权重增益融合算法是每个认知用户基于能量检测算法独立进行观测，再分别将对应的检测统计量传送给融合中心进行合并，框图如图 8-13 所示。由于不同 SU 的检测结果相互独立，数据融合中心给不同 SU 的检测结果赋予相应的权重，最终融合结果为

$$X=\sum_{i=1}^{N}\omega_i x_i \tag{8-35}$$

其中，ω_i 表示第 i 个 SU 对应统计量的权重，N 表示 SU 数量。所采用的权重可以由式（8-36）给出。

$$\omega_i=\frac{\sigma_i}{\sum_{i=1}^{N}\sigma_i} \tag{8-36}$$

其中，σ_i 表示第 i 个 SU 所接收到的平均信噪比。根据中心极限值定理分析可得全局的检测统计量服从高斯分布，因此，虚警概率和整体检测概率可通过计算均值与方差来确定。

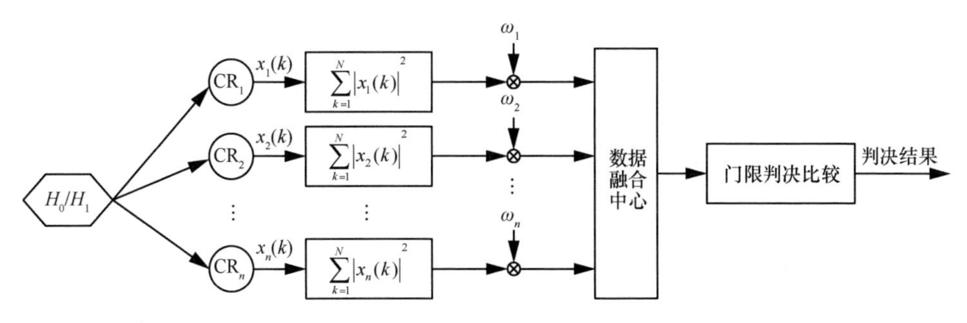

图 8-13　权重增益融合算法框图

② 似然比融合算法

似然比融合算法是各个 SU 先计算似然比，并将所计算的似然比汇聚到融合中心，由其进行判决。可采用的准则主要包括最大后验概率融合检测准则和贝叶斯融合检测准则[22]。

具体而言，在不失通用性的前提下，在给定虚警概率时，通常考虑如何最大化检测概率。为此，可基于 Neyman-Pearson 准则来计算似然比检测（Likelihood Ratio Test，LRT），并将所计算的似然比传输给融合中心，其先进行合并，然后再将合并结果与阈值进行比较，如果合并结果大于阈值，则存在 PU；否则，不存在 PU。

$$\hat{H}=\begin{cases}H_1, & \dfrac{P\left(y_1,\cdots,y_n|H_1\right)}{P\left(y_1,\cdots,y_n|H_0\right)}>\dfrac{P_0}{P_1}\\ H_0, & \text{其他}\end{cases}\tag{8-37}$$

其中，y_n 表示第 n 个 SU 的接收信号；P_0 和 P_1 分别表示不存在 PU 和存在 PU 的概率，H_0 表示 PU 不存在，H_1 表示 PU 存在。将式（8-37）进行条件概率求解，可得

$$\hat{H}=\begin{cases}H_1, & \lg\dfrac{P_0}{P_1}+\sum_{\delta+}\lg\dfrac{P_{\mathrm{d},i}}{P_{\mathrm{f},i}}+\sum_{\delta-}\lg\dfrac{1-P_{\mathrm{d},i}}{1-P_{\mathrm{f},i}}>0\\ H_0, & \text{其他}\end{cases}\tag{8-38}$$

假设各个 SU 的虚警概率相同，检测概率也相同，令 $\alpha=\lg\dfrac{P_0}{P_1}$，$\alpha_i=\sum_{\delta+}\left(\lg\left(\dfrac{P_{\mathrm{d},i}}{P_{\mathrm{f},i}}\right)y_i\right)=1$，

$\alpha_i=\sum_{\delta-}\left(\lg\left(\frac{1-P_{\mathrm{d},i}}{1-P_{\mathrm{f},i}}\right)y_i\right)=0$，则融合中心判决表达式可以表示为

$$\hat{H}=\begin{cases}H_1,\ \alpha_0+\sum_{i=0}^{N}\alpha_i y_i>0\\ H_0,\ 其他\end{cases} \tag{8-39}$$

③ 证据理论融合算法

证据理论利用网络中节点对于选定频段是否存在主用户信号的模糊判决结果，聚焦这些判决结果中相关的一致性信息，分析、整合存在偏差的矛盾信息，得到最终的全局感知结果。

证据理论作为一种不确定信息的推理方法，已在融合中扮演重要角色。主要包括以下流程：首先，各个 SU 独立进行频谱感知，并分别计算检测统计量；其次，基于某种计算规则，得到后续所需的证据，即基本信任分配函数；再次，将所得到的后续所需证据通过控制信道传送至数据融合中心；最后，数据融合中心依据规则对各个感知信息进行融合，以判断是否存在 PU[22]。其流程框图如图 8-14 所示。

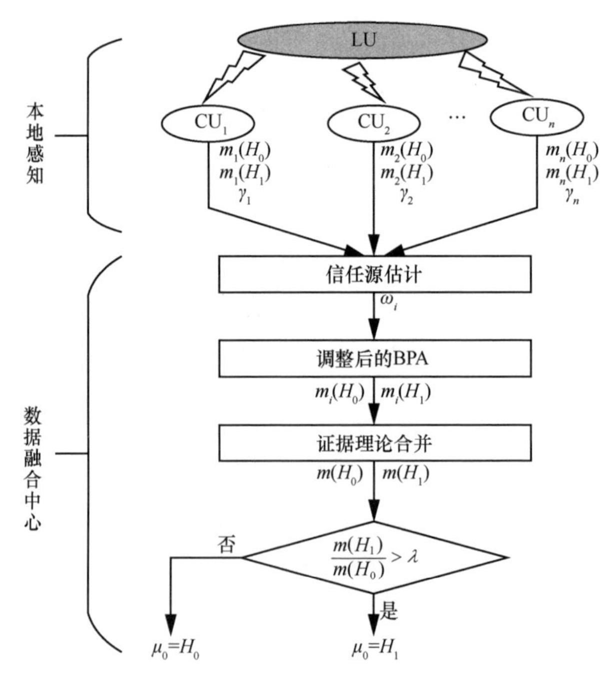

图 8-14　基于证据理论的协作感知流程框图

8.2　信号特征识别

在现代复杂的电磁环境下，信号特征提取与识别是该环节中的关键技术，引起了国内外众多学者的关注。然而，在非协作通信条件下，利用信号特征进行识别面临诸多挑战。基于此，本节针对信号的检测和参数估计展开研究。

8.2.1　信号检测

8.2.1.1　基于谱型直方图的信号检测与判读方法

采用基于直方图的自适应分群算法[23]，该算法借助经滤波后的频谱数据的统计特性，分析其直方图分布，从而确定信号线与噪声线，将频谱划分成 3 个区域：信号或干扰区（后称信号区域）、噪声区域、疑似区域。信号区域内的频点确定是信号（或干扰）；噪声区域内的频点确定是噪声；疑似区域内的频点待定。

自适应分群算法主要分为 3 个步骤，分别是频谱均值滤波、直方图生成和噪声线–信号线划定。

（1）频谱均值滤波

均值滤波是指采用长度为 L_{mean}（一般为奇数）的均值窗口卷积原频谱，从而获得均值谱，如图 8-15 所示。

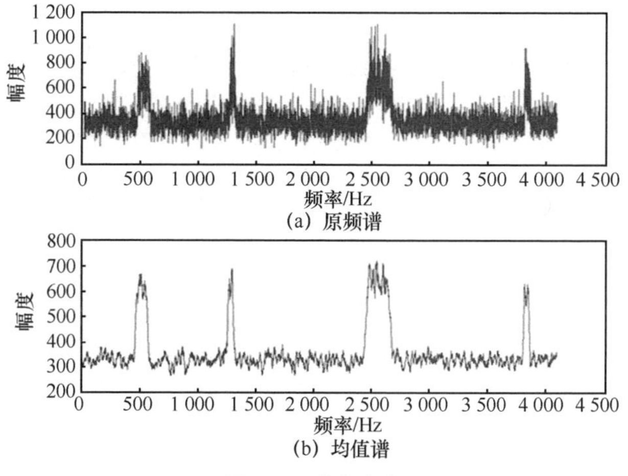

(a) 原频谱

(b) 均值谱

图 8-15　均值滤波

（2）直方图生成

使用均值谱数据生成直方图，如图 8-16 所示。

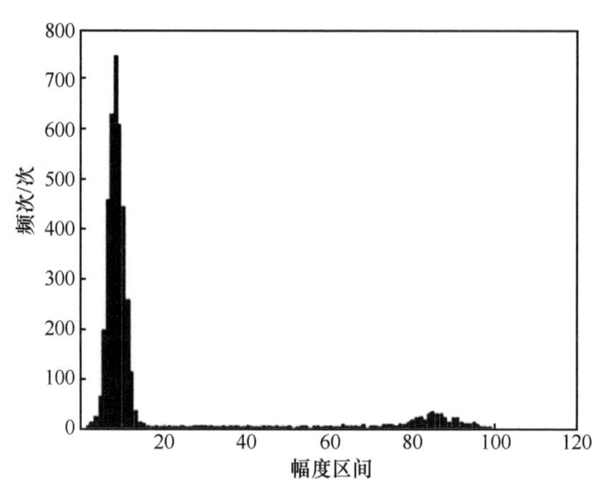

图 8-16　均值谱直方图

（3）噪声线–信号线划定

采用均值谱直方图划定噪声线和信号线。如图 8-17 所示，其中图 8-17（a）中，“0”附近的区域为噪声区域，曲线区域为信号区域，两者之间为待定区域。图 8-17（b）中，上方的直线代表信号线，下方的直线代表噪声线。

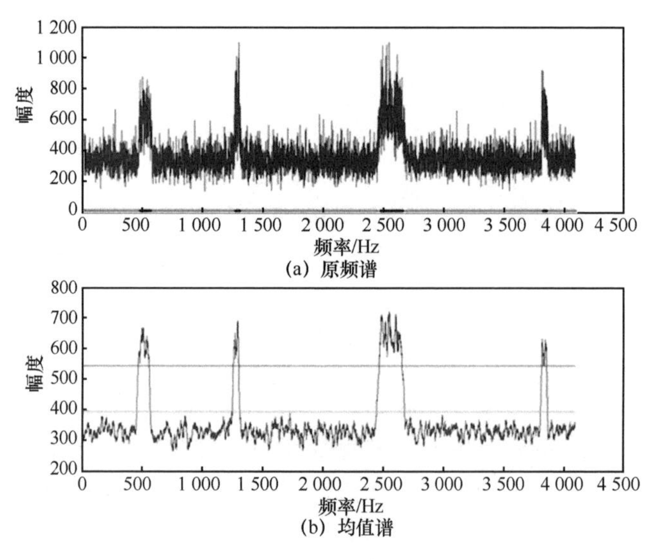

图 8-17　区域自适应划分示意

信息判读是针对确立的独立信号，根据其频谱分布分析其功率、带宽、中心频率、信噪比等参数信息。

这里介绍一种基于信号主值的信息判读方法。查找信号主值区间，并计算主值区间的均值作为信号主值，即

$$A_{\text{main}} = \frac{\left\| PH_{1_{\text{main}}} \right\|_1}{NL_{1_{\text{main}}}} \tag{8-40}$$

采用信号主值作为基准值查找信号带宽，能够去除单音、窄带等干扰，对信号参数没有别的影响。

在已知信号主值的基础上，通过信号点集信息查找出信号带宽，从而计算出信号中心频率，再根据区域自适应划分结果和信号点集计算出信号的信噪比。令信号点集为 sig_i，主值为 A_{main}，频谱分辨率为 f_{g}，定义信号左右起始点分别为

$$\begin{cases} I_{\text{l}} = \left(l \mid P_i > A_{\text{main}} \text{且} \nexists P_j > A_{\text{main}} \times 0.5,\ j < i \text{且} P_i, P_j \in \text{sig}_i \right) \\ I_{\text{r}} = \left(l \mid P_i > A_{\text{main}} \text{且} \nexists P_k > A_{\text{main}} \times 0.5,\ k < i \text{且} P_i, P_k \in \text{sig}_i \right) \end{cases} \tag{8-41}$$

设 I_{l}、I_{r} 对应的序列点分别为 I_{sl}、I_{sr}，则信号的 3 dB 带宽为

$$B_i = (I_{\text{sr}} - I_{\text{sl}}) \times f_{\text{g}} \tag{8-42}$$

信号中心频率为

$$f_{\text{ci}} = I_{\text{sl}} \times f_{\text{g}} + \frac{B_i}{2} \tag{8-43}$$

信号信噪比为

$$\text{SNR}_i = \frac{\left\| \text{sig}_i \right\|_1}{\left\| PN \right\|_1} \tag{8-44}$$

从图 8-18 中可以看出信号带宽及中心频率判读的准确性。

8.2.1.2　基于谱相关的弱信号及边缘检测

信号的循环平稳特性表现在信号的二阶或高阶统计量上。一个信号反映在二阶统计量（时变的相关函数或功率谱）上的周期性可以解释为该信号通过一个（二次的）非线性传输系统后的特性，常称之为谱线生成特性。与之对照，一个信号不同频带之间的相关特性称为谱相关特性。

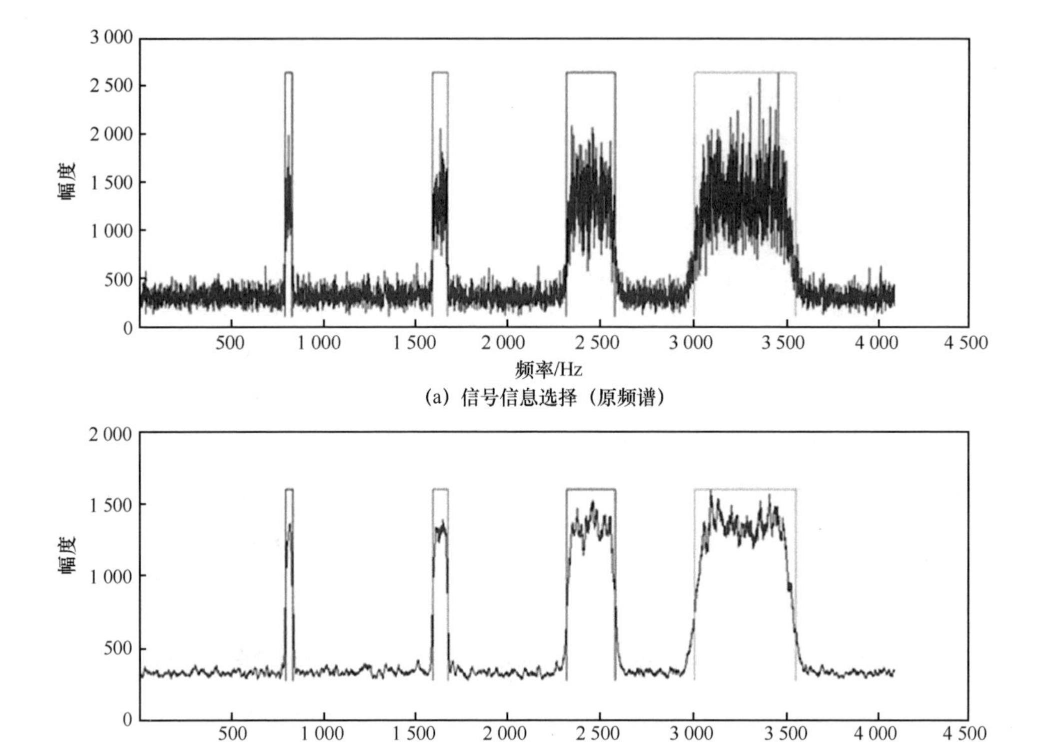

图 8-18 信号谱形参数识别

谱相关函数是功率谱密度函数的推广，包含了与调制信号参数有关的频率和相位信息，与常规的功率谱相比，循环谱具有分辨率高、抗干扰能力强、分析域丰富等特点，因此循环谱可以用于低信噪比条件下的信号检测[24]。

（1）谱相关密度函数

① 循环自相关函数

一个连续时间二阶随机过程（$x(t), t\in(-\infty,+\infty)$），当且仅当它的均值和自相关函数是周期性的（周期为 T_0）时，称之为广义循环平稳过程。即 $m_x(t+T)=m_x(t)$, $R_x(t+T,u+T)=R_x(t,u)$。

考虑 $u=t-\tau$ 时，$x(t)$ 的时变相关函数定义为

$$R_x(t,u)=E\left(x(t)x^*(t-\tau)\right) \tag{8-45}$$

由式（8-45）可知相关函数是时间的函数，因此，无法直接使用时间平均来估

计。如果已知周期 T_0（T_0=1/ f_0），就可对 $x(t)$ 以 T_0 为周期进行采样，即采样…，$t-nT_0,\cdots,t-2T_0,t-T_0,t,t+T_0,t+2T_0,\cdots,t+nT_0,\cdots$，其中 t 为任意值，这样的采样值显然满足遍历性，从而可以用样本平均来估计相关函数。

$$R_x(t,\tau)=\lim_{N\to\infty}\frac{1}{2N+1}\sum_{n=-N}^{N}x(t+nT_0)x^*(t+nT_0-\tau) \tag{8-46}$$

式（8-46）中的 $R_x(t,\tau)$ 是周期为 T_0 的周期函数，可用傅里叶级数展开，得到

$$R_x(t,\tau)=\sum_{m\to-\infty}^{\infty}R_x^{\alpha}(\tau)\mathrm{e}^{\mathrm{j}2\pi mt/T_0}=\sum_{m\to-\infty}^{\infty}R_x^{\alpha}(\tau)\mathrm{e}^{\mathrm{j}2\pi\alpha t} \tag{8-47}$$

式中，$\alpha=m/T_0$，且傅里叶级数

$$R_x^{\alpha}(\tau)=\frac{1}{T_0}\int_{-T_0/2}^{T_0/2}R_x(t,\tau)\mathrm{e}^{-\mathrm{j}2\pi\alpha t}\mathrm{d}t \tag{8-48}$$

经推导可以得到

$$R_x^{\alpha}(\tau)\overset{T=(2N+1)T_0}{=}\lim_{T\to\infty}\frac{1}{T}\int_{-T/2}^{T/2}x(t)x^*(t-\tau)\mathrm{e}^{-\mathrm{j}2\pi\alpha t}\mathrm{d}t \tag{8-49}$$

系数 $R_x^{\alpha}(\tau)$ 表示频率为 α 的循环自相关强度，其是 τ 的函数，简称循环自相关函数。在实际应用中，常常把复信号延迟乘积取对称形式，即循环自相关函数为

$$R_x^{\alpha}(\tau)=\lim_{T\to\infty}\frac{1}{T}\int_{-T/2}^{T/2}x(t+\tau/2)x^*(t-\tau/2)\mathrm{e}^{-\mathrm{j}2\pi\alpha t}\mathrm{d}t \tag{8-50}$$

式（8-50）表示延迟乘积信号在频率 α 处的傅里叶系数。习惯上，将 $R_x^{\alpha}(\tau)\neq 0$ 的频率 α 称为信号 $x(t)$ 的循环频率。零循环频率对应信号的平稳部分，而非零循环频率对应信号的循环平稳部分。

信号 $x(t)$ 的循环自相关函数 $R_x^{\alpha}(\tau)$ 的傅里叶变换为

$$S_x^{\alpha}(f)=\int_{-\infty}^{\infty}R_x^{\alpha}(\tau)\mathrm{e}^{-\mathrm{j}2\pi f\tau}\mathrm{d}\tau \tag{8-51}$$

式（8-51）称为循环谱密度（Cyclic Spectrum Density，CSD），为了探讨循环谱密度的意义，将 $R_x^{\alpha}(\tau)$ 改写为

$$\begin{aligned}R_x^{\alpha}(\tau)&=\lim_{T\to\infty}\frac{1}{T}\int_{-T/2}^{T/2}x(t+\tau/2)x^*(t-\tau/2)\mathrm{e}^{-\mathrm{j}2\pi\alpha t}\mathrm{d}t\\&=\lim_{T\to\infty}\frac{1}{T}\int_{-T/2}^{T/2}(x(t+\tau/2)\mathrm{e}^{-\mathrm{j}\pi\alpha(t+\tau/2)})(x(t-\tau/2)\mathrm{e}^{\mathrm{j}\pi\alpha(t-\tau/2)})^*\mathrm{d}t\end{aligned} \tag{8-52}$$

令 $\begin{cases}u(t)=x(t)\mathrm{e}^{-\mathrm{j}\pi\alpha t}\\v(t)=x(t)\mathrm{e}^{\mathrm{j}\pi\alpha t}\end{cases}$，那么，循环自相关函数可写成 $u(t)$ 和 $v(t)$ 的互相关函数。

$$R_x^\alpha(\tau) = R_{uv}(\tau) = \lim_{T\to\infty}\frac{1}{T}\int_{-T/2}^{T/2} u(t+\tau/2)v^*(t-\tau/2)\mathrm{d}t \tag{8-53}$$

由式（8-53）可知，$R_x^\alpha(\tau)$是$u(t)$和$v^*(-t)$的卷积，其傅里叶变换$S_x^\alpha(f)$可用$u(t)$和$v^*(-t)$的傅里叶谱$U(f)$和$V^*(f)$的乘积表示。

② 信号的谱相关密度函数

BPSK 信号表达式为$x(t)=c_1(t)\cos(2\pi f_c t+\phi_0)$，其中，$c_1(t)=\sum_{n\to-\infty}^{\infty} c_{1n}q(t-nT_b)$，$c_{1n}$的取值为–1、1。

BPSK 的谱相关密度函数的表达式为

$$\begin{aligned}\hat{S}_x^\alpha(f)=\frac{1}{4T_b}(&Q(f+f_c+\alpha/2)Q^*(f+f_c-\alpha/2)\tilde{S}_{c_1}^\alpha(f+f_c)\\&+Q(f-f_c+\alpha/2)Q^*(f-f_c-\alpha/2)\tilde{S}_{c_1}^\alpha(f-f_c)\\&+Q(f-f_c+\alpha/2)Q^*(f+f_c-\alpha/2)\tilde{S}_{c_1}^{\alpha-2f_c}(f)\mathrm{e}^{\mathrm{j}2\phi_0}\\&+Q(f+f_c+\alpha/2)Q^*(f-f_c-\alpha/2)\tilde{S}_{c_1}^{\alpha+2f_c}(f)\mathrm{e}^{-\mathrm{j}2\phi_0})\end{aligned} \tag{8-54}$$

其中，$\tilde{S}_{c_1}^\alpha(f)=\begin{cases}1,\alpha=m/T_b\\0,\alpha\neq m/T_b\end{cases}$，$m$为整数。

对于 BPSK 信号，仅$\alpha=m/T_b$和$\alpha=m/T_b\pm 2f_c$时存在非零谱相关性。图 8-19 显示了 BPSK 信号的$f-\alpha$归一化幅值三维图。仿真参数为码速率 f_b=10 kHz，载频 f_c=30 kHz，采样率 f_s=120 kHz，码元数为 100 个，DFT 点数为 2 048 点，M=128。

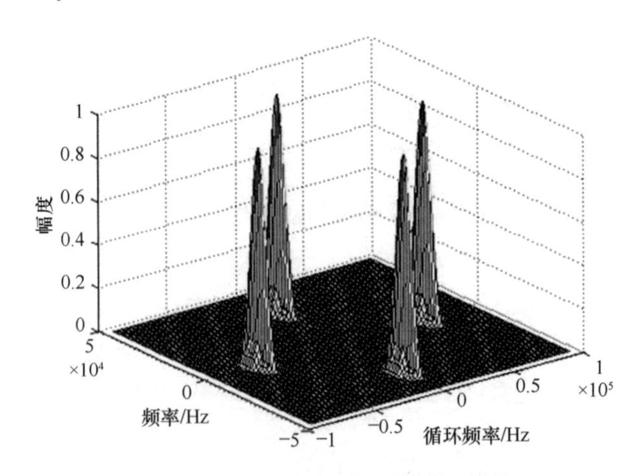

图 8-19 BPSK 的 f–α 归一化幅值三维图

QPSK 信号表达式为

$$x(t)=x_1(t)+x_2(t)=c_1(t)\cos(2\pi f_c t+\phi_0)+c_2(t)\cos\left(2\pi f_c t+\phi_0+\frac{\pi}{2}\right) \tag{8-55}$$

其中，$c_1(t)=\sum_{n\to-\infty}^{\infty}c_{1n}q(t-nT_b)$，$c_{1n}$ 的取值为–1、1。$c_2(t)=\sum_{n\to-\infty}^{\infty}c_{2n}q(t-nT_b)$，$c_{2n}$ 的取值为–1、1。$\hat{S}_{x1}^{\alpha}(f)$ 和 $\hat{S}_{x2}^{\alpha}(f)$ 如下。

$$\begin{aligned}\hat{S}_{x1}^{\alpha}(f)=\frac{1}{4T_b}(&Q(f+f_c+\alpha/2)Q^*(f+f_c-\alpha/2)\tilde{S}_{c_1}^{\alpha}(f+f_c)\\&+Q(f-f_c+\alpha/2)Q^*(f-f_c-\alpha/2)\tilde{S}_{c_1}^{\alpha}(f-f_c)\\&+Q(f-f_c+\alpha/2)Q^*(f+f_c-\alpha/2)\tilde{S}_{c_1}^{\alpha-2f_c}(f)e^{j2\phi_0}\\&+Q(f+f_c+\alpha/2)Q^*(f-f_c-\alpha/2)\tilde{S}_{c_1}^{\alpha+2f_c}(f)e^{-j2\phi_0})\end{aligned} \tag{8-56}$$

$$\begin{aligned}\hat{S}_{x2}^{\alpha}(f)=\frac{1}{4T_b}(&Q(f+f_c+\alpha/2)Q^*(f+f_c-\alpha/2)\tilde{S}_{c_2}^{\alpha}(f+f_c)\\&+Q(f-f_c+\alpha/2)Q^*(f-f_c-\alpha/2)\tilde{S}_{c_2}^{\alpha}(f-f_c)\\&-Q(f-f_c+\alpha/2)Q^*(f+f_c-\alpha/2)\tilde{S}_{c_2}^{\alpha-2f_c}(f)e^{j2\phi_0}\\&-Q(f+f_c+\alpha/2)Q^*(f-f_c-\alpha/2)\tilde{S}_{c_2}^{\alpha+2f_c}(f)e^{-j2\phi_0})\end{aligned} \tag{8-57}$$

综合可得，QPSK 仅在 $\alpha=m/T_b$ 时存在非零谱相关性。仿真参数同 BPSK，得到 QPSK 的 $f-\alpha$ 归一化幅值三维图，如图 8-20 所示。

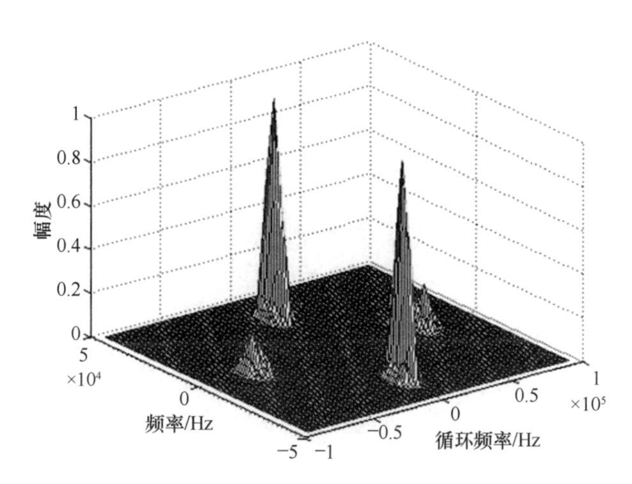

图 8-20　QPSK 的 f–α 归一化幅值三维图

8PSK 信号的谱相关表达式为

$$\begin{aligned}\hat{S}_{x1}^{\alpha}(f)=\frac{1}{2T_{\mathrm{b}}}(&Q(f+f_{\mathrm{c}}+\alpha/2)Q^{*}(f+f_{\mathrm{c}}-\alpha/2)\tilde{S}_{a_1}^{\alpha}(f+f_{\mathrm{c}})\\&+Q(f-f_{\mathrm{c}}+\alpha/2)Q^{*}(f-f_{\mathrm{c}}-\alpha/2)\tilde{S}_{a_1}^{\alpha}(f-f_{\mathrm{c}})\\&+Q(f+f_{\mathrm{c}}+\alpha/2)Q^{*}(f+f_{\mathrm{c}}-\alpha/2)\tilde{S}_{a_2}^{\alpha}(f+f_{\mathrm{c}})\\&+Q(f-f_{\mathrm{c}}+\alpha/2)Q^{*}(f-f_{\mathrm{c}}-\alpha/2)\tilde{S}_{a_2}^{\alpha}(f-f_{\mathrm{c}}))\end{aligned} \tag{8-58}$$

8PSK 仅在 $\alpha=m/T_{\mathrm{b}}$ 时存在非零谱相关性。仿真参数同 BPSK，得到 8PSK 的 $f-\alpha$ 归一化幅值三维图，如图 8-21 所示。

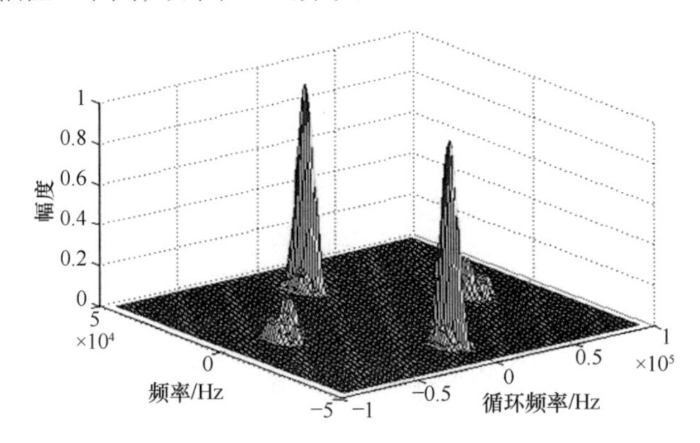

图 8-21　8PSK 的 f–α 归一化幅值三维图

对于噪声来说，可以分为高斯噪声和非高斯噪声（具有循环平稳的噪声除外），由于其不具有循环平稳特性，故其谱相关函数只在 $\alpha=0$ 处存在非零，在其他非零循环频率处均为零。高斯白噪声的 $f-\alpha$ 归一化幅值三维图如图 8-22 所示。

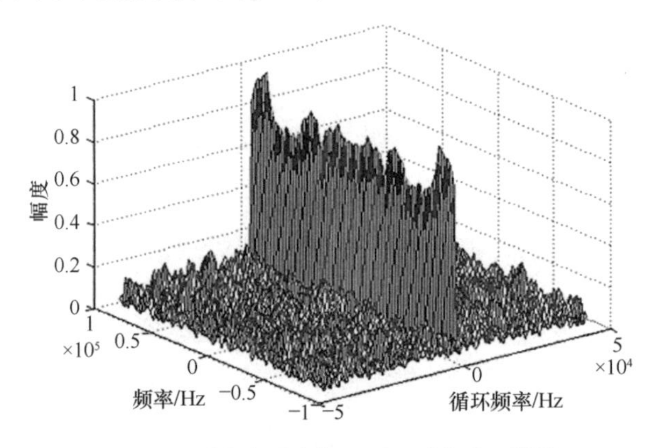

图 8-22　高斯白噪声的 f–α 归一化幅值三维图

（2）基于谱相关的弱信号检测的特征量提取

在 0 dB（E_s/N_0）信噪比条件下，对 BPSK、QPSK 和 8PSK 的 $f-\alpha$ 归一化幅值三维图进行仿真，仿真结果如图 8-23 所示。

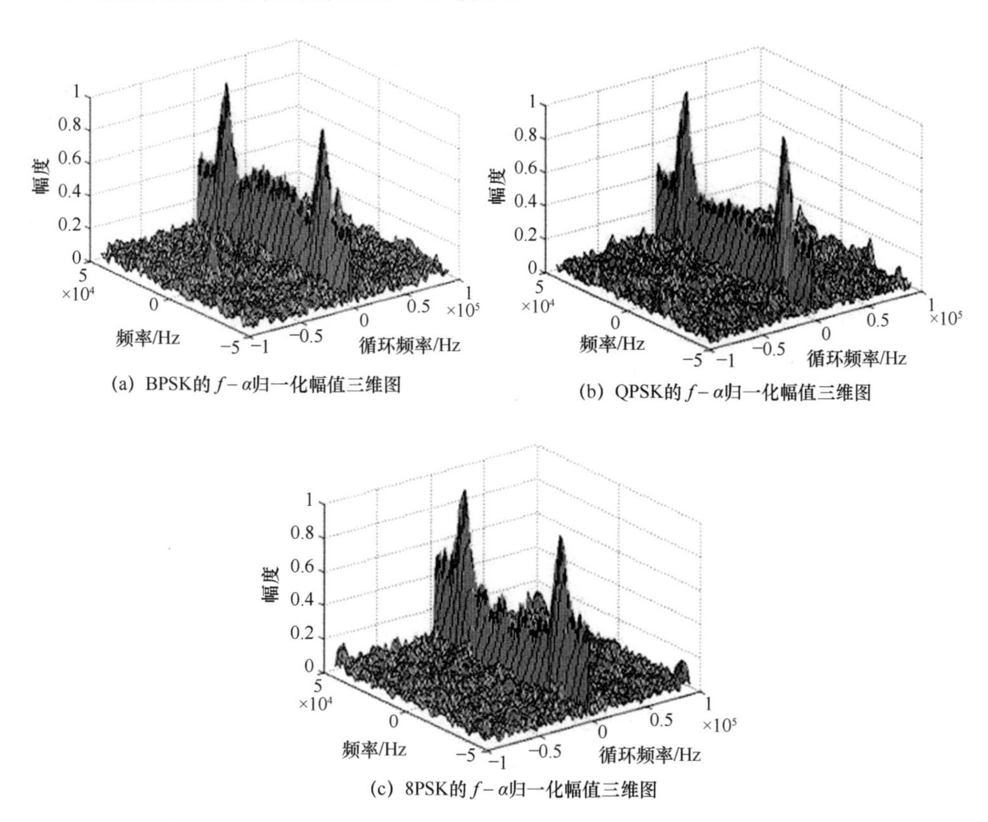

(a) BPSK的 $f-\alpha$ 归一化幅值三维图

(b) QPSK的 $f-\alpha$ 归一化幅值三维图

(c) 8PSK的 $f-\alpha$ 归一化幅值三维图

图 8-23　BPSK、QPSK 和 8PSK 的 f–α 归一化幅值三维图（E_s/N_0=0 dB）

由三维的谱相关图可见，在循环频率 α=0 的截面，低信噪比条件下的弱信号和噪声有明显的差别，为了计算方便，只计算 α=0 的截面，重点提取该截面上的特征量作为弱信号检测的依据。仿真参数设定为码速率 f_b=4 MHz，载频 f_c=4 MHz，采样率 f_s=20 MHz，码元数为 1 000 个，DFT 点数为 2 048 点，M=128，E_s/N_0=0 dB。图 8-24 是 QPSK 在该仿真条件下的 α=0 的截面图。

计算 α=0 的截面的方差作为特征量，以 QPSK 为例，独立仿真 100 次求平均，得到加噪信号和噪声的特征值在–5 dB～10 dB 条件下的变化情况，仿真结果如图 8-25 所示。

$$F = \mathrm{var}\left(S_x^0(f)\right)$$

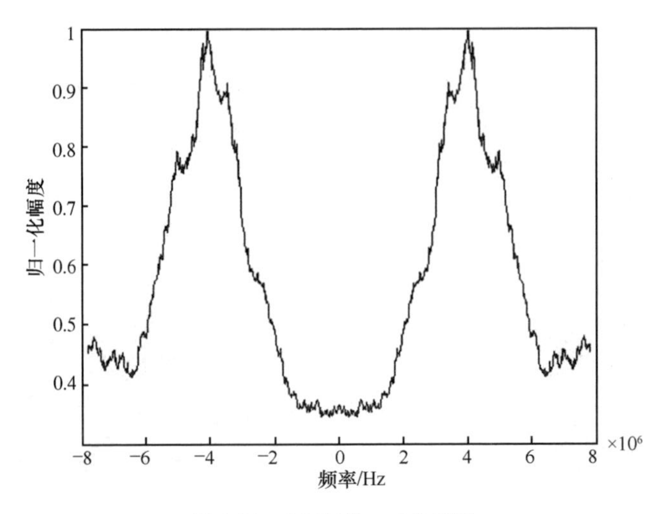

图 8-24　QPSK 的 α=0 的截面

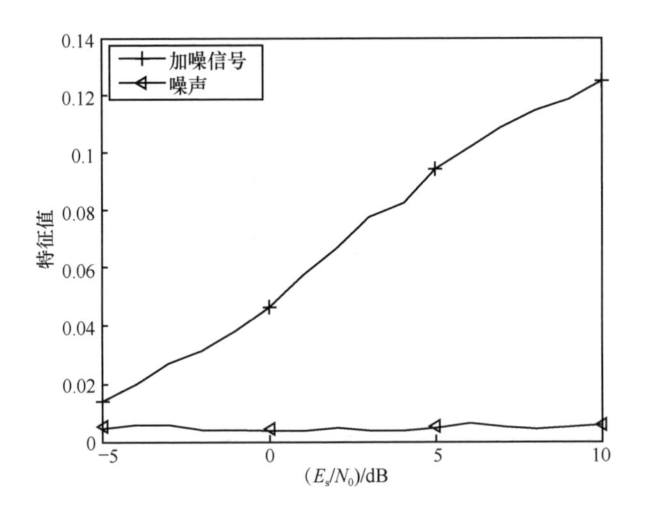

图 8-25　加噪信号和噪声的特征值在−5 dB～10 dB 条件下 QPSK 的变化情况

8.2.2 参数估计

8.2.2.1 基于非线性滤波的二次方谱符号速率估计算法

二次方谱具有包络谱的谱线特征，图 8-26 分别为未加噪声时 BPSK 和 QPSK 信号的二次方谱，符号速率为 200 kBaud，可以明显看出符号速率谱线，通过检测二次方谱零频附近的峰值即可获得符号速率信息[25]。

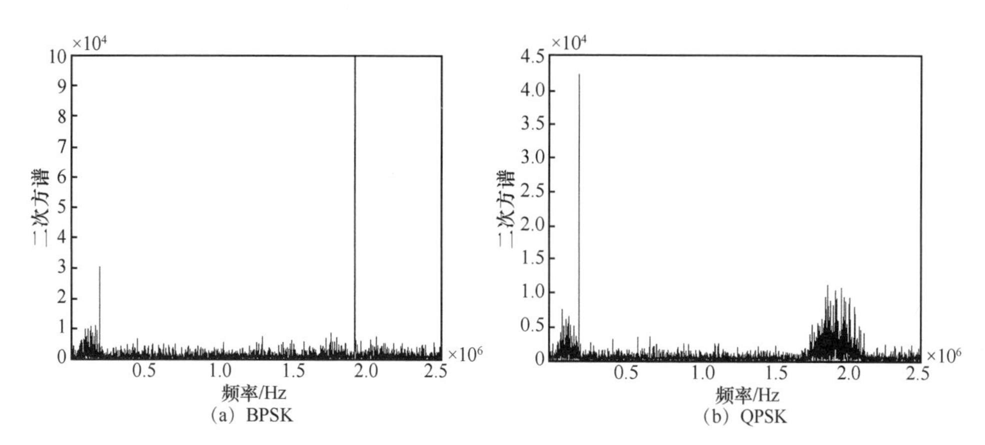

图 8-26　未加噪声时 BPSK 和 QPSK 信号二次方谱

但当信噪比较低时，基于二次方谱的符号速率估计性能较差，需对其进行优化。E_b/N_0=10 dB 时信号的基带二次方谱如图 8-27 所示。

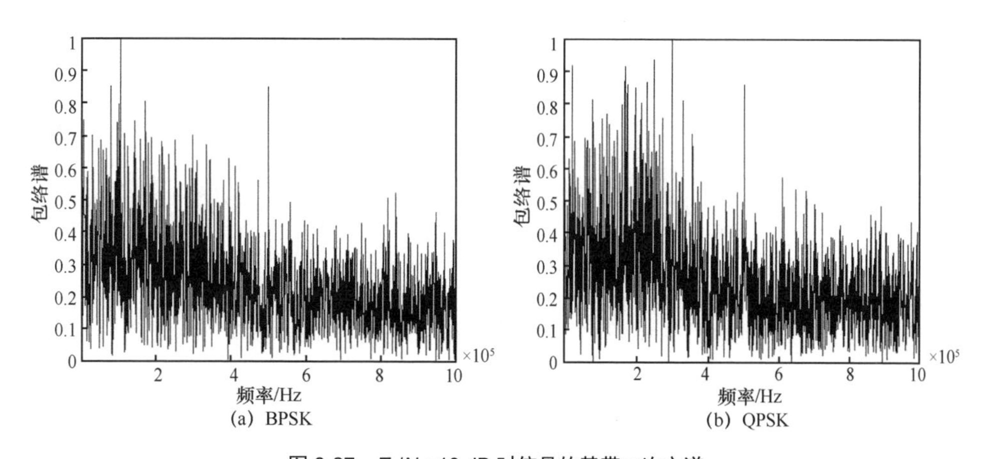

图 8-27　E_b/N_0=10 dB 时信号的基带二次方谱

这里引入一种基于非线性滤波的二次方谱符号速率估计，该方法的主要思想就是针对二次方谱的每一个抽样值，比较它和邻近区域内所有抽样点的平均值的差异，然后再对比较后的结果进行最大值搜索从而确定符号速率信息。差异比较的过程可以用公式表达为

$$\mathrm{Env\_new}(k)=\frac{\mathrm{Env}(k)}{\sum_{n=1}^{L}w(n)\mathrm{Env}(k+n)},\qquad k\in(0,N/2] \tag{8-59}$$

其中，N 为总采样点数；$w(n)$ 为非线性滤波器系数，抽头长度 $\omega \ll N$。非线性滤波器系数为

$$w(n)=\begin{cases}1/\omega, & 1\leqslant n\leqslant \omega\\ 0, & 其他\end{cases} \tag{8-60}$$

在式（8-59）中，$\sum_{n=1}^{L}w(n)\mathrm{Env}(k+n)$ 为信号二次方谱的加权平均。图 8-28 为 E_b/N_0=10 dB 时 BPSK 和 QPSK 信号的二次方谱非线性滤波前后的二次方谱，可以看出，低频干扰峰得到抑制，符号速率谱线得到加强。

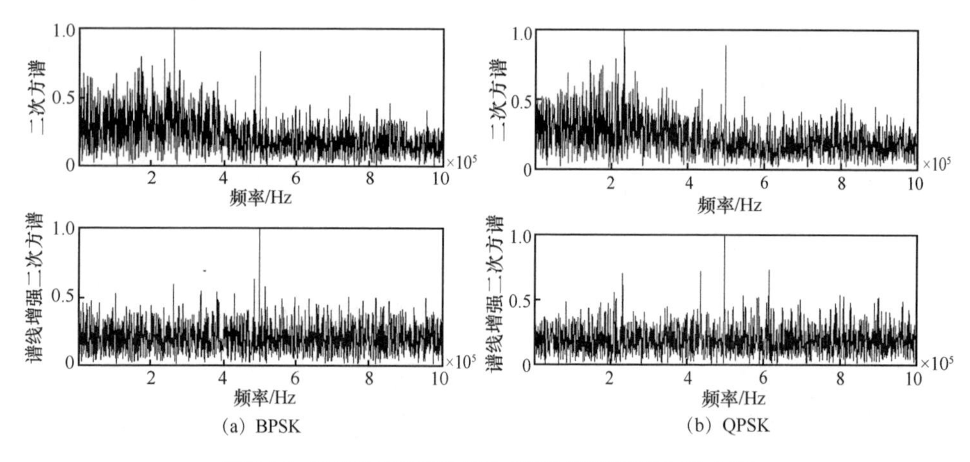

图 8-28　BPSK 和 QPSK 信号非线性滤波前后的二次方谱

需要指出以下两个问题。

（1）由于信号的截止带宽通常为符号速率的一半，因此，低频干扰谱线主要存在于符号速率谱线左侧，而在符号速率谱线右侧的干扰谱线就会明显减弱。基于非线性滤波的谱线增强算法适用于符号速率谱线的检测。

（2）经过进一步研究，发现基于二次方谱的符号速率估计算法适用于信号包络非恒定的信号。因此，对于近似恒包络信号，如 OQPSK 信号，其包络中没有近似过零点特征，导致较难检测出符号速率谱线，如图 8-29 所示。

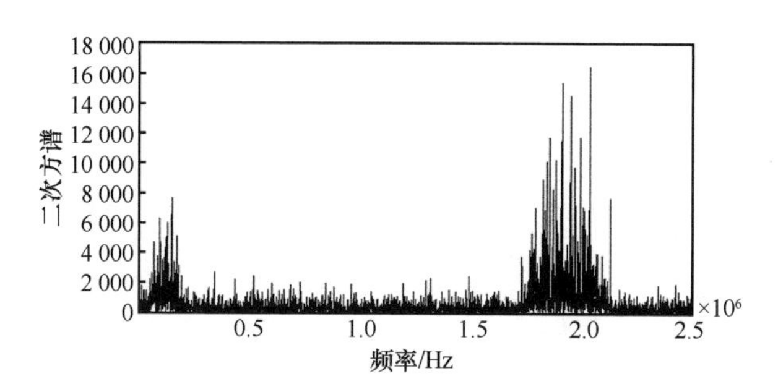

图 8-29　OQPSK 信号二次方谱

8.2.2.2　基于 Welch 功率谱的载频估计算法

基于Welch功率谱的载频估计算法[26]是将Welch功率谱估计算法[27]与频率居中法[28]相结合的一种新的载频估计算法，算法步骤如下。

（1）利用 Welch 功率谱估计算法对信号功率谱进行平滑处理。

（2）以平滑功率谱峰值点为中心向两侧搜索所有的极小值。

（3）通过设置功率谱峰值与幅值比值门限，排除由于平滑功率谱畸变而出现在主瓣上的极小值点，并选取平滑功率谱峰值两侧距离峰值最近且满足门限值的极小值点作为截取带宽的频点，保留截取带宽频点之间的功率谱分量，其余功率谱分量置零。

（4）利用频率居中法计算截取的平滑功率谱。

功率谱峰值与幅值比值门限的选取原理如图 8-30 所示。首先，定义门限初始值；然后搜索大于门限值的所有极小值点，选择峰值两侧距离峰值最近的极小值点，截取平滑功率谱有效带宽；最后采用频率居中法估计载频。如果没有搜索到满足该条件的极小值点，则门限值以一定步长递减，重新进行搜索，直到搜索到符合条件的极小值点为止。

信号功率谱与截断的平滑功率谱对比如图 8-31 所示。

8.2.2.3　基于功率谱分布函数几何学分析的信号带宽估计

对于方形频谱的信号 $x(t)$，其功率谱由自相关函数 $R_x(\tau)$ 的傅里叶变换得到[28]。

$$P_x(w)=\int_{-\infty}^{\infty}R_x(\tau)\mathrm{e}^{-\mathrm{j}w\tau}\mathrm{d}\tau \tag{8-61}$$

可简化为 $P_x(f)=E\left(\left|\mathrm{FFT}(x)\right|^2\right)$。

以含噪 BPSK 信号的功率谱为例，如图 8-32 所示，假设低截止频率为 f_L，高

截止频率为 f_{H} ，则待估计的截止带宽为 $f_{\mathrm{H}}-f_{\mathrm{L}}$ 。此处，对信号瞬时功率谱求平均以降低噪声的影响[29]。

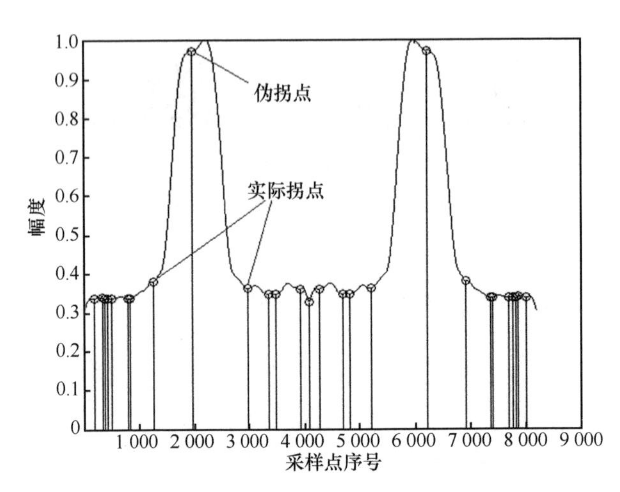

图 8-30　功率谱峰值与幅值比值门限的选取原理

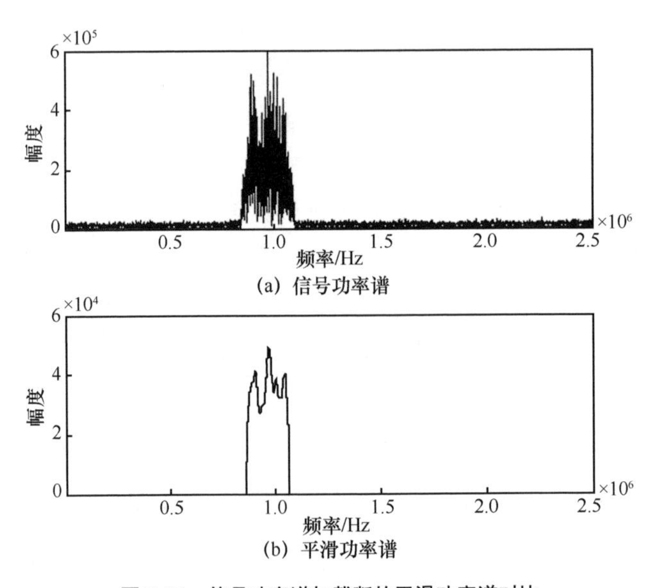

图 8-31　信号功率谱与截断的平滑功率谱对比

功率谱的分布函数可以表示为

$$F(f)=\int_{-\infty}^{f} P_{x}(\tau)\mathrm{d}\tau \tag{8-62}$$

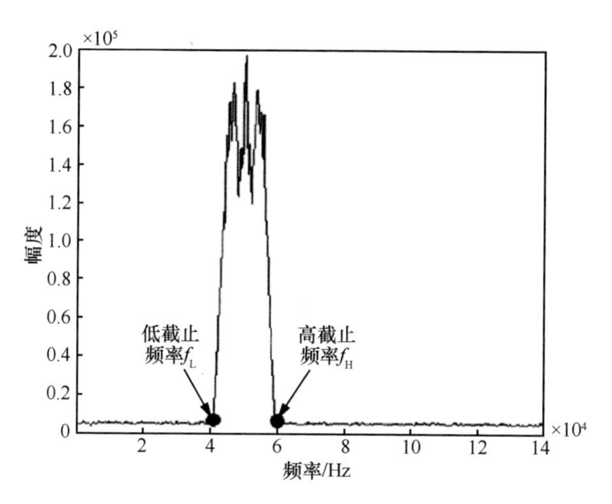

图 8-32　含噪 BPSK 信号的功率谱

分布函数表征了功率谱在各个频率段的概率分布情况，如图 8-33 实线所示。从图 8-33 中可以看出，分布函数中有两个明显的拐点，分别对应低截止频率和高截止频率，通过对分布函数拐点位置的定位可间接实现对截止频率带宽的估计[29]。

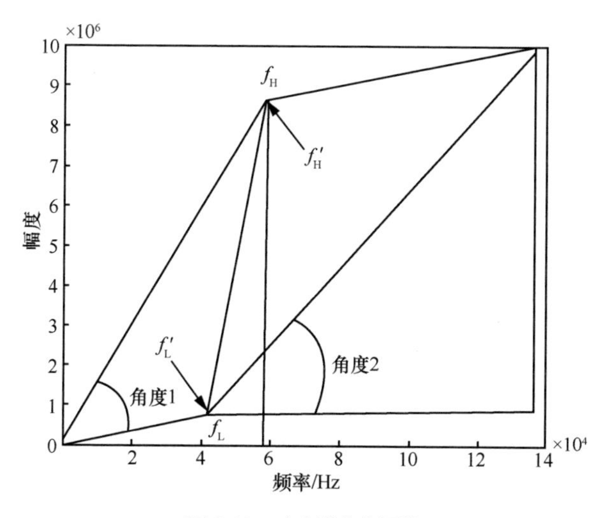

图 8-33　功率谱分布函数

假设功率谱分布函数的离散形式为 $F(i)(i=1,2,\cdots,N)$ 。在功率谱分布函数中，以连接零点和分布函数任一点的直线为直角边，构造直角三角形，则三角形中零点处角度最大时，即 $F(i)/i$ 为最大值时，分布函数点 i 对应的频率为高截止频率的粗估计值，记为 f_{H}'；以连接分布函数终点和分布函数任一点的直线为直角边，构造直角三角形，则三角形中终点相对的角度最大时，即 $(F(N)-F(i))/(N-i)$ 为最大时，分布函数点 i 对应的频率为低截止频率的粗估计值，记为 f_{L}'。截止带宽 $\hat{B}$ 的粗估计值为 $f_{\mathrm{H}}'-f_{\mathrm{L}}'$。图 8-33 给出了构造的两个三角形，由图 8-33 从几何角度可以直观地看出，构造的三角形中角度 1 和角度 2 最大时对应的分布函数点位于分布函数的两个弯曲（近似弧线）区域，即高截止频率和低截止频率所在区域，进而对截止带宽进行粗略的估计[29]。

8.2.2.4　基于高阶谱线特征和高阶累积量的调制识别

调制识别算法多种多样，研究适合卫星通信信道特点、识别类型丰富且易于工程实现的调制识别方法具有重要的现实意义。

下面主要针对调制样式集合{ BPSK、QPSK、OQPSK、π/4DQPSK、π/4CQPSK、6PSK、8PSK、MSK、16QAM、APSK }分析调制识别算法[25]。

（1）高阶谱线特征分析

下面重点分析 6PSK 的高阶谱线特征。6PSK 信号可以表示为

$$s_{6\mathrm{PSK}}(t)=\sum_{n}\mathrm{e}^{\mathrm{j}\theta_n}g\left(t-nT\right)=\sum_{n}\left(a_n+\mathrm{j}b_n\right)g\left(t-nT\right) \tag{8-63}$$

其中，$\theta_n=\left\{m\pi/3+\varphi_0,\ m=0,\pm1,\pm2\right\}$；$g(t)$是成形滤波器的脉冲响应；$T$ 是符号周期，6PSK 信号的符号相位根据其相位映射表选取。6PSK 信号平方后的期望可以表示为

$$\begin{aligned}u(t)&=E\left(\sum_{n}\sum_{m}\left(a_n+\mathrm{j}b_n\right)\left(a_m+\mathrm{j}b_m\right)g\left(t-nT\right)g\left(t-mT\right)\right)\\&=\sum_{n}E\left(a_n^2-b_n^2\right)g^2\left(t-nT\right)\\&=0\end{aligned} \tag{8-64}$$

这说明 $u(t)$不具有时变周期特性，根据循环平稳过程的谱线特性[25]，6PSK 信号的二次方谱不存在谱线。

6PSK 信号四次方后的期望可以表示为

$$v(t)=E\left(\sum_{n}\left(a_n^4+b_n^4-6a_n^2b_n^2\right)g^4\left(t-nT\right)\right)=\left(-E_{\mathrm{s}}^2\right)\sum_{n}g^4\left(t-nT\right) \tag{8-65}$$

其中，E_{s} 表示符号的平均能量。计算其四次方谱可得

$$V(f)=\mathbb{F}\{v(t)\}=-\frac{E_s^2}{T^4}\sum_n A(f)\delta\left(f-\frac{n}{T}\right) \tag{8-66}$$

其中，$A(f)=\mathbb{F}\left(g^4(t)\right)=G(f)G(f)G(f)G(f)$，其非零频域区间表示为$\left(-\frac{2(1+\alpha)}{T},\frac{2(1+\alpha)}{T}\right)$，$\alpha$ 为滚降因子。当 $\alpha<0.5$ 时，根据 $A(f)$的非零频域令 n 的取值为 $n\in(0,\pm1,\pm2)$，所以 $V(f)$只有在频率 $(0,\pm1/T,\pm2/T)$ 处出现谱线。当 $\alpha\geqslant0.5$ 时，$V(f)$在$(0,\pm1/T,\pm2/T,\pm3/T)$处出现谱线。

6PSK 信号调制采用短突发，信号有效长度最长仅为 79 个符号，导致 6PSK 信号 $V(f)$在$(\pm1/T,\pm2/T,\pm3/T)$处的谱线特征不明显。此外，功率谱衰减和噪声影响使得 6PSK 信号四次方谱谱线很难辨认，如图 8-34 所示。

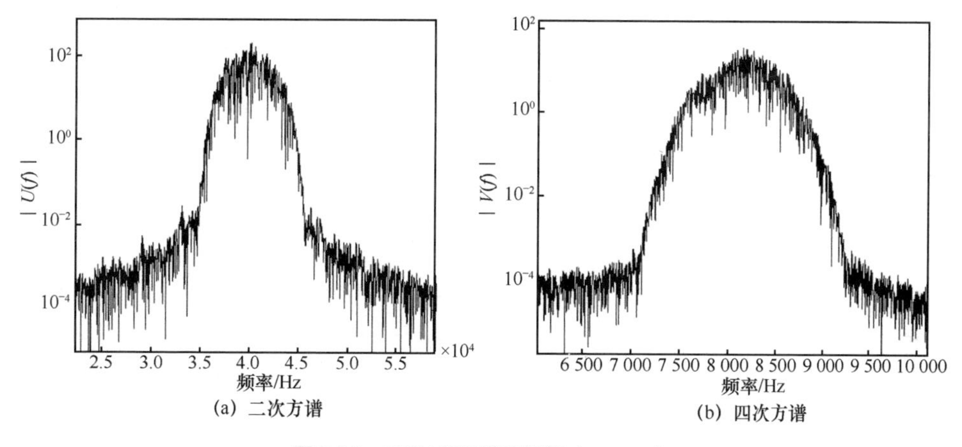

(a) 二次方谱　　(b) 四次方谱

图 8-34　6PSK 信号谱线特征（$\alpha=0.8$）

根据以上分析，得出结论：6PSK 信号二次方谱无谱峰，四次方谱谱峰理论上存在，但实际无法检测。

采用相同的分析方法分析其他调制方式。图 8-35 为几种卫星通信信号谱峰数目示意。

（2）高阶累积量特征分析

高阶累积量特征主要用于区分幅度相位调制信号{16QAM、APSK}与其他常用的相位调制信号。

信号高阶累积量为

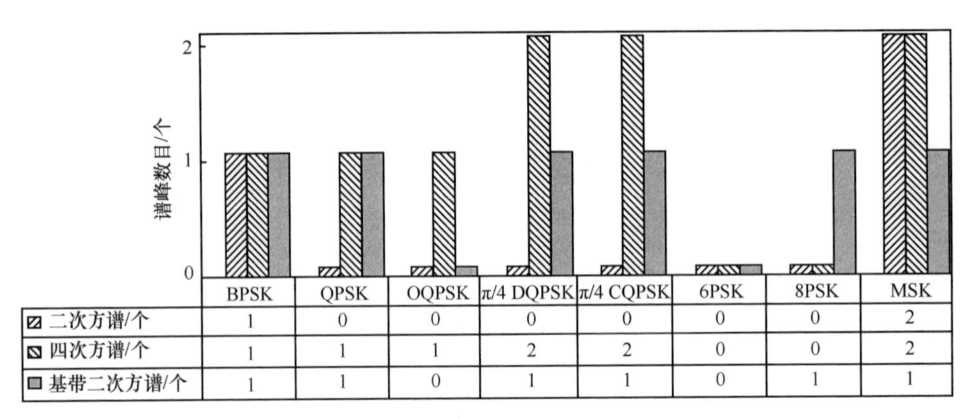

	BPSK	QPSK	OQPSK	π/4 DQPSK	π/4 CQPSK	6PSK	8PSK	MSK
二次方谱/个	1	0	0	0	0	0	0	2
四次方谱/个	1	1	1	2	2	0	0	2
基带二次方谱/个	1	1	0	1	1	0	1	1

图 8-35 几种卫星通信信号谱峰数目示意

$$C_{kx}(\tau_1,\tau_2,\cdots,\tau_{k-1}) = \mathrm{Cum}\left(x(t),x(t+\tau_1),\cdots,x(t+\tau_{k-1})\right) \tag{8-67}$$

其中，Cum()是联合累积量函数，信号二阶和四阶累积量可定义为

$$C_{20}(\tau_1) = \mathrm{Cum}\left(x(k),x(k+\tau_1)\right) = E\left(x(k)x(k+\tau_1)\right) \tag{8-68}$$

$$C_{21}(\tau_1) = \mathrm{Cum}\left(x(k),x^*(k+\tau_1)\right) = E\left(x(k)x^*(k+\tau_1)\right) \tag{8-69}$$

$$\begin{aligned} C_{40}(\tau_1,\tau_2,\tau_3) &= \mathrm{Cum}(x(k),x(k+\tau_1),x(k+\tau_2),x(k+\tau_3)) \\ &= E\left(x(k)x(k+\tau_1)x(k+\tau_2)x(k+\tau_3)\right) \\ &\quad - E\left(x(k)x(k+\tau_1)\right)E\left(x(k+\tau_2)x(k+\tau_3)\right) \\ &\quad - E\left(x(k)x(k+\tau_2)\right)E\left(x(k+\tau_1)x(k+\tau_3)\right) \\ &\quad - E\left(x(k)x(k+\tau_3)\right)E\left(x(k+\tau_1)x(k+\tau_2)\right) \end{aligned} \tag{8-70}$$

$$\begin{aligned} C_{41}(\tau_1,\tau_2,\tau_3) &= \mathrm{Cum}(x(k),x(k+\tau_1),x(k+\tau_2),x^*(k+\tau_3)) \\ &= E\left(x(k)x(k+\tau_1)x(k+\tau_2)x^*(k+\tau_3)\right) \\ &\quad - E\left(x(k)x(k+\tau_1)\right)E\left(x(k+\tau_2)x^*(k+\tau_3)\right) \\ &\quad - E\left(x(k)x(k+\tau_2)\right)E\left(x(k+\tau_1)x^*(k+\tau_3)\right) \\ &\quad - E\left(x(k)x^*(k+\tau_3)\right)E\left(x(k+\tau_1)x(k+\tau_2)\right) \end{aligned} \tag{8-71}$$

$$\begin{aligned} C_{42}(\tau_1,\tau_2,\tau_3) &= \mathrm{Cum}(x^*(k),x(k+\tau_1),x(k+\tau_2),x^*(k+\tau_3)) \\ &= E\left(x^*(k)x(k+\tau_1)x(k+\tau_2)x^*(k+\tau_3)\right) \\ &\quad - E\left(x^*(k)x(k+\tau_1)\right)E\left(x(k+\tau_2)x^*(k+\tau_3)\right) \\ &\quad - E\left(x^*(k)x(k+\tau_2)\right)E\left(x(k+\tau_1)x^*(k+\tau_3)\right) \\ &\quad - E\left(x^*(k)x^*(k+\tau_3)\right)E\left(x(k+\tau_1)x(k+\tau_2)\right) \end{aligned} \tag{8-72}$$

当 $\tau_1=\tau_2=\tau_3=0$ 时，可简化表示为

$$\begin{aligned} C_{20} &= M_{20} \\ C_{21} &= M_{21} \\ C_{40} &= M_{40} - 3M_{20}^2 \\ C_{41} &= M_{41} - 3M_{21}M_{20} \\ C_{42} &= M_{42} - \left|M_{20}\right|^2 - 2M_{21}^2 \end{aligned} \tag{8-73}$$

实际上，M_{21} 表示信号的功率大小，信号的更高阶的累积量定义更为复杂，结合调制识别方法所应用的高阶累积量，给出了六阶累积量的定义为

$$\begin{aligned} C_{60} &= M_{60} - 15M_{40}M_{20} + 3M_{20}^3 \\ C_{63} &= M_{63} - 9C_{42}M_{21} - 6M_{21}^3 \end{aligned} \tag{8-74}$$

研究发现，高斯白噪声的高阶累积量值都为零，因此高阶累积量具有一定的抗噪声性能。此外，通过选择合适的高阶累积量组合形式，其特征值对频偏和相偏不敏感。这里着重研究升余弦成形后的通信信号。表 8-1 为升余弦成形信号的高阶累积量值。

表 8-1　升余弦成形信号的高阶累积量值

调制方式	$\|C_{20}\|$	$\|C_{21}\|$	$\|C_{40}\|$	$\|C_{41}\|$	$\|C_{42}\|$	$\|C_{60}\|$	$\|C_{63}\|$
BPSK	1.00	1.00	1.44	1.44	1.44	17.57	9.80
QPSK	0.05	1.00	0.74	0.07	0.72	0.44	2.30
OQPSK	0.05	1.00	0.74	0.07	0.72	0.46	2.30
π/4CQPSK	0.06	1.00	0.06	0.07	0.54	0.11	1.30
π/4DQPSK	0.05	1.00	0.05	0.08	0.73	0.07	2.40
6PSK	0.13	1.00	1.00	0.70	5.00	31.00	6.10
8PSK	0.05	1.00	0.07	0.07	0.70	0.12	2.30
MSK	0.05	1.00	0.70	0.08	0.94	0.45	3.60
16QAM	0.05	1.00	0.50	0.06	0.49	0.30	1.20
16APSK	0.05	1.00	0.07	0.07	0.56	0.14	1.50
32APSK	0.05	1.00	0.10	0.00	0.50	0.27	1.40

注：滚降系数为 0.35，仿真 500 次，保留两位有效数字。

分类特征参数的有效提取是调制方式识别技术的关键因素，总结高阶累积量特征及频谱特征，提出了一组计算简单且鲁棒性好的特征参数。

① 高阶累积量特征参数 F_1 和 F_2

从表 8-1 可以看出，各调制方式的高阶累积量存在差异，据此提取高阶累积量参数，其定义如下

$$F_1 = \left|C_{63}\right|, F_2 = \frac{\left|C_{42}\right|}{\left|C_{40}\right|} \tag{8-75}$$

高阶累积量特征参数理论值见表 8-2。

表 8-2　高阶累积量特征参数理论值

调制方式	F_1	F_2
BPSK	9.80	1.00
QPSK	2.30	0.96
6PSK	2.20	2.27
8PSK	2.30	+∞
MSK	3.80	1.94
16QAM	1.20	0.98
APSK	1.50	8.00

使用高阶累积量特征参数 F_1 可将调制信号分类为相位调制子类和幅度、相位调制子类。相位调制子类包括{BPSK、QPSK、OQPSK、π/4DQPSK、π/4CQPSK、6PSK、8PSK、MSK}，幅度、相位调制子类包括{16QAM、APSK}，相位调制子类的六阶高阶累积量 C_{63} 明显高于幅度、相位调制子类。在幅度、相位调制子类中，16QAM 信号的特点在于四阶高阶累积量 C_{42} 与 C_{40} 的比值小于 APSK 信号且趋于恒定，可使用高阶累积量特征参数 F_2 识别出来。

② 谱特征参数 C_n

采用的判决模式为谱峰判决方法，即检测指定带宽内最大值与均值的峰均比，若大于判决门限则判定为存在谱峰。据此提取信号 n 次方谱离散谱峰的检测参量如下

$$C_n = \frac{\text{Max}\left(\text{spec}_n(i)\right)}{\frac{1}{i_2 - i_1}\left(\sum_{i=i_1}^{i_2} \text{spec}_n(i) - \text{Max}\left(\text{spec}_n(i)\right)\right)}, i \in \left(i_1, i_2\right) \tag{8-76}$$

其中，$i_1 = \frac{(nf_c - B)N}{f_s}, i_2 = \frac{(nf_c + B)N}{f_s}$，$n$ 为高阶谱的阶数，$\text{spec}_n(i)(i_1 \leqslant i \leqslant i_2)$ 为信号 n 次方谱，f_c 为载波频率，B 为检测带宽，N 为傅里叶变换点数，f_s 为采样频率。

研究表明，升余弦成形信号的谱峰处往往存在彼此相邻或相近的最大值与次最大值，如果按峰均比门限判决，则会误判为两根谱峰线。为避免这种情况的发生，相应设置了谱峰间隔判决点，如果判决出的两个谱线的间隔大于谱峰间隔判决点，

则表明是两个谱峰，否则，仍判决为一个谱峰。

BPSK 信号的二次方谱在两倍载频处存在一个谱峰，MSK 信号的二次方谱在两倍载频处存在两个谱峰，而其他信号的二次方谱在两倍载频处无谱峰。因此我们可以使用二次方谱特征参数 C_2 将 BPSK、MSK 信号与其他相位调制信号子类{QPSK、OQPSK、6PSK、8PSK、π/4DQPSK、π/4CQPSK}区分开来。

由于{6PSK、8PSK}、{QPSK、OQPSK}和{π/4DQPSK、π/4CQPSK}信号集合的四次方谱在四倍载频处分别存在 0、1、2 个谱峰，因此我们可以使用四次方谱特征参数 C_4 将{6PSK、8PSK}、{QPSK、OQPSK}和{π/4DQPSK、π/4CQPSK}信号集合相互区分。

QPSK 和 8PSK 信号的基带二次方谱在符号速率处有谱峰，而 OQPSK 和 6PSK 信号无此特征，因此我们可以用基带二次方谱特征参数 C_{2_bd} 将 QPSK 与 OQPSK，6PSK 与 8PSK 区分开。

图 8-36 为基于高阶谱线特征和高阶累积量的调制识别算法流程。F_1、 F_2 为高阶累积量特征参数，C_2 为二次方谱谱峰数，C_4 为四次方谱谱峰数，C_{2_bd} 为基带二次方谱谱峰数，S 为系统参数（卫星波束、工作频段、符号速率等），th_1、th_2 分别为 F_1、F_2 参数的判决门限。

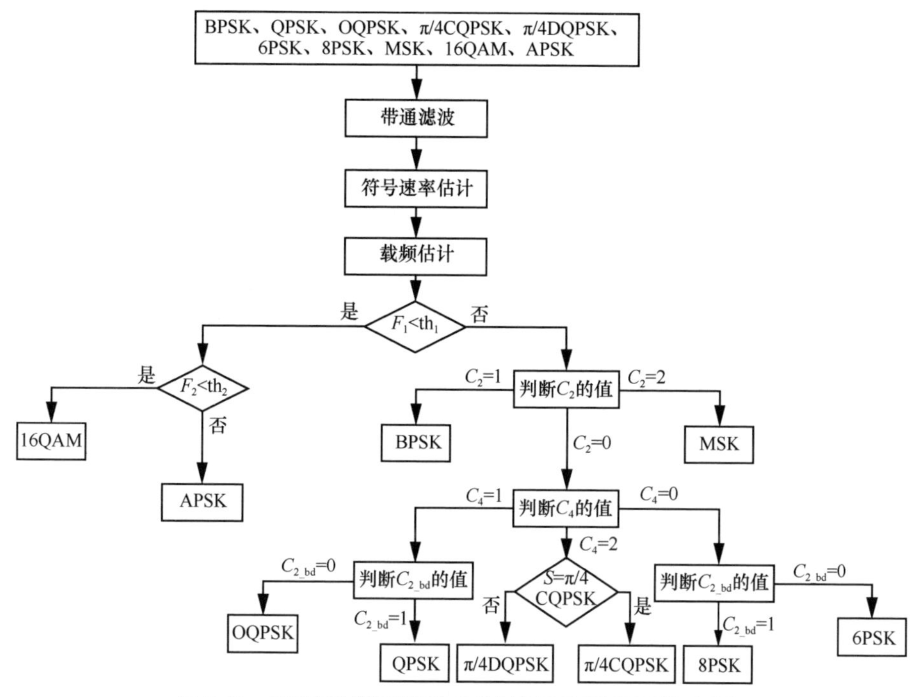

图 8-36　基于高阶谱线特征和高阶累积量的调制识别算法流程

8.3 频谱占用状态建模

频谱占用状态建模是利用频谱占用状态间的相关性，从已知的频谱占用统计数据中推断出无线电频谱的占用/空闲状态[30-31]。频谱占用状态建模已引起了越来越多人的关注，从自适应频谱感知、频谱预测到动态频谱接入等。

如何挖掘频谱占用状态的统计信息，已经成为授权频谱重用的关键问题之一。在对 PU 的频谱利用行为监测的研究中可发现，不同的测量时间、频段和空间的频谱占用结果（如占空比（Duty Cycle，DC））并不总是相同的。下面将对测量时间、频段和空间 3 个维度的频谱占用状态建模进行分析。

8.3.1 时域模型

在时域中，频谱占用可以简单地基于具有两个状态的马尔可夫链来建模，一个代表信道忙，另一个代表信道空闲。就时间连续性而言，这些模型可以分为离散时间马尔可夫链（Discrete-Time Markov Chain，DTMC）[32]模型或者连续时间马尔可夫链（Continuous-Time Markov Chain，CTMC）[33]模型。

（1）DTMC 模型

考虑 PU 的状态可被描述为忙或者空闲，频谱占用状态可用“0”和“1”比特来表示[30]。为此，服从 DTMC 的 PU 频谱占用状态空间由 $S=\{0,1\}$ 表示。DTMC 模型如图 8-37 所示。

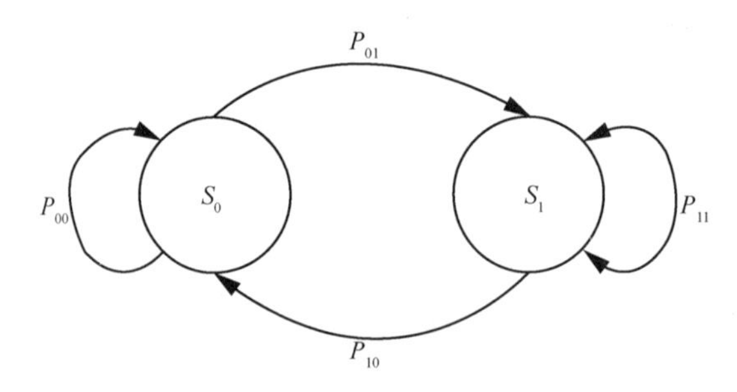

图 8-37　DTMC 模型

作为 DTMC 模型最重要的参数，转移概率 $p_{ij}(t_m,t_n)\in\{0,1\}$ 表示信道状态从第 m

个时隙的状态 i 迁移到第 n 个时隙的状态 j 的概率，其中 $t_k = kT_s$，k 代表第 k 个时隙，T_s 代表时隙长度，$k \in \{m,n\}$。

因此，转移矩阵可由式（8-77）给出。

$$p = \begin{pmatrix} p_{00} & p_{01} \\ p_{10} & p_{11} \end{pmatrix} \tag{8-77}$$

此外，DTMC 模型又可进一步划分为稳定和非稳定模型。在稳定 DTMC 模型中，转移矩阵可以表示为

$$p = \begin{pmatrix} 1-\psi & \psi \\ 1-\psi & \psi \end{pmatrix} \tag{8-78}$$

其中，ψ 是一个常量参数，且可被表示为 $\psi = p_{01} = p_{11}$。为此，稳定 DTMC 模型可被用于描述频谱占用的占空比[30]。

如果建模的系统没有表现出严格的平稳特性，则可考虑使用非平稳 DTMC 模型。在这种情况下，转移矩阵应定义为

$$p = \begin{pmatrix} 1-\psi(t) & \psi(t) \\ 1-\psi(t) & \psi(t) \end{pmatrix} \tag{8-79}$$

其中，$\psi(t)$ 是一个变量，是离散时间 t 的函数。根据信道负载的不同模式，可以使用确定性和随机建模方法来建立 DC 模型。已经发现，可以通过 Beta 分布和 Kumaraswamy 分布来建模 $\psi(t)$ 的经验概率密度函数[34]。

（2）CTMC 模型

与 DTMC 模型相比，CTMC 模型更加关注对占用状态持续时长的建模。值得注意的是，根据全球范围内进行的一系列实际测量和分析，用于表征 CTMC 中状态持续时间的传统指数分布不一定足够准确。鉴于此，许多研究人员研究了连续时间的半马尔可夫链（Continuous-Time Semi-Markov Chain，CTSMC）模型，其中，假定逗留时间可能服从任意分布，空闲持续时间服从广义帕累托分布或服从均匀分布和广义帕累托分布的混合等。

当信道连续观察时间间隔大于信道状态的连续变化的时间间隔时，广义帕累托分布可较好地建模忙、空闲持续时间。广义帕累托分布的累积分布函数（Cumulative Distribution Function，CDF）由式（8-80）给出[35]。

$$F_{\mathrm{GP}}(T;\mu,\lambda,\alpha) = 1 - \left(1 + \frac{\alpha(T-\mu)}{\lambda}\right)^{-1/\alpha} \tag{8-80}$$

其中，T 代表周期长度；μ、λ、α 分别表示位置、比例和形状参数，且它们满足：$\lambda > 0$，且如果 $\alpha > 0$，$T \geqslant \mu$；如果 $\alpha < 0$，$T \in \left[\mu, \mu - \lambda / \alpha\right]$。此外，当 $\alpha = 0$ 时，累积分布函数可由式（8-81）给出。

$$F_{\mathrm{GP}}(T;\mu,\lambda,\alpha) = 1 - \exp\left(-\frac{T}{\lambda}\right) \tag{8-81}$$

可以通过选择参数来获得平均 DC 值，需使以下等式成立。

$$\bar{\Psi} = \frac{E\{T_1\}}{E\{T_0\} + E\{T_1\}} \tag{8-82}$$

其中，$E\{T_0\}$ 和 $E\{T_1\}$ 分别代表空闲和忙的平均持续时间，对于广义帕累托分布，其可被表示为

$$E\{T_i\} = \mu_i + \frac{\lambda_i}{1 - \alpha_i}, i \in \{0,1\} \tag{8-83}$$

8.3.2 频域模型

频域模型又被称为时频模型，因为其是基于 DC 来分析频谱数据的属性的。尽管不同信道通常被认为是相互独立的，但对于相邻的信道可能并非如此。因此，在对频域中的频谱占用状态进行建模时，应该考虑相邻信道之间的相关性。关于整个频带的统计相关性，可以通过分析实际频谱数据来研究以下两个方面：分配频带内的 DC 分布；DC 分布的累积分布函数，其与 Beta 分布、Kumaraswamy 分布等紧密匹配。此外，还需考虑跨频带的 DC 集群，可以将相邻通道的相似 DC 值归为同一组，并且可通过适当移动几何分布来描述集群组的大小分布[36]。

8.3.3 空间域模型

利用位置信息有利于提升 CR 初步了解环境及其采取有效行动的能力。基于上述时域和频域模型，下面简要介绍空间域模型。

在能量检测之后，计算 DC 值，并可计算在任意位置观察到的状态和在参考位置同时观察到的状态的条件概率和联合概率。给定这两个概率，可利用参考位置处的模型完成对观察位置处的频谱占用建模。因此，空间建模过程非常依赖各个位置的频谱占用的相关性来完成频谱占用态势预测。通常情况下，频谱占用状态估计是

使用各种频谱感知技术来估算 PU 状态的，例如能量检测、匹配滤波和基于波形的感知[37]。由于噪声、不完整的观测结果、能量决策阈值和未发现的频谱特征等，导致难以用公式准确地描述 PU 的真实状态[38]。

8.4　干扰分析

随着卫星通信的发展，频谱资源不足问题日益突出，导致不同卫星通信系统之间不可避免地出现同频干扰现象。本节主要针对非对地静止轨道（NGSO）星座通信系统同频复用，探讨未来相控阵、多波束发展趋势下同频干扰计算方法，以适应未来频率协调与系统设计的需求。

8.4.1　场景分析

8.4.1.1　波束类型分析

卫星与地面固定站点进行通信时，天线一般采用抛物面天线，且卫星天线与固定站点天线互相指向，因此大部分卫星通信系统星地间指向一般都是凝视单波束。

对于卫星与用户终端进行连接的波束而言，不同的系统采用的天线和波束形式都不相同。卫星波束大致可以分为凝视多波束、固定多波束和灵活多波束 3 类。其中，凝视多波束指凝视特定地点的多个波束；固定多波束指波束指向固定方向的多个大小不可变的波束；灵活多波束指多个形状、指向都可变的波束，一般由相控阵天线生成，可以根据业务量需求灵活变动波束。

卫星通信系统的地面信关站天线与卫星天线相互指向，一般采用凝视单波束。但由于固定站数量有限，一般都会配备多副天线，同时与其可视范围内的多颗卫星建立连接。用户终端受到体积限制往往只搭载单副天线，根据天线类型的不同分为凝视波束和固定波束，大型固定天线、车载天线、船载天线等往往具有指向能力，生成凝视波束；小型天线、便携式用户天线往往不具备指向能力，只能生成固定波束。随着相控阵天线技术的逐渐成熟及其成本的下降，未来 NGSO 星座对应的用户端设备将逐步具备数字波束扫描能力。

不同于 GSO 星座系统中相对静止的场景，NGSO 星座系统之间由于卫星数量庞大，组网方式多样，不同星座系统间的干扰场景往往更加复杂[39]。结合国内外 NGSO 星座的部署设计情况及卫星和地球站搭载波束情况，干扰场景可以分为卫星单波束与卫星单波束间干扰场景、卫星多波束与卫星多波束间干扰场景和卫星单波束与卫星多波束间干扰场景 3 类。

8.4.1.2 卫星单波束与卫星单波束间干扰场景

卫星单波束一般用于与地面固定站进行通信的场景，通常为凝视波束。单波束间的干扰发生在不同星座系统的用频产生重叠时，卫星/地球站接收端会接收来自相邻系统的信号从而造成干扰，如图 8-38 所示。

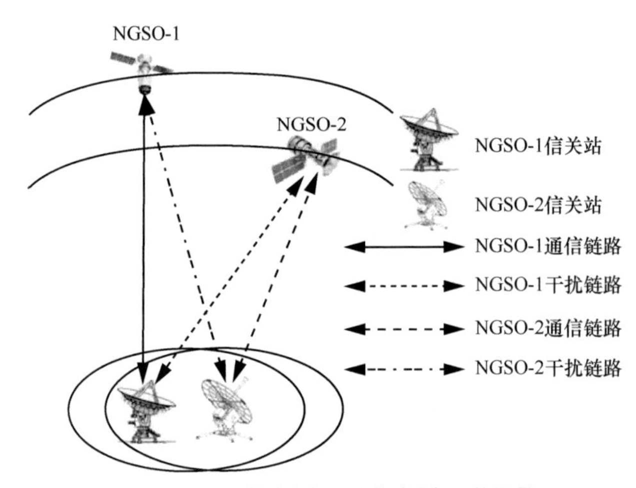

图 8-38 卫星单波束与卫星单波束间干扰场景

由于卫星采用单波束，因此当不同系统的地球站距离较近时，随着不同系统有用信号链路与干扰信号链路间夹角逐渐减小，地球站接收到其他系统的信号功率逐渐变大，干扰超过门限值就会产生有害干扰。因此卫星单波束间干扰仅当地球站距离过近时才会产生，即只发生在空间隔离无法实现的局部热点地区。由于不同卫星各自运动，链路间夹角也在随时改变，因此卫星单波束间产生的集总干扰时变性强。

8.4.1.3 卫星多波束与卫星多波束间干扰场景

卫星在与用户终端进行通信时，使用相同时间频率资源时不同波束信号之间存在同频干扰。多波束卫星通信系统一般采用多色复用技术来规避系统内干扰，即相邻的波束使用完全不交叠的频带。

多波束卫星通信系统间波束数量更多，不同卫星系统所采用的波束类型存在很大差异，多波束间的干扰场景表现为复杂多波束间同频波束的互相碰撞。用户链路间干扰场景如图 8-39 所示，其中多色复用策略体现在不同的波束代表使用的频率不同。

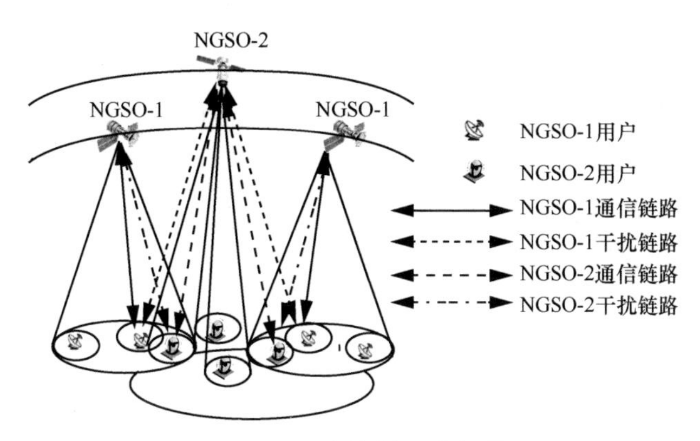

图 8-39　用户链路间干扰场景

不同波束产生的干扰类型和变化规律存在差别，表 8-3 根据已调研星座的不同多波束类型对下行干扰场景进行了分类，根据采用的 3 种不同波束类型共有 6 种可能的干扰场景。上行干扰场景分类见表 8-4。

表 8-3　卫星多波束下行干扰场景分类

下行波束	卫星 1 波束	卫星 2 波束	地球站波束
场景 1	固定	灵活	固定/凝视
场景 2	灵活	灵活	
场景 3	凝视	固定	
场景 4	凝视	灵活	
场景 5	固定	固定	
场景 6	凝视	凝视	

表 8-4　卫星多波束上行干扰场景分类

上行波束	地球站 1 波束	地球站 2 波束	卫星波束
场景 1	固定	固定	固定/凝视/灵活
场景 2	固定	凝视	
场景 3	凝视	凝视	

多波束卫星侧采用不同多波束体制，用户终端也存在凝视或固定波束配置，干扰发生时长和发生概率都无法预估，场景的复杂程度最大。多色复用的用频策略虽然降低了分析时的数据量，但场景的可变性进一步增大。因此多波束卫星的干扰分析是 NGSO 星座间干扰分析的重点研究对象。

8.4.1.4　卫星单波束与卫星多波束间干扰场景

由于部分NGSO星座系统和地球站进行通信时使用的频率与其他NGSO卫星和用户终端使用的频率产生了部分重合，卫星的单波束与多波束也可能产生碰撞，例如 O3b 星座系统和 Telesat 星座系统。当不同星座的卫星轨道靠近时，会对重叠覆盖区域内的用户或地球站产生有害的干扰。其干扰场景如图 8-40 所示。

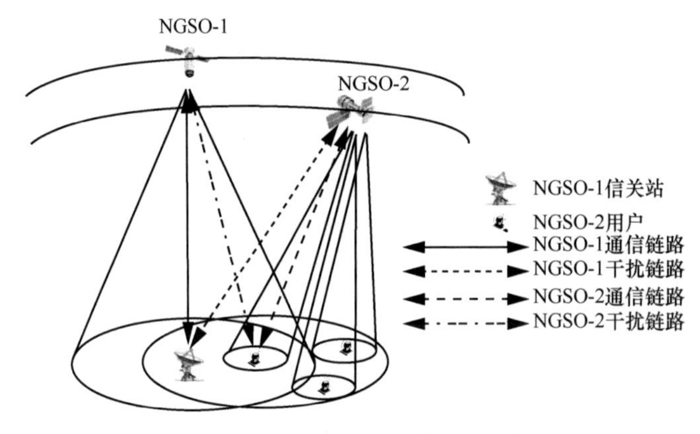

图 8-40　用户与馈电链路间干扰场景

在各波束间的干扰情况中，以多波束间的干扰场景最为复杂，因为卫星多波束灵活可变性最强。具体来说，除了同频覆盖区域不同，主要的干扰分析区别是波束的变化方式：凝视波束认为波束变换随卫星运动而近似线性变化；固定波束由于星地之间波束未控制，造成干扰角度的非线性变化；灵活波束属于一种特殊的凝视波束，因在某一场景中，灵活波束在保持时间内，可以看作非均匀分布的凝视波束。

从波束类型上看，固定波束和凝视波束大小、指向相对时变性较弱，因此两者分析的复杂程度较低；灵活波束形状、指向、覆盖面积都会随着业务需求的变化而改变，其干扰最为复杂。总体来说，卫星多波束间干扰的复杂程度要远大于其他类型干扰的复杂程度，因此是之后干扰分析的重点研究对象。

8.4.2　分析模型

8.4.2.1　地球站点建模方法

在进行干扰分析时，地面网络的分布方式、系统中用户终端的分布、卫星信关站的分布对干扰分析结果都会产生影响。因此需要对地面网络建模、卫星系统中用户终端建模和信关站建模进行研究。

其中卫星信关站的建设与普通地球站不同，其通常为固定选址，因此站点位置相对固定。对于卫星通信系统，用户终端的分布往往与人群和地理区域有关，其存在的位置具有随机性和不确定性。因此用户终端的分布建模可以借鉴地面通信网络的终端分布模型，以二维空间随机分布进行建模[40]。

定义有限大的面积 S 内的用户密度为 $\lambda_u=N/S$，N 为 S 内的终端个数。若在半径为 l 的圆域内的用户终端个数为随机变量 K_u，则 $K_u=k$ 的概率为

$$P\left(K_{\mathrm{u}}=k \mid l\right)=C_N^k p^k(1-p)^{N-k} \tag{8-84}$$

其中，$p=\dfrac{\pi l^2}{S}=\dfrac{\lambda_{\mathrm{u}} \pi l^2}{N}$。

对于地面通信网络中的基站部署，由于覆盖面积的要求，基站通常以覆盖范围为半径进行间隔部署，因此为了刻画出基站的分布密度，在大范围中可以以二维泊松点分布（Poisson Point Process，PPP）进行建模[41-42]。

假设基站服从二维泊松点分布，基站平均密度为 λ_b，因此在单位面积 dA 内存在一个基站的概率为 $\lambda_b dA$。假定在半径为 r 的圆域内存在基站的个数为随机变量 K_b，则 $K_b=k$ 的概率可以建模为

$$P\left(K_{\mathrm{b}}=k \mid r\right)=\frac{\left(\lambda_{\mathrm{b}} \pi r^2\right)^k}{k!} \mathrm{e}^{-\lambda_{\mathrm{b}} \pi r^2} \tag{8-85}$$

从而在刻画干扰时，地面通信系统或卫星通信系统的信噪比小于门限值时为干扰，则概率可以表示为

$$P(\mathrm{SINR}<T)=P\left(\frac{C}{\sigma^2+I_M}<T\right) \tag{8-86}$$

其中，C 表示接收端接收到的有用信号功率，σ^2 为加性高斯白噪声，I_M 为来自其他系统的集总干扰。I_M 可以表示为

$$I_M = \sum_{i=1}^{M} \frac{P_i G_t G_r r_i^{-\varepsilon}}{\text{ACIR}_i} \tag{8-87}$$

其中，i 表示干扰平台序号；r_i 表示干扰平台与受扰平台之间的距离。P_i 为对应干扰平台的发射功率，G_t 和 G_r 表示收发天线增益。$r_i^{-\varepsilon}$ 表示路径损耗模型，ε 为路径损耗指数，且 $\varepsilon>2$。ACIR_i 表示第 i 近干扰平台的邻信道干扰比，由发射机的邻信道泄漏比和接收机的邻信道选择性共同决定。

8.4.2.2 干扰评估计算模型

在卫星通信系统间的干扰分析过程中，对通信信号传播损耗的模拟与计算是干扰分析的重要基础，前文提到的通信链路均为同向传输条件下的干扰场景，信号传播路径接近自由空间场景，选取 ITU-R P.525 建议书传播模型模拟仿真分析中的自由空间损耗[43]，如式（8-88）所示。

$$L = 20\lg\left(\frac{4\pi d}{\lambda}\right) \tag{8-88}$$

其中，d 为距离，λ 为波长，并且 d 与 λ 使用相同的单位。通过将频率代替波长，也可以转换为

$$L = 32.44 + 20\lg f + 20\lg d \tag{8-89}$$

其中，d 为距离，单位为 km；f 为频率，单位为 MHz。

在对卫星通信系统间进行干扰评估时，首先需要设立干扰保护准则，用于判断系统对受扰系统的影响是否超出了受扰系统能够承受的门限值[44]。常用的评估指标有载干噪比($C/(I+N)$)、干噪比（I/N）、等效功率通量密度（EPFD）等。

其中 EPFD 定义为非地球同步卫星系统范围内，所有发射站在地球表面或在地球同步卫星接收站产生的功率通量密度（PFD）的总和，并考虑可能指向基准接收天线的离轴鉴别。EPFD 的计算公式如下[45]。

$$\text{EPFD} = 10\lg\left(\sum_{i=1}^{N_a} 10^{\frac{P_i}{10}} \frac{G_t(\theta_i)}{4\pi d_i^2} \frac{G_r(\varphi_i)}{G_{r,\max}}\right) \tag{8-90}$$

其中，N_a 为 NGSO 星座系统被 GSO 星座系统接收端可见的发射电台个数；i 为 NGSO 星座系统第 i 个发射电台的编号；P_i 为 NGSO 星座系统第 i 个发射电台的发射功率；θ_i 为 GSO 卫星接收站与 NGSO 卫星发射站视线轴之间的夹角；$G_t(\theta_i)$为在 GSO 接收站方向上 NGSO 发射天线的增益；d_i 为 NGSO 发射站与 GSO 接收站间的距离，单位为 m；φ_i 为 GSO 卫星接收站的天线轴线与第 i 个 NGSO 卫星发射天线轴线间的夹

角；$G_r(\varphi_i)$为在第 i 个 NGSO 卫星发射天线方向上，GSO 接收站天线的增益；$G_{r,max}$ 为 GSO 卫星接收站天线的最大增益。

载干噪比定义为载波功率 C 与干扰信号功率 I 和噪声功率 N 之和的比值，载干噪比考虑了在噪声和干扰情况下通信系统的整体性能，该值越大，链路性能越好[46]，计算公式如下。

$$\frac{C}{I+N}=\frac{P_0 G_t(\theta_0) G_r(\varphi_0)\left(\dfrac{\lambda}{4\pi d_0}\right)^2}{\sum_{i=1}^{N_a} P_i G_t(\theta_i) G_r(\varphi_i)\left(\dfrac{\lambda}{4\pi d_i}\right)^2+\mathrm{KTB}} \tag{8-91}$$

其中，P_0 为有用信号的发射功率；$G_t(\theta_0)$为发射天线在有用信号链路方向上的天线增益；$G_r(\varphi_0)$ 为接收天线在有用信号链路方向上的天线增益；d_0 为有用信号发射站与接收站之间的距离，单位为 m；N_a 为 NGSO 星座系统被 GSO 星座系统接收端可见的发射电台个数；i 为 NGSO 星座系统第 i 个发射电台的编号；P_i 为 NGSO 星座系统第 i 个发射电台的发射功率；$G_t(\theta_i)$为在 GSO 接收站方向上 NGSO 发射天线的增益；d_i 为 NGSO 发射站与 GSO 接收站间的距离，单位为 m；φ_i 为 GSO 卫星接收站的天线轴线与第 i 个 NGSO 卫星发射天线轴线间的夹角；$G_r(\varphi_i)$ 为在第 i 个 NGSO 卫星发射天线方向上 GSO 接收站天线的增益。

8.4.3 干扰仿真分析

8.4.3.1 GEO 与 LEO 卫星系统间同频干扰仿真计算

（1）宽带 LEO 星座与 GEO 卫星系统间同频干扰仿真

本仿真中，宽带 LEO 星座按照 OneWeb 系统生成，由 648 颗卫星组成。这些卫星分布在 18 个轨道面上，每个轨道面上部署 36 颗卫星，卫星轨道高度为 1 200 km，轨道倾角为 87.9°，在波束边缘通信仰角为 50°时，可实现对全球的无缝覆盖。GEO 卫星系统空间段由 3 颗 GEO 卫星组成，可实现对中低纬度地区的无缝覆盖。

下面以宽带 LEO 星座系统与 GEO 卫星系统间的上行链路为例进行干扰分析。由于 LEO 星座中的卫星互相之间具有相似性，且卫星作为上行链路的接收端，现选取其中一颗 LEO 卫星作为分析对象，同理也选择一颗 GEO 卫星，对多个 GEO 和 LEO 用户对系统的干扰展开研究[47]。

通常情况下，GEO 用户分布在中低纬度地区，用户之间纬度和经度皆间隔 15°，最高纬度 45°，LEO 用户分布在全球区域，用户之间纬度皆间隔 12°，中低纬度（南北纬 36°）的用户之间经度间隔 12°，其余地区用户之间经度间隔 18°～36°。地面用户与卫星通过上行链路进行通信，GEO 和 LEO 用户的天线分别对准 GEO 和 LEO 卫星，GEO 卫星的天线对准 GEO 用户，LEO 卫星的天线则根据运动的轨迹在不同的 LEO 用户之间进行切换。

图 8-41 和图 8-42 分别为一天范围内上行链路中宽带 GEO 和 LEO 卫星接收到的信号质量变化情况，可以看出，由于频率较高，波束较窄，一天中受到干扰影响的时间很短，且干扰较强的情况仅出现了一次。相对而言，对 GEO 卫星的信号质量造成的影响较小，只有 3 dB 左右，而 LEO 卫星的信号质量会受到将近 20 dB 的衰减。

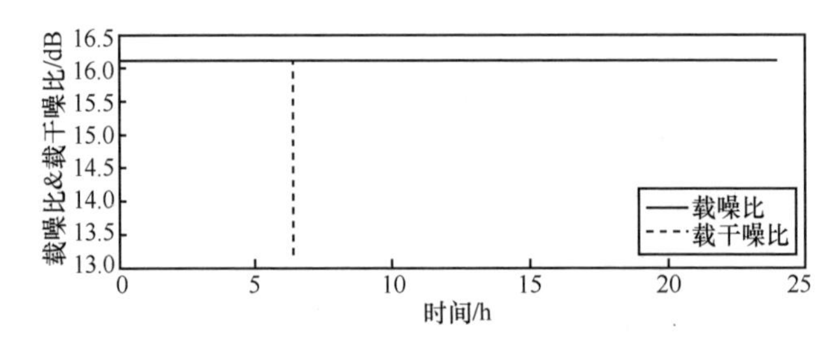

图 8-41　宽带 GEO 卫星接收到的信号质量变化情况

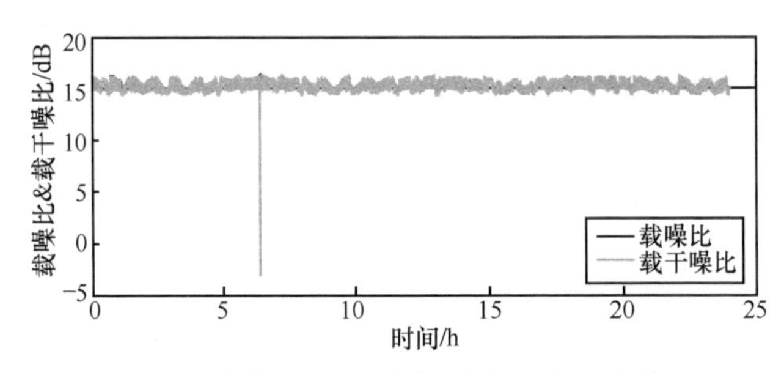

图 8-42　宽带 LEO 卫星接收到的信号质量变化情况

（2）窄带 LEO 星座与 GEO 卫星系统间同频干扰仿真

窄带 LEO 星座按照铱系统生成，由 66 颗卫星组成。这些卫星分布在 6 个轨道面上，每个轨道面上部署 11 颗卫星，卫星轨道高度为 780 km，轨道倾角为 86.4°，在波束边缘通信仰角为 8°时，可实现对全球的无缝覆盖。GEO 卫星系统空间段由 3 颗 GEO 卫星组成，可实现对中低纬度地区的无缝覆盖。

在此仿真中，GEO 用户分布在中低纬度地区，用户之间纬度和经度皆间隔 15°，最高纬度 45°；LEO 用户分布在全球区域，用户之间纬度皆间隔 12°，中低纬度（南北纬 36°）的用户之间经度间隔 12°，其余地区用户之间经度间隔 18°～36°。地面用户与卫星通过上行链路进行通信，GEO 用户的天线保持对准 GEO 卫星，LEO 用户天线垂直于地面，LEO 卫星的天线则根据运动的轨迹在不同的 LEO 用户之间进行切换。

图 8-43 和图 8-44 分别为一天范围内上行链路中窄带 GEO 和 LEO 卫星接收到的信号质量变化情况，可以看出，由于频率较低，波束较宽，受到干扰的影响很大。其中，由于 GEO 卫星覆盖范围广，卫星接收信号质量下降了 30 dB 以上，且一直遭受干扰；LEO 卫星也受到干扰的强烈影响，除了南北极区，信号质量下降了 20 dB 左右。下面对上行链路中 GEO 和 LEO 卫星接收到的信号质量做进一步分析。

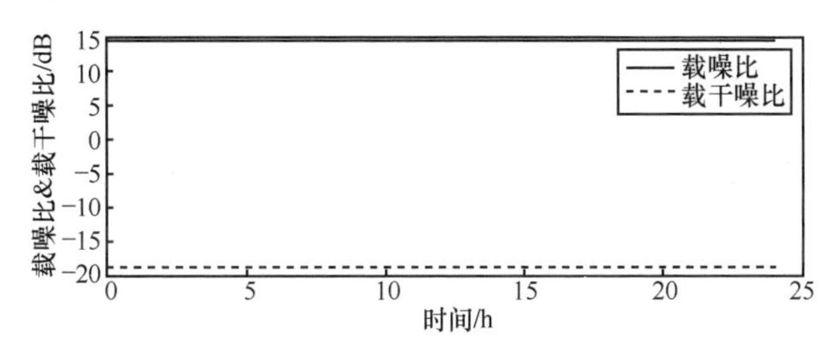

图 8-43　窄带 GEO 卫星接收到的信号质量变化情况

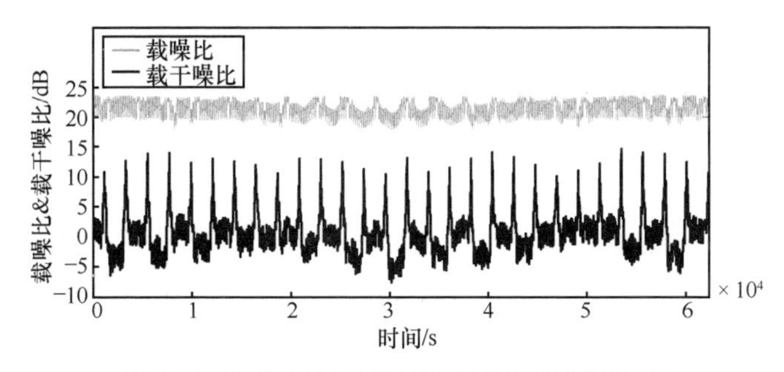

图 8-44　窄带 LEO 卫星接收到的信号质量变化情况

8.4.3.2　大规模 LEO 星座系统间同频干扰仿真计算

（1）馈电链路干扰仿真

① 场景设置

选取 OneWeb 和 Starlink 星座作为干扰仿真对象，其中 OneWeb 星座由 18 个倾角为 87.9°的圆轨道构成，共计 648 颗卫星，轨道高度为 1 200 km。Starlink 一期星座共有 5 种轨道类型，倾角分别为 53°、53.2°、70°、97.6°、97.6°，其高度分布在

540~570 km，共计 4 408 颗卫星。两星座构型见表 8-5 和表 8-6。设置地球站位置为重合的极端干扰情况，卫星参数设置见表 8-7。

表 8-5　Starlink 一期星座构型

参数	数值（初期部署（1 584 颗））	数值（后期部署（2 824 颗））			
轨道数量	72 个	72 个	36 个	6 个	4 个
轨道卫星数量	22 颗	22 颗	20 颗	58 颗	43 颗
轨道高度	550 km	540 km	570 km	560 km	560 km
轨道倾角	53°	53.2°	70°	97.6°	97.6°

表 8-6　OneWeb 星座构型

参数	数值
轨道数量	18 个
轨道高度	1 200 km
轨道倾角	87.9°
轨道卫星数量	36 颗
总卫星数量	648 颗

表 8-7　卫星参数设置

参数	OneWeb 星座	Starlink 星座
卫星数量	648 颗	4 408 颗
卫星发射功率	12 dBW	10.8 dBW
卫星天线尺寸	0.6 m	0.4 m
接收天线尺寸	2.4 m	3.5 m
通信频率	17.8 GHz	
通信带宽	250 MHz	
系统噪声温度	120 K	130 K
天线类型	抛物面	
传输速率	40 Mbit/s	
极化方式	圆极化	
天线效率	55%	
天线指向	星地相互凝视	

② 星座间干扰仿真

仿真 Starlink 星座对 OneWeb 星座的集总干扰，设置地球站重合，位置为 0°N、103.4°E，通信仰角为 20°，仿真时长为 24 h，步长为 60 s。

考虑 4 408 颗 Starlink 卫星对 648 颗 OneWeb 卫星的下行馈电干扰情况，计算得到的 OneWeb 地球站接收端的载噪比与载干噪比比较如图 8-45 所示。

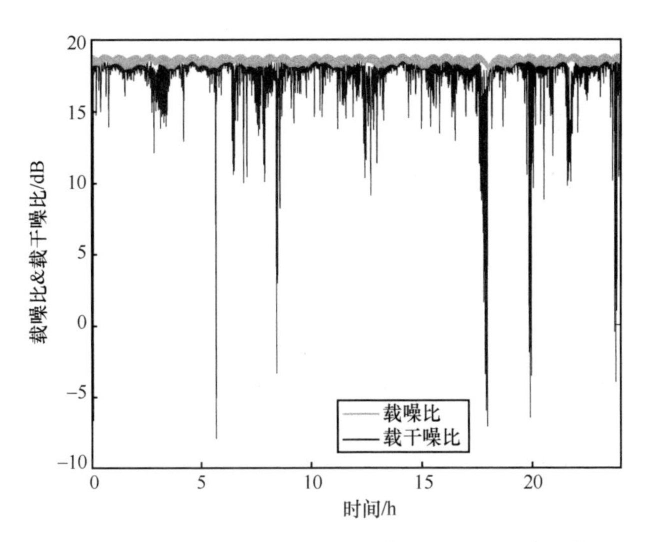

图 8-45　OneWeb 地球站接收端的载噪比与载干噪比比较

卫星接收端载干噪比在 24 h 内的所有时刻都存在不同程度的衰减。由于 LEO 星座系统卫星数量多且分布密集，所以地球站可视范围内一直存在干扰卫星，接收端一直会接收来自其他星座系统卫星的干扰。卫星星座产生的集总干扰更为密集，同时干扰强度也更大。

图 8-46 给出了干噪比的曲线和 ITU 建议书中–12.2 dB 的有害干扰门限值，其中干扰最严重时的干噪比为 26.65 dB，发生在 5.6 h 时刻。可以看出大部分时间干噪比都超出了门限值，即在极端情况下，Starlink 星座对 OneWeb 星座大部分时间都造成有害干扰，系统的可用性大大降低。

Starlink 星座在大部分时间内都会对 OneWeb 星座造成有害干扰，同时引起通信质量的大幅度恶化，存在 15%的不可通信时间。

（2）用户链路干扰仿真

① 场景设置

仿真星座依然采用 Starlink 和 OneWeb 的星座构型，考虑 Starlink 对 OneWeb 星座的下行用户干扰。与馈电链路不同的是，用户链路采用多波束的体制，其中 OneWeb 用户波束采用 16 个高椭圆波束，覆盖 1 100 km^2 的正方形区域；Starlink 采用灵活波束，由于灵活波束在持续时间内可以视为凝视波束，因此为了便于计算，将场景的波束模型简化为凝视波束。地面用户建模为均匀分布在 119°E～120°E、29°N～30°N 内的 40 个不同的用户终端。星座用户链路参数见表 8-8[48]。

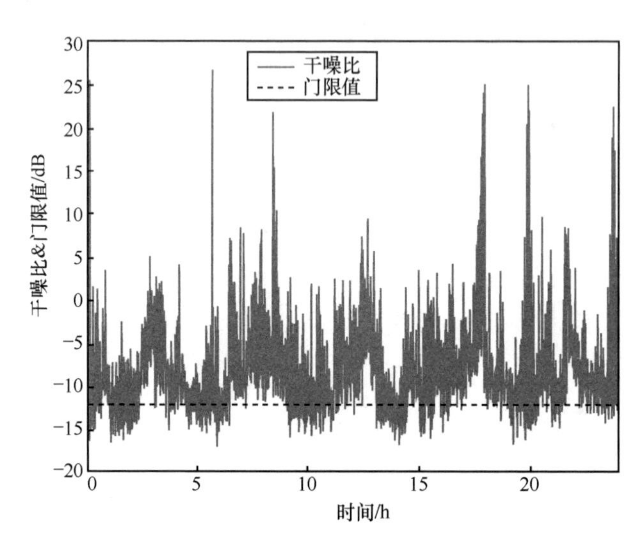

图 8-46　干噪比曲线及有害干扰门限值

表 8-8　星座用户链路参数

参数	OneWeb 星座	Starlink 星座
卫星数量	648 颗	4 408 颗
卫星发射功率	4.5 dBW	7.78 dBW
卫星天线尺寸	0.2 m	0.4 m
接收天线尺寸	0.6 m	0.2 m
天线指向	固定	凝视
天线类型	抛物面	矩阵阵面
通信频率	14.5 GHz	
通信带宽	250 MHz	
系统噪声温度	290 K	
传输速率	20 Mbit/s	
调制方式	QPSK	
天线效率	55%	

② 星座间干扰

计算场景的相关指标，相关评估结果如图 8-47~图 8-50 所示。

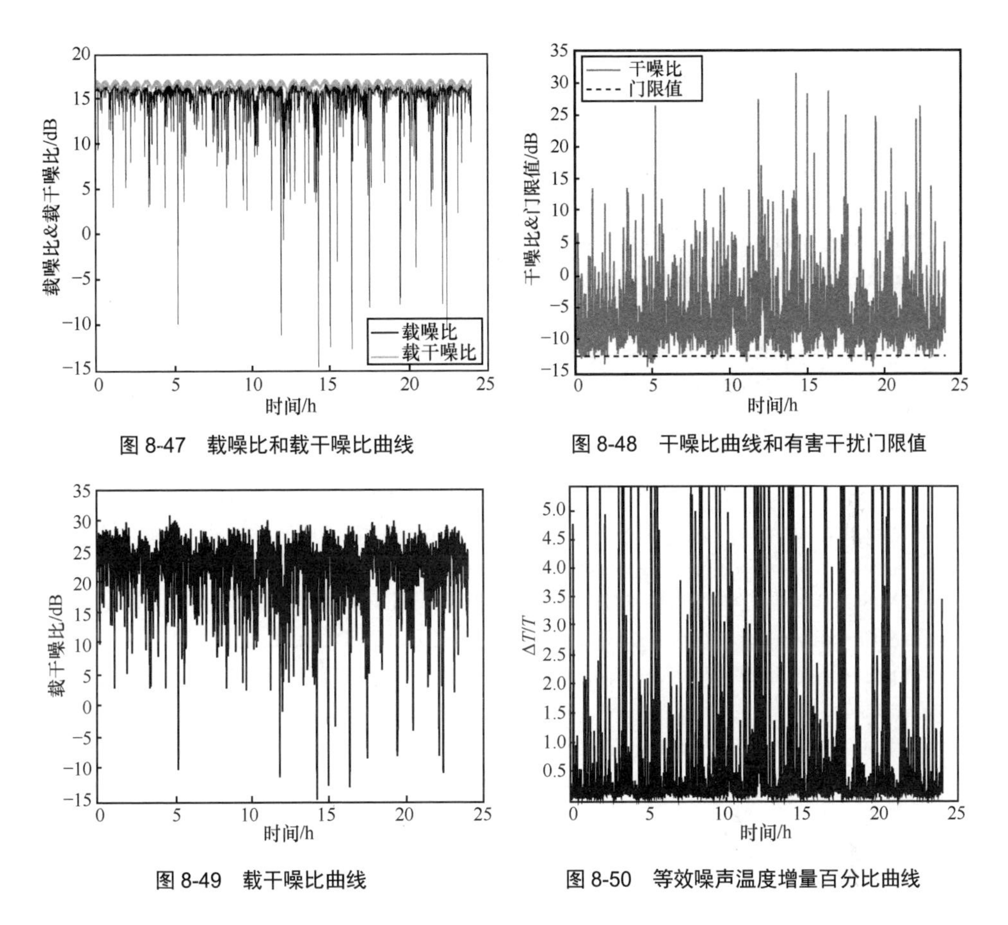

图 8-47　载噪比和载干噪比曲线

图 8-48　干噪比曲线和有害干扰门限值

图 8-49　载干噪比曲线

图 8-50　等效噪声温度增量百分比曲线

其中图 8-48 给出了干噪比的曲线和 ITU 建议书中–12.2 dB 的有害干扰门限值，其中干扰最严重时的干噪比为 32 dB，发生在 14.4 h 时刻。基于上述对用户链路间指标的分析，可以看到由于多波束体制的存在，不仅单颗卫星造成干扰的概率上升了，同一颗卫星的不同波束也存在同时干扰的情况。这导致了用户链路间的干扰比馈电链路间的干扰更加严重。同时由于地面用户分布的全球性和不确定性，无法通过空间隔离来减缓干扰，因此用户链路间的干扰最为严重，加上灵活波束体制的存在，卫星波束的指向无法估测，用户链路间的干扰分析也最为复杂。

参考文献

[1] MITOLA J. Cognitive radio architecture evolution[J]. Proceedings of the IEEE, 2009, 97(4):

626-641.

[2] MITOLA J, MAGUIRE G Q. Cognitive radio: making software radios more personal[J]. IEEE Personal Communications, 1999, 6(4): 13-18.

[3] ZHANG X Z, GAO F F, CHAI R, et al. Matched filter based spectrum sensing when primary user has multiple power levels[J]. China Communications, 2015, 12(2): 21-31.

[4] CHATZIANTONIOU E, ALLEN B, VELISAVLJEVIC V. Threshold optimization for energy detection-based spectrum sensing over hyper-Rayleigh fading channels[J]. IEEE Communications Letters, 2015, 19(6): 1077-1080.

[5] JANG W M. Blind cyclostationary spectrum sensing in cognitive radios[J]. IEEE Communications Letters, 2014, 18(3): 393-396.

[6] 陈亚芹. 认知无线电中基于协方差检测的盲感知算法的研究[D]. 北京: 北京邮电大学, 2019.

[7] MAALI A, SEMLALI H, BOUMAAZ N, et al. Energy detection versus maximum eigenvalue based detection: a comparative study[C]//Proceedings of 2017 14th International Multi-Conference on Systems, Signals & Devices(SSD). Piscataway: IEEE Press, 2017: 1-4.

[8] BIN ALI WAEL C, ARMI N, ROHMAN B P A. Spectrum sensing for low SNR environment using maximum-minimum eigenvalue (MME) detection[C]//Proceedings of 2016 International Seminar on Intelligent Technology and Its Applications(ISITIA). Piscataway: IEEE Press, 2016: 435-438.

[9] JIN M, GUO Q H, XI J T, et al. Spectrum sensing using weighted covariance matrix in Rayleigh fading channels[J]. IEEE Transactions on Vehicular Technology, 2015, 64(11): 5137-5148.

[10] AWIN F, ABDEL-RAHEEM E, TEPE K. Blind spectrum sensing approaches for interweaved cognitive radio system: a tutorial and short course[J]. IEEE Communications Surveys & Tutorials, 2019, 21(1): 238-259.

[11] LI H Q, ZHAO X H. Joint resource allocation for OFDM-based cognitive two-way multiple AF relays networks with imperfect spectrum sensing[J]. IEEE Transactions on Vehicular Technology, 2018, 67(7): 6286-6300.

[12] 陈佩. 认知无线电中的频谱检测和干扰检测技术研究[D]. 杭州: 杭州电子科技大学, 2015.

[13] WILD B, RAMCHANDRAN K. Detecting primary receivers for cognitive radio applications[C]//Proceedings of First IEEE International Symposium on New Frontiers in Dynamic Spectrum Access Networks, 2005. Piscataway: IEEE Press, 2005: 124-130.

[14] 刘雪梅. 认知无线电中的频谱检测技术[D]. 南昌: 南昌航空大学, 2012.

[15] GUIMARAES D A, DE SOUZA R A A. Implementation-oriented model for centralized data-fusion cooperative spectrum sensing[J]. IEEE Communications Letters, 2012, 16(11): 1804-1807.

[16] LUNDÉN J, MOTANI M, POOR H V. Distributed algorithms for sharing spectrum sensing information in cognitive radio networks[J]. IEEE Transactions on Wireless Communications, 2015, 14(8): 4667-4678.

[17] 张莹，滕伟，韩维佳，等. 认知无线电频谱感知技术综述[J]. 无线电通信技术，2015, 41(3): 12-16.

[18] 王运峰，丁晓进，张更新. GEO 与 LEO 双层网络协同频谱感知研究[J]. 无线电通信技术，2019, 45(6): 627-632.

[19] HUANG X, DING X, LI H, et al. Detection probability analysis of spectrum sensing over satellite fading channel[C]//Lecture Notes of the Institute for Computer Sciences, Social-Informatics and Telecommunications Engineering. [S.l.:s.n.], 2019, 281: 446-454.

[20] FENG T, WANG G, CULVER S, et al. Collaborative spectrum sensing in cognitive radio system - performance analysis of weighted gain combining[C]//Proceedings of 2011 Ninth Annual Communication Networks and Services Research Conference. Piscataway: IEEE Press, 2011: 1-6.

[21] 金慧. 认知无线电网络中宽带频谱感知技术研究[D]. 南京：南京航空航天大学, 2019.

[22] 刘晓艳. 基于 D-S 证据理论的协作频谱感知技术研究[D]. 大连：大连海事大学, 2012.

[23] 那婕. 基于谱直方图及其相似性的纹理图像分割研究[D]. 大连：辽宁师范大学, 2009.

[24] 郭新，徐明，张众. 基于谱聚类的边缘检测算法[J]. 郑州大学学报(理学版)，2018，50(3): 83-86, 93.

[25] 马兆宇，韩福丽，谢智东，等. 卫星通信信号体系调制识别技术[J]. 航空学报，2014, 35(12): 3403-3414.

[26] 王戈，严俊. 一种基于功率谱估计的盲载频估计新算法[J]. 计算机工程与应用，2012, 48(13): 114-117, 129.

[27] 张峰，石现峰，张学智. Welch 功率谱估计算法仿真及分析[J]. 西安工业大学学报，2009, 29(4): 353-356.

[28] HUI L, DAI B Q, WEI L. A pitch detection algorithm based on AMDF and ACF[C]// Proceedings of 2006 IEEE International Conference on Acoustics Speech and Signal Processing Proceedings. Piscataway: IEEE Press, 2006.

[29] 杨伟超，杨新权. 基于功率谱分布函数几何学分析的信号带宽估计[J]. 系统工程与电子技术, 2019, 41(5): 981-985.

[30] DING G R, JIAO Y T, WANG J L, et al. Spectrum inference in cognitive radio networks: algorithms and applications[J]. IEEE Communications Surveys & Tutorials, 2018, 20(1): 150-182.

[31] DING X J, FENG L J, ZOU Y L, et al. Deep learning aided spectrum prediction for satellite communication systems[J]. IEEE Transactions on Vehicular Technology, 2020, 69(12): 16314-16319.

[32] GUNTUPALLI L, GIDLUND M. Multiple packet transmissions in duty cycling WSNs: a DTMC-based throughput analysis[J]. IEEE Wireless Communications Letters, 2018, 7(3): 480-483.

[33] HOU K, JIA H J, XU X D, et al. A continuous time Markov chain based sequential analytical approach for composite power system reliability assessment[J]. IEEE Transactions on Power Systems, 2016, 31(1): 738-748.

[34] KUMARASWAMY P. A generalized probability density function for double-bounded random processes[J]. Journal of Hydrology, 1980, 46(1/2): 79-88.

[35] GEIRHOFER S, TONG L, SADLER B M. A measurement-based model for dynamic spec-

trum access in WLAN channels[C]//Proceedings of MILCOM 2006-2006 IEEE Military Communications Conference. Piscataway: IEEE Press, 2006: 1-7.
[36] PAPOULIS A, PILLAI S U. Probability, random variables, and stochastic processes[M]. Boston: McGraw-Hill, 2002.
[37] LEHTOMAKI J J, VUOHTONIEMI R, UMEBAYASHI K. On the measurement of duty cycle and channel occupancy rate[J]. IEEE Journal on Selected Areas in Communications, 2013, 31(11): 2555-2565.
[38] CHEN X F, ZHANG H G, MACKENZIE A B, et al. Predicting spectrum occupancies using a non-stationary hidden Markov model[J]. IEEE Wireless Communications Letters, 2014, 3(4): 333-336.
[39] 张伟忠. 多波束卫星系统频率复用与干扰避免算法[D]. 哈尔滨: 哈尔滨工业大学, 2020.
[40] 韩祥辉. 北斗卫星导航系统与邻频系统干扰共存分析与技术研究[D]. 北京: 北京邮电大学, 2015.
[41] BROWN T X. Cellular performance bounds via shotgun cellular systems[J]. IEEE Journal on Selected Areas in Communications, 2000, 18(11): 2443-2455.
[42] ANDREWS J G, BACCELLI F, GANTI R K. A tractable approach to coverage and rate in cellular networks[J]. IEEE Transactions on Communications, 2011, 59(11): 3122-3134.
[43] International Telecommunication Union. Calculation of free-space attenuation: ITU-R P.525[R]. 2016.
[44] 韩锐, 石会鹏, 李伟, 等. 我国 Ka 频段卫星固定业务系统间干扰特性分析研究[J]. 电波科学学报, 2017, 32(5): 619-625.
[45] International Telecommunication Union. Attenuation by atmospheric gases: ITU-R P.676-10[R]. 2013.
[46] 高翔. 空间互联网星座系统动态时变信道干扰机理及评估技术研究[D]. 北京: 中国科学院大学(中国科学院国家空间科学中心), 2019.
[47] SHARMA S K, CHATZINOTAS S, OTTERSTEN B. In-line interference mitigation techniques for spectral coexistence of GEO and NGEO satellites[J]. International Journal of Satellite Communications and Networking, 2016, 34(1): 11-39.
[48] 刘子威, 李嘉颖, 张更新. NGSO 互联网星座用户链路同频干扰分析[J]. 中兴通讯技术, 2021, 27(5): 18-22, 35.

名词索引